土木建筑职业技能岗位培训教材

混凝土工

建设部人事教育司组织编写

中国建筑工业出版社

图书在版编目（CIP）数据

混凝土工/建设部人事教育司组织编写．—北京：中国建筑工业出版社，2002
土木建筑职业技能岗位培训教材
ISBN 978-7-112-05450-3

Ⅰ．混…　Ⅱ．建…　Ⅲ．混凝土施工-技术培训-教材
Ⅳ．TU755

中国版本图书馆 CIP 数据核字（2002）第 085336 号

土木建筑职业技能岗位培训教材
混　凝　土　工
建设部人事教育司组织编写
*
中国建筑工业出版社出版、发行(北京西郊百万庄)
各地新华书店、建筑书店经销
北京云浩印刷有限责任公司印刷
*
开本：850×1168 毫米　1/32　印张：13⅞　字数：370 千字
2002 年 12 月第一版　　2015 年 9 月第二十六次印刷
定价：**37.00** 元
ISBN 978-7-112-05450-3
(26472)

本书根据建设部开展建设职工技能培训的要求编写，用以全面推动建设职业技能培训与鉴定工作，提高建设行业操作层队伍素质。

全书共分二十一章，包括：建筑识图和房屋构造的基本知识、力学与混凝土结构的基本知识、混凝土的组成材料、混凝土的基本知识、混凝土常用施工机具、普通混凝土配合比设计、混凝土搅拌站与商品混凝土、泵送混凝土施工、混凝土工程的施工过程、混凝土基础的浇筑、混凝土现浇结构的浇筑、混凝土预制构件的浇筑、预应力构件混凝土的施工、特种功能混凝土的性能及施工方法、特种材料混凝土施工、大模板滑模升板的混凝土施工、构筑物混凝土的施工、班组管理与工料计算、质量与安全等内容。

本教材适用于建筑业混凝土初、中和高级工的培训要求，可供混凝土工的培训、自学之用。

出 版 说 明

为深入贯彻全国职业教育工作会议精神，落实建设部、劳动和社会保障部《关于建设行业生产操作人员实行职业资格证书制度的有关问题的通知》（建人教[2002] 73号）精神，全面提高建设职工队伍整体素质，我司在总结全国建设职业技能岗位培训与鉴定工作经验的基础上，根据建设部颁发的《职业技能标准》、《职业技能岗位鉴定规范》和建设部与劳动和社会保障部共同审定的手工木工、精细木工、砌筑工、钢筋工、混凝土工、架子工、防水工和管工等8个《国家职业标准》，组织编写了这套“土木建筑职业技能岗位培训教材”。

本套教材包括砌筑工、抹灰工、混凝土工、钢筋工、木工、油漆工、架子工、防水工、试验工、测量放线工、水暖工和建筑电工等12个职业（岗位），并附有相应的培训计划大纲与之配套。各职业（岗位）培训教材将原教材初、中、高级单行本合并为一本，其初、中、高级职业（岗位）培训要求在培训计划大纲中具体体现，使教材更具统一性，避免了技术等级间的内容重复和衔接上普遍存在的问题。全套教材共计12本。

本套教材注重结合建设行业实际，体现建筑业企业用工特点，学习了德国“双元制”职业培训教材的编写经验，并借鉴香港建造业训练局各职业（工种）《授艺课程》和各职业（工种）知识测验和技能测验的有益作法和经验，理论以够用为度，重点突出操作技能的训练要求，注重实用与实效，力求文字深入浅出，通俗易懂，图文并茂，问题引导留有余地，附有习题，难易适度。本套教材符合现行规范、标准、工艺和新技术推广要求，并附《职业技能岗位鉴定习题集》，是土木建筑生产操作人员进行职业技能岗位培训的必备教材。

本套教材经土木建筑职业技能岗位培训教材编审委员会审定，由中国建筑工业出版社出版。

本套教材作为全国建设职业技能岗位培训教学用书，也可供高、中等职业院校实践教学使用。在使用过程中如有问题和建议，请及时函告我们。

建设部人事教育司

二〇〇二年十月二十八日

前　言

目前，混凝土已作为我国建筑业的最主要结构材料，其施工质量的优劣已直接影响到我国建筑业的发展进程。提高工程施工质量，造就一大批具有高素质、高技能的一线作业层人才是关键，通过培训掌握混凝土施工的新规范、新材料、新技术、新工艺、新施工方法是重要途径。

本教材编写过程中，以建设部颁发的《职业技能标准》、《职业技能岗位鉴定规范》为依据，按科学性、实用性、可读性的原则，理论以够用为度，重点突出操作技能的训练要求，注重实用与实效，图文并茂，以图代叙，突出工艺和操作过程。

本书由郭中林主编（四川省建筑职业技术学院），姚谨英副主编、左莉（四川省建筑职业技术学院）、牟佩玲、池斌（华西集团建设股份有限公司）参加部分章节部分内容编写，由建设部《职业技能鉴定教材》编审委员会主审。

本书在编写和修订过程中，得到了四川省建设厅人教处领导和四川省建筑职业技术学院领导和老师的支持、帮助，特此致谢。限于作者水平有限，书中难免有不妥或错误之处，敬请读者批评指正。

目　　录

一、建筑识图和房屋构造的基本知识

建筑工程施工图是建造房屋时使用的一套图纸，它能完整准确地表达出建筑物外形轮廓、大小尺寸、结构构造和材料做法，是指导施工的主要依据。建筑工程施工图包含的内容很多，涉及土建混凝土工程施工的图纸有建筑施工图、结构施工图等。看懂这些图纸，既需要一定的理论知识，又要具有实践经验，通过从物体到图样，再从图样到物体的反复练习，才能逐步提高识图能力，才能为搞好工程施工作业打下良好基础。

（一）建筑识图中常见名称、图例与代号

1. 图幅、线形、比例

（1）图幅：图幅即图纸的大小。根据《房屋建筑制图统一标准》（GB/T50001—2001）的规定，图幅有五种，其代号分别为A0、A1、A2、A3、A4。见表1-1、图1-1。

图纸幅面及图框尺寸 **表1-1**

尺寸代号 \ 幅面代号	A0	A1	A2	A3	A4
$b \times l$（mm×mm）	841×1189	594×841	420×594	297×420	210×297
c（mm）	10			5	
a（mm）	25				

每张图纸的右下角，都应设有图纸标题栏，简称图标。图标尺寸：长边应为180mm，短边尺寸宜用40mm、30mm或50mm。栏内应分区注明工程名称、图号、图名、设计单位以及

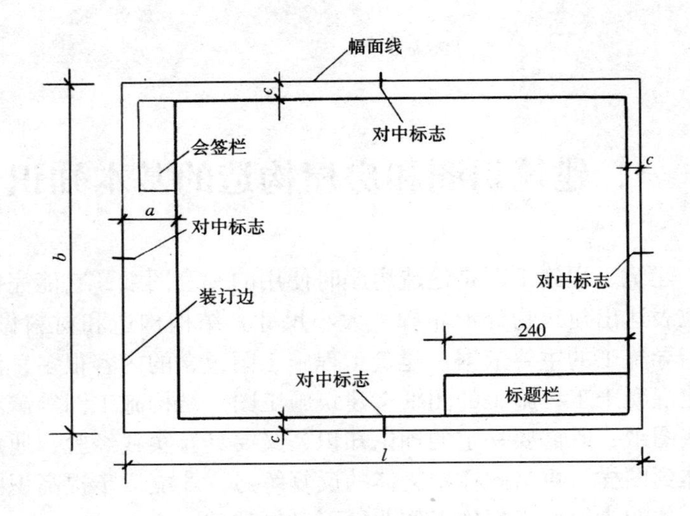

图 1-1　A0～A3 横式幅面图

设计人、制图人、审批人、工程负责人等的签字，以便图纸的查阅和明确技术责任。图标的格式如图 1-2 所示。

需要有各工种负责人会签的图纸，还设有会签栏。会签栏的格式如图 1-3 所示，栏内填写会签人员所代表的专业、姓名和日期。

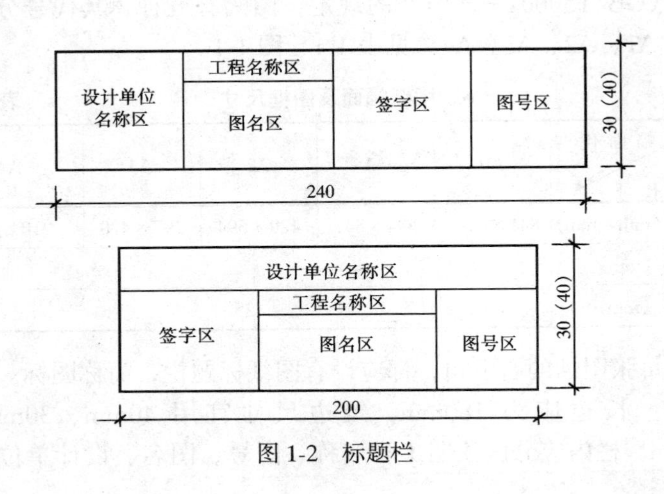

图 1-2　标题栏

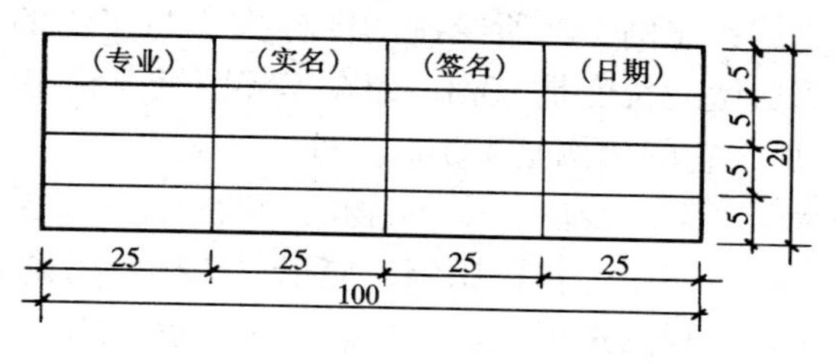

图 1-3　会签栏

（2）图线：在建筑施工图中，为了表示图中不同的内容、不同的情况，并且能够分清主次，必须使用不同的线型和不同宽度的图线来表达。各种线型的规定及一般用途见表 1-2。

土建施工中常用线型及一般用途　　　　表 1-2

名称		线型	线宽	一般用途
实线	粗		b	主要可见轮廓线、剖面图中被剖到部分的轮廓线、结构施工图的钢筋线
	中		$0.5b$	可见轮廓线
	细		$0.25b$	可见外轮廓、图例线、可见轮廓线、尺寸线、引出线、图例线、标高符号线等
虚线	粗		b	结构施工图中不可见的钢筋线、螺栓线
	中		$0.5b$	不可见轮廓线
	细		$0.25b$	不可见轮廓线、图例线
单点长画线	粗		b	结构施工图中梁或屋架的位置线
	中		$0.5b$	
	细		$0.25b$	中心线、轮廓线、定位轴线
双点长画线	粗		b	预应力钢筋线
	中		$0.5b$	
	细		$0.25b$	假想轮廓线、成型前原始轮廓线
折断线	细		$0.25b$	断开界线
波浪线	细		$0.25b$	断开界线

（3）比例：比例是指所绘制的图样大小与实物的大小之比。例如，一幢房屋的长度是50m，而在工程图纸上它相应的长度只画0.5m，那么它的比例是1:100，即

比例＝图纸上的线段长度:实物的线段长度＝0.5:50＝1:100

工程图纸所使用的各种比例，应根据图样的用途及其复杂程度确定。建筑工程图选用的比例如表1-3所示。选用时应优先选用表中的“常用比例”，需要时也可选用“可用比例”。

建筑工程图选用的比例 **表1-3**

常用比例	1:1，1:2，1:5，1:10，1:20，1:50，1:100，1:200，1:500，1:1000
可用比例	1:3，1:15，1:25，1:30，1:40，1:60，1:150，1:250，1:300，1:400，1:600

比例在建筑规则图中注写位置，一般在图名的右侧；标注详图的比例，写在详图索引标志的右下角，比例的字高宜比图名的字高小一号或二号，如图1-4所示。

平面图 1:100 1:20

图1-4 比例的注写

2.尺寸标注、标高、符号

（1）尺寸的一般标注方法：建筑工程施工图除应按一定的比例画出外，还必须注有完整的尺寸，才能全面地表达图形的意图和各部分的相对关系。建筑工程图中的尺寸由尺寸线、尺寸界线、尺寸起止符号、尺寸数字四部分组成。尺寸的一般标注如图

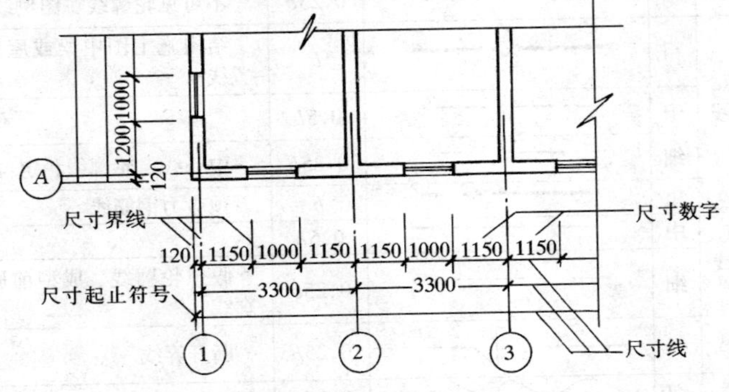

图1-5 尺寸的一般标注

1-5 所示。

尺寸线、尺寸界线为细实线，尺寸起止符号一般应用短实中线（2～3mm）画出，并应与尺寸界线按顺时针 45°角倾斜。建筑工程图中尺寸单位，除总平面图和标高单位用 m 外，其于一律以 mm 为单位，图中尺寸后面可以不写单位。如图 1-5 中 300 表示 300mm，1500 表示 1500mm。尺寸数字应依据其读数方向注写在靠近尺寸线的上方中部，注写位置不够时，最外边的尺寸数字可注写在尺寸界线的外侧，中间相邻的尺寸数字可错开注写或引出注写，如图 1-6 所示。

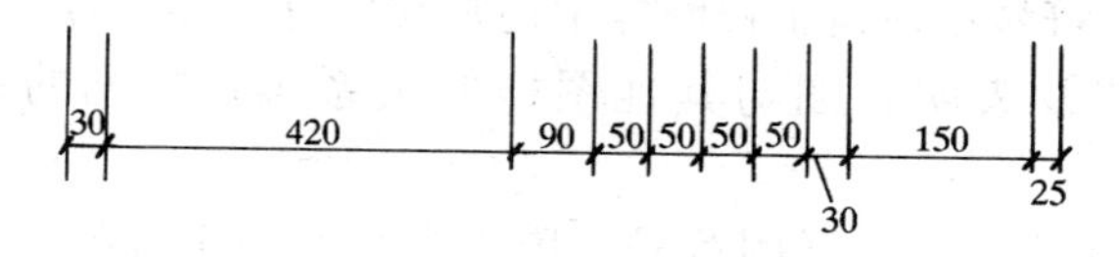

图 1-6 尺寸数字的注写位置

（2）标高注法：标高是表示建筑物各个部分或各个位置的高度。在建筑工程图上标高尺寸的注法都是以 m 为单位的，一般注写到小数点后三位，在总平面图上只要注写到小数点后两位就可以了。标高数字后面不标单位。总平面图上的标高用全部涂黑的三角形表示，例如：▼85.50。在其他图纸上的标高符号如图 1-7所示。

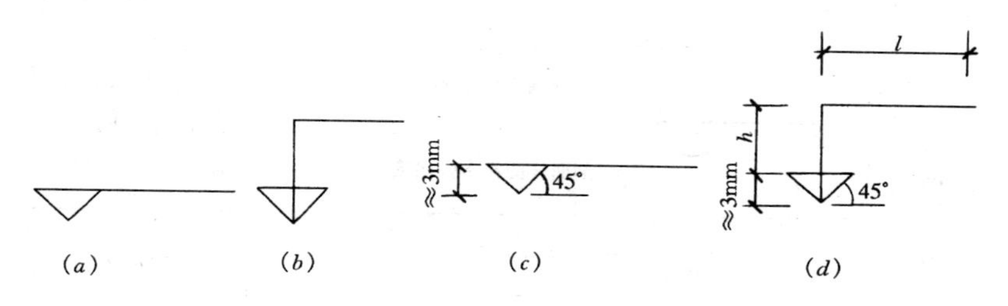

图 1-7 标高符号

零点标高注成±0.000，在零点标高以上位置的标高为正数，注写时，数字前一律不加正号（+），如 3.000，0.500。在零点以下位置的标高为负数，注写时，数字前必须加注负号（-），如-1.500，-0.500。

在一个详图中，如同时代表几个不同的标高时，可把各个标高都注写出来，注写方法如图 1-8 所示。

图 1-8　同一位置注写多个标高数字

（3）符号：建筑工程图样中还常常标有各种符号，用以对图样的说明及表明本图与其他图样的关系等，常见的一些符号有：

1）索引标志及详图符号：用于看图时便于查找相互有关的图纸，如图样中的某一局部或构件，需另见详图时应以索引符号和详图符号来反映图纸间的关系。索引符号应按规定编写，如表 1-4 所示。

详图索引标志　　**表 1-4**

名称	符　　号	说　明
详图的索引	4 / — 详图的编号；详图在本张图纸上 4 / — 局部剖面详图的编号；剖面详图在本张图纸上	细线圆 ϕ10mm 详图在本张图纸上 粗短画线在下，表示由下向上投影
	4 / 3 详图的编号；详图所在图纸编号 4 / 2 局部剖面详图的编号；剖面详图所在的图纸编号	详图不在本张图纸上 粗短线在上，表示由上向下投影

续表

名称	符　　号	说　　明
详图的索引	J103 4/1 标准图册编号；标准详图编号；详图所在的图纸编号	标准详图
详图的标志	4 详图的编号	粗线圆直径为14mm 被索引的详图在本张图纸上
	4/2 详图的编号；被索引的详图所在图纸的编号	被索引的详图不在本张图纸上

2）引出线：用于对图样上某些部位引出文字说明，符号编号和尺寸标注的线，如图 1-9 所示。

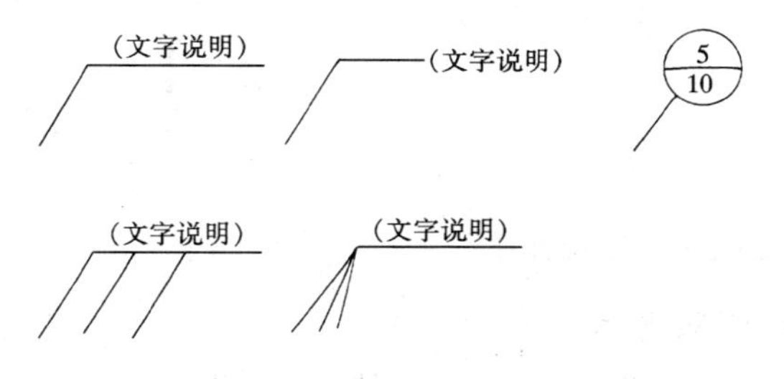

图 1-9　引出线

建筑工程中有些部分是由多层材料或多层做法构成的，如地面构造、屋面构造等。为了对多层构造加以说明，也可以通过引出线表示，引出线应通过被说明的构造各层，多层构造引出线如图 1-10 所示。

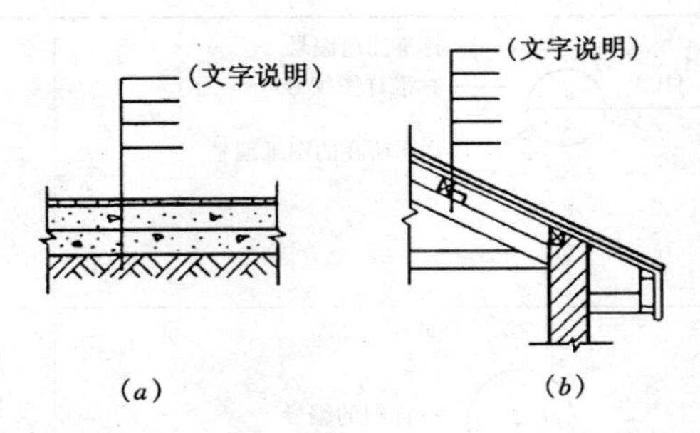

图 1-10

3）对称符号：用于完全对称的建筑工程图样，其画法是在对称轴线两端画出平行的细实线。平行线长度为 6～10mm，间距为 2～3mm，平行线在对称轴的两侧应相等。如图 1-11 所示。

4）指北针：是以一个圆内画出涂黑的指针表示，针尖所指的方向即为北向。其圆的直径宜为 24mm，用细实线绘制；指针尾部的宽度宜为 3mm。一般用于总平面图及首层的建筑平面图上，表示该建筑物的朝向。如图 1-12 所示。

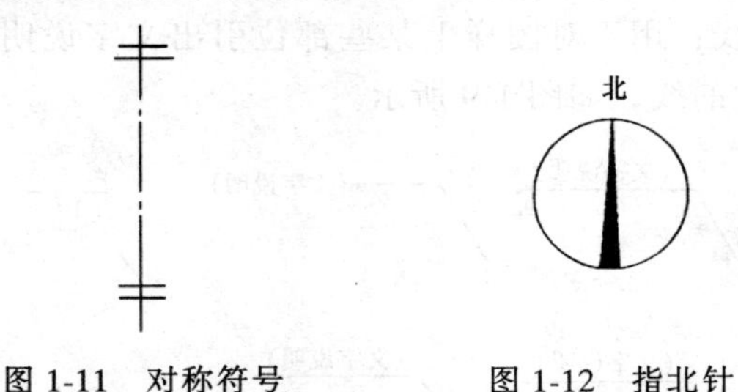

图 1-11 对称符号　　图 1-12 指北针

3. 图例和代号

(1) 图例：图例是建筑工程图上用图形来表示一定含义的一种符号。它具有一定的形象性，使人看了就能体会它代表的东西。因此，要看懂建筑工程图，其中重要的一点是应该掌握国家标准中的有关建筑工程图的常用图例。下面是一些与混凝土工程有关的图例。

1）常用建筑材料图例，如表1-5所示。

常用建筑材料图例 **表1-5**

名称	图例	说明
自然土壤		包括各种自然土壤
夯实土壤	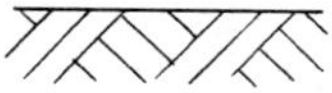	
砂，灰土	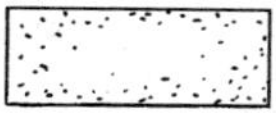	靠近轮廓线，以较密的点表示
砂砾石、碎砖三合土	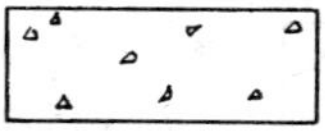	
天然石材	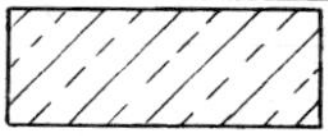	包括岩层、砌体、铺地、贴面等材料
毛石	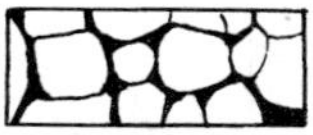	
普通砖	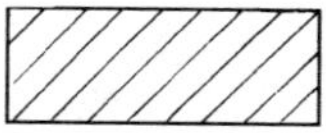	1. 包括砌体、砌块 2. 断面较窄不易画出线时，可涂红
空心砖	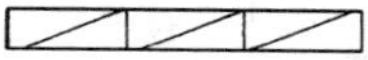	包括各种多孔砖
混凝土	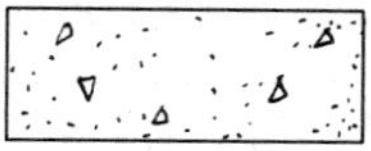	1. 本图例仅适用于能承重的混凝土及钢筋混凝土 2. 包括各种强度等级、骨料、外加剂的混凝土 3. 剖面图上画出钢筋时，不画图例线 4. 断面小，不易画出图例线时，可涂黑
钢筋混凝土	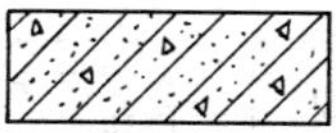	包括与水泥、石灰等混合而成的材料

续表

名　称	图　例	说　　明
焦渣、矿渣	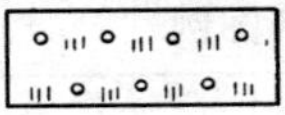	包括水泥珍珠岩、沥青珍珠岩、泡沫混凝土、非承重加气混凝土、泡沫塑料、软土等
多孔材料	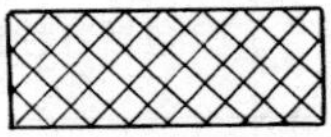	
纤维材料	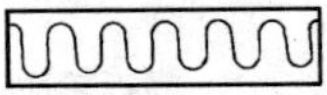	包括麻丝、玻璃棉、矿渣棉、木丝板、纤维板等
木材		1. 上图为横断面，左上图为垫木、木砖、木龙骨 2. 下图为纵断面
金属	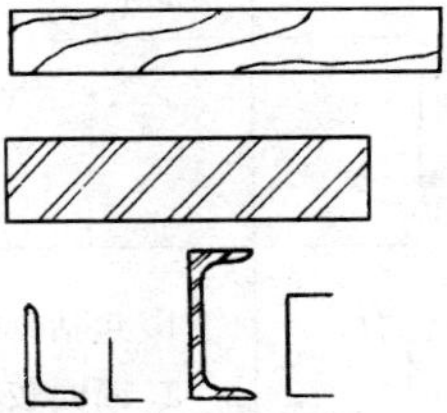	1. 包括各种金属 2. 图形小时，可涂黑
玻璃	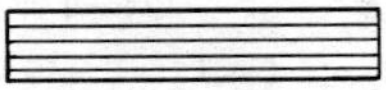	包括平板玻璃、磨砂玻璃、夹丝玻璃、钢化玻璃、中空玻璃、加层玻璃、镀膜玻璃等
防水材料		构造层次多或比例大时，采用上面的图例
胶合板	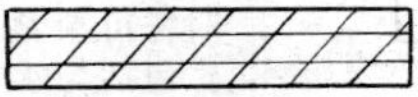	应注明为×层胶合板

2）常用建筑构造及配件图例，如表 1-6 所示。

常用建筑构造及配件图例　　表 1-6

名　称	图　　例	说　　明
检查孔		左图为可见检查孔 右图为不可见检查孔
孔洞		
坑槽		
墙预留洞		应注明洞的尺寸（宽×高或 ϕ）
墙预留槽		应注明槽的尺寸（宽×高×深或 ϕ）
烟道	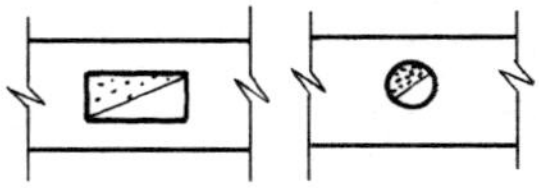	
通风道	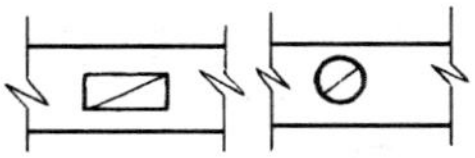	
入口坡道	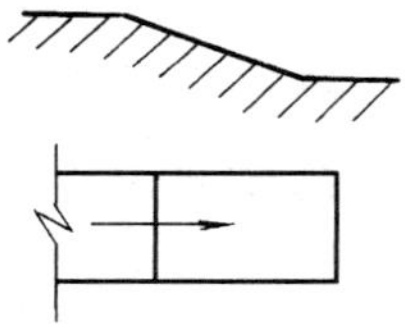	在比例较大的图面中，坡道上如有防滑措施时，可按实际形状用细线表示

3）一般钢筋图例，如表 1-7 所示。

（2）代号：建筑工程图中常用的构件可用代号表示，如表 1-8 所示。钢筋的常用符号如表 1-9 所示。

一般钢筋图例　　表 1-7

序号	名　称	图　例	说　明
1	钢筋横断面		
2	无弯钩的钢筋端部	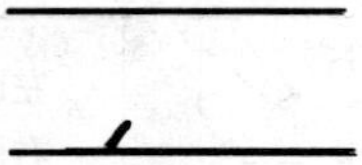	下图表示长短钢筋投影重叠时，可在短钢筋的端部用45°斜画线表示
3	带半圆形弯钩的钢筋端部		
4	带直钩的钢筋		
5	带丝扣的钢筋端部		
6	无钩的钢筋搭接		
7	带半圆弯钩的钢筋搭接		
8	带直钩的钢筋搭接		
9	套管接头（花篮螺丝）	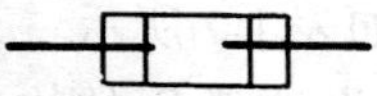	

常用构件代号 **表 1-8**

序号	名 称	代号	序号	名称	代号
1	板	B	22	屋架	WJ
2	屋面板	WB	23	托架	TJ
3	空心板	KB	24	天窗架	CJ
4	槽形板	CB	25	框架	KJ
5	折板	ZB	26	刚架	GJ
6	密肋板	MB	27	支架	ZJ
7	楼梯板	TB	28	柱	Z
8	盖板或沟盖板	GB	29	基础	J
9	挡雨板或檐口板	YB	30	设备基础	SJ
10	吊车安全走道板	DB	31	桩	ZH
11	墙板	QB	32	柱间支撑	ZC
12	天沟板	TGB	33	垂直支撑	CC
13	梁	L	34	水平支撑	SC
14	屋面梁	WL	35	梯	T
15	吊车梁	DL	36	雨篷	YP
16	圈梁	QL	37	阳台	YT
17	过梁	GL	38	梁垫	LD
18	联系梁	LL	39	预埋件	M
19	基础梁	JL	40	天窗端壁	TD
20	楼梯梁	TL	41	钢筋网	W
21	檩条	LT	42	钢筋骨架	G

注：预应力钢筋混凝土构件，应在构件代号前加注“Y－”。

钢筋常用符号 **表 1-9**

钢 筋 种 类	符 号	钢 筋 种 类	符 号
Ⅰ级钢筋（3 号钢）	ϕ	冷拉Ⅳ级钢筋	$\overline{\underline{\Phi}}^{l}$
Ⅱ级钢筋	Φ	热处理钢筋	$\overline{\underline{\Phi}}^{t}$
Ⅲ级钢筋	$\underline{\Phi}$	冷拔低碳钢丝	ϕ^{b}
Ⅳ级钢筋	$\overline{\underline{\Phi}}$	碳素钢丝	ϕ^{s}
冷拉Ⅰ级钢筋	ϕ^{l}	刻痕钢丝	ϕ^{k}
冷拉Ⅱ级钢筋	Φ^{l}	钢绞线	ϕ^{j}
冷拉Ⅲ级钢筋	$\underline{\Phi}^{l}$		

（二）识图的基本方法

1. 建筑工程图的内容

（1）图纸目录和总说明：图纸目录包括每张图纸的名称、内容、图号等。总说明包括工程概况、建筑标准、荷载等级等。

（2）建筑总平面图：主要用来表示建筑用地及其周围的总体情况，它是进行施工现场平面布置及新建房屋定位、放线的依据。

（3）建筑施工图：是说明房屋建筑各层平面布置，立面、剖面形式，建筑各部构造及构造详图的图纸。建筑施工图包括设计说明、各层平面图、各立面图、剖面图、构造详图、材料做法说明等。建筑施工图纸在图标栏内应标注“建施××号图”，以便查阅。

（4）结构施工图：是说明房屋的结构构造类型、结构平面布置、构件尺寸、材料和施工要求等。结构施工图包括基础平面图和基础详图，各层结构平面布置图、结构构造详图、构件图等。结构施工图在图标内应注明“结施××号图”。

2. 物体的投影表示方法

光线照射物体，在墙面或地面上会产生影子；当光线照射角度或距离改变时，影子的位置、形状也随之改变。如果把光线移到无限远的高度（夏天正午的阳光近似这种情况），即光线相互平行并与地面垂直，这时影子的大小就和物体表面一样了。

投影原理就是从这些现象中总结、概括出来的一些规律，并以此作为制图方法的理论依据。在制图中把表示光线的线称为投影线，把落影平面称为投影面，把所产生的影子称为投影图。

投影可分为中心投影（由一点放射的投影线所产生的投影）和平行投影（由相互平行的投影线所产生的投影）两类。平行投影又分为两种：平行投射线与投影面斜交的称为斜投影；平行投射线垂直于投影面的称为正投影。

一般的建筑工程图纸，都是以正投影的原理绘制的。三面正投影图的形成和三面正投影图的展开参见图 1-13 和图 1-14。

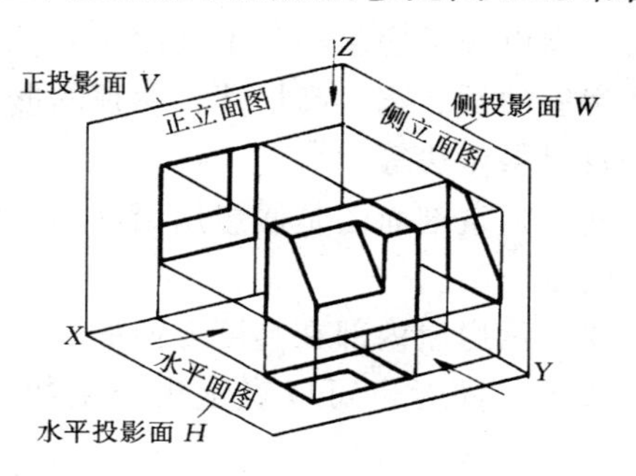

图 1-13　三面正投影图的形成

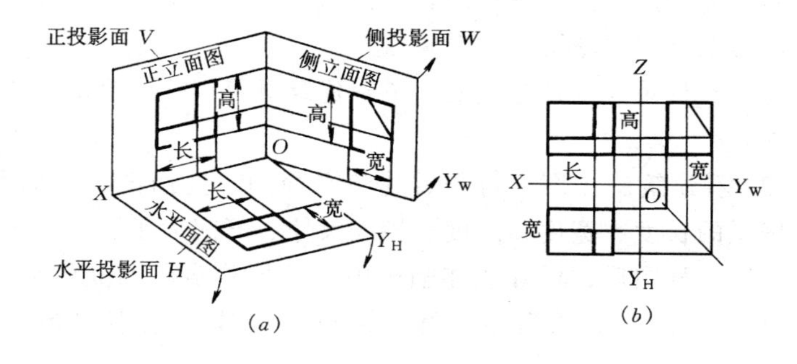

图 1-14　三面正投影图的展开

3. 建筑图的形成

房屋建筑图是表示一幢房屋的内部和外部形状的图纸。这些图纸都是运用正投影原理绘制的。主要有平面图、立面图、剖面图、详图等。

（1）平面图：建筑平面图就是一幢房屋的水平剖面图。即假想用一水平面把一幢房屋的窗台以上部分切掉，向下投影所得的水平图，习惯上叫平面图。一幢多层房屋每层都应有一个平面图，但对其结构完全相同的各层，可以用同一平面图来表示，称为标准层平面图。

（2）立面图：建筑立面图就是以平行于房屋外墙面的投影面而绘制的投影图。但是房屋的几个立面往往各不相同，因此，需要增设几个投影面以表示房屋的各个立面。立面图主要表示建筑物外部形状，房屋的长、宽、高尺寸，屋顶的形式，门窗洞的位置，外墙装修及材料做法等。

（3）剖面图：建筑剖面图是假想用铅垂切平面，把建筑物垂直切开后得到的投影图。

剖面图主要表示房屋内部在高度方向的情况。如层数、每层高度、屋顶形式等，同时也可以表示出建筑物所采用的结构形式。

由于平、立、剖面图比例较小，很多细部构造无法表达清楚，故还需要用较大比例绘出若干详图，才能满足施工要求。

4. 识图的基本方法

（1）看目录、设计总说明，了解建筑概况、技术要求、结构种类等。

（2）看建筑施工图，可先看建筑平面图、立面图、剖面图，了解房屋的长度、宽度、高度、轴线尺寸、开间大小、一般布局等。看这三种图后，最好能在脑子中形成拟建房屋的立体形象，能想象出它的大小规模和轮廓，再重点阅读一些细部构造详图。

（3）看结构施工图，包括基础结构图、楼层结构平面布置图和钢筋混凝土构件详图等。结构施工图涉及混凝土工种的内容很多，如混凝土的强度等级及特性，混凝土基础的尺寸、构造、轴线位置，钢筋混凝土梁、板、柱的断面尺寸、长度、厚度、高度、标高位置等。因此对混凝土工来说，需要重点阅读结构施工图。图 1-15 是某工程中钢筋混凝土梁结构施工详图。

（4）应将建筑与结构施工图再综合起来阅读，互相参考，并可进行较深入仔细的阅读，特别注意建筑与结构图之间的衔接与联系，重点识读与本工种施工时有关的部分图纸，做到按图施工无差错，才算把图纸看懂了。

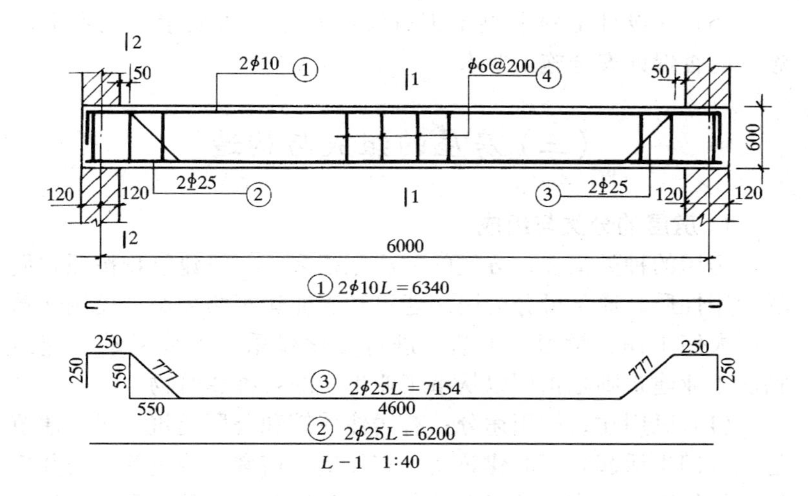

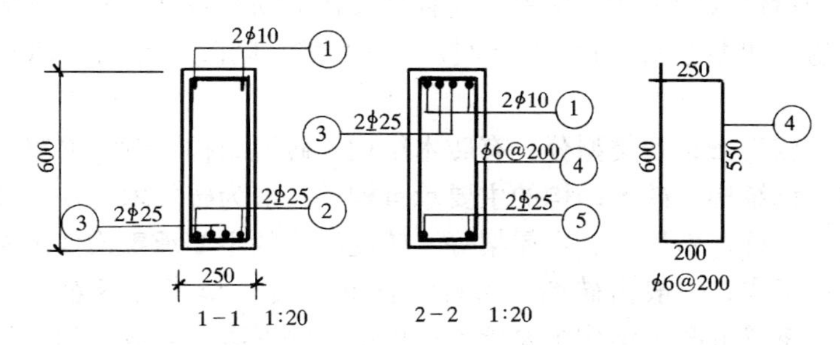

图 1-15 钢筋混凝土梁结构施工详图

5. 混凝土工种审核施工图的要点

(1) 掌握设计意图和要求，明确工程对象任务，了解工程量标准，并考虑完成任务的可能性和措施。

(2) 了解图纸要求和说明要求，图纸及说明是否正确、齐全，规定是否明确，其中有无矛盾。

(3) 图纸的主要尺寸、标高和位置是否标注齐全，有无遗漏、错误和矛盾。

(4) 混凝土工与其他各专业工种及设备安装之间交叉搭接关系施工，有无矛盾。

（5）在设计上对混凝土工有无特殊的技术要求。技术上困难，能否保证安全施工要求。

（三）房屋的组成与构造

1. 房屋的分类与组成

房屋的种类很多，分类的方法也很多。一般建筑物按照它们的使用性质，通常可分为民用建筑和工业建筑两大类。民用建筑是供人们工作、学习、生活、进行文化娱乐等方面活动的建筑物。工业建筑则是指用以从事工业生产的各种建筑物。

（1）民用建筑按用途分：有居住建筑和公用建筑。居住建筑是供人们生活起居用的建筑物，有住宅、宿舍、旅馆等。公共建筑是指供人们工作、学习以及各种文化活动和各种福利设施的建筑物，如办公楼、医院、学校、图书馆、剧院、商店、体育馆等。

（2）按结构类型分：有砖木结构、砖混结构、钢筋混凝土结构、钢结构。砖木结构的主要承重构件一般为砖、木构件，如砖墙、砖柱、木楼板、木屋架等。砖混结构的主要承重构件由多种材料组成，一般由砖墙、砖柱、钢筋混凝土楼板、屋面板等组成。钢筋混凝土结构主要承重构件由钢筋混凝土制成，如钢筋混凝土柱、梁、板、屋面，砖或其他材料只作围护墙等。钢结构主要结构构件由钢材制成。

一般民用建筑各组成部分的作用可简述如下：

基础：是建筑物最下部的承重结构，用以承担建筑物的上部荷载，并把荷载传到地基中去。

墙与柱：是建筑物垂直方向的承重结构，承担楼层、屋顶荷载及墙身自重。

梁和楼板：是建筑物的水平承重构件，用以承受各种家具、设备、人的重量及楼面的自重，并把它传到墙、柱上去。

楼梯：建筑物内垂直交通设施，解决上下层之间的联系。

屋顶：用以隔绝风、雨、雪等对建筑物的侵袭。

门、窗：用以解决隔离和采光，通风之用。

除了上述构造之外，其他还有各种附属构配件，如过梁、圈梁、挑梁、散水、明沟、勒脚、天沟、水斗、雨篷、阳台、女儿墙等。

2. 民用房屋主要组成部分及构造

（1）基础：基础的形式和材料是根据现场地基的情况和上部结构的构造情况进行设计的。按结构的受力形式分为刚性基础（如砖基础、毛石基础、素混凝土基础）和柔性基础（钢筋混凝土基础）。钢筋混凝土基础若按构造形式分，有条形基础、独立基础、筏板基础、箱形基础、桩基础（参见图 1-16）等。

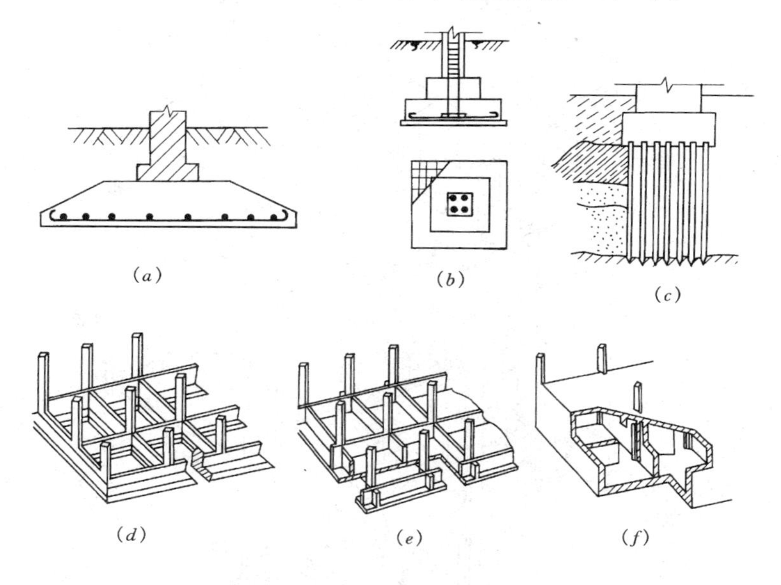

图 1-16　建筑物钢筋混凝土基础的构造形式

（*a*）墙下条形基础；（*b*）柱下独立基础；（*c*）桩基础；

（*d*）井格式基础；（*e*）筏式基础；（*f*）箱形基础

（2）墙体：建筑物的墙体类型很多，按受力分：有承重墙、非承重墙；按位置分：有内墙、外墙；按方向分：有纵墙、横墙；按材料分：有现浇钢筋混凝土墙、预制墙板及砌体等多种形式，砌体又分为砖砌体、石砌体、砌块砌体等。

(3) 楼板：楼板是房屋水平方向的承重构件。楼板按其使用的材料，可以分为钢筋混凝土楼板（包括现浇和装配式两种）、木楼板和砖拱楼板等。钢筋混凝土楼板具有较高的强度和刚度，较强的耐久性和耐火性。因此，在民用建筑中得到广泛应用。下面介绍几种常见的现浇钢筋混凝土楼板形式。

民用建筑的组成和构造如图 1-17 所示。

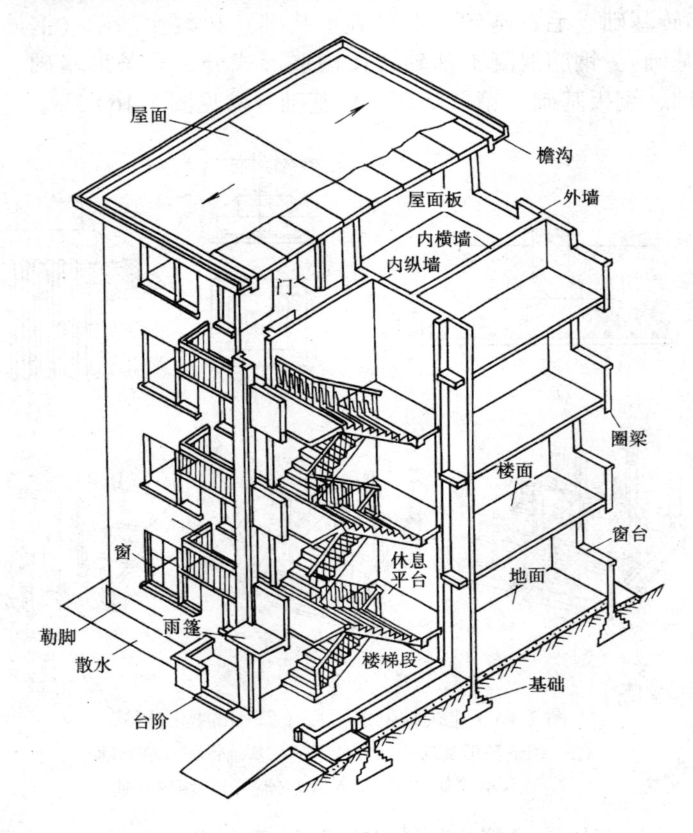

图 1-17 民用建筑的组成和构造示意图

3. 工业建筑简介

工业建筑是指从事工业生产和为生产服务的各类建筑物、构筑物。工业建筑应根据生产工艺流程和机械设备布置的要求来设计，同时还要考虑应具有良好的安全生产条件。

工业建筑大致可按下列几方面分类：

（1）按工业建筑的用途分

1）生产类：包括各种工业企业的生产车间。

2）辅助类：包括机修、工具、模型车间等。

3）动力类：包括电站、煤气站、压缩气站、变电站、锅炉房等。

4）仓储类：包括原材料及成品、半成品仓库等。

（2）按工业建筑的层数分

1）单层厂房：这类厂房只有一层，在工业建筑中应用较广泛，因此这种厂房的生产工艺和运输路线较容易组织，多用于重工业和机械工业。

2）多层厂房：二层及二层以上的厂房称为多层厂房。这类厂房适用于采用垂直方向内部运输的生产工艺流程或厂房的设备和产品重量轻的情况。常用于食品工业、电子工业、仪表工业、轻纺工业等。

3）层次混合的厂房：有些工业生产，如化学工业中部分需要单层以容纳高大的生产设备，而其他部分的生产宜在其单侧或双侧的多层厂房中进行，这就形成了层次混合的厂房。

（3）按承重结构的形式分

1）骨架承重结构：骨架承重结构是由横向骨架和纵向联系构件组成的承重体系，墙体只起围护作用。骨架结构适用于跨度较大、厂房较高、吊车荷载较大、侧窗较宽等情况下的厂房。骨架承重多采用钢筋混凝土构件组成，如图 1-18 所示。

2）墙承重结构：墙承重结构一般指外墙采用承重砌体墙，有时还设有壁柱以承受屋顶和吊车的荷载。墙承重结构适用于吊车荷载不大、高度在 9m 以下、跨度在 15m 以内的厂房。墙承重

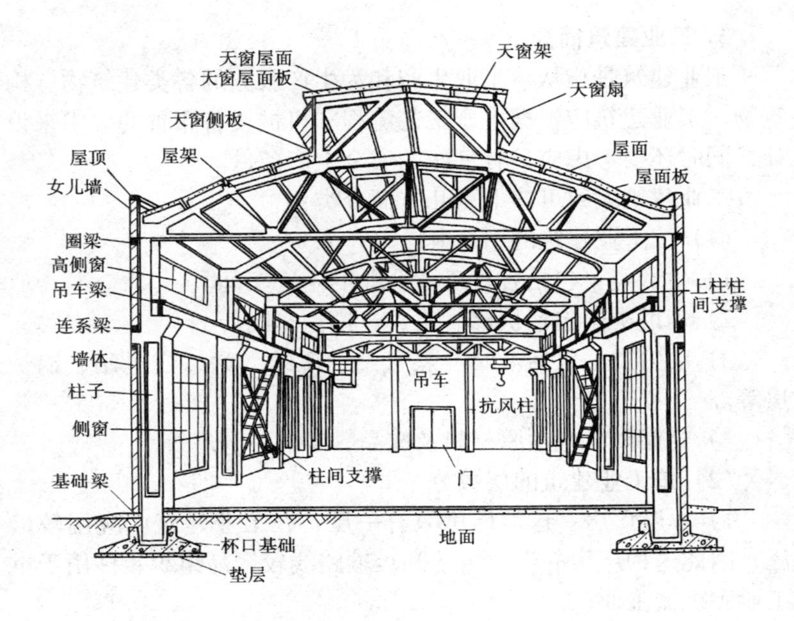

图 1-18　单层工业厂房的组成与构造

的单层厂房不设吊车梁时，一般和民用建筑中的食堂、礼堂相类似。

复　习　题

1. 图线线形有哪些种类？实线、虚线、点画线、折断线、波浪线等的一般用途是什么？

2. 什么叫比例？建筑工程图上常用比例有哪些？

3. 尺寸的一般标注由哪些内容组成？

4. 什么叫标高？一般标高符号和总平面图标高如何表示？

5. 为什么要有详图索引标志？如何表示？

6. 引出线、对称符号的用途是什么？

7. 常见建筑材料图例、配件图例、钢筋图例有哪些？

8. 建筑工程图一般包括哪些内容？

9. 识图的基本方法是什么？

10. 简述房屋的分类与组成。

11. 基础的构造形式和做法有哪些？

12. 现浇钢筋混凝土楼板有哪些形式？它们分别适用于哪些情况？

13. 工业建筑如何分类？

二、力学与混凝土结构的基本知识

（一）建筑力学的基本知识

1. 力与荷载的概念

力是一个物体对另一个物体的作用。力对物体的作用取决于三个要素：力的大小、方向和作用点。作用在物体上的力我们统称为外力。建筑物所受的风力、人和设备的重力、建筑物各部分自身的重力等，在工程上称为荷载。

荷载按作用的性质可分为三类：

（1）永久荷载（恒荷载）：作用在结构上其值不随时间变化或其变化与平均值相比可以忽略不计的荷载。例如结构本身的重量、土重等。

（2）可变荷载（活荷载）：作用在结构上其值随时间变化，且其变化与平均值相比不可忽略的荷载。例如楼面活荷载（如人和物的重量等）、雪荷载、风荷载等。

（3）偶然荷载：在结构使用期间不一定出现，一旦出现，其值很大且持续时间较短的荷载。如爆炸力、撞击力等。

荷载按分布形式可分为三类：

（1）均布荷载：在荷载的作用面上，每单位面积上的作用力都相等，叫均布面荷载，可用字母 p 表示均布面荷载。其单位是 kN/m^2。在实际计算中经常是把均布面荷载化成每米长度内的均布线荷载，用字母 q 表示均布线荷载，其计算单位是 kN/m。均布荷载如图 2-1 所示。

（2）非均布荷载：在荷载的作用面上，每单位面积上都有荷

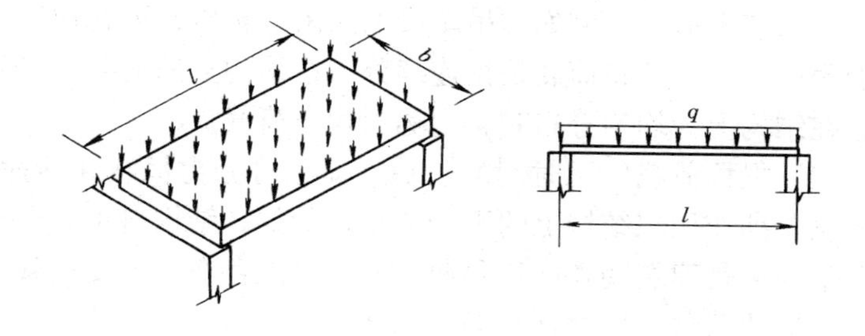

图 2-1　均布荷载

载作用，但不是平均分布而是按一定规律变化的。例如挡土墙、水池壁都是承受这类荷载。非均布荷载如图 2-2 所示。

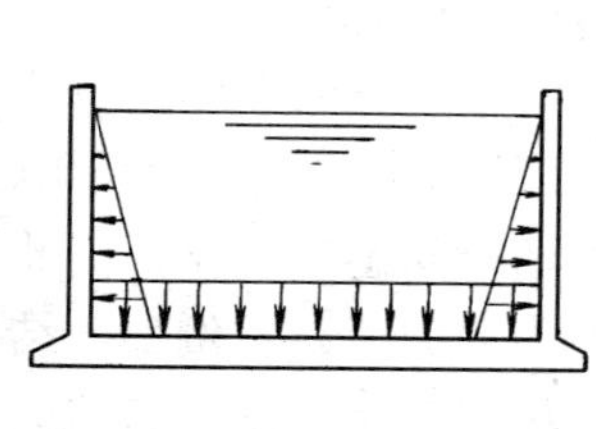

图 2-2　非均布荷载

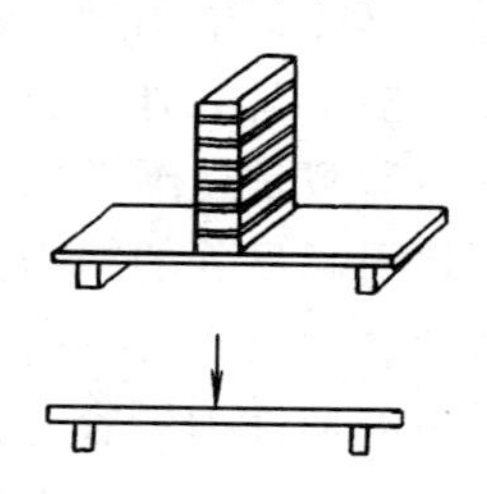

图 2-3　集中荷载

（3）集中荷载：荷载作用在一块很小的面积上，为了技术简便，可假定集中作用在一点上，这种荷载称为集中荷载。它的单位是 kN。集中荷载在日常生活中是经常遇到的。例如人站在脚手板上，人的重量即为集中荷载；工地上起吊构件时，构件的重量通过吊钩和钢丝绳作用于起吊机具上的荷载就是集中荷载；吊车轮子传给吊车梁的轮压也是集中荷载。集中荷载如图 2-3 所示。

2. 荷载的简化

建筑工程中常遇到的荷载，根据其不同的特征，主要有这几种类型：

（1）根据荷载分布的情况，荷载可分为集中荷载和分布荷载。作用在结构上的荷载，一般总是分布在一定面积上。若分布面积远小于结构的尺寸时，则可认为此荷载是作用在结构的一点上，称为集中荷载。例如，吊车梁上的吊车轮压，可看作吊车梁上的集中荷载。分布荷载是指连续分布在结构上的荷载。当分布荷载在结构上为均匀分布时，则称为均布荷载。

（2）根据荷载作用时间的长短，荷载可分为恒载和活荷载。恒载是长期作用在结构上的不变荷载，例如，结构自重、土压力等。活荷载是建筑物在施工和使用期间可能存在的可变荷载，例如，楼面活荷载、屋面活荷载、吊车荷载、雪荷载及风荷载等。活荷载又可分为可动荷载和移动荷载。可动荷载是指荷载在结构上能占有任意位置的荷载，例如，人群及风、雪荷载等。移动荷载是指荷载为一系列相互平行且间距保持不变，能在结构上移动的荷载，例如，吊车梁上的吊车轮压。

（3）根据荷载作用的性质，荷载可分为静力荷载和动力荷载。静力荷载是逐渐增加的荷载，其大小、方向和作用位置的变化，不致引起显著的结构振动，因而可以略去惯性力的影响；反之，若荷载的大小、方向或作用位置随时间迅速变化，由此引起结构质量的惯性力不容忽视时，则称为动力荷载。例如，结构的自重及其他恒荷载为静力荷载；动力机械产生的动力荷载以及地震荷载等，则为动力荷载。

3. 支座与支座反力

支座根据其实际构造和约束特点的不同，通常简化为可动铰支座、固定铰支座（简称为铰支座）和固定支座三种基本类型。

（1）可动铰支座：其特点是构件可绕铰转动，能沿支承面的水平方向移动，而不能沿垂直方向移动。构件受荷载作用时，支座只有垂直于支座方向的法向反力，如忽略铰及支座垫板两处的摩擦力，则反力必通过铰的中心。在房屋建筑中，梁通常直接搁置在砖墙或柱上，就是一个可动铰支座，图 2-4。

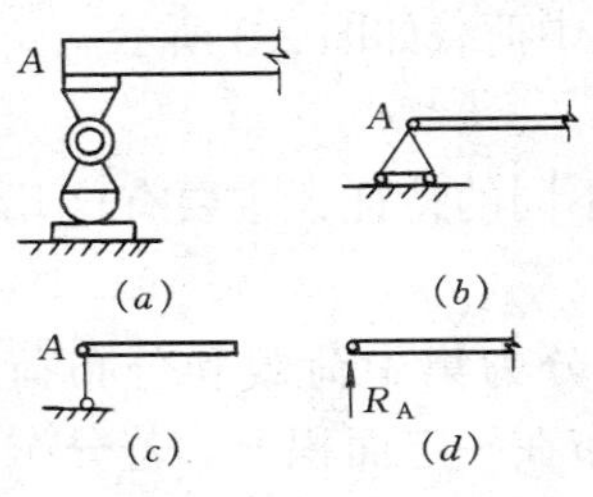

图 2-4　可动铰支座

（2）固定铰支座：其特点是构件只能绕铰转动，反力作用线必须通过铰中心，方向不能预先确定，其反力可分解为水平及垂直的两个未知分力。在房屋建筑中，木屋架通过预埋在混凝土垫块内的螺栓和支座相连，就是一个固定铰支座，图 2-5。

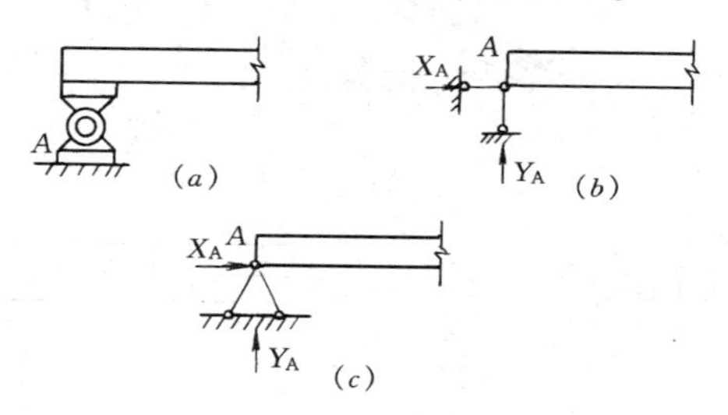

图 2-5　固定铰支座

（3）固定端支座：其特点是构件水平方向不能移动和转动，除产生水平反力及竖向反力外，还有反力偶。在建筑工程中，用细石混凝土浇筑于杯形基础内的钢筋混凝土柱子就是固定端支座，图 2-6。

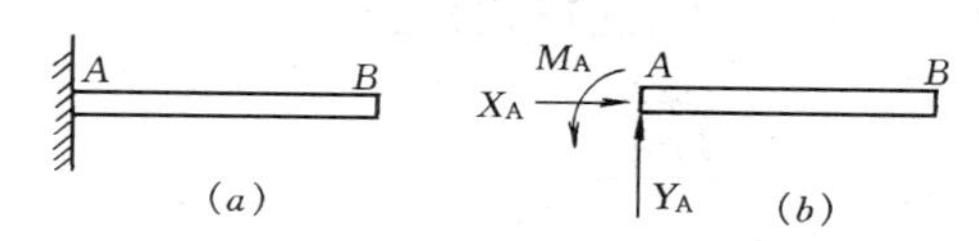

图 2-6　固定端支座

4. 构件的受力图

我们把某一构件从与它相互联系的构件中分离出来，然后画出要设计（计算）构件所受到作用力的图形就叫受力图。因此在受力图上，我们可以清楚看到构件的受力情况及作用在构件上所有的力，正确地画出受力图，是计算的关键。

画图时，首先要明确计算对象，将计算对象从约束中分离出来，然后画出作用于计算对象上的全部已知力，最后根据约束的性质，画出全部约束反力，如图 2-7 所示。

5. 工程中常见构件的几种受力变形

（1）受弯构件的受力与变形分为以下几种形式：

1）悬臂梁受力和变形，图 2-8。

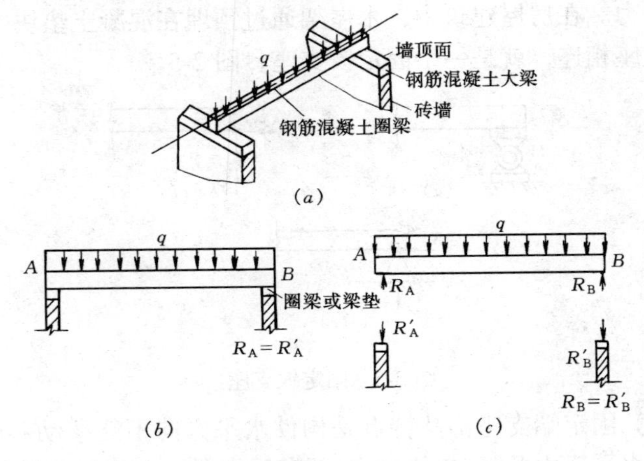

图 2-7　简支梁受力示意图
（a）构件受力图；（b）构件示意图；（c）构件受力图

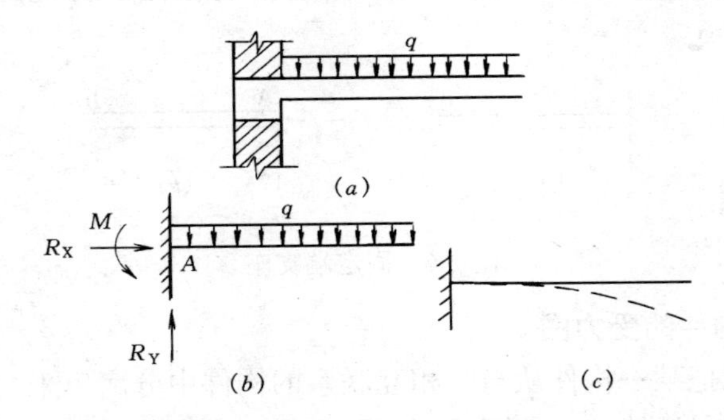

图 2-8　悬臂梁受力和变形示意图
（a）均布荷载形式；（b）计算简图；（c）变形图

2）简支外伸梁受力和变形，图 2-9。

3）简支梁的受力和变形，图 2-10。

（2）拉伸与受压构件受力与变形，图 2-11。工程中如屋架的下弦为受拉构件，基础、柱子、墙体为受压构件。

（3）受扭构件的受力与变形，图 2-12。如工程中雨篷梁等构件就是受扭构件。

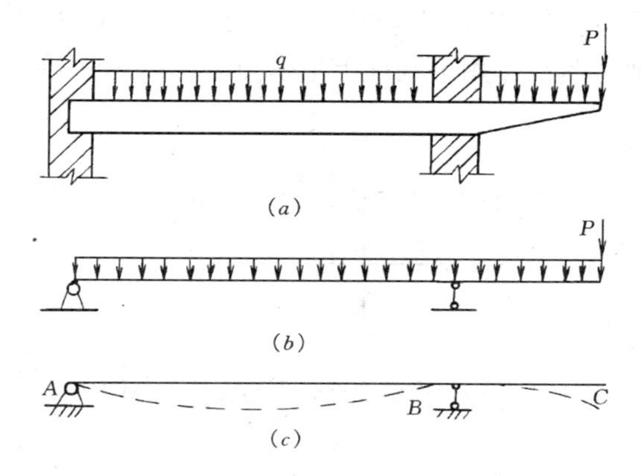

图 2-9　简支外伸梁受力和变形示意图

（a）均布荷载形式；（b）计算简图；（c）变形图

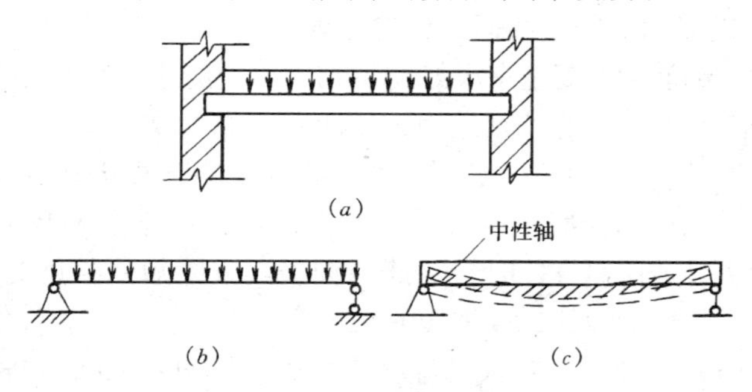

图 2-10　简支梁的受力和变形图

（a）均布荷载形式；（b）计算简图；（c）变形图

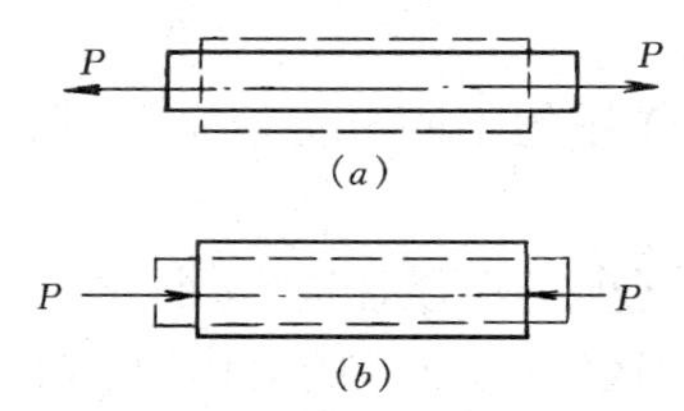

图 2-11　受拉与受压构件的受力与变形示意图

（a）受拉构件的受力与变形；

（b）受压构件的受力与变形

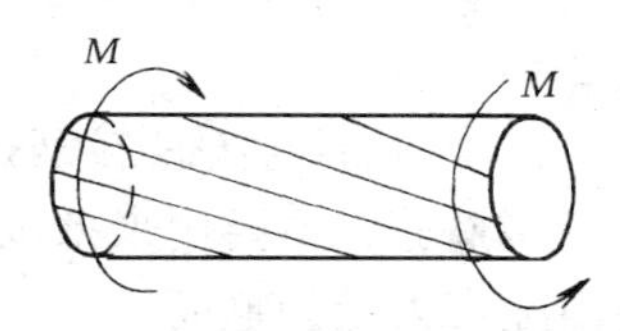

图 2-12　受扭构件的受力与变形示意图

(4) 受剪构件的受力与变形，图 2-13。工程中的梁、板在支座处及地震荷载作用下墙柱上下节点处受的剪力较大。

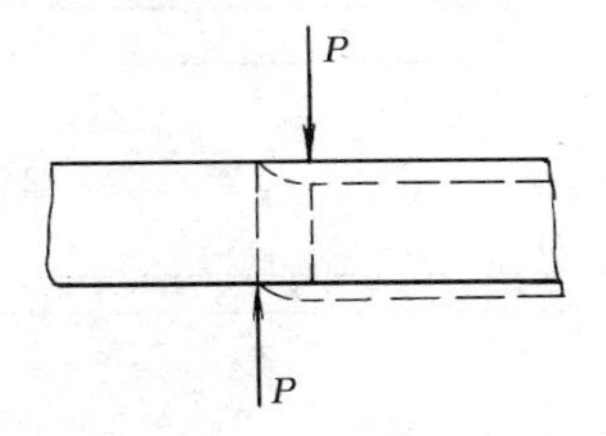

图 2-13 受剪构件受力与变形示意图

(二) 钢筋混凝土结构房屋的受力特点

1. 钢筋和混凝土共同工作的原理

(1) 钢筋和混凝土有很好的粘结力：混凝土硬化后钢筋与混凝土之间产生了良好的粘结力，使两者可靠的结合在一起，从而保证在外荷载的作用下，钢筋与相邻混凝土能够共同受力和变形。

(2) 钢筋与混凝土两种材料的温度线膨胀系数的数值相近：在温度上升或降低 1℃时，钢筋的伸长（或缩短）长度为 1.2×10^{-5}m，混凝土伸长（或缩短）长度为 $1.0\sim1.5\times10^{-5}$m，当温度变化时，不致产生较大的温度应力而破坏两者之间的粘结。

(3) 混凝土对钢筋有保护作用：混凝土对钢筋能起到防火、防腐作用。

2. 钢筋混凝土构件中钢筋的作用

钢筋混凝土构件中的钢筋按受力作用的不同分为以下几种，如图 2-14。

(1) 受力筋：包括受拉钢筋和受压钢筋，有直筋和弯起筋两种。

(2) 箍筋：主要用来抵抗剪力和固定受力钢筋的的作用，在梁柱内配有大量的箍筋。

(3) 分布钢筋：在基础的底板、墙、板等构件中，与受力钢筋方向垂直布置，用绑扎或焊接方法与受力钢筋固定。

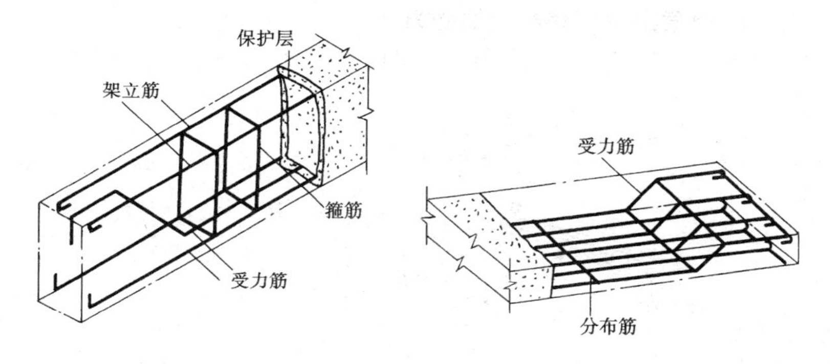

图 2-14　钢筋种类

（4）其他钢筋：有腰筋、锚固筋、构造筋等。

3. 钢筋混凝土民用建筑的受力

钢筋混凝土民用建筑的受力如图 2-15 所示。

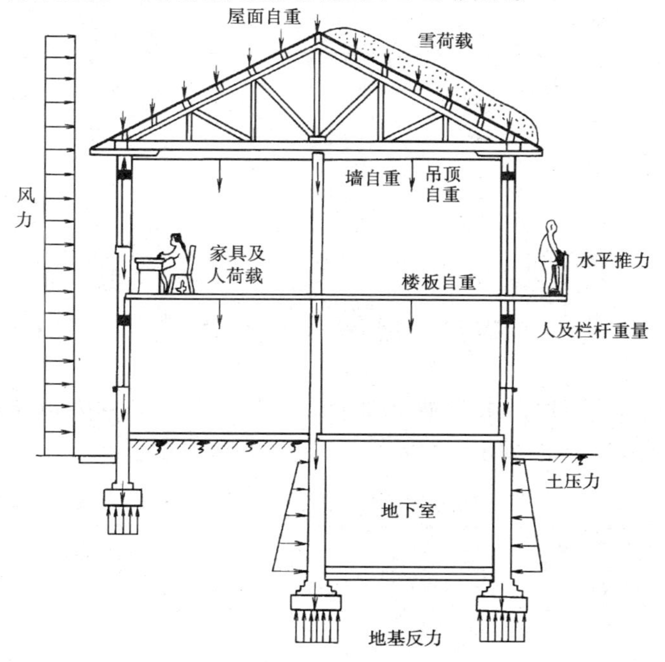

图 2-15　民用建筑的受力示意图

4. 单层工业厂房建筑的受力

单层工业厂房建筑的受力如图 2-16 所示。

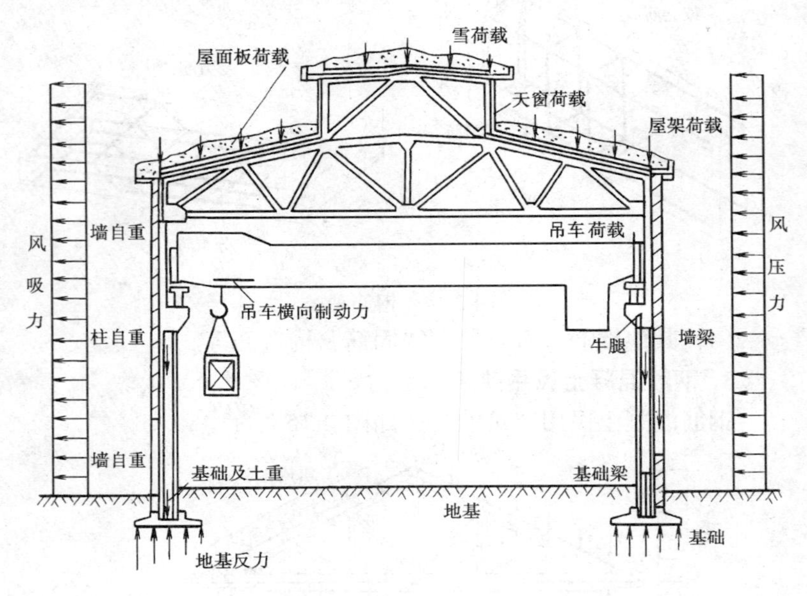

图 2-16 单层工业建筑的受力示意图

(三) 钢筋保护层厚度

受力钢筋的混凝土保护层最小厚度（从钢筋的外边缘算起）应符合表 2-1 的规定，且不应小于受力钢筋的直径。

受力钢筋混凝土保护层最小厚度（mm） **表 2-1**

环境条件	构件类别	混凝土强度等级		
		≤C20	C25 及 C30	≥C35
室内正常环境	板、墙、壳	15		
	梁和柱	25		

续表

环境条件	构件类别	混凝土强度等级		
		≤C20	C25 及 C30	≥C35
露天或室内高湿度环境	板、墙、壳	35	25	15
	梁和柱	45	35	25

注：1. 处于室内正常环境中，由工厂生产的预制构件，当混凝土强度等级不低于 C20 时，其保护层厚度可按表中规定减小 5mm，但预制构件中的预应力钢筋（包括冷拔低碳钢丝）的保护层厚度不应小于 15mm；处于露天或室内高湿度环境的预制构件，当表面另做水泥砂浆抹面层且有质量保证措施时，保护层厚度可按表中室内正常环境中构件的数值采用；

2. 预制钢筋混凝土受弯构件，钢筋端头的保护层厚度宜为 10mm；预制的肋形板，其主肋的保护层厚度可按梁考虑；

3. 处于露天或室内高湿度环境中的结构，其混凝土强度等级不宜低于 C25。当非主要承重构件的混凝土强度等级采用 C20 时，其保护层厚度可按表中 C25 的规定值取用；

4. 板、墙、壳中分布钢筋的保护层厚度不应小于 10mm；梁、柱中箍筋和构造筋的保护层厚度不应小于 15mm；

5. 要求使用年限较长的重要建筑物和受沿海环境侵蚀的建筑物的承重结构，当处于露天或室内高湿度环境时，其保护层应适当增加；

6. 有防火要求的建筑物，其保护层厚度尚应符合国家现行有关防火规范的规定。

（四）混凝土结构体系及施工方法简介

1. 混凝土框架结构

混凝土框架结构是由混凝土梁和柱组成主要承重结构的体系。其优点是建筑平面布置灵活，可形成较大的空间，在公共建筑中应用较多。但框架结构属于柔性结构，抗水平荷载的能力较弱，而且事实证明其抗震性较差，因此其高度不宜过高，一般不宜超过 60m，且高度与房屋宽度之比不宜超过 5。

框架有现浇和预制装配之分。现浇框架目前多用组合式定型钢模现场进行浇筑，为了加快施工进度，梁、柱模板可预先整体组装然后进行安装。预制装配式框架多由工厂预制，用塔式起重机（轨道式或爬升式）或自行式起重机（履带式、汽车式起重机等）进行安装。装配式柱子的接头，有榫式、插入式、浆锚式等。接头要能传递轴力、弯矩和剪力。柱与梁的接头，有明牛腿式、暗牛腿式、齿槽式、整浇式等。可做成刚接（承接剪力和弯矩），也可做成铰接（只承受垂直剪力）。装配式框架接头钢筋的焊接非常重要，要注意焊接变形和焊接应力。混凝土框架结构见图 2-17（*a*）所示。

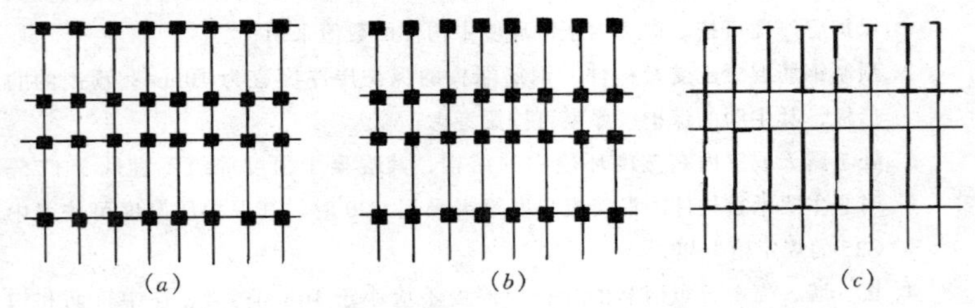

图 2-17　钢筋混凝土常规三大结构

（*a*）框架结构；（*b*）框架-剪力墙结构；（*c*）剪力墙结构

2. 混凝土剪力墙结构

混凝土剪力墙结构是利用建筑物的内墙和外墙构成剪力墙来抵抗水平力。剪力墙一般为钢筋混凝土墙，厚度不小于 14cm。这种体系的侧向刚度大，既可承受很大的水平荷载，也可承受很大的竖向荷载，但其主要荷载为水平荷载。高度不宜超过 150m。适于居住建筑和旅馆建筑，这类结构开间小，墙体多，变化少。剪力墙结构可以采用大模板或滑升模板进行浇筑。混凝土剪力墙结构如图 2-17（*c*）所示。

3. 混凝土框架-剪力墙结构

框架结构的建筑布置灵活，可形成大空间，但侧向刚度较差，抵抗水平荷载的能力较小；剪力墙结构侧向刚度大，抵抗水平荷载的能力较大，但建筑布置不灵活，难以形成较大的空间。

基于以上两种情况，将两者结合起来，取长补短，在框架的某些柱间布置剪力墙，与框架共同工作，这样就得到了一种承载水平荷载能力较大，建筑布置又较灵活的结构体系，即框架-剪力墙结构。在这种结构体系中，剪力墙可以是现浇钢筋混凝土墙板，也可以是预制钢筋混凝土墙板，还可以是钢桁架结构。这种结构的房屋高度一般不宜超过 120m，房屋的高宽比一般不宜超过 5。一般情况下，剪力墙如为现浇钢筋混凝土墙板，多用大模板或组合式钢模进行现场浇筑。框架部分以用组合式钢模板进行现场浇筑为宜。混凝土框架-剪力墙结构如图 2-17（*b*）所示。

4. 混凝土板柱结构

混凝土板柱结构是由混凝土柱和大型楼板构成主要承重结构的体系。通常可采用升板法施工，即先吊装柱，再浇筑室内地坪，然后以地坪为胎膜就地叠浇各层楼板和屋面板，待混凝土达到一定强度后，再在柱上安设提升机，以柱作为支承和导杆。当提升机不断沿着柱向上爬升时，即可通过吊杆将屋面板和各层楼板逐一交替地提升到设计标高，并加以固定。钢筋混凝土板柱结构如图 2-18 所示。

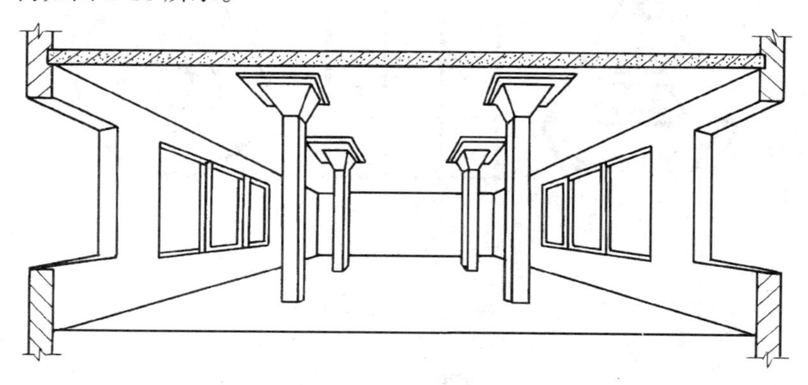

图 2-18　钢筋混凝土板柱结构

5. 混凝土筒体结构

混凝土筒体结构是由一个或几个筒体作为承重结构的高层建

筑结构体系。水平荷载主要由筒体承受，具有很大的空间刚度和抗震能力。采用这种结构体系，建筑布置灵活，单位面积的结构材料消耗量少，是目前超高层建筑的主要结构体系之一。该体系还可分为核心筒体体系（或称内筒体系）、框筒体系、筒中筒体系和成束筒体系。核心筒的内筒多为现浇的钢筋混凝土墙板结构，如高度很大用滑升模板施工较为适宜；筒中筒结构体系，如为钢筋混凝土结构，这种结构体系的建筑高度很大，用滑升模板施工是较好的施工方法。筒体结构见图 2-19 所示。

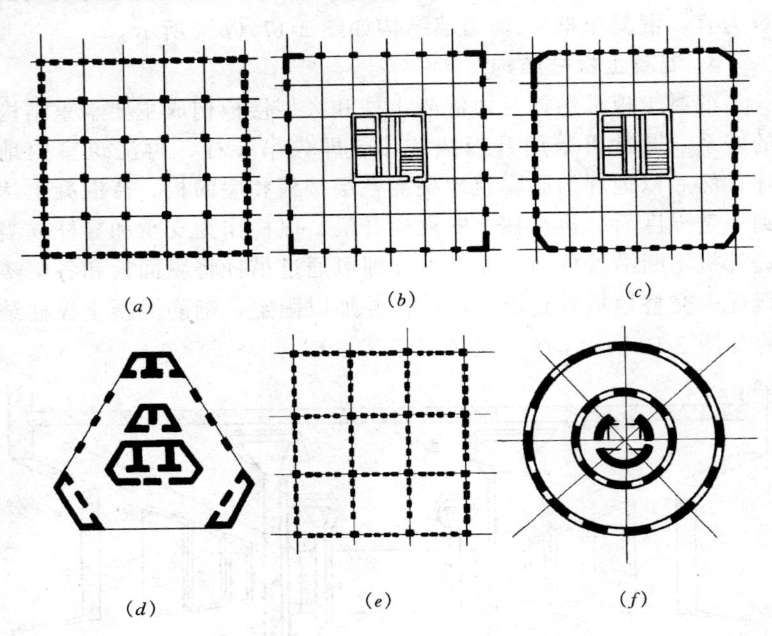

图 2-19　筒体结构

(*a*) 框筒；(*b*) 筒体-框架；(*c*) 筒中筒；(*d*) 多筒体；(*e*) 成束筒；(*f*) 多重筒

6. 混凝土大跨结构

跨度较大的混凝土结构，如桥梁、高大空间建筑等，一般采用预应力混凝土结构形式。

7. 混凝土单层厂房结构（图 2-20）

（1）排架结构：厂房中除了基础是在现场浇筑之外，柱、吊车梁、联系梁、屋架及屋面系统等都采用预制装配。

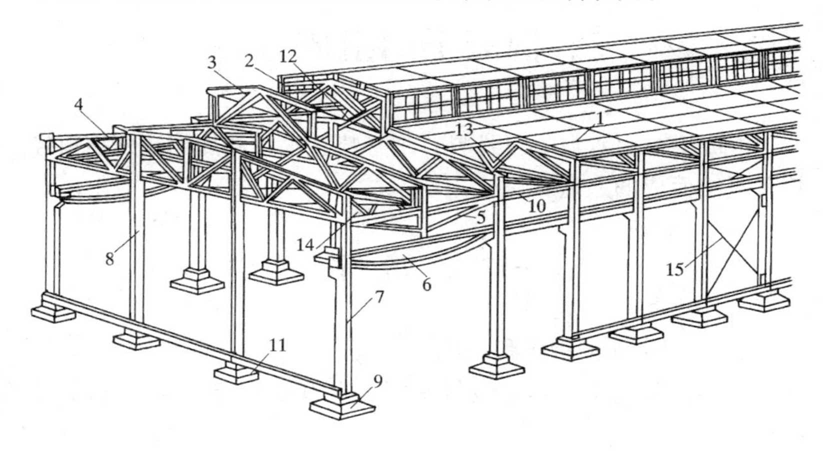

图 2-20　单层工业厂房的结构组成

1—屋面板；2—天沟板；3—天窗架 ；4—屋架 ；5—托架；6—吊车梁 ；7—排架柱 ；8—抗风柱；9—基础 ；10—连系梁；11—基础；12—天窗架垂直支撑；13—屋架下弦纵向水平支撑；14—屋架端部垂直支撑 ；15—柱间支撑

（2）刚架结构：梁、柱均采用整体现浇。

复　习　题

1. 什么叫荷载？荷载分为哪几类？
2. 钢筋与混凝土为何能共同工作？
3. 影响钢筋在混凝土中的保护层厚度的因素有哪些？
4. 钢筋混凝土的结构施工方法分为哪几类？各有何优缺点？
5. 钢筋混凝土结构的结构形式有哪几种？

三、混凝土的组成材料

混凝土是由水泥、粗骨料、细骨料、水及外加剂或外掺料经拌和凝结而成的人造石。

（一）常 用 水 泥

1.常用水泥的种类和组成

(1) 硅酸盐水泥：硅酸盐水泥的各矿物组成和含量参见表3-1。

硅酸盐水泥的各矿物组成和含量　　表3-1

组　成	C_3S	C_2S	C_3A	C_4AF
含量（%）	37～60	15～37	7～15	18～18
性　质	快	慢	最快	快
	大	小	最大	中
	高	早期低、后期高	低	低

(2) 普通硅酸盐水泥（简称普通水泥）：由于普通水泥是由硅酸盐水泥熟料和少量混合材料组成，所以各项性能都与硅酸盐水泥相近。

(3) 矿渣硅酸盐水泥（简称矿渣水泥）：是由硅酸盐水泥熟料和粒化高炉矿渣，加入适量石膏磨细制成的水硬性胶凝材料。按重量计，水泥中粒化高炉矿渣为20%～70%。

(4) 火山灰质硅酸盐水泥（简称火山灰水泥）：是由硅酸盐水泥和火山灰质混合料，加入适量石膏磨细制成的水硬性胶凝材料。按重量计，火山灰质材料掺量为20%～50%。

(5) 粉煤灰硅酸盐水泥（简称粉煤灰水泥）：是由硅酸盐水泥熟料和粉煤灰加入适量石膏磨细制成的水硬性胶凝材料，按重量计，水泥中加入粉煤灰为20%～40%。

2. 水泥的强度等级及各龄期的抗压和抗折强度

水泥的强度等级及各龄期的抗压和抗折强度见表3-2。

水泥的强度等级及各龄期的抗压和抗折强度（MPa）　表3-2

水泥品种	强度等级	抗压强度		抗折强度	
		3d	28d	3d	28d
硅酸盐水泥	42.5	17.0	42.5	3.5	6.5
	42.5R	22.0	42.5	4.0	6.5
	52.5	23.0	52.5	4.0	7.0
	52.5R	27.0	52.5	5.0	7.0
	62.5	28.0	62.5	5.0	8.0
	62.5R	32.0	62.5	5.5	8.0
普通水泥	32.5	11.0	32.5	2.5	5.5
	32.5R	16.0	32.5	3.5	5.5
	42.5	16.0	42.5	3.5	6.5
	42.5R	21.0	42.5	4.0	6.5
	52.5	22.0	52.5	4.0	7.0
	52.5R	26.0	52.5	5.0	7.0
矿渣硅酸盐水泥 火山灰质硅酸盐水泥 粉煤灰硅酸盐水泥	32.5	10.0	32.5	2.5	5.5
	32.5R	15.0	32.5	3.5	5.5
	42.5	15.0	42.5	3.5	6.5
	42.5R	19.0	42.5	4.0	6.5
	52.5	21.0	52.5	4.0	7.0
	52.5R	23.0	52.5	4.5	7.0

注：带R为早强型，不带R为普通型。

3. 水泥的凝结硬化条件

水泥的凝结硬化是一个不可分割的连续而复杂的物理化学过程。其中包括化学反应（水化）及物理化学作用（凝结硬化）。水泥的水化反应过程是指水泥加水后，熟料矿物和掺入水泥熟料中的石膏与水发生一系列化学反应。水泥的凝结硬化机理比较复杂，一般解释为水化是水泥产生凝结硬化的必要条件，而凝结硬化是水泥水化的结果。混凝土硬化强度的增长的三大条件就是一定的时间、温度和湿度条件。

4. 水泥的凝结时间、水化热和安定性

凝结时间分为初凝和终凝时间。初凝时间是从水泥加水拌和起，至水泥浆开始失去塑性所需的时间。终凝时间是从水泥加水拌和起，至水泥浆完全失去塑性并开始产生强度所需的时间。水泥凝结时间在施工中有重要意义，初凝时间不宜过短，终凝时间不宜过长。硅酸盐水泥初凝时间不得早于45min，终凝时间不得迟于6.5h；普通水泥初凝时间不得早于45min，终凝时间不得迟于10h。水泥初凝时间不合要求，该水泥不能用于工程；终凝时间不合要求，视为不合格。水泥的水化热是水化过程中放出的热量。水化热主要在早期释放，后期逐渐减少。体积安定性是指水泥在硬化过程中，体积变化是否均匀的性能。水泥安定性不良会导致构件（制品）产生膨胀性裂纹或翘曲变形，造成质量事故。安定性不合格的水泥不可用于工程。

5. 常用水泥的主要特性、适用范围和选用

常用水泥的主要特性适用范围和选用参见表3-3。

常用水泥的主要特性和适用范围 表3-3

水泥种类	硅酸盐水泥	普通硅酸盐水泥	矿渣硅酸盐水泥	火山灰质硅酸盐水泥	粉煤灰硅酸盐水泥
密度 (g/cm^3)	3.0～3.15	3.0～3.15	2.8～3.1	2.8～3.1	2.8～3.1
堆积密度 (kg/m^3)	1000～1600	1000～1600	1000～1200	900～1000	900～1000

续表

水泥种类	硅酸盐水泥	普通硅酸盐水泥	矿渣硅酸盐水泥	火山灰质硅酸盐水泥	粉煤灰硅酸盐水泥
主要特性	1. 早期强度较高，凝结硬化快；2. 水化热较大；3. 耐冻性好；4. 耐热性较差；5. 耐腐蚀及耐水性较差	1. 早期强度较高；2. 水化热较大；3. 耐冻性较好；4. 耐热性较差；5. 耐腐蚀及耐水性较差	1. 早期强度低，后期强度增长较快；2. 水化热较小；3. 耐热性较好；4. 耐热性较差；5. 耐腐蚀及耐水性较差	1. 早期强度低，后期强度增长较快；2. 水化热较小；3. 耐热性较差；4. 耐硫酸盐侵蚀和耐水性较好；5. 抗冻性较差；6. 干缩性较大；7. 抗渗性较好；8. 抗碳化能力差	1. 早期强度低，后期强度增长较快；2. 水化热较小；3. 耐热性较差；4. 耐硫酸盐侵蚀和耐水性较好；5. 抗冻性较差；6. 干缩性较小；7. 抗碳化能力差
适用范围	适用快硬早强的工程、配制高强度混凝土	适用于制造地上、地下及水中的混凝土、钢筋混凝土及预应力钢筋混凝土结构，包括受反复冰冻的结构。也可配制高强度混凝土及早期强度要求高的工程	1. 适用于高温车间和有耐热、耐火要求的混凝土结构；2. 大体积混凝土结构；3. 蒸汽养护的混凝土结构；4. 一般地上、地下和水中混凝土结构；5. 有抗硫酸盐侵蚀要求的一般工程	1. 适用于大体积混凝土工程；2. 有抗渗要求的工程；3. 蒸汽养护的混凝土构件；4. 可用于一般混凝土结构；5. 有抗硫酸盐侵蚀要求的一般工程	1. 适用于地上、地下水中及大体积混凝土工程；2. 蒸汽养护的混凝土构件；3. 可用于一般混凝土工程；4. 有抗硫酸盐侵蚀要求的一般工程

续表

水泥种类	硅酸盐水泥	普通硅酸盐水泥	矿渣硅酸盐水泥	火山灰质硅酸盐水泥	粉煤灰硅酸盐水泥
不适用范围	1. 不宜用于大体积混凝土工程； 2. 不宜用于受化学侵蚀、压力水（软水）作用及海水侵蚀的工程	1. 不适用于大体积混凝土工程； 2. 不宜用于受化学侵蚀、压力水（软水）作用及海水侵蚀的工程	1. 不适用于早期强度要求较高的工程； 2. 不适用于严寒地区并处在水位升降范围内的混凝土工程	1. 不适用于处在干燥环境的混凝土工程； 2. 不宜用于耐磨性要求高的工程； 3. 其他同矿渣硅酸盐水泥	1. 不适用于有抗碳化要求的工程； 2. 其他同矿渣硅酸盐水泥

6. 水泥的保管

储存水泥要严格防水、防潮，保持干净；临时露天存放，要下垫上盖；按厂别、品种、强度等级、批号、出厂日期严格分开堆码。水泥储存期一般为三个月，快硬水泥为一个月，过期要取样试验，按试验结果的强度等级使用。

（二）特种水泥的技术特性及用途

1. 快硬硅酸盐水泥（简称快硬水泥）

特性是凝结硬化快，初凝不早于 45min，终凝不迟于 10h，早期强度增长快，1 天强度可达 20MPa 以上，3 天可达标准强度（故以 3 天强度划分强度等级）。主要用于要求早期强度高的工程，如紧急检修工程、冬期施工的工程以及某些预应力混凝土构件。

2. 快凝快硬硅酸盐水泥（简称特快硬水泥）

特性是强度发展极快，12h 即可达到标准强度。适用于对早期强度有特殊要求的工程，如紧急检修工程、国防工程和预应力混凝土构件。

3．高铝水泥（又称矾土水泥）

主要成分是铝酸三钙。其特性是硬化快，早期强度高，3h可达标准强度；水化热高，耐腐蚀性优于硅酸盐水泥；抗渗性、耐热性和抗冻性较高。适用于要求快硬早强的工程、冬期施工的工程及配制耐热混凝土、耐酸砂浆等，但不适用于体积厚大的混凝土和蒸汽养护的混凝土工程。高铝水泥不能与硅酸盐类水泥、石灰混合使用或任意掺用混合料。硬化温度应保持在4～25℃。

4．大坝水泥

特性是水化热较低，抗冻性、耐腐蚀性较高，具有一定的抗硫酸盐侵蚀的能力。适用于大坝溢流面或其他大体积水工建筑物、水位变动区域的覆面层等；要求具有较低水化热和较高抗冻性、耐磨性的部位。适用于清水或含有较低硫酸盐类侵蚀介质的水工工程。

5．自应力水泥

自应力水泥包括硅酸盐自应力水泥（制管用）和铝酸盐自应力水泥两种。前者以适当比例的425等级以上的普通硅酸盐水泥、高铝水泥和天然二水石膏磨制而得的膨胀性的水硬性胶凝材料。后者以一定量的高铝水泥熟料和二水石膏磨细而成的水硬性膨胀胶凝材料。主要用于自应力钢筋（钢丝网）混凝土压力管。

6．膨胀水泥

我国目前生产的膨胀水泥品种有硅酸盐膨胀水泥、石膏矾土膨胀水泥、无收缩性不透水水泥、膨胀性不透水水泥、快凝膨胀水泥、自应力水泥等。它们的共同特点是硬化后体积不收缩或略有膨胀，并在一定的水压下不透水，适用于修补和加固修补、固定地脚螺栓、接缝及喷射防水层。

7．道路水泥

主要用于高速公路、大桥、码头、机场道路等，其耐摩擦性、耐冲击性及耐候性很强。

（三）混凝土外加剂的作用及应用

1. 外加剂的种类

常用外加剂有减水剂、早强剂、引气剂、缓凝剂、防冻剂。

2. 外加剂的作用和应用

（1）减水剂：混凝土减水剂是指在保持混凝土稠度不变的条件下，具有减水增强作用的外加剂。常用减水剂有：木钙粉、NNO 减水剂、MF 减水剂等。

（2）早强剂：混凝土早强剂是指能提高混凝土早期强度，并对后期强度无显著影响的外加剂。用于检修工程和冬期施工。常见的有 NaCl、$CaCl_2$、Na_2SO_4 等。

（3）引气剂：引气剂是在混凝土搅拌过程中，能引入大量分布均匀的微小气泡，以减少拌和物泌水离析、改善和易性，同时显著提高硬化混凝土抗冻耐久性的外加剂。常见的有松香热聚物和松香酸钠等。

（4）缓凝剂：混凝土缓凝剂是指延缓混凝土凝结时间，并对后期强度发展无不利影响的外加剂。大体积混凝土，高温季节或长距离运输时采用。常见的有糖蜜、木质素磺酸钙、硼酸和柠檬酸等。

（5）防冻剂：混凝土防冻剂主要用于混凝土冬期施工，能使混凝土在负温下硬化，并在规定时间内达到足够的强度。

3. 混凝土外加剂质量标准

混凝土外加剂的质量是由掺入外加剂后混凝土的性能来评定的。外加剂匀性指标见表 3-4。

混凝土外加剂匀质性指标　　表 3-4

项　目	控 制 偏 差
含固量或含水量	1. 对液体外加剂，应在生产厂所控制值的 3%之内 2. 对固体外加入，应在生产厂所控制值的 5%之内

续表

项　目	控制偏差
密度	对固体外加剂，应在生产厂所控制值的±2%之内
氯离子含量	应在生产厂所控制值相对量的5%之内
水泥净浆流动量	应不小于生产厂控制值的95%

（四）粉煤灰在混凝土中的应用

粉煤灰又称烟灰，是以煤粉为燃料的电厂排放的工业废渣。煤粉在炉膛中燃烧，绝大部分可燃物都在炉膛内燃尽，剩下了很细颗粒的不可燃杂质，再加上一部分未燃尽的含碳物质成为废物被排放出来，这就是粉煤灰。

1. 粉煤灰的性质

（1）粉煤灰的品质指标的分类

粉煤灰的分级及其品质指标　　表3-5

序号	指　标	粉煤灰级别		
		Ⅰ	Ⅱ	Ⅲ
1	细度(0.08mm方孔筛筛余(%))不大于	5	8	25
2	烧失量（%）不大于	5	6	15
3	需水量比（%）不大于	95	105	115
4	SO_3含量（%）不大于	3	3	3
5	含水率（%）不大于	1	1	—

（2）粉煤灰的化学成分及物理性质

粉煤灰属于活性混合材料，是一种典型的人工火山灰质材料，其中SiO_2（二氧化硅）及Al_2O_3（三氧化二铝）占大多数。粉煤灰中含大量的玻璃体物质，大部分颗粒很细，比水泥更细。基本物理性质：干密度550～650kg/m^3，孔隙率60%～70%，细度4900孔/cm^2。

2. 粉煤灰在混凝土中的作用

(1) 强度等级：影响水泥强度的因素很多，除水泥的活性外，主要与粉煤灰的质量及掺量有关，其中又以粉煤灰的细度最为重要。经过试验得出的结论是：掺粉煤灰的混凝土早期强度低，后期高。当掺入30%不同细度的粉煤灰时，其细度越细，标准稠度需水量越少，强度等级越高。

(2) 和易性好：掺粉煤灰的混凝土，和易性比普通混凝土好，具有较大的坍落度和良好的工作性能。

(3) 抗渗性好：掺入粉煤灰后，混凝土在硬化过程中，能生成难溶于水的水化硅酸钙和水化铝酸钙。因此，掺入适量合格的粉煤灰混凝土具有较好的抗渗性能。

(4) 耐久性能好：掺入粉煤灰的混凝土，由于水泥水化生成的氢氧化钙为不溶性化合物，因而增大了抗硫酸盐侵蚀的能力。

(5) 水化热低：由于用粉煤灰置换了一部分的水泥，混凝土在硬化过程中产生水化热的速度将得到缓和，单位时间内的发热量减少了。

3. 粉煤灰的使用范围

粉煤灰适用于一般工业与民用建筑的混凝土和钢筋混凝土、蒸汽养护的混凝土及其制品，特别适用于地下工程、水工工程、大体积混凝土工程和泵送混凝土等。

(五) 细　骨　料

1. 砂的表观密度和分类

砂按产地不同，可分为河砂、海砂和山砂；按直径不同划分为三种，粗砂平均直径不小于0.5mm，中砂平均直径不小于0.35mm，细砂平均直径不小于0.25mm。砂的密度一般为2.6～2.7g/cm^3。干燥状态下，堆积密度一般约为1500kg/m^3。

2. 砂的颗粒级配

砂的颗粒级配表示大小颗粒砂的搭配情况，混凝土或砂浆中的空隙是由水泥浆来填充的，为达到节约水泥和提高强度，应尽量减少砂粒之间的空隙。良好的级配应有较多的粗颗粒，同时配有适当的中颗粒及少量细颗粒填充其空隙。

3. 砂的质量要求和保管

砂的质量应附有质量证明书，包括含泥率，筛分析，轻物质、云母、硫化物、硫酸盐含量等。砂的保管要分规格堆放，防止脏物污水、人踏车碾造成损失，有的地区应防止风吹散失。

（六）粗　骨　料

1. 石子的表观密度和分类

石子分为卵石和碎石，按粒径分：5～10mm、5～16mm、5～20mm、5～25mm、5～31.5mm、5～40mm。石子的表观密度一般为2.5～2.7g/cm^3。处于气干状态时，堆积密度一般为1400～1500kg/m^3。

2. 石子的质量要求

混凝土用的卵石或碎石粒径的上限，称为该粒径的最大粒径。石子粒径大，其表面积随之减少。因此保证一定厚度的润滑层所需的水泥砂浆的数量也相应减少，所以石子最大粒径在条件许可下，应尽量选用大些的。但石子粒径的选用，取决于构件截面尺寸和配筋的疏密。石子最大颗粒尺寸不得超过结构截面最小尺寸的1/4，同时不得大于钢筋最小净距的3/4，对板类构件不得超过板厚的1/2。

（七）水

配制混凝土的水应是干净的饮用水。一般应用干净的自来水或淡河水，工业废水不得使用，海水也应限制使用，以免钢筋锈蚀或使混凝土抗冻性降低。

复　习　题

1．建筑工程中常用的五大种水泥是哪些？

2．硅酸盐水泥的主要成分有哪些？

3．混凝土是由哪些材料组成的？

4．混凝土的常用外加剂有哪些？

5．对混凝土中的砂、石、水有何要求？

6．粉煤灰在混凝土中有何作用？

四、混凝土的基本知识

（一）混凝土的组成和分类

1. 混凝土的组成

混凝土是由胶结材料、骨料和水按一定比例配制，经搅拌振捣成型，在一定条件下养护而成的人造石材。混凝土具有原料丰富、价格低廉、生产工艺简单的特点，同时混凝土还具有抗压强度高、耐久性好、强度等级范围宽，在各种工程建设中作为重要的建筑材料广泛使用。

2. 混凝土的分类

混凝土的类型日益增多，它们的性能和应用也各不相同。混凝土的类型主要有：

（1）按胶结材料分类

1）无机胶结材料混凝土：水泥混凝土、石膏混凝土、水玻璃混凝土等。

2）有机胶结材料混凝土：沥青混凝土、聚合物混凝土等。

3）无机与有机复合胶结材料混凝土：聚合物水泥混凝土、聚合物浸渍混凝土。

（2）按混凝土的结构分类

1）普通结构混凝土：以碎石或卵石、砂、水泥和水制成的混凝土为普通混凝土。

2）细粒混凝土：由细骨料和胶结材料制成，主要用于制造薄壁构件。

3）大孔混凝土：由粗骨料和胶结材料制成。骨料外包胶结材料，骨料彼此以点接触，骨料之间有较大的空隙。主要用于墙体内隔层等填充部位。

4）多孔混凝土：这种混凝土无粗细骨料，全由磨细的胶结材料和其他粉料加水拌成的料浆，用机械方法或化学方法使之形成许多微小的气泡后再经硬化制成。

（3）按表观密度分类

1）特重混凝土：表观密度大于 2500kg/m^3。主要用于防辐射工程的屏蔽材料。

2）重混凝土：表观密度在 1900～2500kg/m^3 之间，主要用于各种承重结构。

3）轻混凝土：表观密度在 500～1900kg/m^3 之间，包括轻骨料混凝土（表观密度在 800～1900kg/m^3）和多孔混凝土（表观密度在 500～800kg/m^3），主要用于承重结构和承重隔热制品。

4）特轻混凝土：表观密度在 500kg/m^3 以下的多孔混凝土和用特轻骨料（加膨胀珍珠岩、膨胀蛭石、泡沫塑料等）制成的轻骨料混凝土，主要用作保温隔热材料。

（4）按用途分类

主要有结构用混凝土、耐酸混凝土、耐碱混凝土、耐热混凝土、防护混凝土、道路混凝土、大坝混凝土、收缩补偿混凝土、装饰混凝土等。

此外，随着混凝土的发展和工程的需要，还出现了膨胀混凝土、加气混凝土、纤维混凝土等各种特殊功能的混凝土。

随着混凝土应用范围的不断扩大，混凝土的施工机械也在不断发展。泵送混凝土、商品混凝土以及新的施工工艺给混凝土施工带来很大的方便。

本书中主要讲述以水泥为胶结材料的普通混凝土。

（二）混凝土的主要技术性质

在混凝土建筑物中，由于各个部位所处的环境不同，工作条件也不相同，对混凝土性能的要求也不一样，故必须根据具体情况，采用不同性能的混凝土，达到在满足性能要求的前提下，经济效益显著的目的。新拌制的混凝土拌和物应具有施工所要求的工作性，硬化后的混凝土要能满足设计强度和耐久性的要求。

1.混凝土拌和物的工作性

工作性是指混凝土拌和物在一定施工条件下，便于操作并能获得质量均匀而密实的性能。工作性是一项综合性指标，包括流动性、粘聚性及保水性三方面的含义。

流动性是指混凝土拌和物在自重或机械振动作用下能产生流动，并均匀、密实地填满模板的性能。流动性的大小反应拌和物的稠稀，它影响施工难易及混凝土质量。

粘聚性是指混凝土拌和物中各种组成材料之间有较好的粘聚能力，在运输和浇筑过程中，不致产生分层离析，使混凝土保持整体均匀的性能。粘聚性差的拌和物中水泥浆或砂浆与石子易分离，混凝土硬化后会出现蜂窝、麻面、空洞等不密实现象。严重影响混凝土质量。

保水性是指混凝土拌和物保持水分，不易产生泌水的性能。保水性差的拌和物在浇筑过程中，由于部分水分从混凝土内析出，形成渗水通道；浮在表面的水分，使上、下两混凝土浇筑层之间形成薄弱的夹层；部分水分还会停留在石子及钢筋的下面形成水囊或水膜，降低水泥浆与石子及钢筋的胶结力。这些都将影响混凝土的密实性，从而降低混凝土的强度和耐久性。

2.工作性的测定和坍落度的选择

工作性是一项综合性指标，通常采用测定混凝土拌和物的流动性的同时，以直观经验评定粘聚性和保水性，来评价混凝土拌和物的工作性。混凝土拌和物流动性不同，其工作性的评定方法也不同。流动性大的可采用坍落度法；流动性小的可用维勃度法。

（1）坍落度法

混凝土拌和物坍落度用坍落度筒来测定，将混凝土拌和料分三次装入坍落度筒中，每次装料约1/3筒高，用捣棒捣插25下，刮平后，将筒垂直提起，测定拌和物由于自重产生坍落的毫米数，称为坍落度（见图4-1）。坍落度越大，表示混凝土拌和物的流动性越大。

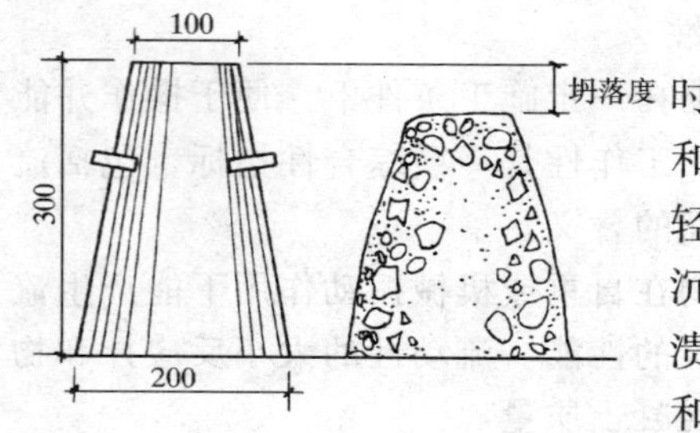

图4-1　混凝土拌和物坍落度的测定

在测定坍落度时，还需同时观察混凝土拌和物的粘聚性和保水性；提起坍落度筒后，轻拍混凝土侧面，不是均匀下沉，而是突然倒塌或部分崩溃、石子掉落，则为混凝土拌和物的粘聚性不良。如果有水析出，说明保水性较差。

坍落度筒测定流动性的方法，只适用于粗骨料粒径小于40mm，坍落度值不小于10mm的混凝土拌和物。

根据混凝土拌和物坍落度的大小将混凝土分为干硬性混凝土（坍落度小于10mm），塑性混凝土（坍落度10～90mm），流动性混凝土（坍落度100～150mm），大流动性混凝土（坍落度大于或等于160mm）。

（2）维勃稠度（VB）法

如图4-2所示，将混凝土拌和物按规定方法装入维勃稠度仪截头圆锥筒中，然后提起锥筒，并将一定质量的透明圆盘放在混凝土顶面上，开动振动台，拌和物在维勃稠度仪的容器内被振动摊平，使圆盘与混凝土完全接触所需的时间（以秒计），称为维勃稠度。维勃稠度值越大，表示混凝土拌和物越干稠。此法适用于粗骨料最大粒径小于40mm，维勃稠度值在5～30s之间的混凝土拌和物。

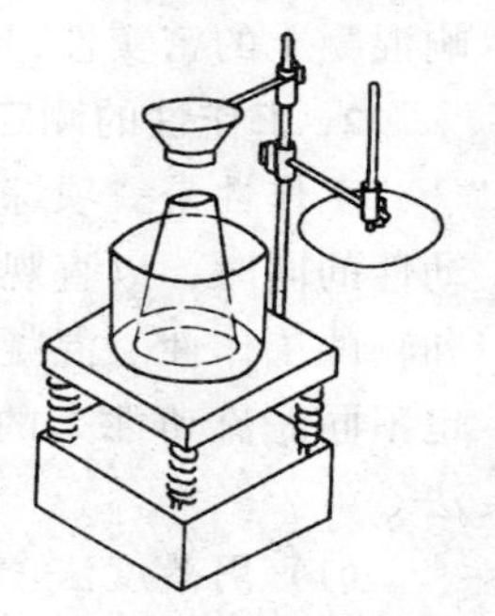

图4-2　维勃稠度仪

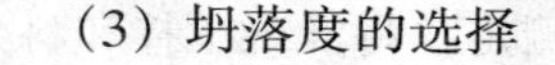

（3）坍落度的选择

选择混凝土拌和物的坍落度，关系到混凝土的施工质量和水泥用量。坍落度大的混凝土，施工比较容易，但水泥用量较多；坍落度小的混凝土，能节约水泥，但施工较为困难。选择的原则应是在保证施工质量的前提下，尽可能选用较小的坍落度。

混凝土的坍落度应根据建筑物的特征，钢筋含量、运输距离、浇筑方法及气候条件等因素决定。对于结构断面较小，钢筋含量较多的建筑物，应选用坍落度较大的混凝土；对于大体积素混凝土及少筋混凝土，可选用坍落度较小的混凝土。混凝土在浇筑地点的坍落度可按表 4-1 选用。

混凝土灌注时的坍落度 **表 4-1**

项次	结　构　种　类	坍落度（mm）
1	基础或地面的垫层 无配筋的厚大结构（挡土墙、基础或厚大的块体等）或配筋稀疏的结构	10～30
2	板、梁和大型及中型截面的柱子等	30～50
3	配筋密集的结构（薄壁、斗仓、筒仓、细柱等）	50～70
4	配筋特密的结构	70～90

注：有温控要求或低温季节浇筑混凝土时，混凝土的坍落度可根据具体情况酌量增减。

表 4-1 中所列的坍落度数值适合于春、秋两季施工选用。夏季施工时，由于温度高。水分蒸发快，坍落度应根据具体情况适当提高；冬季施工时，可适当降低。在拌和机出口处的坍落度应根据具体情况，加大 10～30mm，以便混凝土运至浇筑地点仍能保持所要求的坍落度。当采用泵送混凝土时，混凝土拌和物的最小坍落度不低于 100mm；当采用混凝土运输罐车运送时，坍落度应选择在 60～100mm 之间。

3. 影响混凝土拌和物工作性的主要因素

影响混凝土拌和物工作性的因素很多，其中主要有水泥浆用量、水灰比、砂率、水泥品种与性质、骨科的种类与特征、外加剂、施工时的温度和时间等。

（1）水泥浆用量

在混凝土拌和物中，骨料本身是干涩而无流动性的。拌和物的流动性或可塑性来源于水泥浆。水泥浆填充骨料颗粒之间的空隙，并包裹骨料，在骨料颗粒表面形成浆层。这种浆层的厚度越大，骨料颗粒相对移动的阻力就越小，因此混凝土拌和物中水泥浆的含量越多，其流动性就越大。但若水泥浆过多，超过骨料表面的包裹限度，就会出现流浆现象，这既浪费水泥又降低混凝土的性能；如水泥浆过少，达不到包裹骨料表面和填充空隙的目的，就会产生崩塌现象，使粘聚性变差，流动性降低，还会使混凝土的强度和耐久性降低。在混凝土拌和物中水泥浆的数量以满足流动性要求为宜。

（2）水泥浆的稠度

水泥浆的稀稠取决于用水量与水泥用量的重量比（水灰比）。在水泥浆稀稠程度不变，即水灰比一定时，增加水泥浆含量，混凝土拌和物的流动性增大。若水灰比小，水泥浆较稠，混凝土拌和物的流动性就小，粘聚性和保水性均较好。若水灰比过小，水泥浆太稠，拌和物流动性过低，用一般的施工方法，则很难成型密实。若水灰比过大，水泥浆太稀，则混凝土拌和物粘聚性及保水性变差。为了使混凝土具有良好的性能，所采用的水灰比不能过大或过小。在实际工程中，要注意必须保持水灰比不变，在增加用水量的同时，相应增加水泥用量，否则将降低混凝土的质量。故应在保证混凝土强度和耐久性的前提下，合理选用水灰比。

（3）砂率的影响

砂率是指砂的用量占砂石总用量的百分率。在混合料中，砂是用来填充石子的空隙。在水泥浆一定的条件下，若砂率过大，则骨料的总表面积及空隙率增大，混凝土拌和物就显得干稠，流动性小。如要保持一定的流动性，则要多加水泥浆，增大水泥用量。若砂率过小，砂浆量不足，不能在粗骨料的周围形成足够的砂浆层起润滑和填充作用，也会降低混合物的流动性，同时会使粘聚性，保水性变差，使混凝土混合物显得粗涩，粗骨料离析，水泥浆流失，甚至出现溃散现象。因此，砂率既不能过大，也不能过小，应通过计算，查表或试验找出最佳（合理）砂率。如图4-3、图4-4所示。

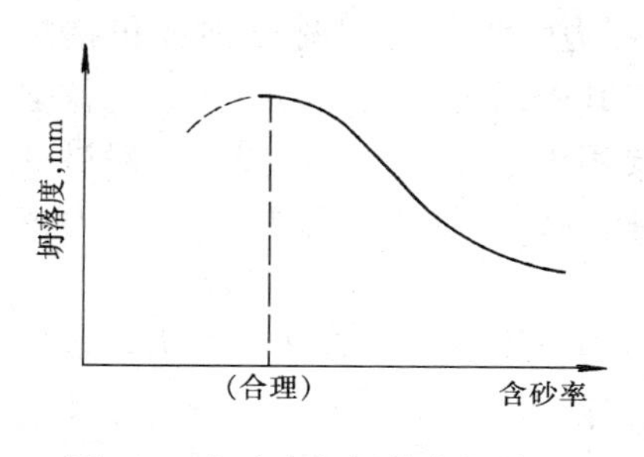

图 4-3　含砂率与坍落度的关系
（水与水泥用量为一定）

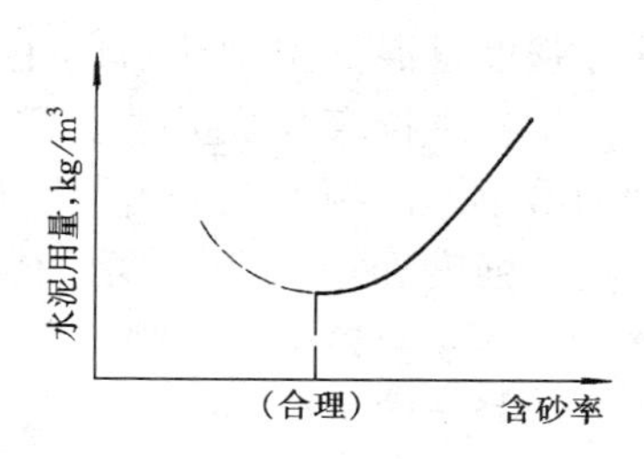

图 4-4　含砂率与水泥用量的关系
（坍落度一定）

（4）骨料的种类与特征

在混凝土配合比相同的情况下，使用表面粗糙且多棱角的砂、石时，拌和物的和易性较差。因此，采用多棱角的碎石时，应增大砂率和相应的水泥浆用量（用水量）。采用级配不好的砂、石，其空隙率大，在同样配合比的情况下，混凝土拌和物易产生离析，粘聚性及保水性能均较差。因此尽量采用表面光滑、颗粒近似圆形，级配良好的骨料（卵石）拌制混凝土。

（5）其他影响因素

除上述影响因素外，水泥品种、施工时的温度和时间、外加剂等，都对混凝土拌和物的工作性有一定影响。硅酸盐水泥及普通水泥拌制的混凝土，其流动性较大，粘聚性及保水性较好；矿渣水泥拌制的混凝土拌和物，其粘聚性和保水性均较差。在混凝土中加入适量的引气剂或减水剂，可以减少拌和物的离析和泌水，从而提高粘聚性和保水性，并显著提高流动性，大大地改善混凝土拌和物的工作性。

混凝土拌和料的工作性还与施工时的温度和时间有关。拌和物拌制后，随时间延长，流动性减小；温度越高，水分丢失越快，坍落度损失越大。尤其是掺减水剂的混凝土，要注意混合物的坍落度损失。

4. 混凝土强度

强度是混凝土硬化后的主要力学性能。混凝土强度包括抗压、抗拉、抗弯及抗折强度等。其中以抗压强度为最大，抗拉强度为最小。混凝土在工程中主要用于承受压力，所以，一般讲的混凝土强度即指抗压强度，结构设计、施工都以抗压强度为依据。下面主要讨论抗压强度。

混凝土的抗压强度是指在压力作用下抵抗破坏的能力。抗压强度分为立方体抗压强度，棱柱体抗压强度，常用的是立方体抗压强度。

（1）立方体抗压强度（$f_{cu,k}$）

混凝土抗压强度的大小是以强度等级来表示的。混凝土强度等级按立方体抗压强度标准值（$f_{cu,k}$）划分。立方体抗压强度标准值系指按标准方法制作的边长为150mm的立方体试件，在标准环境中，经28d养护，采用标准的测试方法测得的抗压强度值称为混凝土立方体试件抗压强度。按其值的大小分为C7.5、C10、C15、C20、C25、C30、C35、C40、C45、C50、C55及C60等12个混凝土强度等级。

（2）影响混凝土抗压强度的主要因素

混凝土是由几种材料组合在一起的复合材料，需要经过一定的施工工艺才能达到一定强度。所以影响混凝土强度的因素很多，但从混凝土的破坏情况分析，影响强度的主要因素是水泥的强度、水灰比、骨料的性质、养护条件和龄期等。施工方法和施工质量也有较大的影响。

1）水泥强度：混凝土的强度主要取决于水泥石的强度及其与骨料间的粘结力。而水泥石的强度及其与骨料间的粘结力，又取决于水泥的强度及水灰比的大小。因此，在其他条件相同时，水泥强度等级越高，则混凝土的强度越高。

2）水灰比：当采用的水泥品种及等级确定后，混凝土的强度则随水灰比的增大而有规律的降低。水泥水化所需的化学结合水，约占水泥重量的25%左右，但为了满足施工要求的流动性，常加入较多的水。通常配制塑性混凝土的用水量为水泥重量的40%～80%，即水灰比为0.40～0.80，这些多余的水分不仅使水泥浆变稀，降低其粘结力，且在混凝土硬化后水分蒸发形成孔隙，缩小了有效受力面积，使其强度降低。因此，在一定范围内水灰比越大，混凝土的强度越低。

3）骨料的种类及性质：骨料的表面特征与水泥石的粘结力关系很大，当其他条件相同时，表面粗糙且多棱角的砂、石与水泥的结合力强；而表面光滑的砂、石与水泥结合力较弱，所以用碎石拌制的混凝土强度较卵石混凝土高；当砂、石中含有较多的杂质，砂石本身的强度较低时，拌制的混凝土强度较低；砂、石级配良好，砂率适中时，因能组成坚强的骨架，制成的混凝土的强度较高。

4）养护的湿度和温度：混凝土强度的发展，靠水泥的不断水化，水泥水化必须在一定的温度和湿度环境下进行。在混凝土浇筑后的一段时间内，必须保证其水化所需要的温度和湿度。

养护对混凝土的强度影响很大，在干燥的环境中，混凝土中水分将急剧的蒸发，若混凝土内的水分蒸发完毕，水泥水化即停止，混凝土强度也就不再上升。温度对混凝土的强度影响也很大，温度高，水化速度快，在一定温度范围内，温度越高，强度发展越快。故在混凝土制品厂，常用蒸汽养护的方法加速混凝土制品强度的发展。在低温时，强度发展缓慢，当温度降至冰点以下，不但水化基本停止，并且有冰冻破坏的危险。所以混凝土浇筑后必须加强养护，保持适当的温度和湿度，保证混凝土强度的不断发展。

5）养护龄期：混凝土在正常养护条件下，其强度随龄期增长的规律与水泥是一致的。混凝土强度在最初3～7d内增长较快，以后逐渐缓慢，28d后强度增长更慢，但增长过程可延续几十年。一般以28d龄期的强度作为设计强度值。

6）外加剂：混凝土中掺入外加剂，可明显的改善混凝土的性能。如混凝土中掺入减水剂，在其他条件不变的情况下，可以减少混凝土拌和物的用水量，从而减小了水灰比，使混凝土强度得到明显的提高。加入早强剂可大幅度地提高混凝土的早期强度。掺入缓凝剂可减缓水泥的水化速度，使混凝土的初期强度有所降低。

影响混凝土强度的因素除上述外，施工方法和施工质量对其影响也很大，尤其是施工过程中的振捣工艺，明显地影响着混凝土的均匀性、密实性和硬化后的强度及耐久性。

5. 混凝土的耐久性

混凝土的耐久性包括混凝土在使用条件下经久耐用的性能，如抗渗性、抗冻性、抗侵蚀性及抗碳化性等，通称为混凝土的耐久性。

（1）混凝土的抗渗性

混凝土的抗渗性是指混凝土抵抗压力水渗透的能力。混凝土的抗渗性对于地下建筑、水工及港工建筑等工程，都是很重要的一项指标。抗渗性还直接影响混凝土的抗冻性及抗浸蚀性。

混凝土渗水的原因，是由于内部孔隙形成连通的渗水孔道。这些孔道主要来源于水泥浆中多余水分蒸发而留下的气孔、水泥浆泌水所产生的毛细管孔道、内部的微裂缝以及施工振捣不密实产生的蜂窝、孔洞，这些都会导致混凝土渗漏水。

混凝土的抗渗性以抗渗等级表示。抗渗等级是以28d龄期的标准抗渗试件，按规定方法试验，以不渗水时所能承受的最大水压来确定。用抗渗等级表示，如P2、P4、P6、P8、P12等。

把抗渗等级等于或大于P6级的混凝土称为抗渗混凝土。

（2）混凝土的抗冻性

混凝土的抗冻性是指混凝土在水饱和状态下，能经受多次冻融循环作用而不破坏，同时也不严重降低强度的性能。在寒冷地区，尤其是经常与水接触又受冻的外部混凝土要求具有较高的抗冻性能，以提高混凝土的耐久性，延长建筑物的寿命。

混凝土的抗冻性用抗冻等级表示，以28d龄期的混凝土标准试件，在浸水饱和状态下，进行冻融循环试验，以同时满足强度损失率不超过25%，质量损失率不超过5%时的最大循环次数来表示。混凝土的抗冻标号有F25、F50、F100、F150、F200、F250、F300等7个等级，它们分别表示混凝土能承受反复冻融循环次数为25、50、100、150、200、250和300次。

把抗冻等级等于或大于F50级的混凝土称为抗冻混凝土。

（3）混凝土的抗侵蚀性

当工程所处的环境有侵蚀介质时，对混凝土必须提出抗侵蚀性的要求。混凝土的抗侵蚀性取决于水泥品种、混凝土的密实度以及孔隙特征。密实性好的，具有封闭孔隙的混凝土，侵蚀介质不易侵入，故抗侵蚀性好。

（4）混凝土的碳化

混凝土的碳化作用是指空气中的二氧化碳与水泥石中的氢氧化钙作用，生成碳酸钙和水。碳化作用对混凝土有不利的影响，首先是减弱对钢筋的保护作用，使钢筋表面的氧化膜被破坏而开始生锈；其次，碳化作用还会引起混凝土的收缩，使混凝土表面碳化层产生拉应力，可能产生微细裂缝，从而降低了混凝土的抗折强度。

（三）混凝土试件的留制方法

1. 试件的留制等级数量

同条件养护试件所对应的结构构件或结构部位，应由监理（建设）、施工等各方共同选定，并在混凝土浇筑入模处见证取样；对混凝土结构工程中的各混凝土强度等级，均应留制同条件养护试件；同一强度等级的同条件养护试件，其留制的数量应按混凝土的施工质量控制要求确定，同一强度等级的同条件养护试件的留制数量不宜少于10组，以构成按统计方法评定混凝土强度的基本条件；对按非统计方法评定混凝土强度时，其留制数量不应少于3组，以保证有足够的代表性。

2. 试件的尺寸

立方体抗压强度标准值试件是按标准方法制作的边长为150mm的立方体试件为标准试件，由于粗骨料粒径的不同，也可采用其他尺寸的试件，但检验评定混凝土强度用的混凝土试件的尺寸及强度的尺寸换算系数应按表4-2取用。

混凝土试件尺寸及强度的尺寸换算系数　　表4-2

骨料最大粒径（mm）	试件尺寸（mm）	强度的尺寸换算系数
≤31.5	100×100×100	0.95
≤40	150×150×150	1.00
≤63	200×200×200	1.05

注：强度等级为C60及以上的混凝土试件，其强度的尺寸换算系数可通过实验确定。

（四）混凝土的养护方法

1. 混凝土强度增长的必备条件和混凝土养护的作用

养护是混凝土工艺中的一个重要环节。混凝土浇筑后，逐渐凝固、硬化以致产生强度，这个过程主要由水泥的水化作用来实现。水化作用必须有适宜的温度和湿度。混凝土养护的目的，就是要创造各种条件，使水泥充分水化，加速混凝土硬化，防止在成型后因曝晒、风吹、干燥、寒冷等自然因素的影响，出现不正常的收缩、裂缝、破坏等现象。

施工现场同条件养护试件在达到等效养护龄期时方可进行强度试验。同条件养护试件达到等效养护龄期时，其强度与标准养护条件下28d龄期的试件强度相等。同条件养护试件的强度代表值应根据强度试验结果按现行《混凝土强度检验评定标准》GB 107的规定确定后，乘折算系数取用；折算系数宜取为1.10，也可根据当地的试验统计结果作适当调整。

2. 混凝土养护的方法

养护的方法很多，目前有自然养护、喷膜养护、蒸汽养护等，要因时因地制宜，选择较好的养护方法。

（1）自然养护

自然养护应在浇筑完成后12h以内进行覆盖浇水养护，在自然气温高于5℃的条件下，用草袋、麻袋、锯木等覆盖混凝土，并在上面经常浇水保持足够的湿润状态。在一般气候条件下（气温为15℃以上），在浇筑后最初3d，白天每隔2h浇水1次，夜间至少浇水2次。在以后的养护期内，每昼夜至少浇水4次。在干燥的气候条件下，浇水次数应适当增加，浇水养护时间一般以达到标准强度的60%左右为宜。

（2）喷膜养护

喷膜养护是在混凝土表面喷洒一至两层塑料溶液，待溶剂挥发后，在混凝土表面结合成一层塑料薄膜，使混凝土表面与空气隔绝，混凝土中的水分不再被蒸发，而完成水化作用。这种养护方法适用于表面积大的混凝土的施工和缺水地区。

（3）蒸汽养护

蒸汽养护是缩短养护时间的有效方法之一，使混凝土在较高温度和湿度条件下，迅速达到所要求的强度。

构件在浇筑成型后先静停2～6h，再进行蒸汽养护。养护温度上升到一定值后应恒温一段时间，以保证混凝土强度增长。恒温时间一般为5～8h，恒温加热阶段应保持90%～100%的相对湿度。经蒸汽养护的混凝土降温不能过快，如降温过快，混凝土会产生表面裂缝，因此降温速度应加控制。一般情况下，构件厚度在100mm左右时，降温速度为20～30℃/h。

为了避免蒸汽温度骤然升降引起混凝土构件产生裂缝变形，必须严格控制升温和降温的速度。出槽的构件温度与室外温度相差不得大于40℃，当室外为负温度时，相差不得大于20℃。

复 习 题

1. 混凝土由那些材料组成?
2. 混凝土是如何分类的?
3. 混凝土的主要技术性能有哪些?
4. 何为混凝土拌和物的工作性? 如何测定?
5. 影响混凝土工作性的主要因素有哪些?
6. 影响混凝土强度的主要因素有哪些?
7. 何为混凝土的耐久性?
8. 如何进行混凝土的合格性判定?

五、混凝土常用施工机具

混凝土常用施工机械主要包括：混凝土搅拌机、混凝土搅拌楼（站）、混凝土搅拌运输车、混凝土输送泵、泵车、混凝土振动器及运输机具等。

（一）混凝土搅拌机

混凝土搅拌机是将水泥、骨料、砂和水均匀搅拌成混凝土拌和物的专用机械。

1. 常用混凝土搅拌机的种类、型号和性能

（1）混凝土搅拌机的分类

混凝土搅拌机按生产过程的连续性可分为周期式和连续式两

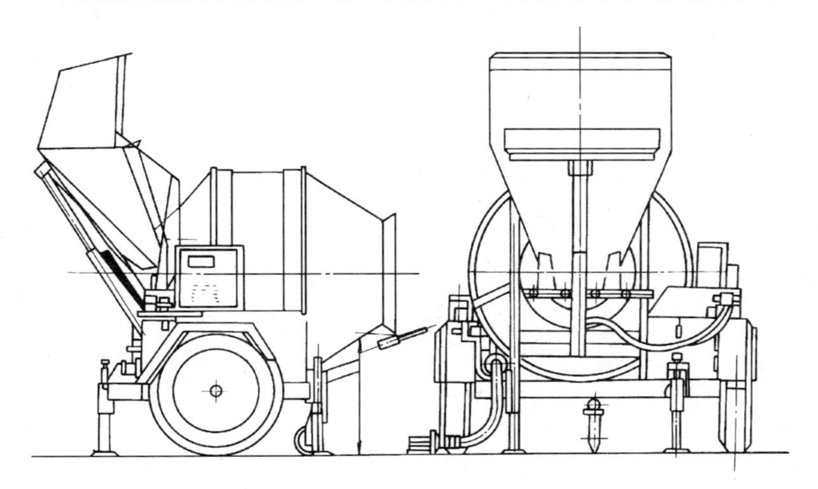

图 5-1　JZ250 型锥形自落式混凝土搅拌机

大类。建筑施工所用的都是周期式混凝土搅拌机。

周期式混凝土搅拌机按搅拌原理可分为自落式和强制式两类。其主要区别是：搅拌叶片和拌筒之间没有相对运动的为自落式；有相对运动的为强制式。

自落式搅拌机按其形状和卸料方式又可分为鼓筒式、锥形反转出料式（图 5-1）、锥形倾翻出料式三种。其中鼓筒式由于其性能指标落后已为淘汰机型。

强制式搅拌机分为立轴强制式（图 5-2）和卧轴强制式两种，其中卧轴式又有单卧轴和双卧轴之分。

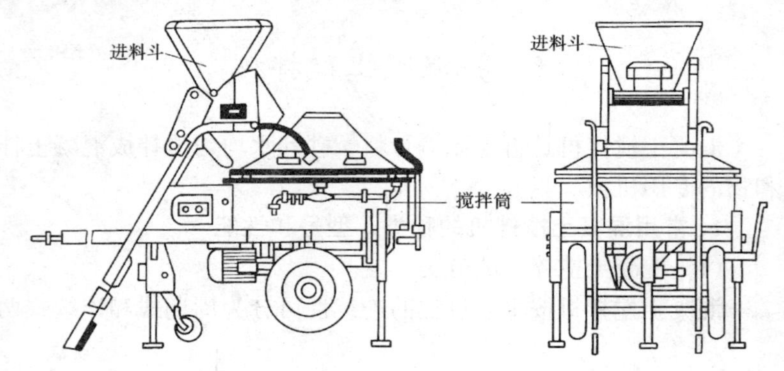

图 5-2 强制式搅拌机

（2）混凝土搅拌机的型号

混凝土搅拌机的型号分类及表示方法见表 5-1。

（3）混凝土搅拌机的特点及性能

1）混凝土搅拌机的特点

（A）锥形反转出料式：它的主要特点为搅拌筒轴线始终保持水平位置，筒内设有交叉布置的搅拌叶片，在出料端设有一对螺旋形出料叶片，正转搅拌时，物料一方面被叶片提升、落下，另一方面强迫物料作轴向窜动，搅拌运动比较强烈，反转时由出料叶片将混凝土卸出。适用于搅拌塑性较高的普通混凝土和半干硬性混凝土。

混凝土搅拌机型号分类及表示方法　　表 5-1

<table>
<tr><th rowspan="2">类</th><th rowspan="2">组</th><th rowspan="2">型</th><th rowspan="2">特　性</th><th rowspan="2">代号</th><th rowspan="2">代 号 含 义</th><th colspan="2">主参数</th></tr>
<tr><th>名称</th><th>单位</th></tr>
<tr><td rowspan="7">混凝土机械</td><td rowspan="7">混凝土搅拌机 J</td><td rowspan="3">锥形反转出料式 Z（锥）</td><td>—</td><td>JZ</td><td>锥形反转出料混凝土搅拌机</td><td rowspan="7">出料容量</td><td rowspan="7">L</td></tr>
<tr><td>C（齿）</td><td>JZC</td><td>齿圈锥形反转出料混凝土搅拌机</td></tr>
<tr><td>M（摩）</td><td>JZM</td><td>摩擦锥形反转出料混凝土搅拌机</td></tr>
<tr><td rowspan="3">锥形倾翻出料式 F（翻）</td><td>—</td><td>JF</td><td>锥形倾翻出料混凝土搅拌机</td></tr>
<tr><td>C（齿）</td><td>JFC</td><td>齿圈锥形倾翻出料混凝土搅拌机</td></tr>
<tr><td>M（摩）</td><td>JFM</td><td>摩擦锥形倾翻出料混凝土搅拌机</td></tr>
<tr><td>立轴涡浆式 W（涡）</td><td>—</td><td>JW</td><td>立轴涡浆式混凝土搅拌机</td></tr>
</table>

(B) 锥形倾翻出料式：它的主要特点是搅拌机的进、出料合为一个口，搅拌时锥形搅拌筒轴线具有约 15°仰角，出料时搅拌筒向下旋转 50°～60°。这种搅拌机卸料方便，速度快，生产率高，适用于混凝土搅拌站（楼）作主机使用。

(C) 立轴强制式：它是靠搅拌筒内的涡浆式叶片的旋转将物料挤压、翻转、抛出而进行强制搅拌的，具有搅拌均匀、时间短、密封性好的特点，适合于搅拌干硬性混凝土和轻质混凝土。

(D) 卧轴强制式。它兼有自落式和强制式的优点，即搅拌质量好，生产率高，耗能少，能搅拌干硬性、塑性、轻骨料混凝土以及各种砂浆、灰浆和硅酸盐等混合物，是一种多功能的搅拌机械。

2）混凝土搅拌机的主要参数

周期式混凝土搅拌机的主要参数有额定容量、工作时间和搅拌转速。

常见搅拌机性能参数见表 5-2。

混凝土搅拌机主要技术参数表 **表 5-2**

项目 \ 型号	齿圈锥形反转出料混凝土搅拌机			单卧轴式液压上料混凝土搅拌机		双卧轮式混凝土搅拌机	
	JZC250	JZC350	JZC500	JDY350	JDY500	JS350	JS500
出料容量(L)	250	350	500	350	500	350	500
进料容量(L)	350	560	800	560	800	560	800
生产率(m^3/h)	7～10	12～18	20～25	18～21	25～30	≥17.5	≥25
搅拌筒转速(r/min)	17	14	13	28	24	35	35
骨料最大粒径(mm)	60	60	60/80(碎石/卵石)	40/60(碎石/卵石)	60/80(碎石/卵石)	40/60(碎石/卵石)	60/80(碎石/卵石)
功率(kW)	4.55	9.05	12.75	15.55	19.05	21.25	24.75

2. 混凝土搅拌机的维护和保养

(1) 搅拌机安装必须平稳，新机使用前应按使用说明书的要求，对各系统和部件进行检验及必要的试运转，在达到规定要求后，方能投入使用。

(2) 作业前应先进行空载试验，观察搅拌筒或叶片旋转方向是否与箭头所示方向一致。如方向相反，则应改变电机接线。反转出料的搅拌机，应使搅拌筒正反运转数分钟，察看有无冲击抖动现象。如有异常噪声应停机检查。

(3) 每次加入的拌和料，不得超过搅拌机规定值的 90%。

(4) 混凝土搅拌完毕或预计停歇在 1h 以上时，应将搅拌筒内的混凝土倾倒完并用石子和清水倒入料筒内，开机转动 3～5min 后倒出，这样反复数次，把粘在筒内的堆积物清洗干净。每班工作完毕清洗积灰和全机所粘附的混凝土。下班时应切断电源，锁好电气箱。冰冻季节应将供水系统内各处剩水排净。

(5) 每班至少向扩张器（推锥）天杠套加四次油，每周向各油杯加注润滑油，每月检查齿轮箱油面，必要时加注和更换新油。

(6) 进料离合器内外刹车带如已磨损到不能使用应换用新件，拖行前应检查牵引机构和前支轮是否损坏或弯曲。

（7）机器正常工作 4000h 后，应进行大修。

（二）混凝土搅拌楼

混凝土搅拌楼是用来集中搅拌混凝土的联合装置，又称混凝土生产厂。它生产的混凝土用车辆运送到施工现场，以代替施工现场的单机分散搅拌。搅拌楼体积大，生产率高，只能作为固定式的搅拌装置，适用于产量大的商品混凝土供应。

1. 混凝土搅拌楼的组成及型号

混凝土搅拌楼主要由物料供给系统、称量系统、搅拌主机和控制系统等四大部分组成。混凝土搅拌楼一般把砂、石、水泥等物料一次提升到楼顶料仓，各种物料按生产流程经称量、配料、搅拌，直到制成混凝土出料装车。搅拌楼自上而下分成料仓层、称量层、搅拌层和底层。混凝土搅拌楼的型号分类及表示方法见表 5-3。

混凝土搅拌楼（站）型号分类及表示方法　　表 5-3

类	组	型	特性	代号	代号含义	主参数	
						名称	单位
混凝土机械	混凝土搅拌楼 HL（混楼）	锥形反转出料式 Z（锥）	2（台）	2HLZ	锥形反转出料混凝土搅拌楼	生产率	m^3/h
		锥形倾翻出料式 F（翻）	2（台） 3（台） 4（台）	2HLF 3HLF 4HLF	锥形倾翻出料混凝土搅拌楼		
		涡浆式 W（涡）	— 2（台）	HLW 2HLW	涡浆式混凝土搅拌楼		
		单卧轴式 D（单）	— 2（台）	HLD 2HLS	单卧轴式混凝土搅拌楼		
		双卧轴式 S（双）	— 2（台）	HLS 2HLS	双卧轴式混凝土搅拌楼		

续表

类	组	型	特性	代号	代号含义	主参数	
						名称	单位
混凝土机械	混凝土搅拌站 HZ（混站）	锥形反转出料式 Z（锥）	—	HLZ	锥形反转出料混凝土搅拌站	生产率	m^3/h
		锥形倾翻出料式 F（翻）	—	HLF	锥形倾翻出料混凝土搅拌站		
		涡浆式 W（涡）	—	HLW	涡浆式混凝土搅拌站		
		单卧轴式 D（单）	—	HLD	单卧轴式混凝土搅拌站		
		双卧轴式 S（双）	—	HLS	双卧轴式混凝土搅拌站		

2. 混凝土搅拌楼的性能

混凝土搅拌楼的性能用其型号表示，如一座 2HLZ120 型号的搅拌楼为锥形反转出料混凝土搅拌楼，其生产率为 $120m^3/h$。

（三）混凝土搅拌站

搅拌站与搅拌楼的区别是：搅拌站生产能力较小，结构容易拆装，能组成集装箱转移地点，适用于施工现场。

1. 混凝土搅拌站的组成及型号

混凝土搅拌站的组成：其组成与混凝土搅拌楼相同，主要由物料供给系统、称量系统、搅拌主机和控制系统等四大部分组成，其型号表示方法见表 5-3。

2. 混凝土搅拌站的性能

现在的混凝土搅拌站整机采用模块结构，模块设计以中型卡车为运载工具，各个模块形成独立的功能单元，现场安装十分方便，到场四天即可以投入生产，小型的混凝土搅拌站整机（生产能力＜$35m^3/h$）为独立模块结构，可以单车运输；整套设备配置了骨料配料供给单元，水配料供给单元，外加剂配料供给单元；不同容量的水泥仓和水泥配料系统，根据不同施工要求可以选择配套；控制系统采用全自动计算机控制；系统采用电子秤分批称重的方式进行配料计量，系统可以实现生产过程的自动控制和监测，具有自动、程控和手动三种操作方式及完备的生产管理，提供生产报表打印、配料比自动调入和存储等功能。其性能见表 5-4。

HZS、HZY 型混凝土搅拌站性能表 **表 5-4**

型　号	HZS15Y	HZS25Y	HZS35Y	HZS50	HZS90	HZS150	HZS200
生产率：(m^3/h)	15	25	30	50	90	150	200
结构形式	整体模块式	整体模块式	整体模块式	模块可搬式	模块可搬式	模块可搬式	模块可搬式
整机功率：(kW)	50	65	75	90	110	130	150
整机重量：(t)	18	20	22	45	60	90	110
粉料仓×数量	80t×1	80t×1	80t×1	80t×2	80t×2	80t×3	80t×3
搅拌机	双卧轴强制连续式			双卧轴连续式			
配料斗容积×数量	8t×2+12t×1			20t×4			
计量方式	PLC 控制，电子秤分批式称量			计算机控制，分批称量			
配料准确度	骨料＜±1.5%，水泥＜1.5%，水＜1.0%，外加剂＜1.5%			骨料＜±1.5%，水泥＜1.0%，水＜1.0%，外加剂＜1.0%			

（四）混凝土搅拌运输车

混凝土搅拌输送车（图 5-3）是运输混凝土的专用车辆，它在运输过程中，装载混凝土的搅拌筒能缓慢旋转，可有效地防止混凝土离析，因而能保证混凝土的输送质量。

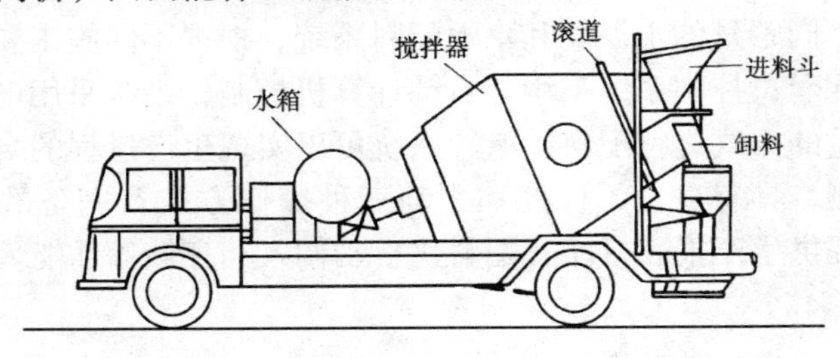

图 5-3　JY3000 型混凝土搅拌运输车

1. 混凝土搅拌运输车的型号分类

混凝土搅拌输送车的型号分类及表示方法见表 5-5。

混凝土搅拌输送车型号分类及表示方法　　　　**表 5-5**

类	组	型	特性	代号	代号含义	主参数	
						名称	单位
混凝土机械	混凝土搅拌输送车 JC（搅车）	飞轮取力	—	JC	飞轮取力混凝土搅拌输送车	搅拌容量	m^3
		前端取力	Q（前）	JCQ	前端取力混凝土搅拌输送车		
		单独驱动	D（单）	JCD	单独驱动混凝土搅拌输送车		
		前端卸料	L（料）	JCL	前端卸料混凝土搅拌输送车		

2. 混凝土搅拌运输车的性能

混凝土搅拌运输车具有输送和搅拌混凝土的双重功能，可以在运送混凝土的同时对其进行搅拌或扰动，从而保证了所输送混凝土的均匀性，并可适当地延长运输距离和运输时间。混凝土搅拌运输车主要技术性能见表 5-6。

混凝土搅拌输送车运输混凝土时，可根据运输距离、混凝土质量和供应要求等不同情况，采用下列不同的工作方式：

混凝土搅拌运输车主要技术性能　　表 5-6

型号		MR4500	EA05	JCQ602	JCD6	JC7
拌筒几何容量（L）		8900	8900	8900	9050	11800
最大搅动容量（L）		6000	6000	6000	6090	7000
最大搅拌容量（L）		4500	4500	4500	5000	
拌筒倾卸角（°）		16	16	16	16	15
拌筒转速（r/min）	装料	1～10	1～8	2～10	1～8	6～10
	搅拌	1～10	8～12	8～14	8～12	1～3
	搅动	0.6～4	1.5	2～4	1～4	
	卸料	6～10	1～14	2～14		8～14
料斗尺寸（mm）		950×1000	950×1000	950×1000		
搅拌驱动方式		液压驱动	液压驱动飞轮输入	495A 柴油机驱动	F4L912 柴油机驱动	液压驱动前端取力
供水系统	供水方式水箱容积（L）	水泵式 220	水泵式 270	气压式 200	压力水箱式 250	气送、电泵送 800

（1）湿料输送。从预拌工厂的搅拌机出料口加料后驶出。在运输途中，搅拌筒旋转使混凝土不断地慢速搅动。到达施工现场后，搅拌筒反转，卸出混凝土。

（2）半干料输送。对尚未配足水的混凝土进行搅拌输送。

（3）干料输送。把经过称量后的砂、石子和水泥等干料装入搅拌筒内，在输送车到达施工现场前加水进行搅拌。搅拌完成后再反转出料。

（4）搅拌混凝土。如配料站无搅拌机，可将输送车作搅拌机用，把经过称量的各种混合料按一定的加料顺序加入搅拌筒，搅拌后再送至施工现场。

3. 混凝土搅拌运输车的使用要点

（1）搅拌车液压传动系统液压油的压力、油量、油质、油温应达到规定要求，无渗漏现象。

（2）搅拌运输时，装载混凝土的质量不能超过允许载重量。

(3) 搅拌车在露天停放时，装料前应先将搅拌筒反转，使筒内的积水和杂物排出。

(4) 搅拌车在公路上行驶时，接长卸料槽必须翻转后固定在卸料槽上，再转至与车身垂直部位，用销轴与机架固定，防止由于不固定而引起摆动，打伤行人或影响车辆运行。

(5) 搅拌车通过桥、洞、库等设施时，应注意通过高度及宽度，以免发生碰撞事故。

(6) 搅拌装置连续运转时间不应超过8h。

(7) 搅拌车运送混凝土的时间不得超过搅拌站规定的时间。若中途发现水分蒸发，可适当加水，以保证混凝土质量。

(8) 运送混凝土途中，搅拌筒不得停转，以防混凝土产生初凝及离析现象。

(9) 搅拌筒由正转变为反转时，必须先将操纵手柄放至中间位置，待搅拌筒停转后，再将操纵手柄放至反转位置。

(10) 水箱的水量要经常保持充足，以防急用，冬季停车时，要将水箱和供水系统水放净。

(11) 装料前，最好先向筒内加少量水，使进料流畅，可防止粘料。

(五) 混凝土泵

混凝土泵是在压力推动下沿管道输送混凝土的一种设备。我国现在所用的混凝土泵，按其驱动方式可分为挤压式混凝土泵(图5-4(*b*))、柱塞式混凝土泵。目前一般采用的是液压柱塞式混凝土泵，见图5-4(*a*)。

混凝土泵按是否能移动分汽车式、牵引式和固定式三种。

1. 混凝土泵的型号

混凝土泵的型号分类及表示方法见表5-7。

2. 混凝土泵的性能

部分混凝土泵的技术性能见表5-8。

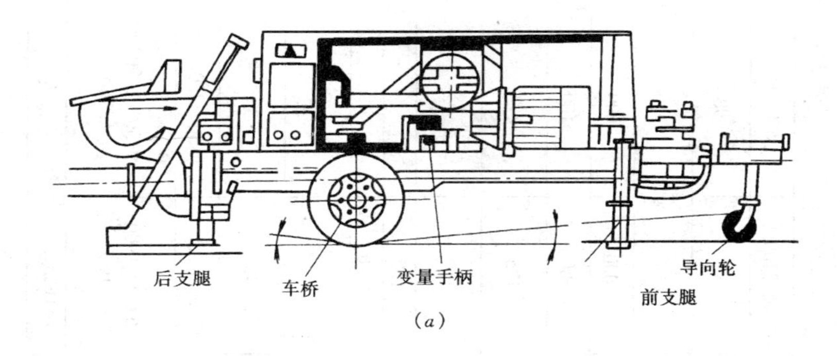

(a)

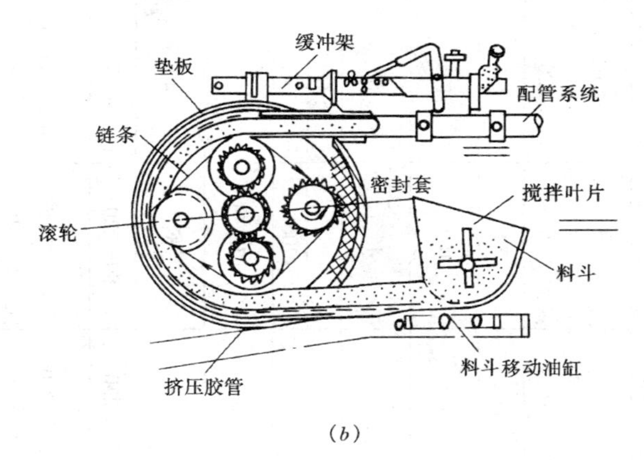

(b)

图 5-4　牵引式混凝土泵示意图

(a) HBT60 柱塞式混凝土泵；(b) 转子式双轮型挤压泵

混凝土泵的型号分类及表示方法　　表 5-7

类	组	型	特性	代号	代号含义	主参数	
						名称	单位
混凝土机械	混凝土泵 HB（混泵）	固定式 G（固）	—	HBG	固定式混凝土泵	理论输送量	m^3/h
		拖式 T（拖）	—	HBT	拖式混凝土泵		
		车载式 C（车）	—	HBC	车载式混凝土泵		
	臂架混凝土泵车 BC（泵车）	整体式　—	—	HC	整体式臂架混凝土泵车	理论输送量，布料高度	m^3/h，m
		半挂式 B（半）	—	HCB	半挂式臂架混凝土泵车		
		全挂式 Q（全）	—	HCQ	全挂式臂架混凝土泵车		

混凝土泵的技术性能 表 5-8

型号		HB8	HB15	HBJ30	HBT60	BRA2100H	NCP-9FB
最大理论排量 (m^3/h)		8	10～15	30	58	62	90
最大混凝土压力 (N/mm^2)				3.2	4.62	11.7	4.5
最大运距 (m)	水平	200	250	200	620	1000	600
	垂直	30	35	50	115	300	100
输送管道直径 (mm)		150	150	102	125	125	125
电动机功率 (kW)				45	55	160	
油箱容积（L）					370	150	
喂料高度（mm）				1200	1332	1200	
混凝土骨料最大允许粒径	卵石 (mm)		50	32			40
	碎石 (mm)		40	25	40	40	30
混凝土坍落度（mm）		50～230	50～230	80～220	50～230	最低 25	30～230
外形尺寸（mm）（长×宽×高）		3134×1590×1620（B 型为 1850）	4458×2000×1718	4700×2200×2400	6530×2075×1988	6290×1900×1960	9130×2490×3360
构造类型				挤压式	柱塞式	柱塞式	柱塞式

（六）混 凝 土 泵 车

汽车式混凝土泵又称混凝土泵车（见图 5-5），这种混凝土泵车还设有三节液压折叠式臂架操纵布料杆，所以又叫布料杆泵车。牵引式混凝土泵车是用另外运输工具牵引到施工现场。

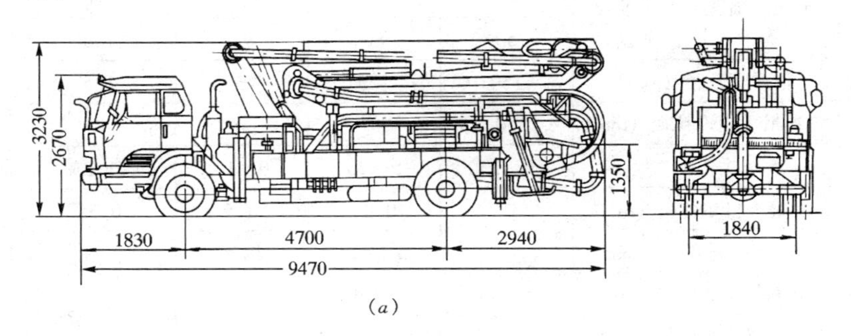

（*a*）

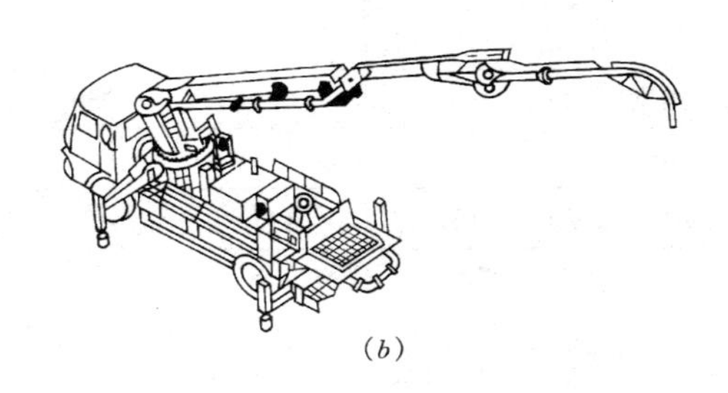

（*b*）

图 5-5　混凝土布料杆泵车示意图

（*a*）混凝土布料杆泵车；（*b*）三节布料臂架全伸工作情况

1. 混凝土泵车的型号

混凝土泵车的型号分类及表示方法见表 5-7。

2. 混凝土泵车的性能

混凝土泵车技术性能见表 5-9。

混凝土泵车技术性能 表 5-9

型 号		B-HB20	IBE85B	BPL601HD	DC-115B
生产厂家		沈 阳	湖北建筑机械厂日本石川岛	德国 SCHWING	日本三菱 SCHWING
最大理论排量（m^3/h）		20	80	66	70
混凝土最大压力（N/mm^2）			4.7	7	3.82
缸筒直径×冲程（mm）		180×1000	195×1400	180×1400	180×1500
输送距离（m）	水平	270	410		420
	垂直	50	80		100
输送管直径（mm）		150	125	125	125
骨料最大允许粒径（mm）		50	40	63	40
坍落度		50～230	5～23	0～14	5～23
混凝土料斗容积（m^3）			0.45	0.5	0.35
混凝土喂料高度（mm）			1290	1400	
布料杆最大幅度（m）		17.96	17.4	24	15.8
布料杆最大垂直伸距（m）		21.2	20.7	28	19.3
布料杆最大仰角				95°	
布料杆回转角度				360°	360°
胶管长度（m）				4	
汽车底盘发动机功率（kW）		121	147	190	100

（七）混凝土布料杆

1. 混凝土布料杆的型号

混凝土布料杆是完成混凝土输送、布料、摊铺、浇筑入模的最好机具。混凝土布料杆一般分为汽车式布料杆和独立式布料杆两种；独立式布料杆又分移置式布料杆（图 5-6）和管柱式布料杆（图 5-7）两种。

2. 混凝土布料杆的性能

混凝土布料杆技术性能见表 5-10。

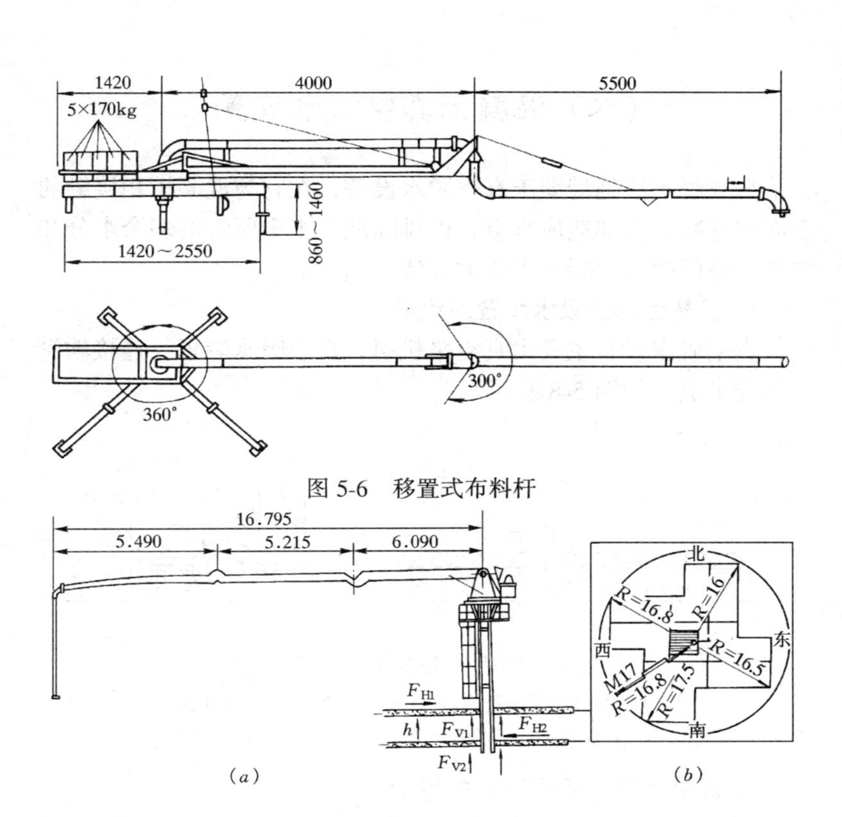

图 5-6　移置式布料杆

(a)　　(b)

图 5-7　管柱式布料杆示意图

(*a*) 布料杆示意图；(*b*) 布料杆工作范围图

移置式布料杆及机动布料杆技术性能表　　表 5-10

类别与型号	移置式布料杆 RVM10-125 型	管柱式机动布料杆 M17-125 型
泵送管直径（mm）	125	125
布料臂架节数（节）	2	3
最大幅度（m）	9.5	16.8
回转角度（°）	第一节 360 第二节 300	360
作业力矩（kN·m）	1409	270
自重（kg）	670	10000
工作重量（kg）	1750	
平衡重（kg）	850	
电机功率（kW）		7.5

（八）混凝土真空吸水装置

真空脱水法是借助于真空脱水设备，在它与混凝土相接触的表面和混凝土内部造成真空，以排除混凝土中所含的多余水分和空气，并同时使混凝土密实的方法。

1. 混凝土真空吸水装置的组成

真空脱水设备主要由真空泵机组，真空吸水装置，连接软管三部分组成（如图 5-8 所示）。

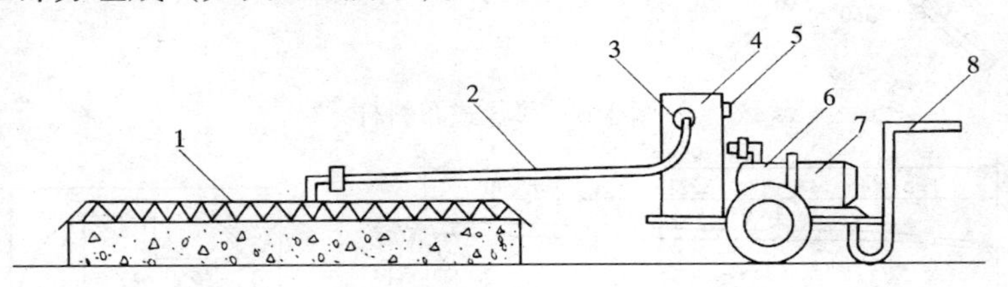

图 5-8　真空脱水设备工作布置示意图

1—真空吸水装置；2—软管，3—吸水进口；4—集水箱；

5—真空表；6—真空泵，7—电动机；8—手推小车

2. 混凝土真空吸水装置的性能

1）真空泵机组：它由真空泵、集水箱、电动机等组成。真空泵是造成真空的主要设备，与集水箱连接。集水箱上装有真空表，可读出集水箱真空室中的真空度。从混凝土中抽吸出来的水盛于集水箱内，再由排水口排出。

2）真空吸水装置：它是直接与混凝土表面相接触的装置。其作用是在混凝土表面造成一个真空空间（称为真空腔），使混凝土中的水分和空气在负压作用下进入这个空间，然后再被真空泵吸走。

3）软管：它的作用是将真空泵机组与真空吸水装置相互连接起来，形成成套真空脱水机组设备。

（九）混凝土振动器

1. 混凝土振动器的分类及用途

(1) 混凝土振动器的分类

根据传递振动力方式分：有内部振动器（插入式振动器），表面振动器（平板式振动器），外部振动器（附着式振动器），振动台，见图 5-9。

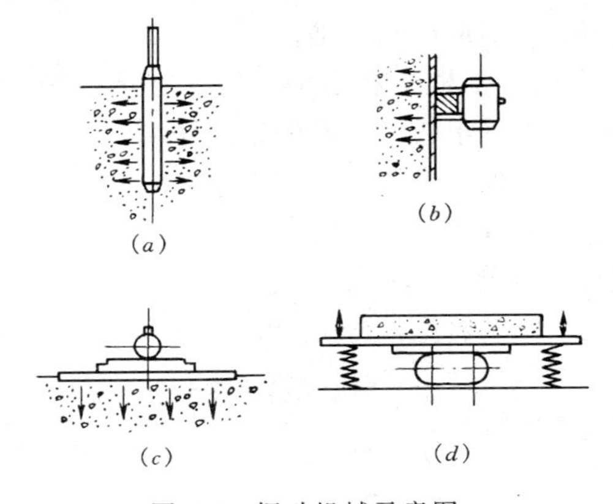

图 5-9 振动机械示意图

(a) 内部振动器；(b) 外部振动器；(c) 表面振动器；(d) 振动台

按产生振动的原理分：有偏心式振动器、行星式振动器。

(2) 混凝土振动器的用途

各种振动器的特点及适用范围如下：

1) 插入式振动器（见图 5-10）的形式有硬管和软管的；振动部分有锤式、棒式、片式等。主要适用于大体积混凝土，基础、柱、梁、墙、厚度较大的板，以及预制构件的捣实工作。当钢筋十分稠密或结构厚

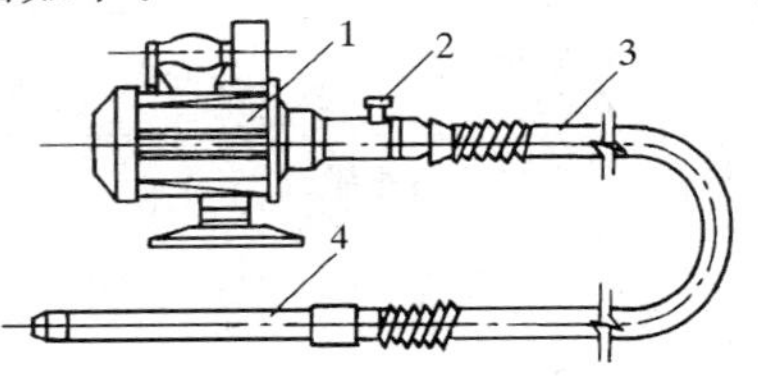

图 5-10 电动软轴行星插入式振动器示意图

1—电动机；2—防逆装置；3—软轴软管组件；4—振动棒

度很薄时，其使用就会受到一定的限制。

2）表面振动器的工作部分是在钢制或木制平板上装一个带偏心块的电动振动器。振动力通过平板传递给混凝土，由于其振动作用深度较小，仅适用于表面积大而平整的结构物，如平板、地面、屋面等构件。

3）外部振动器通常是利用螺栓或锥形夹具固定在模板外侧，不与混凝土直接接触，借助模板或其他物体将振动力传递到混凝土。由于振动作用不能深远，仅适用于振捣钢筋较密、厚度较小以及不宜使用插入式振动器的结构构件。

4）振动台由上部框架和下部支架、支承弹簧、电动机、齿轮同步器、振动子等组成。上部框架是振动台的台面，上面可固定放置模板，通过螺旋弹簧支承在下部的支架上，振动台只能作上下方向的走向振动，适用于混凝土预制构件的振捣。

2. 混凝土振动器的型号及性能

（1）混凝土振动器型号分类及表示方法（见表5-11）。

混凝土振动器型号分类及表示方法　　表5-11

<table>
<tr><th rowspan="2">类</th><th rowspan="2">组</th><th rowspan="2">型</th><th rowspan="2">特　性</th><th rowspan="2">代号</th><th rowspan="2">代号含义</th><th colspan="2">主参数</th></tr>
<tr><th>名称</th><th>单位</th></tr>
<tr><td rowspan="8">混凝土机械</td><td rowspan="7">混凝土振动器 Z（振）</td><td rowspan="3">内部振动式 N（内）</td><td>—</td><td>ZN</td><td>电动软轴行星插入式振动器</td><td rowspan="3">棒头直径</td><td rowspan="3">mm</td></tr>
<tr><td>P（偏）</td><td>ZPN</td><td>电动软轴偏心插入式振动器</td></tr>
<tr><td>D（电）</td><td>ZDN</td><td>电动内装插入式振动器</td></tr>
<tr><td rowspan="4">外部振动式 Y（外）</td><td>B（平）</td><td>ZB</td><td>平板式振动器</td><td rowspan="4">功率</td><td rowspan="4">kW</td></tr>
<tr><td>F（附）</td><td>ZF</td><td>附着式振动器</td></tr>
<tr><td>D（单）</td><td>ZFD</td><td>单向振动附着式振动器</td></tr>
<tr><td>J（架）</td><td>ZJ</td><td>台架式混凝土振动器</td></tr>
<tr><td>混凝土振动台 ZT（振台）</td><td>—</td><td>—</td><td>ZT</td><td>振动台</td><td>载重量</td><td>kg</td></tr>
</table>

（2）常用混凝土振动器的型号及性能（见表5-12，表5-13）。

电动软轴行星插入式振动器 **表5-12**

项目	型号	ZN35	ZN50	ZN70	ZX25-Ⅰ	ZX35-Ⅱ
振动棒	直径（mm）	35	50	70	25	35
	频率（≥Hz）	200	183	183	50	50
	振幅（≥mm）	0.8	1	1.2	0.7	0.8
	重量（kg）	3	5	8	4	5.5
软轴软管	软轴直径（mm）	10	13	13	8	10
	软管直径（mm）	30	36	36	24	30
	长度（mm）	4000	4000	4000	600	600
电动机	功率（kW）	1.1	1.1	1.5	0.6	0.6
	电压（V）	380	380	380	220	220
	转速（r/min）	2840	2840	2840		

附着式、平板式振动器主要技术性能 **表5-13**

型号		ZF_5	ZF_{11}	ZF_{15}	ZF_{20}	ZF_{22}	$ZB_{5.5}$
振动频率（r·p·m）		2980	2850	2850	2850	2850	2850
振动力（kN）		5	4.3	6.3	10～17.6	6.3	0～5.5
偏心动力矩（N·cm）		48	49	65	196	65	
电动机	功率（kW） 电压（V） 转速（r/min）	1.1 380 2850	1.1 380 2850	1.5 380 2850	3 380 2850	2.2 380 2850	0.55 380 2850

3. 混凝土振动器的常见故障的产生原因及排除方法

振动器的常见故障及排除方法见表5-14。

振动器的常见故障及排除方法 **表5-14**

故　障	原　因	排　除　方　法
电动机温度过高	其表面有水泥浆，散热差	清除外表面水泥浆，确保散热良好

续表

故障	原因	排除方法
电动机旋转，软轴不旋转	1. 电动机转向接错； 2. 软管过长； 3. 防逆装置失灵； 4. 软轴接头与软轴松脱	1. 对换电源任二相； 2. 软轴软管接头一端对齐，另一端要使软轴接头比软管接头长55mm，多余软管要锯去； 3. 修复防逆装置使之正常工作； 4. 设法紧固
电动机转速降低，停机再启动时不转	1. 定子磁铁松动； 2. 一相保险丝烧断或一相断线	1. 拆卸检修； 2. 更换保险丝，检查、接通断线
启动电动机，软管抖动剧烈	1. 软轴过长； 2. 软轴损坏，软管压坏或软管衬簧不平	1. 软轴软管接头一端对齐，多余的软轴锯去； 2. 更换合适的软轴软管
滚道处过热	滚锥与滚道安装相对尺寸不对	重新装配
振动棒轴承发热	1. 轴承润滑脂过多或过少； 2. 轴承型号不对，缝隙过小； 3. 轴承外圈与套管配合过松	1. 相应增减润滑脂； 2. 更换符合要求的轴承； 3. 更换轴承或套管
振动棒不启振	1. 软轴和振动子之间未接好或软轴扭断； 2. 轴承型号不对； 3. 滚锥与滚道安装尺寸不对； 4. 锥轴已断； 5. 滚道处有油、水	1. 接好接头，或更换软轴； 2. 更换符合要求的轴承； 3. 重新装配； 4. 更换锥轴； 5. 清除油、水，检查油封，消除漏油
振动无力	1. 电压过低； 2. 从振动棒外壳漏入水泥浆； 3. 行星振动子不起振； 4. 滚道有油污； 5. 软管与软轴摩擦力太大	1. 调整电压； 2. 清洗干净，更换外壳密封； 3. 摇晃棒头或将端部轻轻碰木块或地面； 4. 清除油污，检查油封，消除漏油； 5. 检测软管、软轴长度，使其相符

4. 混凝土振动台的型号和性能

混凝土振动台又称台式振动器，适用预制构件的生产，是混凝土制品厂的主要设备之一。混凝土振动台的主要技术性能见表5-15。

混凝土振动台的主要技术性能 **表 5-15**

型　号	SZT-0.6×1	SZT-1×1	HZ9-1×2	HZ9-1×4	HZ9-1.5×4	HZ9-1.5×6	HZ9-2.4×6.2
振动频率（r·p·m）	2850	2850	2850	2850	2940	2940	1470～2850
激振力（kN）	4.52～13.16	4.52～13.16	14.6～30.7	22.0～49.4	63.7～98.0	85～130	150～230
振幅（mm）	0.3～0.7	0.3～0.7	0.3～0.9	0.3～0.7	0.3～0.8	0.3～0.8	0.3～0.7
电动机功率（kW）	1.1	1.1	7.5	7.5	22	22	25

（十）混凝土运输机具

混凝土运输机具主要有手推车、自卸汽车、机动翻斗车、搅拌运输车，各种井架、桅杆、塔吊以及其他起重机械等，可根据施工条件进行选用。

1. 手推车

手推车有单轮、双轮两种；斗容量为0.1～0.16m^3。手推车操作灵活、装卸方便，适用于楼地面工程短距离的水平运输。图

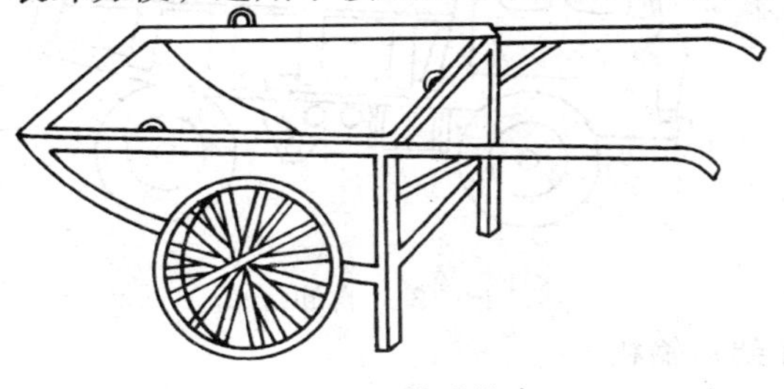

图 5-11　双轮手推车

5-11 是双轮手推车的示意图。

2. 机动翻斗车

机动翻斗车是采用柴油机装配而成，功率一般为 8～12 马力，最大行驶速度可达 35km/h，料斗容积为 $0.4m^3$ 的，载重量为 1000kg；如图 5-12 所示。机动翻斗车具有轻便灵活、结构简单、转弯半径小、速度快、能自动卸料、操作维护简便等特点。适用于与 400L 混凝土搅拌机配合，作混凝土短距离水平运输使用。另外，还可以运输砂、石等散装材料。

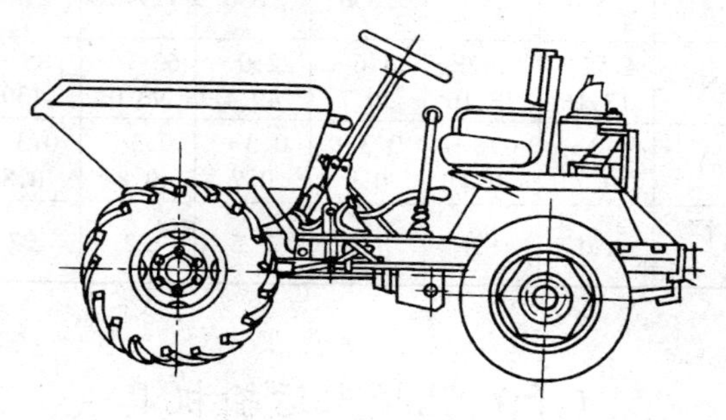

图 5-12　机动翻斗车

3. 自卸汽车

自卸汽车是在载重汽车的底盘上装置一套液压举升机构，使车厢举升和降落，以便自卸物料，如图 5-13。自卸汽车适用于远距离、大用量的混凝土水平运输。

图 5-13　自卸汽车

4. 井架运输机

井架运输机是由井架、拔杆（桅杆）、卷扬机、吊盘或自卸吊斗及钢丝绳等组成。拔杆可设于井架一角或井架外侧，吊斗则设于井架内（见图 5-14）。混凝土搅拌机一般设在井架附近，当用升降平台时，双轮手推车可直接推到平台上，用翻斗时，混凝土可倾卸在料斗内。这种运输机具有一机多用、构造简单、装卸方便及成本低等优点。起重高度为 25～40m。

井架运输机适用于多层工业与民用建筑施工时混凝土的垂直运输。

5. 塔式起重机

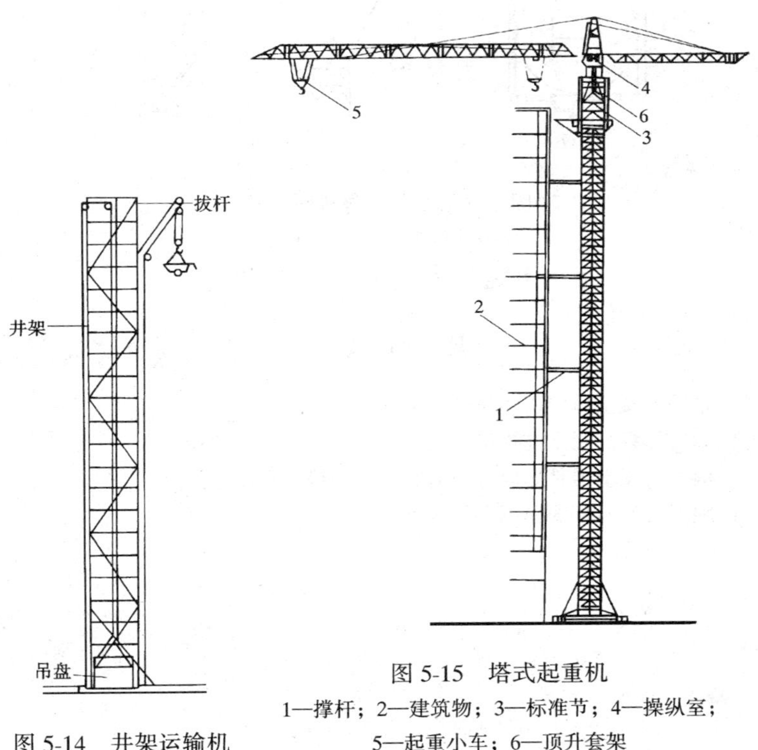

图 5-14 井架运输机

图 5-15 塔式起重机

1—撑杆；2—建筑物；3—标准节；4—操纵室；5—起重小车；6—顶升套架

塔式起重机主要用于高层建筑的混凝土垂直运输（见图 5-15）。垂直运输混凝土时，将混凝土放在吊罐或吊斗内，由塔式起重机提升到浇筑地点。吊罐上部有吊挂装置，卸料口为漏斗状，其底部有可启闭卸料门，可直接向浇筑地点卸料，如图5-16。

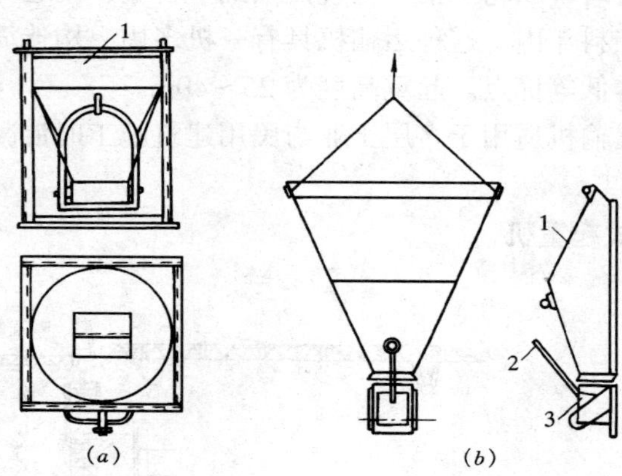

图 5-16　混凝土浇筑料斗

(a) 立式料斗；(b) 卧式料斗

1—入料口；2—手柄；3—卸料口的扇形门

复　习　题

1. 常用混凝土搅拌机型号的含义是什么？
2. 如何计算混凝土搅拌机的投料容量？
3. 混凝土振动器是如何分类的？各自的特点及用途如何？
4. 混凝土布料杆的作用是什么？

六、普通混凝土配合比设计

混凝土配合比是指混凝土中各组成材料之间的比例关系。混凝土配合比通常用每立方米混凝土中各种材料的用量来表示，或以各种材料用料量的比例表示。工程上通常以每搅拌一盘混凝土的各种材料用量表示。

配合比设计应满足以下的基本要求：

（1）要满足结构设计的强度要求。

（2）混凝土拌和物要满足工作性的要求。

（3）要满足环境耐久性的要求。

（4）在满足上述要求的前提下，做到尽量节约水泥，合理使用材料，达到降低成本的目的。

（一）混凝土配合比设计的三个参数

普通混凝土的四种组成材料可由三个参数来控制。

1. 水灰比

水与水泥的比值称为水灰比。水灰比是影响混凝土和易性、强度和耐久性的主要因素。水灰比的大小是根据强度和耐久性确定，在满足强度和耐久性要求的前提下，选用较大水灰比，这有利于节约水泥。

2. 用水量

用水量是指每立方米混凝土拌和物中水的用量（kg/m^3）。在水灰比确定后，混凝土中单位用水量也表示水泥浆与集料之间的比例关系。为节约水泥，单位用水量在满足流动性条件下，取较小值。

3. 砂率

砂子占砂石总量的百分率称为砂率。砂率对混合料和易性影响较大，如选择不恰当，对混凝土强度和耐久性都有影响。在保证工作性要求的条件下，砂率取较小值，同样有利于节约水泥。

（二）混凝土配合比设计三个参数的选择

1. 水灰比的确定

混凝土的水灰比大小直接决定混凝土的强度和耐久性。在进行混凝土配合比设计时，混凝土的最大水灰比和最小水泥用量应符合表 6-1 的要求。

混凝土的最大水灰比和最小水泥用量　　表 6-1

<table>
<tr><th colspan="2" rowspan="2">环境条件</th><th rowspan="2">结构物类别</th><th colspan="3">最大水灰比</th><th colspan="3">每立方米最小水泥用量(kg)</th></tr>
<tr><th>素混凝土</th><th>钢筋混凝土</th><th>预应力混凝土</th><th>素混凝土</th><th>钢筋混凝土</th><th>预应力混凝土</th></tr>
<tr><td colspan="2">1. 干燥环境</td><td>正常的居住或办公用房屋内部件</td><td>不作规定</td><td>0.65</td><td>0.60</td><td>200</td><td>260</td><td>300</td></tr>
<tr><td rowspan="2">2. 潮湿环境</td><td>无冻害</td><td>高湿度的室内部件
室外部件
在非侵蚀性土或水中的部件</td><td>0.70</td><td>0.60</td><td>0.60</td><td>225</td><td>280</td><td>300</td></tr>
<tr><td>有冻害</td><td>经受冻害的室外部件
在非侵蚀性土或水中且经受冻害的部件
高湿度且经受冻害的室内部件</td><td>0.55</td><td>0.55</td><td>0.55</td><td>250</td><td>280</td><td>300</td></tr>
<tr><td colspan="2">3. 有冻害和除冰剂的潮湿环境</td><td>经受冻害和除冰剂作用的室内和室外部件</td><td>0.50</td><td>0.50</td><td>0.50</td><td>300</td><td>300</td><td>300</td></tr>
</table>

注：1. 当用活性掺和料取代部分水泥时，表中的最大水灰比及最小水泥用量即为替代前的水灰比和水泥用量。
2. 配制 C15 级及以下的混凝土，可不受本表限制。
3. 冬期施工应优先选用硅酸盐水泥和普通硅酸盐水泥。最小水泥用量不应少于 $300kg/m^3$，水灰比不应大于 0.60。

2. 每立方米混凝土用水量的确定

混凝土用水量的多少，是控制混凝土拌和物流动性大小的主要因素，因此，确定用水量的原则，应以混凝土拌和物达到要求的流动性为准。

（1）干硬性和塑性混凝土用水量的确定：

1）水灰比在0.40～0.80范围时，根据粗骨料的品种、粒径及施工要求的混凝土拌和物稠度，其用水量可按表6-2、表6-3选取。

干硬性混凝土的用水量（kg/ m^3）　　**表6-2**

拌和物稠度		卵石最大粒径（mm）			碎石最大粒径（mm）		
项　目	指　标	10	20	40	16	20	40
维勃稠度（s）	16～20	175	160	145	180	170	155
	11～15	180	165	150	185	175	160
	5～10	185	170	155	190	180	165

塑性混凝土的用水量（kg/m^3）　　**表6-3**

拌和物稠度		卵石最大粒径（mm）				碎石最大粒径（mm）			
项目	指　标	10	20	31.5	40	16	20	31.5	40
坍落度（mm）	10～30	190	170	160	150	200	185	175	165
	35～50	200	180	170	160	210	195	185	175
	55～70	210	190	180	170	220	205	195	185
	75～90	215	195	185	175	230	215	205	195

注：1. 本表用水量系采用中砂时的平均取值。采用细砂时，每立方米混凝土用水量可增加5～10kg；采用粗砂时，则可减少5～10kg。

2. 掺用各种外加剂或掺合料时，用水量应相应调整。

2）水灰比小于0.40的混凝土以及采用特殊成型工艺的混凝土用水量应通过试验确定。

（2）流动性和大流动性混凝土的用水量宜按下列步骤计算：

1）以坍落度为90mm的用水量为基础，按坍落度每增大20mm用水量增加5kg，计算出未掺外加剂时的混凝土的用水量；

2）掺外加剂时的混凝土用水量可按式6-1计算：

$$m_{wa} = m_{wo}(1-\beta) \quad (6\text{-}1)$$

式中 m_{wa}——掺外加剂混凝土每立方米混凝土的用水量（kg）；

m_{wo}——未掺外加剂混凝土每立方米混凝土的用水量（kg）；

β——外加剂的减水率（%），经试验确定。

3. 砂率的确定

砂率可根据混凝土坍落度、粗骨料品种、粒径及水灰比确定。当无历史资料可参考时，混凝土砂率的确定应符合下列规定：

（1）坍落度为10～60mm的混凝土砂率，可根据粗骨料粒径及水灰比按表6-4选取。

混凝土的砂率（%） **表6-4**

水灰比（W/C）	卵石最大粒径（mm）			碎石最大粒径（mm）		
	10	20	40	16	20	40
0.40	26～32	25～31	24～30	30～35	29～34	27～32
0.50	30～35	29～34	30～33	33～38	32～37	30～35
0.60	33～38	32～37	28～36	36～41	35～40	33～38
0.70	36～41	35～40	33～39	39～44	38～43	36～41

注：1. 本表数值系中砂的选用砂率，对细砂或粗砂，可相应地减少或增大砂率；
2. 只用一个单粒级粗骨料配制混凝土时，砂率应适当增大；
3. 对薄壁构件，砂率取偏大值；
4. 本表中的砂率系指砂与骨料总量的重量比。

（2）坍落度大于60mm的混凝土砂率，可经试验确定，也可在表6-4的基础上，按坍落度每增大20mm，砂率增大1%的幅度予以调整。

（3）坍落度小于10mm的混凝土，其砂率应经试验确定。

应当指出，上述所定水灰比、用水量、砂率均为初步确定值，还需经过试验确定。

（三）混凝土配合比设计的方法与步骤

在进行混凝土配合比设计前，应先收集的基本资料有：①对混凝土的强度等级、耐久性的要求，对混凝土拌和物工作性的要求；②施工管理水平；③原材料品种及其物理力学性质；④混凝土的部位、结构构造情况、施工条件等。

混凝土配合比设计的方法和步骤如下：

1. 计算配制强度 $f_{cu,o}$

混凝土配制强度应按式 6-2 计算：

$$f_{cu,o} \geqslant f_{cu,k} + 1.645\sigma \tag{6-2}$$

式中 $f_{cu,o}$——混凝土配制强度（MPa）；

$f_{cu,k}$——混凝土立方体抗压强度标准值（MPa）；

σ——混凝土强度标准差（MPa）。

当现场条件与试验室条件有显著差异时；或在配制 C30 级及其以上强度等级的混凝土，采用非统计方法评定时，应提高混凝土配制强度。

混凝土强度标准差宜根据同类混凝土统计资料按式 6-3 计算确定：

$$\sigma = \sqrt{\frac{\sum_{n-1}^{n} f_{cu,i}^2 - n f_{cu,m}^2}{n - 1}} \tag{6-3}$$

式中 $f_{cu,i}$——统计周期内同一品种混凝土第 i 组试件的强度值（N/mm^2）；

$f_{cu,m}$——统计周期内同一品种混凝土 n 组强度的平均值（N/mm^2）；

n——统计周期内同一品种混凝土试件的总组数，$n \geqslant 25$。

当混凝土强度等级为 C20 和 C25 时，若强度标准差计算值小于 2.5MPa 时，计算配制强度用的标准差应取不小于 2.5MPa；当混凝土强度等级等于或大于 C30 级，若强度标准差计算值小于 3.0MPa 时，计算配制强度用的标准差应取不小于 3.0MPa。

当无统计资料计算混凝土强度标准差时，其值可参考表 6-5 选用。

标准差取值表 **表 6-5**

混凝土强度等级（MPa）	C10～C20	C25～C40	C50～C60
标准差 σ（MPa）	4	5	6

2. 根据混凝土配制强度和耐久性要求计算相应的水灰比

$$W/C = \frac{\alpha f_{ce}}{f_{cu,o} + \alpha_a \alpha_b f_{ce}} \tag{6-4}$$

式中 α_a、α_b——回归系数；

f_{ce}——水泥 28d 抗压强度实测值（MPa）。

当无水泥 28d 抗压强度实测值时，f_{ce}值可按式 6-5 确定：

$$f_{ce} = \gamma_c \cdot f_{ce,g} \tag{6-5}$$

式中 γ_c——水泥强度等级值的富余系数，可按实际统计资料确定；

$f_{ce,g}$——水泥强度等级值（MPa）。

回归系数 α_a 和 α_b 宜按下列规定确定：

（1）回归系数 α_a 和 α_b 应根据工程所使用的水泥、骨料，通过试验由建立的水灰比与混凝土强度关系式确定；

（2）当不具备试验统计资料时，回归系数可按表 6-6 采用。

回归系数 α_a、α_b 选用表 **表 6-6**

石子品种 / 系数	碎石	卵石	石子品种 / 系数	碎石	卵石
α_a	0.46	0.48	α_b	0.07	0.33

3. 计算用水量

根据混凝土拌和物流动性要求，按表 6-1、表 6-2 初步选取每立方米混凝的用水量。

4. 计算出每立方米混凝土的水泥用量（m_{co}）

$$m_{co}=\frac{m_{wo}}{W/C} \tag{6-6}$$

所计算的水泥用量应符合表 6-1 中最小水泥用量的要求；如小于表中最小水泥用量，则取最小水泥用量值。

5. 按表 6-4 选取砂率

6. 计算粗骨料和细骨料的用量，并提出供试配用的计算配合比

粗、细骨料的计算方法有重量法和体积法两种。

（1）重量法：重量法是假定混凝土拌和物的表观密度等于各组成材料的质量和。按公式 6-7、6-8 计算：

$$m_{co}+m_{go}+m_{so}+m_{wo}=m_{cp} \tag{6-7}$$

$$\beta_s=\frac{m_{so}}{m_{go}+m_{so}}\times100\% \tag{6-8}$$

式中 m_{co}——每立方米混凝土的水泥用量（kg）；

m_{go}——每立方米混凝土的粗骨料用量（kg）；

m_{so}——每立方米混凝土的细骨料用量（kg）；

m_{wo}——每立方米混凝土的用水量（kg）；

β_s——砂率（%）；

m_{cp}——$1m^3$ 混凝土拌和物的假定重量（kg），其值可取 2350～2450kg。

联立求解式（6-7）、（6-8）即可解得混凝土各组成材料的用量。

（2）体积法：体积法是假定 $1m^3$ 混凝土的体积应等于各组成材料的绝对体积之和。按公式 6-9、6-10 计算：

$$\frac{m_{co}}{\rho_c}+\frac{m_{go}}{\rho_g}+\frac{m_{so}}{\rho_s}+\frac{m_{wo}}{\rho_w}+0.01\alpha=1 \tag{6-9}$$

$$\beta_s=\frac{m_{so}}{m_{go}+m_{so}}\times100\% \tag{6-10}$$

式中　ρ_c——水泥密度（kg/m^3），可取 2900～3100kg/m^3；

ρ_g——粗骨料的表观密度（kg/m^3）；

ρ_s——细骨料的表观密度（kg/m^3）；

ρ_w——水的密度（kg/m^3），可取 1000kg/m^3；

α——混凝土的含气量百分数，在不使用引气型外加剂时，α 可取为 1。

联立求解式（6-9）、（6-10）可解得混凝土各组成材料的用量及混凝土的配合比。

（四）混凝土配合比的试配、调整与确定

按前述方法所解得混凝土各组成材料的用量，还应进行试配、调整。

1. 试配

混凝土配合比试配时应采用工程中实际使用的原材料。混凝土的搅拌方法，宜与生产时使用的方法相同。混凝土配合比试配时，每盘混凝土的最小搅拌量应符合表 6-7 的规定；当采用机械搅拌时，其搅拌量不应小于搅拌机额定搅拌量的 1/4。

混凝土试配的最小搅拌量　　**表 6-7**

骨料最大粒径（mm）	拌和物数量（L）	骨料最大粒径（mm）	拌和物数量（L）
31.5 及以下	15	40	25

按计算的配合比进行试配时，首先应进行试拌，以检查拌和物的性能。当试拌得出的拌和物坍落度或维勃稠度不能满足要求，或粘聚性和保水性不好时，应在保证水灰比不变的条件下相应调整用水量或砂率，直到符合要求为止。然后提出供混凝土强度试验用的基准配合比。

混凝土强度试验时至少应采用三个不同的配合比制作混凝土强度试验试件。在试拌确定的基准配合比的基础上，另外两个配合比的水灰比，宜较基准配合比分别增加和减少 0.05；用水量

应与基准配合比相同，砂率可分别增加和减少1%。

在制作混凝土强度试验试件时，应检验混凝土拌和物的坍落度或维勃稠度、粘聚性、保水性及拌和物的表现密度，并以此结果作为代表相应配合比的混凝土拌和物的性能。

进行混凝土强度试验时，每种配合比至少应制作一组（三块）试件，标准养护到28d时试压。需要时可同时制作几组试件，供快速检验或较早龄期试压，以便提前定出混凝土配合比供施工使用。

2. 混凝土配合比的调整与确定

（1）计算调整后的材料用量

根据试验得出的混凝土强度与其相对应的灰水比（C/W）关系，用作图法或计算法求出与混凝土配制强度（$f_{cu,o}$）相对应的灰水比，并应按下列原则确定每立方米混凝土的材料用量：

1）用水量（m_w）：应在基准配合比用水量的基础上，根据制作强度试件时测得的坍落度或维勃稠度进行调整确定；

2）水泥用量（m_c）：应以用水量乘以选定出来的灰水比计算确定；

3）粗骨料和细骨料用量（m_g 和 m_s）应在基准配合比的粗骨料和细骨料用量的基础上，按选定的灰水比进行调整后确定。

（2）经试配确定配合比后，尚应按下列步骤进行校正：

1）根据上述方法确定的材料用量计算混凝土的表观密度计算值 $\rho_{c,c}$：

$$\rho_{c,c} = m_c + m_g + m_s + m_w \tag{6-11}$$

2）计算混凝土配合比校正系数 δ：

$$\delta = \frac{\rho_{c,t}}{\rho_{c,c}} \tag{6-12}$$

式中 $\rho_{c,t}$——混凝土表观密度实测值（kg/m^3）；

$\rho_{c,c}$——混凝土表观密度计算值（kg/m^3）。

当混凝土表现密度实测值与计算值之差的绝对值不超过计算值的2%时，计算调整后的材料用量确定的配合比即为确定的设计配合比；当二者之差超过2%时，应将配合比中每项材料用量均乘以校正系数δ，即为确定的设计配合比。

设计配合比是以干燥状态骨料为基准，而实际工程使用的骨料都含有一定的水分，故必须进行修正，修正后的配合比称为施工配合比。

复 习 题

1. 混凝土配合比设计中三个参数是什么？相互间有什么关系？
2. 干硬性和塑性混凝土用水量应怎样确定？
3. 混凝土砂率有什么规定？
4. 怎样计算水灰比？
5. 怎样确定配合比？
6. 何为施工配合比？

七、混凝土搅拌站与商品混凝土

混凝土搅拌站是用来集中生产混凝土的联合装置。整个搅拌系统包括搅拌楼以及附属的水泥贮存、骨料贮存处理和材料运输系统等。

混凝土搅拌站能自动上料、自动称量、自动出料；可自动完成称量、搅拌记录；能根据材料的含水率、湿度等进行称量修正、减水加砂；对掺入的外加剂、掺合料等能正确称量；能够贮存一定数量和品种的材料；能根据施工的要求，自动调换、更改混凝土配合比及骨料的级配，提供不同类型、不同品种、多级配、多用途的混凝土拌和物。

按施工现场条件的不同，搅拌站通常分为三类：简易搅拌站，适用于小型或流动性大的临时工地；双阶搅拌站，适用于中型工地、中小型混凝土制品厂、小型商品混凝土供应站等；单阶搅拌站，适用于大型工地、大中型混凝土制品厂、商品混凝土供应站。

混凝土搅拌站的工艺布置，就是确定搅拌系统的平面和立面布置。包括选择上料形式、称量设备和搅拌机的类型及台数；确定搅拌机的布置方式及各设备之间如何衔接方式；选择搅拌楼的结构形式等。混凝土搅拌站的工艺布置，应根据生产规模、工艺要求、原材料供应情况，设备和投资情况，地形环境等条件因地制宜地综合考虑，以取得较好的技术经济效果。

（一）简易搅拌站

1. 工艺流程

简易搅拌站的工艺流程见图 7-1。

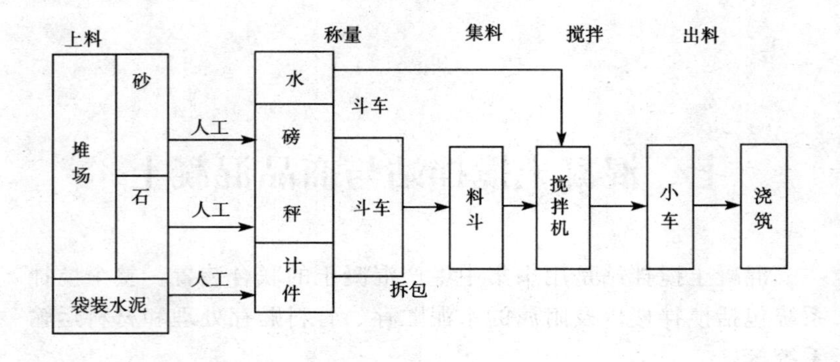

图 7-1　混凝土简易搅拌站工艺流程图

2. 简易搅拌站工艺布置

简易搅拌站为落地式布置，即在地上将原材料称好，利用搅拌机本身的上料斗将称好的原材料提升至搅拌机中。其优点是设备简单、投资少、建设快，但工人操作条件差，劳动强度大，称量误差大，原材料浪费大。仅适用于产量较小的构件厂、小型预制厂，小型或流动性大的临时工地。其布置见图 7-2。

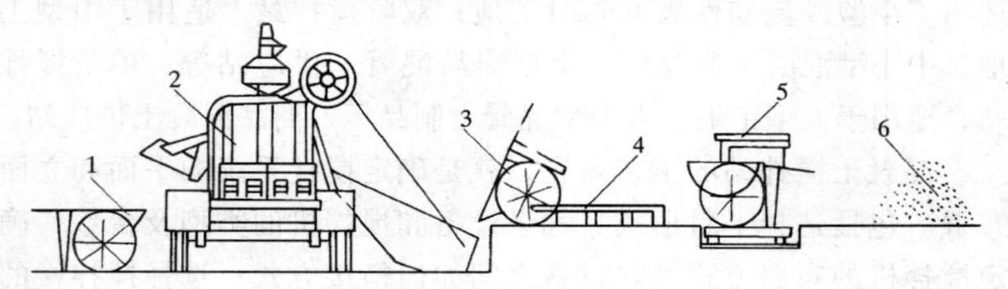

图 7-2　混凝土简易搅拌站布置图

1—出料小车；2—搅拌机；3—砂石上料车；
4—袋装水泥平台；5—磅秤；6—砂石料堆场

3. 施工要点

（1）上料：砂石上料由人工上料，小斗车运输；水泥则由人工拆包直接倾倒于搅拌机料斗中；水由搅拌机水泵抽入机顶水箱，人工操作进水。

(2) 称量：砂、石骨料用小车上榜秤称量；水泥按每包50kg计量；水由水箱刻度定量。称量误差：水泥±2%，砂、石±3%，水、外加剂±2%。

(3) 搅拌：采用锥形反转出料搅拌机搅拌；搅拌时间一般2min左右，待混凝土拌和物搅拌均匀，即可出料。

(4) 出料：由反转锥形混凝土搅拌机出料，滑入运料小车或混凝土罐，送至现场浇筑地点。

(二) 双阶式搅拌站

1. 双阶搅拌站的工艺流程

双阶搅拌站的工艺流程见图7-3。

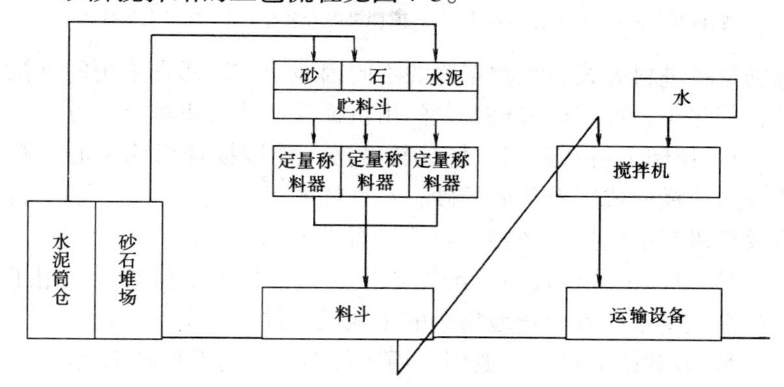

图7-3 双阶式混凝土搅拌站工艺流程图

2. 双阶搅拌站的布置

双阶式搅拌站是将原材料经过两次提升，即通过第一次提升到贮存斗，依靠材料的自重经过贮存、秤量和集料等配料过程进入配料斗，再经第二次提升进入搅拌机，拌制成混凝土拌和物。双阶搅拌站的布置见图7-4。

3. 双阶搅拌站工艺过程

(1) 上料：混凝土双阶搅拌站的上料方法因上料高度不高，

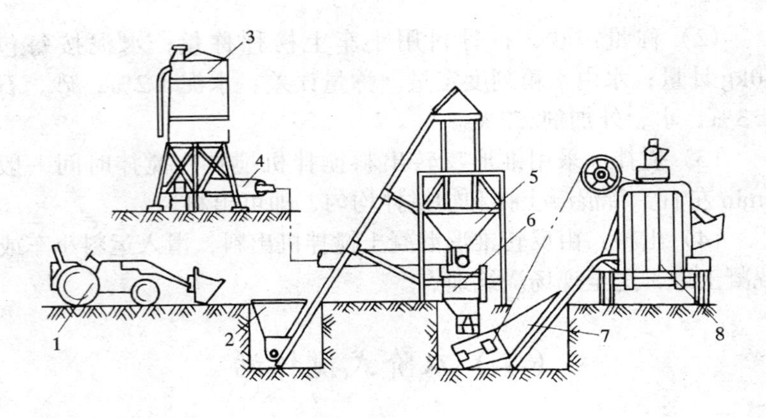

图 7-4 双阶式混凝土站

1—装载机；2—提升料斗；3—水泥贮罐；4—螺旋输送机；5—砂石贮料斗；6—砂石水泥称量斗；7—搅拌机提升料斗；8—混凝土搅拌机

现场材料进料方式、堆物布置的不同因地制宜，通常采用的有拉铲、翻斗车、皮带运输机、龙门吊机抓斗、装载机等上料方式。

1）拉铲上料：适用于场地较宽敞，能以搅拌机为中心，组成纵向或横向或扇形平面的砂、石堆场的工地或构件厂，砂、石由卷扬机牵引的拉铲送到贮料斗，再进入称量斗。

2）龙门吊或桥式吊车配抓斗将砂、石装入贮料斗，多用于永久性或半永久性而场地狭小的工地或构件厂。

3）装载机上料：一般用于场地狭小，工期不长的工地。

贮料斗多用钢结构制作，贮料斗容量的大小取决于搅拌机的工作能力，即每班最大搅拌量，以满足连续搅拌作业的需要为准。

(2) 称量：现多采用电子秤自动控制；也可采用磅秤，利用简单的杠杆原理进行称量。称后利用自重将砂石料卸入搅拌机集料斗。袋装水泥可采用人工拆包装入集料斗；散装水泥由压缩空气吹送入筒仓，再由螺旋输送器送进称量斗，螺旋输送器由称量斗上微动开关控制，当达到要求值时，即停止输送。

(3) 搅拌：第二阶提升大多利用搅拌机原有的上料系统，其提升高度视出料口而定，出料口的高度取决于混凝土拌和物运输车辆的通行高度。

（4）控制：目前使用较多的是半自动控制方式：搅拌机的启动、材料称量采用自动控制；卸料和出料由手动控制。

（三）单阶式搅拌站

1. 单阶搅拌站工艺流程

单阶搅拌站工艺流程见图 7-5。

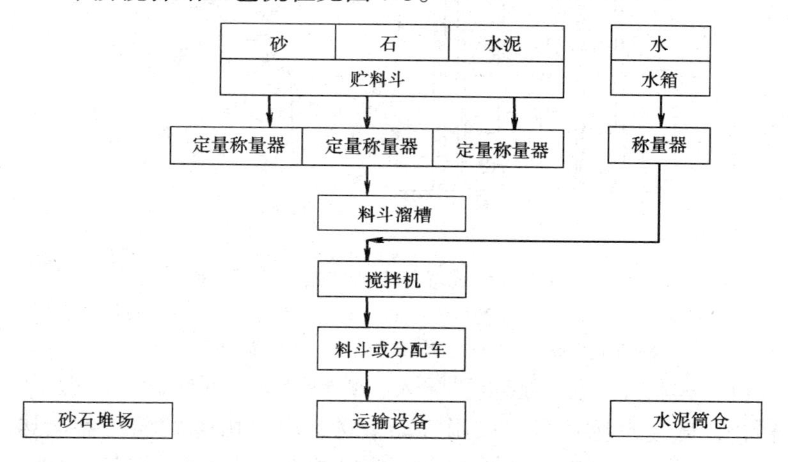

图 7-5　单阶搅拌站工艺流程图

2. 单阶式混凝土搅拌站布置

单阶式混凝土搅拌站，是指将原材料由皮带运输机、螺旋输送机等运输设备一次提升到需要高度的贮料斗后，再借自重作用依次经过贮存层、称量层、集料层和搅拌层完成混凝土制备的全过程，形成一个垂直的生产系统。其布置见图 7-6。

3. 单阶混凝土搅拌站的工艺过程

单阶混凝土搅拌站的工艺过程可以分为两大部分，第一部分是上料及贮存：砂石一般采用皮带运输机，也有采用垂直料斗提

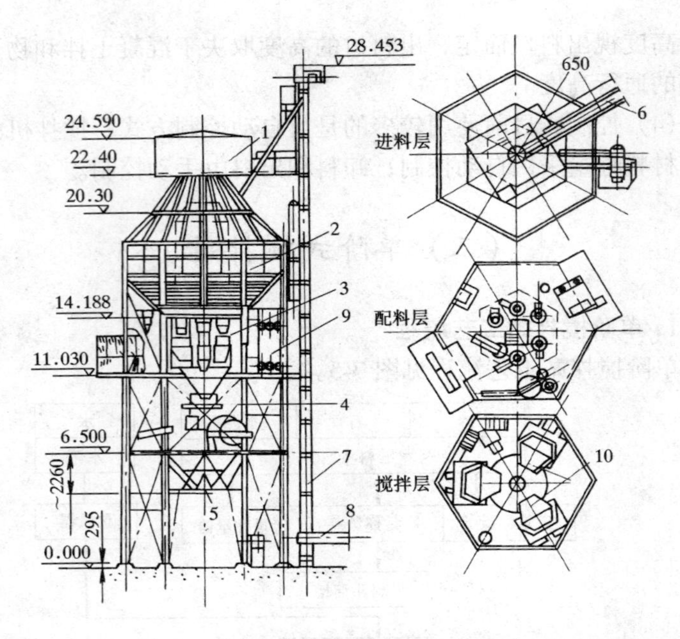

图 7-6 单阶式混凝土搅拌站布置示意图

1—进料层；2—贮料层；3—配料层；4—搅拌层；5—出料层；6—皮带输送机；7—斗式提升机；8—螺旋输送机；9—吸尘器；10—搅拌机

升机、爬料斗、抓斗起重机输入；骨料经上层回转漏斗输送至贮料仓，散装水泥基本上采用气动输送，亦可由螺旋输送器输送。第二部分是称量及搅拌：配合比如果基本稳定，称量工序一般采用自动杠杆秤；配合比如果常变，一般采用自动电子秤，用电位器变换配合比。可单独或累计称量。搅拌工序由电气集中控制或由程序控制，出料层设有贮料斗贮存混凝土熟料，其下由翻斗车、搅拌运输车接料，运至浇筑地点。

（四）商 品 混 凝 土

商品混凝土是在搅拌站集中统一拌制后，用混凝土搅拌运输车运送至各个施工现场进行浇筑使用的混凝土。商品混凝土的推广应用，对提高混凝土质量，节约原材料，实行现场文明施工，减少环境污染，具有突出的优点，并使混凝土的应用得到更大的发展，有利于实现建筑工业化，取得明显的社会经济效益。

1. 商品混凝土的性能

商品混凝土混合料受水泥凝结时间的限制，它们不能运到工地贮存备用；各建筑工地对商品混凝土搅拌站提供的混凝土最大需求量，往往集中在同一个时期；且不同用户所需要的混凝土品种、配合比、骨料级配、外加剂和掺合料等不尽相同，需随时变更，以满足需要；故商品混凝土对搅拌站的规模、搅拌能力、自动化、机械化程度提出了更高的要求。

2. 商品混凝土搅拌站

商品混凝土搅拌站的形式、规模应根据要求的混凝土性能、材料供应情况、最大需求量、运输路程等条件决定。一般采用一阶式混凝土搅拌楼。

（1）生产能力：取决于搅拌站搅拌机的型式、台数和容量的大小。大型搅拌站的生产能力大于 $120m^3/h$；中型搅拌站的生产能力约为 $60\sim120m^3/h$；小型搅拌站的生产能力小于 $60m^3/h$。

（2）场地要求：要求场地能贮备、堆放足够的不同品种、不同粒径的骨料，且排水应良好，不得混入泥土。

（3）上料方式及要求：应根据商品混凝土搅拌站的生产能力、场地情况选择。一般采用皮带运输机配合龙门吊抓斗上料。皮带运输机运输能力强；龙门吊抓斗取料灵活快捷，适用于不同品种粒径的骨料的运送。要求在上料过程中，各种不同种类的骨料不能混杂，颗粒大小应分离。

（4）贮料容量：混凝土搅拌站必须有足够的不同品种原料的贮存量。2 个以上的水泥仓，200t 水泥贮存罐，各种外加剂的贮存容器，各种骨料、掺合料的堆场；充足的水源等，以便在集中的一个时间阶段提供最大需求量的混凝土。

3. 商品混凝土的运输

商品混凝土的运输一般采用搅拌运输车运输。运输时应满足下列要求：

（1）搅拌运输车不吸水、不漏浆、不粘结、防晒防雨、冬季保温。

（2）运输道路应基本平坦，避免使混凝土振动、离析、分层。

（3）运至现场发现离析，应在浇筑前进行二次搅拌。

（4）商品混凝土从开始加水搅拌到从搅拌机卸出至浇筑完毕延续时间应满足：混凝土强度等级≤C30，气温＜25℃时≤120min；气温＞25℃时为90min。当混凝土强度等级＞C30、气温＜25℃时为90min；气温＞25℃时为60min。

复 习 题

1. 搅拌站分为哪几类？各有何特点？
2. 简易搅拌站的工艺特点是什么？
3. 双阶搅拌站工艺过程有哪些？
4. 混凝土搅拌站的要求是什么？
5. 混凝土搅拌站的常用控制方式是什么？
6. 商品混凝土的特性有哪些？
7. 商品混凝土的运输时间限制有什么要求？

八、泵送混凝土施工

泵送混凝土，就是利用混凝土泵沿一定的管道直接输送到浇筑地点，一次完成混凝土的水平和垂直运输的一种高效输送浇筑混凝土的施工技术。泵送混凝土具有工效高、劳动强度低、快速方便、浇筑范围大、适应性强等优点。

泵送混凝土除应满足结构设计强度外，还要满足可泵性的要求，即混凝土在泵管内易于流动，有足够的粘聚性，不沁水、不离析，并且摩阻力小。

（一）施 工 准 备

1. 原材料的要求

泵送混凝土所采用的原材料应符合下列规定：

（1）粗骨料

粗骨料宜采用连续级配，其针片状颗粒含量不宜大于10%；粗骨料的最大粒径与输送管径之比应符合表8-1的规定。

粗骨料的最大粒径与输送管径之比　　　　表8-1

石子品种	泵送高度（m）	粗骨料最大粒径与输送管径比
碎石	＜50	≤1:3.0
	50～100	≤1:4.0
	＞100	≤1:5.0
卵石	＜50	≤1:2.5
	50～100	≤1:3.0
	＞100	≤1:4.0

（2）细骨料

泵送混凝土宜采用中砂，其通过 0.315mm 筛孔的颗粒含量不应少于 15%；最好能达到 20%。

（3）水泥

泵送混凝土应选用硅酸盐水泥、普通硅酸盐水泥、矿渣硅酸盐水泥和粉煤灰硅酸盐水泥，不宜采用火山灰质硅酸盐水泥。

（4）外掺和料

1）外加剂：为改善混凝土工作性能，延缓凝结时间，增大坍落度和节约水泥，泵送混凝土应掺用泵送剂或减水剂，常用的有：

a. 木质素磺酸钙（简称木钙），掺量为水泥用量的 0.2%～0.3%；低温时，掺量为 0.2%；高温时掺量为 0.3%。

在砂率和水灰比不变的情况下，掺 0.25% 的木钙，可提高坍落度 50～60mm，强度可提高 13%，水泥初凝至终凝时间可推迟两个多小时。

b. 载体硫化剂，一般用于夏季施工，当温度在 35℃ 以上时，掺入适量载体流化剂，可使混凝土坍落度在 1～1.5h 内变化不明显，并可减少对泵管的摩擦和提高混凝土的可泵性。

掺用引气型外加剂时，混凝土含气量应控制在 4% 以内。

2）掺合料：泵送混凝土宜掺用粉煤灰或其他活性矿物掺合料。粉煤灰的细度应达到水泥细度标准，通过 0.08mm 方孔筛的筛余量不得超过 15%，SO_3 含量小于 3%，烧失量小于 8%。掺磨细粉煤灰，可提高混凝土的稳定性、抗渗性、和易性和可泵性，既能节约水泥，又使混凝土在泵管中增加润滑能力，提高泵和泵管的使用寿命。

2. 配合比的要求

（1）坍落度

泵送混凝土试配时要求的坍落度值应按下式计算：

$$T_t = T_p + \Delta T \qquad (8\text{-}1)$$

式中　T_t——试配时要求的坍落度值；

T_p——入泵时要求的坍落度值；

ΔT——试验测得在预计时间内的坍落度经时损失值。

泵送混凝土坍落度一般为 80～180mm。但泵送混凝土坍落度与泵送高度有关，可参见表 8-2 选用。

泵送混凝土坍落度与泵送高度关系　　表 8-2

泵送高度（m）	30 以下	30～60	60～100	100 以上
坍落度（mm）	100～140	140～160	160～180	180～230

泵送高度在 100m 以下时，混凝土坍落度变化情况，可参照表 8-3 选用。

泵送高度在 100m 以下时混凝土坍落度　　表 8-3

施工情况	坍落度（mm）	备　注
搅拌站出料	160～180	
搅拌运输车现场出料	120～160	与气温有关
泵送到布料杆出口	80～120	与泵送距离有关

（2）水灰比

泵送混凝土的用水量与水泥和矿物掺合料的总量之比不宜大于 0.60。

（3）水泥用量

泵送混凝土的水泥和矿物掺合料的总量不宜小于 300kg/m^3。

（4）砂率

为防止泵送混凝土经过泵管时产生阻塞，要求泵送混凝土比普通混凝土的砂率要高，其砂率宜为 35%～45%；此外，砂的粒径也很重要。

3. 混凝土泵

混凝土泵的构造、技术性能及分类见本书第五章。

混凝土泵在选用时主要根据工程特点、施工的条件（设备、环境、材料等）、施工组织设计的要求结合泵的性能选用。

混凝土泵选型的主要参数有：泵的最大混凝土排量(m^3/h)、泵的最大混凝土压力（N/mm^2）、混凝土的最大水平运距、最大垂直运距。这些参数可以从混凝土泵技术性能表中查到。在这些参数中，泵的最大混凝土排量和泵的最大混凝土压力为主要参数；混凝土泵技术说明书中注明的排量是最大理论排量，实际排量应按下面公式进行计算：

$$Q_f = \alpha \cdot E_t \cdot Q_{max}$$

式中 Q_f——实际平均排量（m^3/h）；

Q_{max}——说明书中注明最大理论排量（m^3/h）；

α——泵送距离影响系数，按表 8-4 查用；

E_t——泵送作业效率系数，一般为 0.4～0.8。

泵送距离影响系数 α **表 8-4**

换算水平泵送距离（m）	α 值	换算水平泵送距离（m）	α 值
0～49	1.0	150～179	0.7～0.6
50～99	0.9～0.8	180～199	0.6～0.5
100～149	0.8～0.7	200～249	0.5～0.4

一般情况下，高层建筑的基础工程及 6～7 层以下的主体结构，采用汽车式混凝土泵施工；如果垂直距离超过 80～100m 时，可采用两台固定式中压混凝土泵（泵缸活塞前端压力小于 $7N/mm^2$）进行接力输送混凝土；如果经济、技术条件许可，可采用一台固定式高压混凝土泵输送混凝土（高压泵缸活塞前端压力 $>7N/mm^2$）。

4. 混凝土布料杆

混凝土布料杆是完成混凝土输送、布料、摊铺、浇筑入模的理想机具。混凝土布料杆按移动方式分为汽车式布料杆和独立式布料杆两种；独立式布料杆又分为移置式布料杆和管柱式布料杆。独立式布料杆技术性能见本书表 5-10。

5. 混凝土输送管

（1）混凝土输送管的种类

输送管种类及选用见表 8-5。

混凝土泵输送管选用表 **表 8-5**

材　　料	说　　明
低合金钢管	管壁厚 2～3mm，较轻、耐磨
钢管	管壁厚 2～4mm，较易采购，耐磨
铝合金管	较轻，与混凝土摩擦后产生氢气，混凝土强度下降
金属丝绕制橡胶管	移动部位使用

（2）混凝土输送管的敷设

1）混凝土输送管敷设的方法：混凝土输送管敷设的效果，对泵送混凝土有很大影响。一般施工前要编制管道敷设方案。管道敷设的原则是：路线短、弯道少、接头严密。常见敷设方法见图 8-1。

2）混凝土输送管输送距离水平长度换算：由于各种管道的内阻力不同，会造成较大的压力损失，因此在计算混凝土输送距离时，要换算成水平直管状态的输送距离，可参考表 8-6 进行换算。

混凝土输送距离的水平长度换算表 **表 8-6**

管子种类	管子规格	换算成水平长度（m）			
向上垂直管（每 m 长）	ϕ100mm	4			
	ϕ125mm	5			
	ϕ150mm	6			
弯管（每个）	弯折角度 90°	半径 $R=1$m	9	半径 $R=0.5$m	12
	弯折角度 45°	半径 $R=1$m	4.5	半径 $R=0.5$m	6
	弯折角度 30°	半径 $R=1$m	3	半径 $R=0.5$m	4
	弯折角度 15°	半径 $R=1$m	1.5	半径 $R=0.5$m	2
锥形管（每个）	ϕ175～ϕ150mm	4			
	ϕ150～ϕ125mm	10			
	ϕ125～ϕ100mm	20			
软管	5m 长	30			
	3m 长	18			

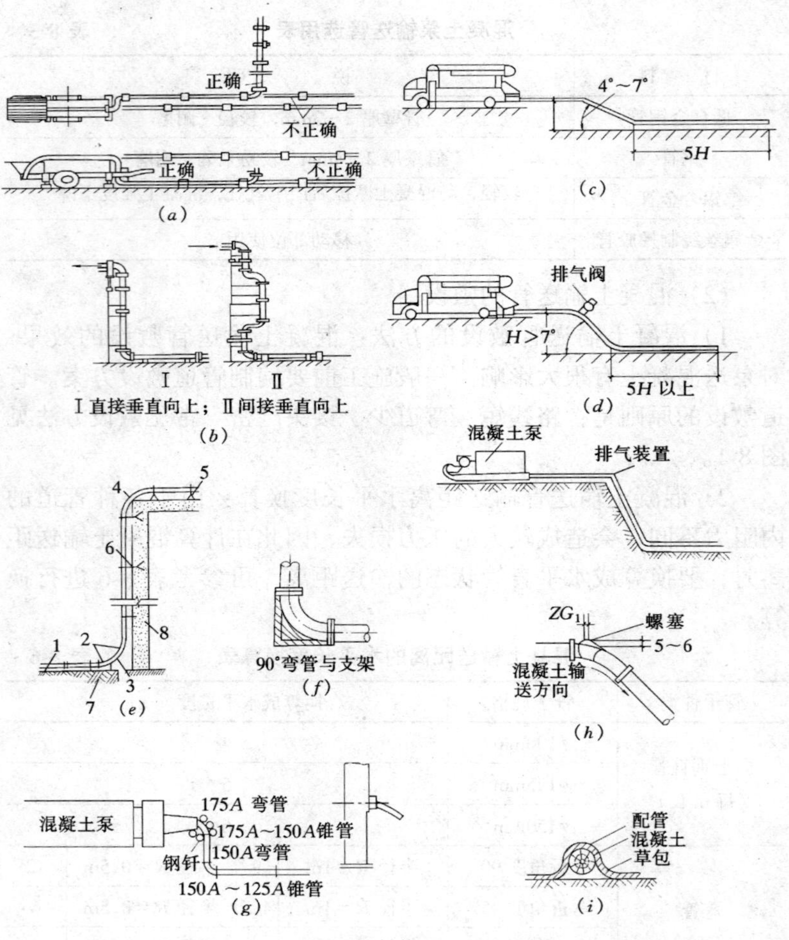

图 8-1　泵送管道敷设示意图

(*a*)水平输送管道;(*b*)垂直泵送管道;(*c*)4°～7°下料管道;(*d*)大于 7°下料管道;(*e*)输管支架（1—地面水平管支架;2—45°弯管;3—直管一段;4—弯管;5—楼层水平支架;6—螺栓紧固在预埋件上;7—基础块;8—建筑物);(*f*)直立 90°弯管固定支架;(*g*)泵机出口转弯处的弯管及锥形管用插入地下的钢纤固定示意图;(*h*)排气装置的安装;(*i*)夏季泵送施工时用淋湿草袋覆盖在输送管上

(3) 混凝土输送管道敷设时注意事项

1) 管径选用要合理，可按照混凝土所用的粗骨料品种、粒径、泵送高度参考表 8-1 选择。

2）管接头必须牢固，密封要严密，弯管与锥管使用时要匹配。

3）管件必须布设在坚实的基础上。

4）在泵机出口处应设置一段弯曲管路，在泵机出口与垂直立管之间应设置一定长度的水平管，其总长应为垂直管总高的三倍。

5）垂直向上压送用的立管应避免采用弯管径直向上安装；垂直向下输送用的立管，应加设若干弯管，并应与建筑结构拉结牢固。

6）应使混凝土浇筑移动方向与泵送方向相反。下斜管道倾角应小于 7°，当大于 7°时，应在斜管管端加装一个放气阀，以排除斜管中的空气，使水泥浆布满整个管壁。

（二）施工方法及操作

1. 混凝土泵送施工工艺

混凝土泵送施工工艺见图 8-2。

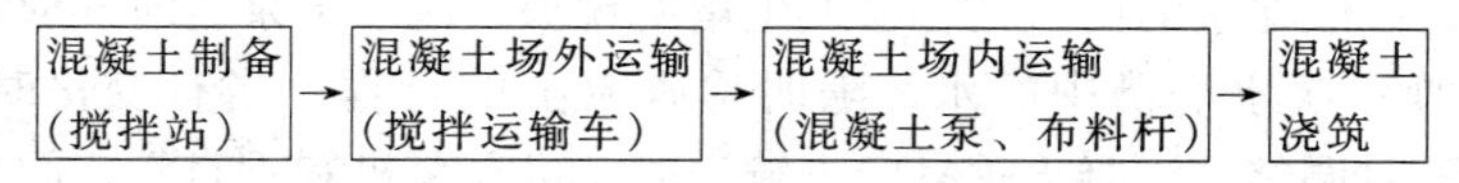

图 8-2 泵送混凝土工艺流程图

2. 凝土泵的施工方法

（1）混凝土的运输

泵送混凝土的供应，要保证混凝土泵连续作业。混凝土搅拌运输车到施工现场卸料，应有一段搭接时间，一台未卸完，另一台开始卸料，如不能做到，则应在混凝土搅拌运输车出料前，高速（12r/min）转动 1min，再反转出料，这样保证混凝土拌和物均匀。混凝土搅拌车卸出的混凝土，如发现粗骨料过于集中或发生沉淀，应重新搅拌，一般高速搅拌

2～3min 后再卸料。

（2）混凝土的泵送

混凝土泵在泵送前要先用水、水泥浆润湿管道，使输送管、泵处于润滑状态，然后开始泵送混凝土。润滑用水、水泥浆和水泥砂浆的用量见表 8-7。

泵送混凝土润滑用水、水泥浆和水泥砂浆的用量表　　表 8-7

输送管长度（m）	水（L）	水泥浆		水泥砂浆	
		水泥用量（kg）	稠　度	用　量（m^3）	配合比（水泥∶砂）
＜100	30			0.5	1∶2
100～200	30			1.0	1∶1
＞200	30	100	粥　状	1.0	1∶1

混凝土泵输送时应连续进行，尽可能防止停歇。如果不能连续供料，可适当放慢速度，以保证连续泵送。但泵送停歇超过 45min 或混凝土出现离析时，要立即用压力水或其他方法清除泵机和管道中的混凝土，再重新泵送。

混凝土泵输送中，要注意观察液压表和泵机各部分的工作状态，一般在泵的出口处容易发生堵塞现象。混凝土泵送时，应每 2h 换一次水洗槽中的水，随时检查泵缸的行程，当有变化时，要随时调整。混凝土垂直向上输送时，可在泵机和垂直管之间设一段 10～15m 的水平输送管道。防止混凝土产生逆流。在高温条件下施工时，要在水平输送管道上盖 1～2 层湿草帘，并隔一定时间对草帘洒水润湿。

（3）混凝土布料

泵送混凝土布料设备一般用独立式混凝土布料机。可以安放在待浇筑楼板的模板平面上，支撑要牢固。它的一端接通混凝土输送管道，另一端可用一根软管接通，可用人力推动作水平布料。布料杆 360°回转，半径为 4～9m。它也可用塔式起重机吊装和移动。如果用两台布料杆布料时，要尽量做到同步前进，避免形成施工缝。

3. 混凝土泵的操作要点

（1）混凝土泵操作前的检查和保养

混凝土泵在施工操作前要检查泵机的基础是否固定牢靠；检查液压油箱油位高度是否够、液压油系统有无泄漏；检查水箱中水量、水泵、水管工作性能是否良好；然后再按规定对各部位进行润滑。

（2）混凝土泵操作中的检查和维护

1）泵机启动：施工人员在混凝土泵操作时，按规定程序进行检查没有问题后，在泵送前20min发动引擎。让泵机各部分充分运转，特别在冬期施工或气温较低时，要使液压箱内油温上升到20℃时才能泵送。同时还要让泵送活塞运转5～10min，使自动泵油机把润滑油送入需润滑部分。

混凝土泵启动时，要在低负荷下起动，输出量在10m^3/h为好。油泵转速达到1400～1500r/min时才能压送混凝土。

2）泵机启动程序：启动泵机的程序为：起动料斗搅拌叶片——将润滑浆（水泥素浆）注入料斗——打开截止阀——开动混凝土泵——将润滑浆泵送到输送管道——然后再经料斗内装入混凝土进行试泵送。

在泵送时，施工人员时刻注意泵车各项仪表指示，如液压油的工作压力、工作温度和仪表上的“超载”指示灯。如果仪表上“超载”指示灯亮，就要把泵的输出量调向“减”的方向；如果油温超过60℃，就要打开冷却器冷却，并检查是否有故障，及时排除。

另外，还要注意料斗的充盈情况，不允许出现完全泵空现象，以免空气进入泵内，使活塞出现干磨状态。要注意水箱中水位、液压系统密封性，拧紧有泄漏的接头。

（3）泵送混凝土浇筑的操作要点

泵送混凝土浇筑的操作要点见表8-8。

泵送混凝土浇筑的操作要点　　表 8-8

序号	项　　目	操　　作　　要　　点
1	泵送	1. 操作人员应持证上岗，并能及时处理操作过程出现的故障； 2. 泵机与浇筑点应有联络工具，信号要明确； 3. 泵送前应先用水灰比为 0.7 的水泥砂浆湿润导管，需要量为 $0.1m^3/m$，新换管也应先润滑、后输送； 4. 泵送过程严禁加水，严禁泵吸入空气； 5. 开泵后，中途不要停歇，并备有备用泵机； 6. 应有专人巡视管道，发现漏水漏浆，应及时修理
2	浇筑	1. 模板要牢固，能承受泵送混凝土的侧压力；如模板外胀，除及时加固外，可通知降低泵送速度，或转移浇筑点； 2. 振捣工具与振捣能力应适当增大，与泵送混凝土的来料相适应
3	管道清洗	1. 泵送将结束时，应考虑管内混凝土数量，掌握泵送量；避免管内的混凝土过多。输送管道内混凝土数量见表 8-9； 2. 洗管前应先行反吸，以降低管内压力； 3. 洗管时可从进料口塞入海绵球或橡胶球，按机种用水或压缩空气将存浆推出； 4. 应预先准备好排浆沟管，不得将洗管残浆排入已浇筑好的工程上； 5. 冬期施工下班前，应将全部水排干，并将泵机活塞擦洗干，防止冻坏活塞环

泵送混凝土输送管内混凝土数量　　表 8-9

输送管径 (mm)	每 100m 输送管内混凝土数量 (m^3)	每 $1m^3$ 混凝土所占管道长度 (m)
$\phi100$	1.0	100
$\phi125$	1.5	75
$\phi150$	2.0	50

（三）质 量 措 施

（1）泵送混凝土宜用搅拌运输车运输；混凝土搅拌运输车出料前，应以 12r/min 左右速度转动 1min，然后反转出料，保证混凝土拌和物的均匀。

（2）在混凝土运送过程中，要求混凝土从搅拌后 90min 内泵送完毕，气温较低时可以适当延长。

（3）泵送开始时，要注意观察泵机和管道的工作情况，发现问题即时处理。

（4）泵送混凝土时，应使料斗内保持足够的混凝土；如遇混凝土泵运转不正常或混凝土供应脱节，可放慢泵送速度，或每隔 4～5min 使泵正、反转两个冲程，防止管路中混凝土阻塞。同时开动料斗中搅拌器，搅拌 3～4 转，防止混凝土离析。

（5）严禁向混凝土料斗内加水，但允许向搅拌运输车内加入混凝土相同水灰比的砂浆，经充分搅拌后卸入料斗。坍落度偏差过大，品质变坏的混凝土，不能卸人料斗。

（6）夏期施工时，对输送管道要用草帘覆盖，并加水湿润，防止形成阻塞；冬期施工时，要对管道覆盖保暖，避免混凝土在管内受冻。

（7）泵送结束后，应立即清洗泵机和输送管，清洗后的水不得排入所浇筑的混凝土内。

（8）应严格按混凝土配合比采用自动计量装置配料。应派专人做试块，加强试块养护管理工作。

（四）安全注意事项

（1）混凝土泵操作人员必须经过严格培训，并经考试取得上岗合格证后才能上岗操作。

（2）严格执行施工现场安全操作规程，施工前要有安全交底，施工中要随时进行安全检查，发现问题要及时处理。

(3) 混凝土泵机安装要水平，泵机基础坚实可靠，无塌方；泵机就位后不要移动，防止偏移造成翻车。

(4) 布料杆工作时风力应小于 8 级，风力大于 8 级时应停工；布料杆采用风洗时，管端附近不许站人，以防混凝土残渣伤人。

(5) 混凝土泵机出口处管道压力较大，管道由于磨损易发生爆裂事故，应经常检查。输送管道内有压力时，接头部分严禁拆卸，因拆卸时容易伤人，应先反泵回吸，再拆卸。

复 习 题

1. 泵送混凝土有什么特点？它适用于哪些工程？
2. 泵送混凝土中对水泥、粗骨料、砂率有什么要求？
3. 混凝土泵有哪几种形式？如何选择混凝土泵？
4. 输送管道有哪几种类型？预防输送管道堵塞措施有哪些？
5. 启动混凝土泵的程序是什么？
6. 混凝土布料杆作用是什么？应如何操作？
7. 混凝土泵送过程中如何注意安全？

九、混凝土工程的施工过程

混凝土工程的主要施工过程包括浇筑前的准备、混凝土的拌制、运输、浇筑捣实和养护等。各个施工过程既相互联系又相互影响，任一施工过程处理不当都会影响混凝土的最终质量。因此，在混凝土施工过程中必须严格控制每一施工环节，确保混凝土的施工质量。

（一）混凝土浇筑前的准备工作

1．地基的检查与清理

主要检查基槽开挖后的位置、标高、尺寸是否与设计相符；检查地基土的性质、承载能力是否符合设计要求；将基槽内的杂物清理干净；并填写隐蔽工程验收单。

2．模板的检查与清理

主要检查模板的位置、标高、截面尺寸、垂直度，检查模板接缝是否严密，预埋件位置和数量是否符合图纸要求，支撑是否牢固。此外还需清除模板内的木屑、垃圾等杂物，并将木模板浇水湿润。

3．钢筋的检查与清理

主要检查钢筋的规格、数量、位置、接头是否正确，钢筋表面是否沾有油污等，并填写隐蔽工程验收单。

4．设备、管线的检查与清理

主要检查设备管线的数量、型号、位置和标高，并将其表面的油污清理干净。

5．供水、供电及原材料的保证

主要检查水、电供应情况，并与水、电供应部门联系，防止施工中水、电供应中断；检查材料的品种、规格、数量、质量是否符合要求。

6. 机具的检查及准备

对机具主要检查其种类、规格、数量是否符合要求，运转是否正常。

7. 道路与脚手架的检查与清理

对运输道路主要检查其是否平坦，运输工具能否直接到达各个浇筑部位；浇筑用脚手架是否牢固、平整。

8. 安全、技术交底

做好安全、技术交底，进行劳动力的分工及其他组织工作。

9. 其他

了解天气预报，准备防雨、防冻措施。

（二）混凝土的搅拌

1. 投料前配合比的调整

混凝土的配合比是在实验室根据混凝土的配制强度经过试配和调整而确定的，称为实验室配合比。实验室配合比所用砂、石是在干燥状态下确定的。而施工现场砂、石都有一定的含水率，且含水率大小随气温等条件不断变化。为保证混凝土的质量，施工中应按砂、石实际含水率对原配合比进行调整，现场砂、石含水率调整后的配合比称为施工配合比。

设实验室配合比为：水泥∶砂∶石＝$1:x:y$，水灰比为 W/C，现场砂、石含水率分别为 W_x、W_y，则施工配合比为：

水泥∶砂∶石＝$1:x(1+W_x):y(1+W_y)$，水灰比 W/C 不变，但加水量应扣除砂、石中的含水量。

2. 投料容量的计算

根据施工配合比和搅拌机的出料容量计算确定每拌一盘所需各种原材料的数量。

【例】 某工程混凝土实验室配合比为1:2.3:4.27，水灰比

$W/C=0.6$，每立方米混凝土水泥用量为300kg，现场砂、石含水率分别为3%及1%，求施工配合比。又若采用250L搅拌机，求每拌一次材料用量。

【解】 施工配合比，水泥:砂:石为：

$1:x(1+W_x):y(1+W_y)=1:2.3(1+0.03):4.27(1+0.01)=1:2.37:4.31$

用250L搅拌机，每拌一次材料用量（施工配料）：

水泥：$300\times0.25=75$kg

砂：$75\times2.37=177.8$kg

石：$75\times4.31=323.3$kg

水：$75\times0.6-75\times2.3\times0.03-75\times4.27\times0.01=36.6$kg

3．计量要求

每拌制一盘混凝土所需的各种原材料应根据配料单称量出来。原材料的称量应用重量法。骨料、水泥等可装在手推车上，用普通台秤称量；或采用自动控制设备计量。各种材料称量时的重量偏差不得超过以下规定：

水泥、掺合料：±2%；

粗、细骨料：±3%；

水、外加剂：±2%。

为了保证称量准确，工地的各种衡器应定期校验；每次使用前应进行零点校核，保持计量准确。施工现场要经常测定施工用的砂、石料的含水率，将实验室中的混凝土配合比换算成施工配合比，然后进行配料。

4．投料顺序

投料顺序应从提高搅拌质量，减少叶片、衬板的磨损，减少拌和物与搅拌筒的粘结，减少水泥飞扬，改善工作条件等方面综合考虑确定。常用方法有：

（1）一次投料法：即在上料斗中先装石子，再加水泥和砂，然后一次投入搅拌机。在鼓筒内先加水或在料斗提升进料的同时加水，这种上料顺序使水泥夹在石子和砂中间，上料时不致飞扬，又不致粘住斗底，且水泥和砂先进入搅拌筒形成水泥砂浆，可缩短包裹石子的时间。

（2）二次投料法：它又分为预拌水泥砂浆法和预拌水泥净浆法。预拌水泥砂浆法是先将水泥、砂和水加入搅拌筒内进行充分搅拌，成为均匀的水泥砂浆，再投入石子搅拌成均匀的混凝土。预拌水泥净浆法是将水泥和水充分搅拌成均匀的水泥净浆后，再加入砂和石子搅拌成混凝土。二次投料法搅拌的混凝土与一次投料法相比较，混凝土强度提高约15%，在强度相同的情况下，可节约水泥约为15%～20%。

5．搅拌要求

混凝土搅拌，就是将水、水泥和粗细骨料进行均匀拌和及混合的过程，同时，通过搅拌，还要使混凝土混合料达到塑化、强化的目的；要求搅拌必须均匀。

6．搅拌时间

搅拌时间是指从全部材料投入搅拌筒起，到开始卸料为止所经历的时间，它与搅拌质量密切相关。搅拌时间过短，混凝土的材料拌和不均匀，强度及和易性都将会下降；搅拌时间过长，不但降低搅拌的生产效率，同时会使不坚硬的粗骨料，在大容量搅拌机中因脱角、破碎等而影响混凝土的质量。混凝土搅拌的最短时间可按表9-1采用。

混凝土搅拌的最短时间（s）　　表9-1

混凝土坍落度（mm）	搅拌机型号	搅拌机容量（L）		
		≤250	250～500	＞500
≤30	自落式	90	120	150
	强制式	60	90	120
＞30	自落式	90	90	120
	强制式	60	60	90

注：掺有外加剂时，搅拌时间应适当延长。

搅拌时间系按一般常用搅拌机的回转速度确定的，不允许用超过混凝土搅拌机说明书规定的回转速度进行搅拌以缩短搅拌延续时间。因为当自落式搅拌机搅拌筒的转速达到某一极限时，筒内物料所受的离心力等于其重力，物料就贴在筒壁上不会落下，不能产生搅拌效果。

（三）混凝土的运输

1. 运输机具

混凝土运输主要分水平运输、垂直运输和楼面运输三种情况，应根据施工方法、工程特点、运距的长短及现有的运输设备，选择可满足施工要求的运输工具。常用的运输工具有手推车、机动翻斗车、自卸汽车、井架运输机、塔式起重机、混凝土搅拌输送车等；其性能见第五章。

2. 运输中的一般要求

对混凝土拌和物运输的要求是：运输过程中，应保持混凝土的均匀性，避免产生分层离析现象，混凝土运至浇筑地点，应符合浇筑时所规定的坍落度（见表9-2）；运输工作应保证混凝土的浇筑工作连续进行；运送混凝土的容器应严密，其内壁应平整光洁，不吸水，不漏浆，粘附的混凝土残渣应经常清除。

混凝土浇筑时的坍落度　　表9-2

项次	结构种类	坍落度（mm）
1	基础或地面等的垫层、无配筋的厚大结构（挡土墙、基础或厚大的块体等）或配筋稀疏的结构	10～30
2	板、梁和大型及中型截面的柱子等	30～50
3	配筋密列的结构（薄壁、斗仓、筒仓、细柱等）	50～70
4	配筋特密的结构	70～90

注：1. 本表系指采用机械振捣的坍落度，采用人工捣实时可适当增大；
2. 需要配制大坍落度混凝土时，应掺用外加剂；
3. 曲面或斜面结构的混凝土，其坍落度值，应根据实际需要另行选定；
4. 轻骨料混凝土的坍落度，宜比表中数值减少10～20mm。
5. 自密实混凝土的坍落度另行规定。

3. 混凝土从搅拌机中卸出后到浇筑完毕的延续时间

混凝土应以最少的中转次数，最短的时间，从搅拌地点运至浇筑地点，保证混凝土从搅拌机卸出后到浇筑完毕的延续时间不超过表 9-3 的规定；

混凝土从搅拌机中卸出后到浇筑完毕的延续时间（min） 表 9-3

混凝土强度等级	气温（℃）	
	低于 25	高于 25
C30 及 C30 以下	120	90
C30 以上	90	60

注：1. 掺用外加剂或采用快硬水泥拌制混凝土时，应按试验确定；
2. 轻骨料混凝土的运输、浇筑延续时间应适当缩短。

（四）混凝土的浇筑

混凝土浇筑要保证混凝土的均匀性和密实性，要保证结构的整体性，尺寸准确和钢筋、预埋件的位置正确，拆模后混凝土表面要平整、光洁。

1. 混凝土的浇筑方法和一般规定

（1）混凝土浇筑前不应发生初凝和离析现象，如已发生，应重新搅拌，使混凝土恢复流动性和粘聚性后再进行浇筑。

（2）为了防止混凝土浇筑时产生离析，混凝土自由倾落高度不宜超过 2m。若混凝土自由下落高度超过 2m，应采用串筒、斜槽、溜管等下料，如图 9-1*a* 和图 9-1*b* 所示。当混凝土浇筑高度超过 8m 时，则应采用节管振动串筒，即在串筒上每隔 2～3 节管安装一台振动器，如图 9-1*c* 所示。

（3）浇筑较厚的构件时，为了使混凝土振捣密实，必须分层浇筑。每层浇筑厚度与捣实方法、结构的配筋情况有关，应符合表 9-4 的规定。

（4）混凝土的浇筑应连续进行。如必须间歇作业，其间歇时间应尽量缩短，并要在前层混凝土凝结前，将次层混凝土浇筑完

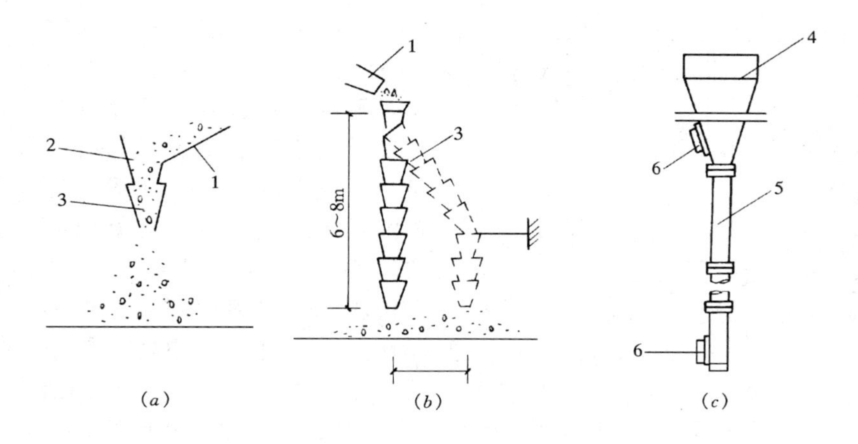

图 9-1　溜槽与串筒

(*a*) 溜槽；(*b*) 串筒；(*c*) 节管振动串筒

1—溜槽；2—挡板；3—串筒；4—漏斗；5—节管；6—振动器

毕。间歇的最长时间应按所用水泥品种及混凝土凝结条件确定。

混凝土浇筑层的厚度　　　　**表 9-4**

项次	捣实混凝土的方法		浇筑层厚度（mm）
1	插入式振动		振动器作用部分长度的 1.25 倍
2	表面振动		200
3	人工捣实	（1）在基础或无筋混凝土和配筋稀疏的结构中	250
		（2）在梁、墙、板、柱结构中	200
		（3）在配筋密集的结构中	150
4	轻骨料混凝土	插入式振动	300
		表面振动（振动时需加荷）	200

（5）竖向结构的浇筑：在浇筑竖向结构（如墙、柱）的混凝土时，若浇筑高度超过 3m，应采用溜槽或串筒。混凝土的水灰比和坍落度，宜随浇筑高度的上升，而酌予递减。

（6）浇筑混凝土时，应经常观察模板、支架、钢筋、预埋件和预留孔洞的情况，当发现有变形、移位时，应立即停止浇筑，并应在已浇筑的混凝土凝结前修整完好。

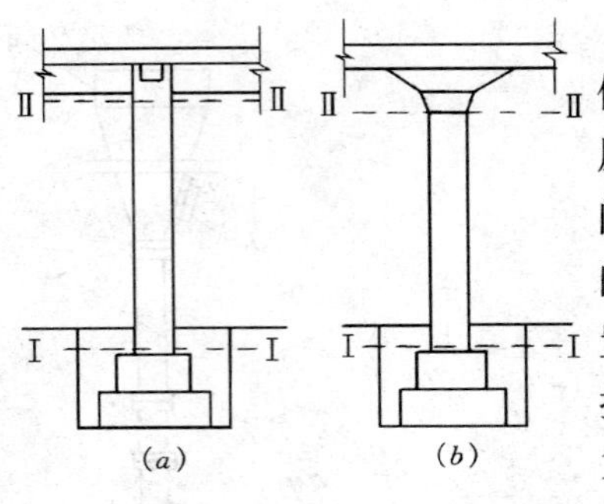

(a)　　　(b)

图 9-2　柱子的施工缝位置

(a) 梁板式结构；(b) 无梁楼盖结构

(7) 混凝土结构多要求整体浇筑，如因技术或组织上的原因不能连续浇筑，且停顿时间有可能超过混凝土的初凝时间时，则应事先确定在适当位置留置施工缝。由于混凝土的抗拉强度约为其抗压强度的1/10,因而施工缝是结构中的薄弱环节，宜留在结构剪力较小的部位。柱子宜留在基础顶面、梁或吊车梁牛腿的下面、吊车梁的上面、无梁楼盖柱帽的下面(图 9-2)，同时要方便施工。和板连成整体的大截面梁应留在板底面以下 20～30mm 处，当板下有梁托时，留置在梁托下部。单向板应留在平行于板短边的任何位置。有主次梁的楼盖宜顺着次梁方向浇筑，施工缝应留在次梁跨度的中间 1/3 长度范围内（图 9-3)。墙可留在门洞口过梁跨中 1/3 范围内，也可留在纵横墙的交接处。双向受力的楼板、大体积混凝土结构、拱、薄壳、多层

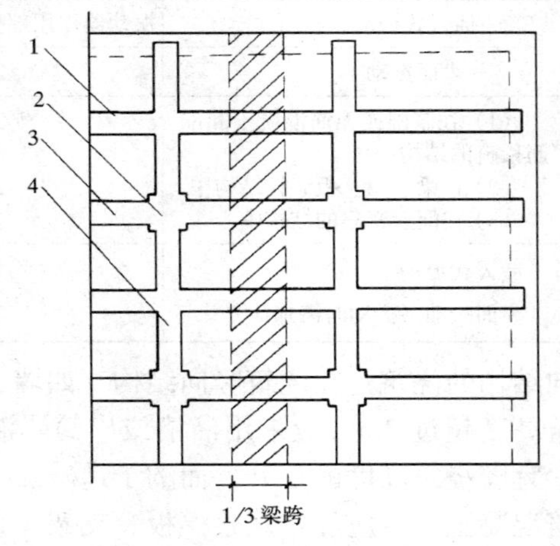

图 9-3　有主次梁楼盖的施工缝位置

1—楼板；2—柱；3—次梁；4—主梁

框架等及其他复杂的结构，应按设计要求留置施工缝。

（8）在施工缝处继续浇筑混凝土时，已浇筑的混凝土抗压强度应不小于 1.2N/mm^2。混凝土达到这一强度的时间决定于水泥的强度等级、混凝土强度等级、气温等，可根据试块试验确定。

（9）施工缝的处理：

1）在已硬化的混凝土表面上继续浇筑混凝土之前，应清除垃圾、水泥薄膜、表面上松动砂石和软弱混凝土层。同时还应加以凿毛，用水冲洗干净并充分湿润，残留在混凝土表面的积水应予清除。

2）注意在施工缝位置附近回弯钢筋时，要做到钢筋周围的混凝土不受松动和损坏。钢筋上的油污、水泥砂浆及浮锈等杂物也应清除。

3）在浇筑前，水平施工缝宜先铺上 10～15mm 厚的水泥砂浆一层，其配合比与混凝土内的砂浆成分相同。

2. 振动器的操作方法和要点

混凝土的振捣操作方法和要点如下：

（1）内部振动器（插入式振动器）

1）振动器的振捣法有两种：一种是垂直振捣，即振动棒与混凝土表面垂直；一种是斜向振捣，即振动棒与混凝土表面呈 40°～45°角。

2）振动器的操作要点：使用插入式振动器的操作要点是："直上和直下，快插与慢拔；插点要均布，切勿漏点插；上下要抽动，层层要扣搭；时间掌握好，密实质量佳；操作要细心，软管莫卷曲；不得碰模板，不得碰钢筋；使用 200h 后，要加润滑油；振动 0.5h，停歇 5min。"快插是为了防止先将表面混凝土振实而与下面混凝土发生分层、离析现象；慢拔是为了使混凝土能填满振动棒抽出时所造成的空洞。在振捣过程中，宜将振动棒上下略为抽动，以使上下振捣均匀。混凝土分层灌注时，每层混凝土厚度应不超过振动棒长的 1.25 倍；在振捣上一层时，应插入下层 5～10cm（见图 9-4），以消除两层之间的接缝，同时在振捣

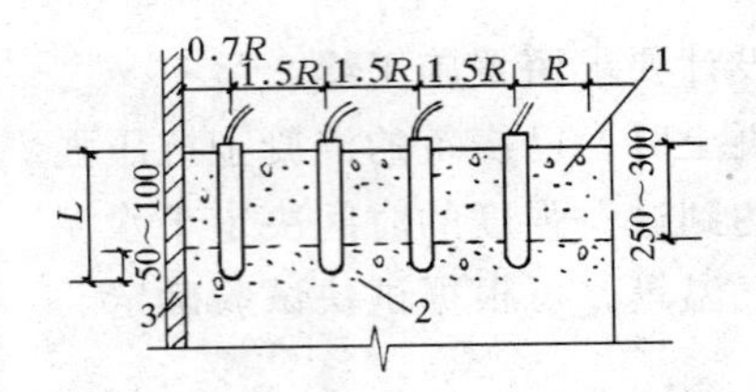

图 9-4　插入式振动器的插入深度
1—新浇筑的混凝土；2—下层已振捣但尚未初凝在的混凝土；3—模板

上层混凝土时，要在下层混凝土初凝之前进行。每一插点要掌握好振捣时间，过短不易捣实，过长可能引起混凝土产生离析现象，对塑性混凝土尤其要注意。一般每点振捣时间为20～30s，使用高频振动器时，最短不应少于10s，应使混凝土表面成水平不再显著下沉，不再出现气泡，表面泛出灰浆为准。振动器插点要均匀排列，可采用“行列式”或“交错式”（见图9-5）的次序移动，不应混用，以免造成混乱而发生漏振。每次移动位置的距离应不大于振动棒作用半径的1.5倍。一般振动棒的作用半径为30～40cm。振动器使用时，振动器距离模板不应大于振动器作用半径的0.7倍，并不宜紧靠模板振动，且应尽量避免碰撞钢筋、芯管、吊环、预埋件等。

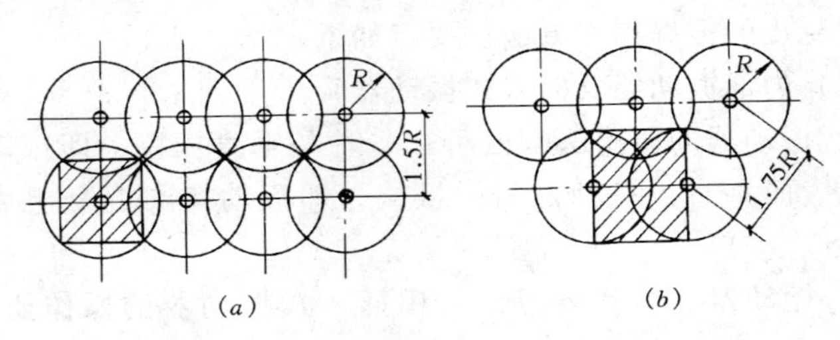

图 9-5　振捣点的布置
(*a*) 行列式；(*b*) 交错式
R—振动棒的有效作用半径

(2) 表面振动器

表面振动器又称平板式振动器，其操作要点如下：

1）表面振动器在每一位置上应连续振动一定时间，正常情况下在25～40s，但以混凝土面均匀出现浆液为准，移动时应成排依次振动前进，前后位置和排与排间相互搭接应有30～50mm，防止漏振。振动倾斜混凝土表面时，应由低处逐渐向高处移动，以保证混凝土振实。

2）表面振动器的有效作用深度，在无筋及单筋平板中为200mm，在双筋平板中约为120mm。

（3）外部振动器

外部振动器又称附着式振动器，其操作要点如下：

1）振动时间和有效作用随结构形状、模板坚固程度、混凝土坍落度及振动器功率大小等各项因素而定。一般每隔1～1.5m的距离设置一个振动器。当混凝土成一水平面不再出现气泡时，可停止振动。必要时应通过试验确定振动时间。待混凝土入模后方可开动振动器，混凝土浇筑高度要高于振动器安装部位。当钢筋较密和构件断面较深较窄时，亦可采取边浇筑边振动的方法。

2）外部振动器的振动作用深度在250mm左右，如构件尺寸较厚时，需在构件两侧安设振动器同时进行振捣。

（五）混凝土的养护

1. 浇水养护

覆盖浇水养护在自然气温高于5℃的条件下，用草袋、麻袋、锯木等覆盖混凝土，并在上面经常浇水使其保持湿润，普通混凝土浇筑完毕，应在12h内加以覆盖和浇水，浇水次数以能保持足够的湿润状态为宜。在一般气候条件下（气温为15℃以上），在浇筑后最初3d，白天每隔2h浇水1次，夜间至少浇水2次。在以后的养护期内，每昼夜至少浇水4次。在干燥的气候条件下，浇水次数应适当增加，浇水养护时间一般以达到标准强度的60%左右为宜。

在一般情况下，硅酸盐水泥、普通硅酸盐水泥及矿渣硅酸盐水泥拌制的混凝土，其养护时间不应少于7d；火山灰质硅酸盐水泥及粉煤灰硅酸盐水泥拌制的混凝土，其养护时间不应少于14d；矾土水泥拌制的混凝土，其养护时间不应少于3d；掺用缓凝型外加剂，或有抗渗要求的混凝土，其养护时间不应少于

14d。其他品种水泥拌制的混凝土，其养护时间应根据该水泥的技术性能加以确定。

在外界气温低于5℃时，不允许浇水。

2. 喷膜养护

喷膜养护是在混凝土表面喷洒一至两层塑料溶液，待溶剂挥发后，在混凝土表面结合成一层塑料薄膜，使混凝土表面与空气隔绝，并使混凝土中的水分不再被蒸发，而完成水化作用。这种养护方法适用于表面积大的混凝土施工和缺水地区。

3. 太阳能养护

太阳能是一种取之不尽、用之不竭、无公害又无污染的巨大自然能源。用塑料薄膜作为覆盖物，四周用砖石等物压紧，使其不漏风即可，也可以用塑料罩罩在构件上，混凝土在薄膜内靠本身的水分和透过薄膜集聚的太阳热量，使混凝土发生水化作用。利用太阳能养护，成本低、操作简单、质量好、强度均匀，比浇水自然养护有一定的优越性。

4. 蒸汽养护

蒸汽养护是缩短养护时间的有效方法之一。混凝土在较高温度和湿度条件下，可迅速达到所要求的强度。

构件在浇筑成型后先静停2～6h，再进行蒸汽养护。以增强混凝土在升温阶段对结构产生破坏作用的抵抗能力。升温速度不能太快，防止混凝土因表面体积膨胀太快而产生裂缝。一般控制为10～25℃/h（干硬性混凝土为35～40℃/h）。

温度上升到一定值后应恒温一段时间。以保证混凝土强度增长。恒温的温度随水泥品种不同而异，普通水泥的养护温度不得超过80℃；矿渣水泥、火山灰质水泥可提高到90～95℃。恒温时间一般为5～8h，恒温加热阶段应保持90%～100%的相对湿度。

经蒸汽养护的混凝土降温不能过快，如降温过快，混凝土会产生表面裂缝，因此降温速度应加控制。一般情况下，构件厚度在100mm左右时，降温速度为20～30℃/h。

为了避免蒸汽温度骤然升降引起混凝土构件产生裂缝变形，必须严格控制升温和降温的速度。出槽的构件温度与室外温度相差不得大于40℃，当室外为负温度时，相差不得大于20℃。

（六）拆除模板

混凝土结构浇筑后，达到一定强度，方可拆模。模板拆除日期取决于混凝土的强度、模板的用途、结构的性质及混凝土硬化时的气温。

1. 现浇混凝土结构拆模条件

对于整体式结构的拆摸期限，应遵守以下规定：

（1）非承重的侧面模板，在混凝土强度能保证其表面及棱角不因拆除模板而损坏时，方可拆除。

（2）底模板在混凝土强度达到表9-5规定后，始能拆除。

（3）已拆除模板及其支架的结构，应在混凝土达到设计强度后，才允许承受全部计算荷载。施工中不得超载使用，严禁堆放过量建筑材料。当承受施工荷载大于计算荷载时，必须经过核算加设临时支撑。

现浇构件拆除时所需混凝土强度 **表9-5**

结构类型	结构跨度（m）	按设计的混凝土强度标准值的百分率（%）
板	≤2	50
	>2，≤8	75
	>8	100
梁、拱、壳	≤8	75
	>8	100
悬臂构件	≤2	75
	>2	100

（4）钢筋混凝土结构如在混凝土未达到表9-5所规定的强度时进行拆模及承受部分荷载，应经过计算，复核结构在实际荷载作用下的强度。

2. 预制构件的拆模条件

预制构件的拆模强度，当设计无规定时，应遵守下列规定：

（1）拆除侧面模板时，混凝土强度能保证构件不变形、棱角完整和无裂缝时方可拆除。

（2）承重底模，其构件跨度等于和小于4m时，在混凝土强度达到设计强度的50%时方可拆模；构件跨度大于4m时，在混凝土强度达到设计强度的75%时方可拆模。

（3）拆除空心板的芯模或预留孔洞的内模时，在能保证表面不产生塌陷和裂缝时方可拆模，并应避免较大的振动或碰伤孔壁。

3. 拆模注意事项

拆模时，应尽量避免混凝土表面或模板受到损坏，注意整块下落伤人。拆下的模板，有钉子的，要使钉尖朝下，以免扎脚。拆完后，应及时加以清理、修理，按种类及尺寸分别堆放，以便下次使用。对定型组合钢模板，如背面油漆脱落，应补刷防锈漆。已拆除模板及其支架的结构，应在混凝土强度达到设计的混凝土强度标准值后，才允许承受全部使用荷载。当承受施工荷载产生的效应比使用荷载更为不利时，必须经过核算，加设临时支撑。

（七）混凝土缺陷修整

1. 表面抹浆修补

（1）对于数量不多的小蜂窝、麻面、露筋、露石的混凝土表面，主要是保护钢筋和混凝土不受侵蚀，可用1∶2～1∶2.5水泥砂浆抹面修整。在抹砂浆前，须用钢丝刷或加压力的水清洗润湿，抹浆初凝后要加强养护工作。

（2）对结构构件承载能力无影响的细小裂缝，可将裂缝处加以冲洗，用水泥浆抹补。如果裂缝开裂较大较深时，应将裂缝附近的混凝土表面凿毛，或沿裂缝方向凿成深为15～20mm、宽为100～200mm的V形凹槽，扫净并洒水湿润，先刷水泥净浆一层，然后用1∶2～1∶2.5水泥砂浆分2～3层涂抹，总厚度控制在10～20mm左右，并压实抹光。

2．细石混凝土填补

（1）当蜂窝比较严重或露筋较深时，应除掉附近不密实的混凝土和突出的骨料颗粒，用清水洗刷干净并充分润湿后，再用比原强度等级高一级的细石混凝土填补并仔细捣实。

（2）对孔洞事故的补强，可在旧混凝土表面采用处理施工缝的方法处理，将孔洞处疏松的混凝土和突出的石子剔凿掉，孔洞顶部要凿成斜面，避免形成死角，然后用水刷洗干净，保持湿润72h后，用比原混凝土强度等级高一级的细石混凝土捣实。混凝土的水灰比宜控制在0.5以内，并掺水泥用量万分之一的铝粉，分层捣实，以免新旧混凝土接触面上出现裂缝。

3．水泥灌浆与化学灌浆

对于影响结构承载力、防水、防渗性能的裂缝，为恢复结构的整体性和抗渗性，应根据裂缝的宽度、性质和施工条件等，采用水泥灌浆或化学灌浆的方法予以修补。一般对宽度大于0.5mm的裂缝，可采用水泥灌浆；宽度小于0.5mm的裂缝，宜采用化学灌浆。化学灌浆所用的灌浆材料，应根据裂缝性质、缝宽和干燥情况选用。作为补强用的灌浆材料，常用的有环氧树脂浆液（能修补缝宽0.2mm以上的干燥裂缝）和甲凝（能修补0.05mm以上的干燥细微裂缝）等。作为防渗堵漏用的灌浆材料，常用的有丙凝（能灌入0.01mm以上的裂缝）和聚氨酯（能灌入0.015mm以上的裂缝）。

复　习　题

1．混凝土工程的主要施工过程包括哪些？

2．如何进行混凝土施工配合比的调整？如何进行施工配料计算？

3．混凝土搅拌投料顺序包括哪几种？各有何特点？

4. 对混凝土搅拌时间有何规定？搅拌时间对混凝土的质量有何影响？

5. 对混凝土的浇筑过程有哪些要求？

6. 对混凝土的振动时间有何规定？

7. 插入式振动器操作要点有哪些？

8. 常用混凝土养护方法有哪几种？各有何特点？

9. 现浇混凝土构件的拆模时间有哪些规定？拆模时应注意哪些问题？

十、混凝土基础的浇筑

建筑的基础是建筑的下部结构组成部分，它把上部结构的各种荷载传递给地基土，地基土的受力与变形直接影响上部结构能否正常使用，所以混凝土的施工作业人员应了解地基的施工，并能在基础施工前做好地基施工质量的交接检验工作。

（一）地　基　土

1. 地基土的分类

地基土的工程分类，根据其开挖的难易程度分为松软土、普通土、坚土、砂砾坚土、软石、次坚石、坚石、特坚石等八类。前四类属一般土，后四类属岩石（表10-1）。

土按开挖难易程度分类　　**表10-1**

土的分类	土的名称	开挖方法及工具	可松性系数	
			K_s	K'_s
一类土（松软土）	1. 略有粘性的砂土；2. 腐殖土及疏松的种植土；3. 泥炭	能用锹、锄头挖掘	1.08～1.17	1.01～1.03
二类土（普通土）	1. 潮湿的粘性土和黄土；2. 软的盐土和碱土；3. 含有建筑材料碎屑、碎石、卵石的堆积土和种植土	用锹、锄头挖掘，少数用镐翻松	1.20～1.30	1.03～1.04

续表

土的分类	土的名称	开挖方法及工具	可松性系数	
			K_s	K'_s
三类土（坚土）	1.中等密实的粘性土或黄土；2.含有碎石、卵石或建筑材料碎屑的潮湿的粘性土或黄土	主要用镐、锄、少许用锹、部分用橇棍	1.14～1.28	1.02～1.05
四类土（砂砾坚土）	1.坚硬密实的粘性土或黄土；2.含有体积在10%～30%，重量在25kg以下碎石、砾石的中等密实粘性土或黄土；3.硬化的重盐土	全部用镐、锄挖掘，部分用橇棍及楔子及大锤	1.24～1.30	1.04～1.07
五类土（软石）	硬石炭纪粘土，中等密实的页岩、泥灰岩、白垩土，胶结不紧的砾岩，软的石灰岩	用镐或橇棍、大锤，部分使用爆破	1.26～1.32	1.06～1.09
六类土（次坚石）	泥岩、砂岩、砾岩，坚实的页岩、泥灰岩，坚实的石灰岩，风化花岗岩、片麻岩	用爆破方法，部分用风镐	1.33～1.37	1.11～1.15
七类土（坚石）	大理岩，辉绿岩，坚实的白云岩，砂岩、砾岩、片麻岩、石灰岩	用爆破方法	1.30～1.45	1.10～1.20
八类土（特坚石）	玄武岩，花岗片麻岩、坚实的细粒花岗岩、闪长岩、石英岩、辉长岩	用爆破方法	1.45～1.50	1.25～1.30

注：K_s—最初可松性系数；K'_s—最后可松性系数。

2.地基土的鉴别

（1）碎石土密实度野外鉴别（表10-2）和分类（表10-3）。

碎石土的密实度野外鉴别　　表 10-2

密实度	密　实	中　密	稍　密
骨架和充填物	骨架颗粒含量大于总重的 70%，呈交错紧贴，连续接触，孔隙填满，充填物密实	骨架颗粒含量等于总重的 60%～70%，呈交错排列，大部分接触。孔隙填满充填物中密	骨架颗粒含量小于总重的 60%，排列混乱，大部分不接触。孔隙中的充填物稍密
天然坡和可挖性	天然陡坡较稳定，坎下堆积物较少 镐挖掘困难，用撬棍方能松动、坑壁稳定，从坑壁取出大颗粒处，能保持凹面形状	天然坡不易陡立或陡坎下堆积物较多，但坡度大于粗颗粒的安息角 镐可挖掘，坑壁有掉块现象，从坑壁取出大颗粒处，砂土不易保持凹面形状	不能形成陡坡，天然坡接近于粗颗粒的安息角 铁锹可以挖掘，坑壁易坍塌，从坑壁取出大颗粒处，砂土即塌落
可钻性	钻进困难，冲击钻探时，钻杆、吊锤跳动剧烈，孔壁较稳定	钻进较难，冲击钻探时，钻杆、吊锤跳动不剧烈，孔壁有坍塌现象	钻进较易，冲击钻探时，钻杆稍有跳动，孔壁易坍塌

碎石土的分类　　表 10-3

分类名称	颗　粒　形　状	颗　粒　级　配
漂石土 块石土	圆形及亚圆形为主 棱角形为主	粒径大于 200mm 的颗粒超过全重的 50%
卵石土 碎石土	圆形及亚圆形为主 棱角形为主	粒径大于 200mm 的颗粒超过全重的 50%
圆砾土 角砾土	圆形及亚圆形为主 棱角形为主	粒径大于 200mm 的颗粒超过全重的 50%

（2）砂土的野外鉴别（表 10-4）

砂土的野外鉴别法　　表 10-4

鉴别特征	砾　砂	粗　砂	中　砂	细　砂	粉　砂
观察颗粒粗细	约有1/4以上颗粒比荞麦或高粱粒(2mm)大	约有一半以上颗粒比小米粒(0.5mm)大	约有一半以上颗粒与砂糖或白菜籽(>0.25mm)近似	大部分颗粒与粗玉米粉(>0.1mm)近似	大部分颗粒与小米粉近似

(3) 粘性土的野外鉴别（表10-5）

粘性土的野外鉴别　　表 10-5

项　目		粘　土	亚粘土	轻亚粘土	砂　土
湿润时用刀切湿土用手捻摸时的感觉		切面光滑，有粘刀阻力，有滑腻感，感觉不到有砂粒，水分较大时很粘手	稍有光滑面，切面平整，稍有滑腻感，有粘滞感，感觉到有少量砂粒	无光滑面，切面稍粗糙，有轻微粘滞感或无粘滞感，感觉到砂粒多，粗糙	无光滑面，切面粗糙，粘滞感，感觉到全是砂粒，粗糙
土的状态	干土	土块坚硬，用锤才能打碎	土块用力可压碎	土块用手捏或抛扔时易碎	松散
	湿土	易粘着体，干燥后不易剥去	能粘着物体，于燥后较易剥去	不易粘着物体，干燥后一碰就掉	不能粘着物体
湿土搓条情况		塑性大，能搓成直径小于0.5mm的长条（长度不短于手掌），手持一端不易断裂	有塑性，能搓成直径为0.5～2mm的土条	塑性小，能搓成直径为2～3mm的短条	无塑性，不能搓成土条

3. 基坑（槽）开挖放坡度规定

土方边坡的坡度 $I=\frac{H}{B}=1:m$

土方边坡系数 $m=\frac{B}{H}$

边坡坡度应根据土质、开挖深度、开挖方法、施工工期、地下水位、坡顶荷载及气候条件等因素确定。边坡可做成直线形、折线形或阶梯形（图 10-1)。

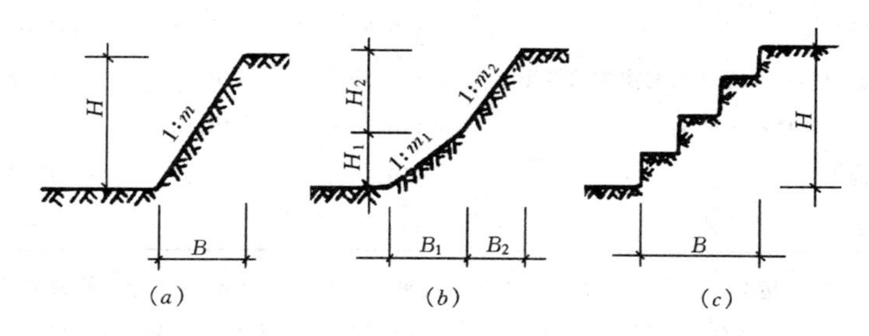

图 10-1　土方边坡

（a）直线形；（b）折线形；（c）阶梯形

4. 基坑（槽）直壁开挖的规定

根据《土方和爆破工程施工及验收规范》的规定，当地质条件良好，土质均匀且地下水位低于基坑（槽）或管沟底面标高时，挖方边坡可做成直立壁而不加支撑，但深度不宜超过下列规定：

密实、中密的砂土和碎石类土——1.0m；

硬塑、可塑的粉土及粉质粘土——1.25m；

硬塑、可塑的粘土和碎石类土（填充物为粘性土）——1.5m；

坚硬的粘土——2.0m。

挖土深度超过上述规定时，应考虑放坡或做成直立壁加支撑。

当地质条件良好，土质均匀且地下水位低于基坑（槽）或管沟底面标高时，挖方深度在 5m 以内不加支撑的边坡的最陡坡度应符合表10-6规定。

深度在5m内的基坑（槽）、管沟边坡的最陡坡度（不加支撑）

表10-6

土的类别	边坡坡度（高:宽）		
	坡顶无荷载	坡顶有静载	坡顶有动载
中密的砂土	1:1.00	1:1.25	1:1.50
中密的碎石类土（填充物为砂土）	1:0.75	1:1.00	1:1.25
硬塑的粉土	1:0.67	1:0.75	1:1.00
中密的碎石类土（填充物为粘性土）	1:0.50	1:0.67	1:0.75
硬塑的粉质粘土、粘土	1:0.33	1:0.50	1:0.67
老黄土	1:0.10	1:0.25	1:0.33
软土（经井点降水后）	1:1.00	—	—

注：静载指堆土或堆放材料等，动载指机械挖土或汽车运输作业等。静载或动载距挖方边缘的距离要保证边坡和直立壁的稳定，要在挖方边缘0.8m以外，且高度不超过1.5m。

混凝土基础的浇筑施工前要做好土方开挖，经检查合格后，方可进行混凝土基础的施工。

（二）基槽（坑）的土方开挖与检查

1. 基槽（坑）的土方开挖的操作顺序

做好基槽（坑）的开挖前的准备工作→基槽（坑）土方开挖→弃土→基槽（坑）土方开挖检验方法。

2. 基槽（坑）的土方开挖的操作要点

（1）做好基槽（坑）的开挖前的准备工作

1）现场清理工作：对现场施工范围中的障碍物（如管线、电缆、坟墓、树木、文物等）进行拆除、改道、转移和保护工作。对影响工程质量的腐殖土、软土进行换土或采取其他有效措施，进行妥善处理。对现场的积水进行有组织的排流，并在施工现场的周边做好排水沟，做好现场的排水工作。

2）放线：基槽（坑）在开挖前，应根据龙门板桩上的轴线，放出开挖的灰线，经在场的质量检查人员，检查认可后，方可进行开挖施工。

(2) 基槽（坑）土方开挖

根据土方开挖工程量的大小，可选择人工开挖、机械开挖、机械开挖辅以人工开挖等多种开挖方案。开挖中要满足以下要求：

1）分层分段均匀开挖：基槽（坑）土方开挖一般按分层分段平均往下开挖的方法进行，较深的基槽（坑）土方开挖按1m深左右检查修边。土方施工要尽快完成，要防止雨水和施工现场用水的流入，以免引起塌方或降低地基土的承载力。

2）基底的处理：基槽（坑）在开挖到接近设计标高时，应预留有一定厚度的保护土层，以防止雨水和施工现场用水的流入对基底的影响，同时，也有防止超挖的作用。人工开挖时可预留保护土层的厚度一般为10～30mm，如为松软土时可预留厚度为40～50mm保护土层。机械开挖时一般要预留厚度为100～200mm保护土层。预留保护土要用人工的方法进行精确的修整，以保证土层不受到扰动和基础底面标高的正确性。

(3) 弃土

基槽（坑）开挖的土方量不大时，一般应有组织地堆放在现场，以保证基础施工完后回填土和室内回填的需要。余土应即时运到场外的指定地方堆放。堆放的土方到基槽（坑）边沿最小距离不应小于0.8m。堆放的高度不宜超过1.5m。以免影响施工或造成土方塌方。

(4) 基槽（坑）的检验

基槽（坑）开挖完成后，在基础施工前，施工单位会同勘察、设计、规划、建设、监理等单位共同进行验槽工作，以防地基土可能引起的各种工程质量事故。基槽（坑）的检验方法有以下几种。

1）观察验槽：主要是有经验的工程技术人员通过观察来判断基槽（坑）情况：

(A) 根据槽壁土层的分布情况和走向，初步判明全部的土层是否已经挖到设计的土上。

(B) 检查基槽（坑）底是否已经挖到老土层，是否还须继续下挖或进行处理。

(C) 验槽的重点应放在柱基、墙角、承重墙下或其他较大的受力部位处。

(D) 验槽时应全面观察，不要漏掉任何部位。对土层的颜色、坚硬程度、含水量等如发现异常情况，应会同设计单位等进行处理。

2）用工具探测：除基槽（坑）已挖至老土层，且无地下埋藏物可以不必钎探外，一般均需要钎探，以便了解持力土层的均匀性和有无空洞、老墙基、墓穴、枯井等情况。以防将来建筑物的沉降过大和沉降不均匀等现象的出现。

(A) 用钢钎钎探：钎探是将钢钎用锤打入土中一定的深度(一般为 300mm)，以锤击的次数和入土的难易程度来判定土质的好坏和土层的均匀程度。钢钎用直径为 22～25mm 的圆钢制成，钢钎的长度为 1.8～2m，钢钎尖呈 60°的尖锥形，每隔 300mm 有一定的刻度。钎探采用 4.5kg 的大锤。为了保证用力的一致，让锤自由下落 500～700mm 将钢钎垂直打入土中，要记录好每次打入土中 300mm 的锤打的次数。每一打钎组应由 2～3 人配合操作，一人做好记录，两人互换打钎。钎探孔距为 1～2m，采用直线或梅花形布置。

(B) 用洛阳铲探：洛阳铲最早是河南洛阳地区用于探墓的一种工具，其形状如图 10-2 所示。洛阳铲的探孔位置一般为梅花形，探孔距离为 1.5～2.0m，探孔的深度应根据建筑物类型、性质以及各地具体情况而定。探查时应将探出的墓穴、空洞、枯井等位置，大小、深度等记录下来，并在实地标出，以便进行处理。铲探后留下的探孔可用粗砂进行填充。

3. 基槽（坑）的土方开挖易出现的质量问题

(1) 基槽（坑）挖偏：指基底的中心线偏离了房屋的定位轴

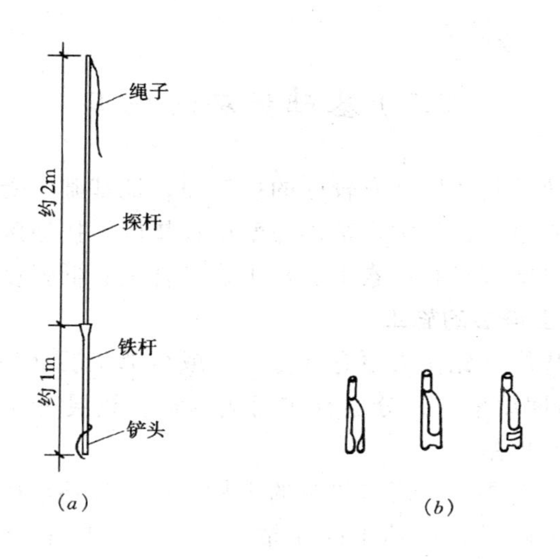

图 10-2　洛阳铲
（a）洛阳铲；（b）各种铲头

线。基槽（坑）在开挖前应检查龙门板是否走位，轴线桩和灰线的位置是否正确。放坡开挖时，在开挖的过程中要随时检查两边的坡度，以防挖偏。

（2）悬挑土：对不放坡开挖的基槽（坑），开挖过程中要随时注意土壁的垂直度和平整度，以防挖成悬挑土而造成塌方。

（3）基底超深：基槽（坑）在开挖时应严禁扰动基底的土层，必须正确预留保护土层的厚度。开挖过程中应加强测量，在开挖到接近基底 500mm 时，应在基槽（坑）的侧壁上每间隔 3m 左右或转角处，钉上统一高度的水平竹片桩加强控制。如发现超挖现象，可用挖方土回填压实至要求的密实度；如用原土不能回填至要求的密实度时，可用砂、砾石或碎石填补压实；在特别重要的部位，超挖量较小时，可用低强度等级的混凝土浇筑填补；对较大面积和较大深度的超挖时，应会同设计单位共同提出解决方案。

(三) 基础垫层的施工

为了使基础和地基有较好的接触面，把基础承受的荷载比较均匀地传给地基，常常在基础底部设置垫层。按地区的不同，目前常用的垫层材料有：素土、灰土、三合土、低强度混凝土等。

1. 素土垫层的施工

素土垫层是先挖去原有部分土层或全部土层（一般是挖掉软土），然后回填素土，分层夯实而成。素土垫层一般适用于处理湿陷性黄土地基。

（1）土料要求：用作垫层的土料，应保证垫层的强度和稳定性。土料一般以轻亚粘土或亚粘土为宜，不应采用地表的耕植土、淤泥及淤泥质土、膨胀土及杂填土；土料中不得有草根等有机杂质；土料必须采用最佳含水量的土。

（2）施工要点：软土地基上的垫层厚度，一般是根据垫层底部软弱土层的承载力决定，但不应大于 3m。垫层应分层铺设并夯实，每层的虚铺厚度：当采用机械夯实时，不宜大于 30cm；人工夯实时，不应大于 20cm。

2. 灰土垫层的施工

（1）材料要求

1）灰土的土料应尽量选用原土或厚粘土、亚砂土，且不得含有机杂质。土料应过筛，粒径不得大于 15mm。

2）熟石灰应过筛，粒径不宜大于 5mm，以便与土能均匀混合。若是块灰应在合用前一天加水熟化闷成粉末，然后过筛。

（2）配合比的确定

灰土的配合比（体积比）除设计有特殊要求外，一般宜为 2:8或 3:7（石灰:土）。

（3）施工要点

1）施工前应验槽，先将浮土和保护土层清除，基槽（坑）的边坡必须稳定，槽底和两侧如有孔洞、沟、井等应先填实。

2）灰土施工时要掌握最佳含水量，以手握成团、1m高左右自由落地开花为宜。如土料中的水分过多或过少应晾干或洒水润湿。

3）灰土应搅拌均匀，颜色一致，搅拌好后应及时铺好夯实。铺土的厚度应用小木桩进行控制，当无设计要求时应按表10-7参照确定。

4）分层夯实后方可铺下一层，每层应夯打三遍。夯打后表面应平整，如不立即进行下一工序，应予覆盖，以防雨水和受冻破坏。

5）灰土不能一次夯打交圈时，可分段施工，但不得在墙角、柱基及承重墙下接缝，上下相邻两层灰土的接缝间距不得小于500mm，接缝处的灰土应充分夯实。

灰土铺土厚度 **表10-7**

夯实机具种类		夯锤重（kg）	灰土虚铺厚度（mm）	说明
人力夯	小木夯	5～10	150～250	落距不应小于600mm
	石夯	40～80	200～300	
轻型机械夯		—	200～250	蛙式夯、爆炸夯
压路机		—	200～300	—

3. 三合土垫层的施工

三合土垫层是用石灰、细骨料、碎料和水拌匀分层铺放夯实而成。

（1）材料要求

1）石灰：使用前应用水熟化成粉末或溶成石灰浆。

2）细骨料：常用的细骨料有中砂、粗砂、细炉渣等。砂中不得含有泥土、草根等杂物；使用细炉渣时须过孔径为5mm筛，不应含有未燃尽的煤粒。

3）碎料：常用的碎料有碎石（卵石）、碎砖、矿渣等。要求所用碎料的抗压极限强度不应小于5MPa，粒径不应大于60mm，且不得超过垫层厚度的2/3。

（2）配合比的确定

常用体积比为1∶2∶4和1∶3∶6（石灰∶细骨料∶碎料）。

（3）施工要点

三合土垫层的施工方法有拌和后铺设法及铺设碎料后灌浆法两种。

1）拌和后铺设法

（A）碎砖在拌和前应先用水浇透。

（B）先将石灰浆与细骨料拌和成砂浆，或将熟石灰粉与细骨料干拌均匀后浇水拌成砂浆，将其倒人碎料中均匀拌和后铺设。

（C）每层虚铺厚度不应大于15cm，经过铺干、夯实后的厚度一般应为虚铺厚度的3/4。

（D）经夯实后的垫层，要在表面撒上一层薄砂或石屑，继续夯拍至表面无凹凸不平现象为止。

（E）留有施工缝的垫层，在继续铺夯前应洒水湿润。

2）铺设碎料后灌浆法

（A）碎砖在铺设前应用水湿透。

（B）不得在铺设垫层的地点用锤击进行碎料加工。

（C）每层虚铺厚度不应大于12cm，经铺平拍实后灌1∶2～1∶4（体积比）石灰砂浆，再进行夯实。

（D）留有施工缝的垫层，在继续铺夯前应洒水湿润。

夯实完后的三合土，如遇雨水冲刷或积水过多，表面灰浆被冲掉时，可在排除积水后，重新浇灰浆夯实。

4. 混凝土垫层的施工

（1）材料要求

1）水泥：可选用普通硅酸盐水泥、矿渣硅酸盐水泥、火山灰硅酸盐水泥、粉煤灰硅酸盐水泥。

2）砂子：应用坚硬、干净的中砂或粗砂，砂子的含泥量不应大于5%。

3）石子：应采用坚硬干净的石子，其粒径不应超过50mm，并不应超过垫层厚度的2/3。若含泥量过高可用水冲洗干净。

4）混凝土的强度等级应符合设计的要求，最低不得低于C10。

（2）施工要点

1）浇筑混凝土垫层前，应在地基土上洒水润湿表层土，以防混凝土被土层吸水。

2）浇筑大面积混凝土垫层时，应纵横每隔6～10m设中间水平桩，以控制其厚度的准确性。

3）当垫层面积较大时，浇筑混凝土宜采用分仓浇筑的方法进行。要根据变形缝位置、不同材料面层连接部位或设备基础位置等情况进行分仓，分仓距离一般为3～6m。

4）分仓接缝的构造形式和方法有平口分仓缝、企口分仓缝和加肋分仓缝三种。

（四）混凝土基础的浇筑

1. 混凝土独立基础的浇筑

基础按构造形式不同，分为独立基础、条形基础、杯形基础、桩基础、筏式基础及箱形基础等。基础混凝土的浇筑施工一般连续浇筑完成，不允许留置施工缝。因此，在浇筑前必须做好准备工作，保证浇筑工作的顺利进行。混凝土独立基础是混凝土结构工程中常见的基础形式之一，按设计的不同主要有阶梯形和台体形两种（图10-3）。

（1）混凝土独立基础浇筑的操作工艺顺序

做好浇筑前的准备工作→混凝土的浇筑→振捣→基础表面修整→混凝土的养护→模板的拆除。

（2）独立基础的浇筑方法及要点

1）做好浇筑前的准备工作：在垫层施工完成后，进行基底标高和轴线的检查工作；弹出模板就位线，进行模板的安装和检查工作；钢筋的绑扎和安放，并进行隐蔽工程验收。

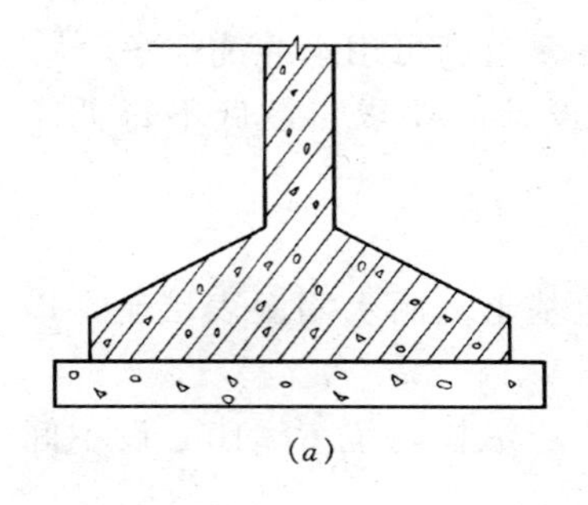
(a)

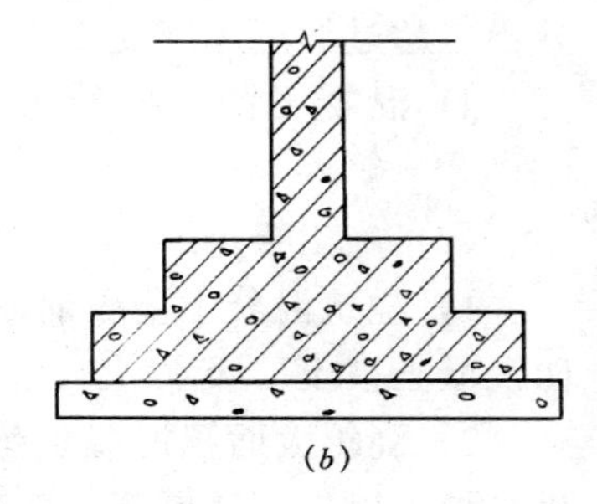
(b)

图 10-3 独立基础
(a) 台体形基础；(b) 阶梯形独立基础

2）混凝土的浇筑和振捣

(A) 不得留施工缝：无论是台阶形或台体形基础都不得在基础混凝土的浇筑过程中留施工缝，基础顶面的施工缝位置应按施工组织设计要求进行留设，不得随意留施工缝。

(B) 混凝土的浇筑：(a) 混凝土入模：无论是钢模、木模还是其他形式的模板，混凝土进入模板应从基础的中心进入模板，使模板均匀受力，同时可以防止和减少混凝土翻出模板。(b) 混凝土的分层浇筑：对台阶形混凝土基础，如台阶的高度小于等于表 9-4 中的厚度时，可将台阶作为自然层进行分层浇筑；如台阶的高度大于表 9-4 中的厚度时，则按表 9-4 的要求进行分层浇筑。(c) 混凝土的振捣：基础混凝土的振捣一般采用插入式振动器，布点应按梅花形或方格形，点距应控制在两振动点中间能出浆。振动时间应控制在气泡出完，刚好泛浆为好。振动中不得碰钢筋、模板和漏振。在浇筑振捣完成每一阶混凝土后，浇筑上一阶混凝土时，应用木板在下一台阶面上封钉并加砖压稳后，方可浇筑上一层混凝土。(d) 基础表面的修整：独立基础混凝土的台阶面和台体面修整，在混凝土浇筑完成后应即时进行。基础的侧壁修整在模板拆除之后进行，使其符合设计尺寸。(e) 基础混凝土的养护：混凝土基础采用自然养护，将草帘、草袋等覆盖物预先用水浸湿，覆盖在基础混凝土的表面，每隔一段时间浇水，保证混凝土表面一直处于湿润状态，浇水养护时间应不少于7d。浇水要适当，不能让基础浸泡在水中。

2. 混凝土杯形基础的浇筑

杯形基础主要用于装配式房屋预制柱下基础，以钢筋混凝土单层工业厂房的柱下基础使用较多。根据设计，分为单杯口基础、双杯口基础和高杯口基础三种形式（图10-4）。这几种杯形基础的浇筑方法基本相同，应根据施工方案，从搅拌台开始，由远而近，逐条轴线，逐个柱基础进行浇筑。

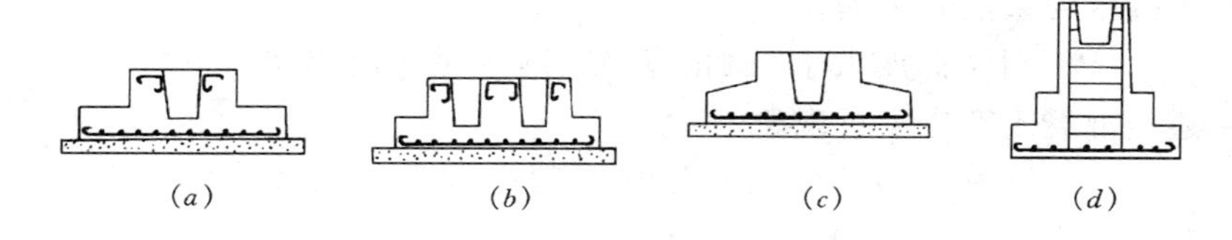

图10-4 杯形基础

(*a*) 单杯口基础；(*b*) 双杯口基础；(*c*) 锥式杯口基础；(*d*) 高杯口基础

(1) 混凝土杯形基础的浇筑的操作工艺顺序

做好浇筑前的准备工作→混凝土的浇筑→振捣→基础表面修整→混凝土的养护→模板的拆除。

(2) 混凝土杯形基础的浇筑方法及要点

1) 浇筑前的准备工作

(A) 混凝土浇筑前必须协同有关的工程技术人员对模板的几何尺寸、标高、轴线位置进行检查，是否在规范规定的允许偏差范围内。

(B) 检查模板和支撑的牢固程度，如需要加固的必须在浇筑前进行，保证模板不发生变形和移位。模板接缝处应用水泥纸袋或纸筋灰填缝，对较大的缝隙应用木片堵缝，以免浇筑时漏浆，影响混凝土工程的质量。

(C) 基础底部的钢筋网片的规格、间距应与设计一致，绑扎牢固。钢筋下的保护层垫块应铺垫正确，对于有垫层的钢筋保护层厚度为35mm，无垫层的钢筋保护层厚度为70mm。

(D) 清除模板内的各种杂物，混凝土垫层表面要清洗干净，不留积水。对木模板还应浇水充分润湿以防吸水膨胀变形。

(E) 基础周围做好排水准备工作，降止施工用水、雨水流入基坑或冲刷新浇混凝土。

2) 混凝土的浇筑

(A) 对深度在 2m 内的基坑，可在基坑上部铺设脚手板并放置铁皮拌盘，将运输来的混凝土料先卸在拌盘上，用铁铲向模板内浇筑混凝土，铁铲下料时，应采用“带浆法”操作，使混凝土中的水泥浆能充满模板。

(B) 对于深度大于 2m 的基坑，应采用串筒或溜槽下料，以避免混凝土产生离析现象。

(C) 下料时应从边角开始向中间浇混凝土，每个基础台阶要分层浇筑，分层厚度一般为 25～30mm（分层厚度参见表 9-4），但应考虑基础台阶部位的变化高度。每层混凝土要一次卸足，用拉耙和铁铲配合拉平，待该层混凝土振捣完毕后，再进行第二层混凝土的浇筑。

(D) 混凝土的浇筑施工中必须保证模板位置的正确性，尽量减小混凝土的自由降落高度，以减少对模板的冲击变形和移位，混凝土的自由降落高度一般不宜大于 2m。

3) 混凝土的振捣

(A) 杯形基础的振捣方法：用插入式振动器，按方格形布点为好，每个插点的振捣时间一般控制在 20～30s 左右，以混凝土表面泛浆后无气泡为准，对边角处不易振捣密实的地方，可人工插钎配合捣实。

(B) 上下台阶混凝土分层浇筑时，上层混凝土的插入式振捣器应进入下层混凝土的深度不少于 50mm。外露台阶面混凝土应预留 20～30mm 的高度，以防上一阶混凝土在浇筑时造成下一阶过高。

(C) 为确保杯芯标高不超高，需待混凝土浇筑振捣致杯芯模板下时，方可安装杯芯模板，再浇筑振捣杯口周围的混凝土。

杯芯模板底部的标高可下压20～30mm。将来在柱子安装时，根据柱子制作误差，用高强度的砂浆抄平调整。

（D）为确保杯芯模板下混凝土的密实性，可在杯芯模板上开几个透气小孔，先将杯底混凝土捣实，然后浇筑外围混凝土。

4）基础表面的修整

杯形基础浇筑完毕和拆除模板后，应尽早对混凝土表面进行修整，使其符合设计尺寸。

（A）表面压光：对无模板处的台阶混凝土应在混凝土浇筑完毕后，应及时拍打出浆，原浆压光；对于局部因砂浆不足，无法抹光的，应随时补浆收光；对斜坡面应从高处向低处进行。对拆除模板后的混凝土部分，对其外观出现的蜂窝、麻面、孔洞、露筋和露石等缺陷，应按修补方法及时进行修补压光。

（B）对于杯芯中引起杯底标高超高及杯中四周多余的混凝土，应在混凝土初凝之后终凝之前，杯芯模板拆除之后，及时人工铲除、修整，使之满足设计要求。

5）混凝土的养护

混凝土基础采用自然养护，将草帘、草袋等覆盖物预先用水浸湿，覆盖在基础混凝土的表面，每隔一段时间浇水，保证混凝土表面一直处于湿润状态，浇水养护时间应不少于7d。浇水要适当，不能让基础浸泡在水中。

3. 混凝土条形基础的浇筑

条形基础的混凝土，可用支模浇筑和原槽浇筑（图10-5）两种施工方法。

（1）混凝土条形基础的浇筑操作工艺顺序

浇筑前的准备工作→混凝土的浇筑→混凝土的振捣→基础表面的修整→混凝土的养护。

（2）混凝土条形基础的浇筑方法及要点

1）浇筑前的准备工作

（A）清理基底的浮土，使之符合设计标高，断面符合设计的尺寸。

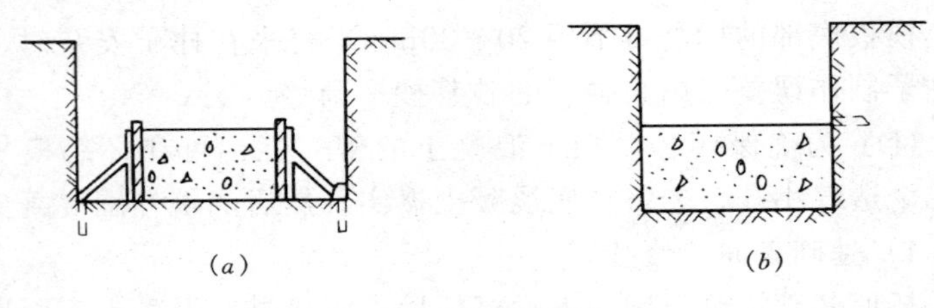

图 10-5 条形基础
（a）支模浇筑；（b）原槽浇筑

(B) 原槽浇筑基础混凝土时，要在槽壁上钉水平控制桩，保证基础混凝土浇筑的厚度和水平度。水平控制桩用100mm的竹片制成，统一抄平，在槽壁上每隔3m左右（转角处应设）一根水平控制桩，水平控制桩露出20～30mm。

(C) 支模浇筑的条形混凝土基础，应根据基础顶面在两侧模板上弹出标高线，注意检查模板的牢固性。如为木模时，还应浇水润湿木模，对模板的缝隙要进行处理。

(D) 做好通道、拌料铁盘的设置，施工水的排除等其他准备工作。

2）混凝土的浇筑和振捣

(A) 条形基础在浇筑前，应根据其高度分段、分层（分层厚度参见表9-4）连续浇筑，一般不留施工缝，每段浇筑的长度控制在3m左右，但四角处不宜作为分段处。段与段、层与层间的结合应在混凝土的初凝之前完成，做到逐段、逐层呈阶梯形从基槽的最远一端开始，逐渐缩短混凝土的运输距离。

(B) 对于基槽的深度在2m以内且混凝土工程量不大的条形基础，宜将混凝土卸在拌料盘上，用铁铲集中投料。对于混凝土工程量较大，且施工场地通道条件不太好的，也可在基槽上铺设通道，用手推车直接向基槽投料。对于基槽深度大于2m时，为防止混凝土离析，必须用溜槽或串筒下料。无论哪一种投料方法，投料都必须先边角后中间的办法，以保证混凝土的浇筑质量。

(C) 混凝土的振捣：条形基础的振捣宜选用插入式振动器，

插点以“交错式”为好，掌握好“快插慢拔”的操作要领，并控制好每一个插点的振动时间，一般以表面泛浆，无气泡为准。

（D）设有钢筋网片的条形基础，钢筋网片应按保护层厚度的规定做好保护层垫块，不允许在浇筑过程中边浇筑、边提拉钢筋网片的做法。不允许操作人员踩踏在钢筋网片上进行操作，防止钢筋网片的变形。必要时可以设铁马凳，上铺脚手板以解决施工操作人员的施工需要。

（E）对预埋管道、预留孔洞，应将其固定好，为了防止预埋管道、预留孔洞的移动，在浇筑混凝土时要对称下料，在振捣混凝土时也要对称振捣。基础上留有插筋的，应保证其位置的正确性。

3）基础表面的修整和混凝土的养护

混凝土表面的修整要在拆除模板后，用同强度等级的混凝土及时进行修补。混凝土终凝后，在常温下其外露部分，用润湿的草帘、草袋等覆盖，并适时浇水养护时间应不少于7昼夜。

4. 现浇桩基础施工

混凝土现浇桩是直接在施工现场桩位上成孔，然后安放钢筋笼，浇筑混凝土成桩。按成孔方法分为：沉管灌注桩、泥浆护壁成孔灌注桩、干作业成孔灌注柱、人工挖孔桩、爆扩成孔灌注桩等。以人工挖孔桩应用较广。

人工挖孔灌注桩（以下简称人工挖孔桩）的施工顺序：人工挖掘方法进行成孔→安装钢筋笼→浇筑混凝土。

挖孔桩的特点是：设备简单，施工现场较干净；噪声小，振动轻，无挤土现象；施工速度快，可按施工进度要求决定同时开挖桩孔的数量，必要时，各桩孔可同时施工；土层情况明确，可直接观察到地质变化情况，桩底沉渣清除干净；施工质量可靠；桩径不受限制，承载力大；与其他桩相比较经济。但挖孔桩施工，工人在井下作业，劳动条件差，施工中应特别重视流砂、流泥、有害气体等的影响，要严格按操作规程施工，制订可靠的安全措施。

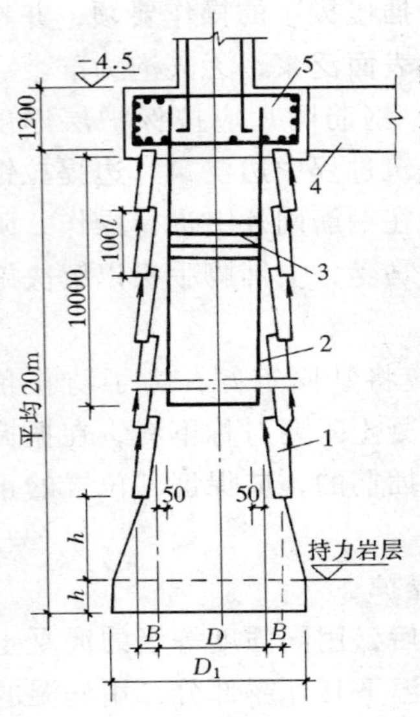

图 10-6　人工挖孔桩构造图
1—钢筋混凝土护壁；
2—桩主筋；3—箍筋；
4—地梁；5—桩帽

挖孔桩的直径除了能满足设计承载力的要求外，还应考虑施工操作的要求，故桩芯直径不宜小于 800mm，桩底一般都扩大，扩底变径尺寸按 $(D_1-D)/2:h=1:4$，$h_1\geqslant(D_1-D)/4$ 进行控制，如图 10-6 所示。当采用现浇混凝土护壁时，护壁厚度一般不小于 $D/10\sim5$（cm），每步高 1m，并有 100mm 放坡。

(1) 施工机具的准备

挖孔桩施工机具比较简单，主要有：垂直运输工具，如电动葫芦和提土桶。用于材料和弃土等垂直运输。

排水工具，如潜水泵。用于抽出桩孔中的积水。

通风设备，如鼓风机、输风管。用于向桩孔中强制送入空气。

挖掘工具，如镐、锹、土筐等。若遇到坚硬的土层或岩石，还需准备风镐和爆破设备。

此外，尚有照明灯、对讲机、电铃及接线铃等。

(2) 施工工艺

为了确保人工挖孔桩施工过程中的安全，必须考虑防止土体坍滑的支护措施。支护的方法很多，例如可采用现浇混凝土护壁、喷射混凝土护壁、型钢或木板桩工具护壁、沉井等。下面以现浇混凝土分段护壁为例说明人工挖孔桩的施工工艺。

1）按设计图纸放线、定桩位。

2）开挖土方。采取分段开挖，每段高度决定于土壁保持直立状态的能力，一般 0.5～1.0m 为一个施工段，开挖范围为设计桩芯直径加护壁的厚度。

3）支设护壁模板。模板高度取决于开挖土方施工段的高度，一般为1m，由4至8块活动钢模板（或木模板）组合而成。

4）在模板顶放置操作平台。平台可用角钢和钢板制成半圆形，两个合起来即为一个整圆，用来临时放置混凝土和浇筑混凝土用。

5）浇筑护壁混凝土。护壁混凝土要注意捣实，因它起着防止土壁塌陷与防水的双重作用。第一节护壁厚宜增加100～150mm，上下节护壁用钢筋拉结。在安装好台形模板后，将混凝土倒在台形模板上，用人工方法将混凝土赶入模板，用振动器振捣密实。

6）拆除模板继续下一段的施工。当护壁混凝土达到1.2MPa，常温下约24h后方可拆除模板、开挖下一段的土方，再支模浇筑护壁混凝土，如此循环，直至挖到设计要求的深度。

7）安放钢筋笼。绑扎好钢筋笼后整体安放。

8）浇筑桩身混凝土。当桩孔内渗水量不大时，抽除孔内积水后，用串筒法浇筑混凝土，分层振捣密实。如果桩孔内渗水量过大，积水过多不便排干，则应用导管法浇筑水下混凝土。

挖孔桩在开挖过程中，须专门制订安全措施。如施工人员进入孔内必须戴安全帽；孔内有人时，孔上必须有人监督防护；护壁要高出地面150～200mm，挖出的土方不得堆在孔四周1.2m范围内，以防滚入孔内；孔周围要设置0.8m高的安全防护栏杆；每孔要设置安全绳及安全软梯；孔下照明要用安全电压；使用潜水泵，必须有防漏电装置；桩孔开挖深度超过10m时，应设置鼓风机，专门向井下输送洁净空气，风量不少于25L/s等。

5. 大体积基础的浇筑

大体积基础包括大型设备基础、大面积满堂基础（如箱形基础、筏式基础）、大型构筑物基础等；大体积基础的整体性要求高，混凝土必须连续浇筑，不留施工缝。因此，除应分层浇灌，分层捣实外、还必须保证上下层混凝土在初凝前结合好。其工作量既大，又要防止因水泥水化热过大引起基础产生温度裂缝；大体积基础在浇筑前应认真做好施工方案，确保基础的浇筑质量。

（1）混凝土的灌注

1）混凝土灌注时，除用吊车等起重机械直接向基础模板内下料外，凡自高处自由倾落高度超过 2m 时，须采用串筒、溜槽下料，以保证混凝土不致发生离析现象。

2）串筒的布置应适应浇筑面积、浇筑速度和混凝土摊平的能力。串筒间距一般不应大于 3m，其布置形式可为交错式或行列式，一般以交错式为宜，这样有利于混凝土的摊平。

3）每个串筒卸料点，成堆的混凝土应用插入式振动器，增加流动性而迅速摊平，插入的速度应小于混凝土的流动速度。

（2）混凝土的浇筑方法

大体积基础的浇筑应根据整体性要求、结构大小、钢筋疏密、混凝土供应等情况，采用以下三种方法浇筑。

1）全面分层法：在整个混凝土内部全面分层浇筑混凝土（图 10-7*a*），要做到第一层全面浇筑完毕后回头浇筑第二层时，第一层的混凝土还未初凝。如此逐层进行，直至浇筑完，这种方法适用于平面尺寸不大的结构。施工时一般从短边开始，沿长边进行浇筑。必要时也可分为两段，从中间开始向两端或从两端向中间同时进行。

2）分段分层：这种方法适用于厚度不大而面积或长度较大的结构（图 10-7*b*）。混凝土从底层开始浇筑，进行到一定距离后回来浇筑第二层。如此依次向前浇筑以上各分层。

3）斜面分层：振捣工作从浇筑层的下端开始，逐渐上移（图 10-7*c*），以保证混凝土浇筑质量。这种方法适用于结构长度超过厚度三倍的基础。

不管采用哪种方法浇筑，必须保证混凝土在浇筑时不发生离析现象。同时分层的厚度决定于振捣棒的长度、振动力的大小，以及混凝土供应量的大小和可能灌注量的多少，一般为 20～30cm。同时浇筑应在室外气温较低时进行，混凝土浇筑时温度不宜超过 28℃。

（3）防止水化热过大产生温度裂缝的措施

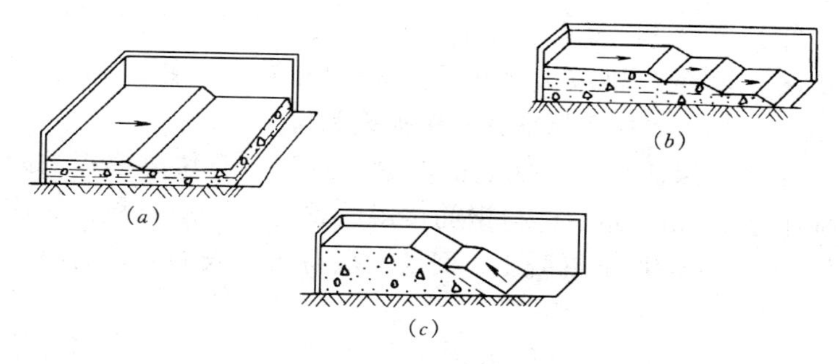

图 10-7　大体积基础施工方案

(a) 全面分层；(b) 分段分层；(c) 斜面分层

1）配制混凝土时，选用水化热较低的水泥。

2）选择合适的砂石级配，在保证混凝土强度的前提下，尽量减少水泥用量或掺用混合材料（如粉煤灰），使水化热相应降低。

3）掺用木钙减水剂或高效减水剂以减少用水量，增加混凝土的坍落度。

4）降低混凝土的入模温度。

5）必要时采用人工导热法，即在混凝土内部埋设冷却管，用循环水降温。

6）夏季施工时，要有防护措施，尽量用低温的水搅拌混凝土。

7）用矿渣水泥或其他泌水性较大的水泥拌制混凝土，在浇筑完毕后应及时排除泌水。必要时可进行二次振捣。

8）填充石块减少混凝土的单方水泥用量。

在厚大无筋或稀疏配筋结构的大体积基础施工中，在设计允许的情况下，可在混凝土内填充适量的石块，以减少混凝土用量、降低水化热。但石块的填充须遵守以下规定：

(A) 应选用无裂缝、无夹层和未煅烧过的石块，其抗压极限强度不小于 30N/mm^2。凡条状的石块和卵石、不宜选用。填充前，石块须用水冲洗干净。

(B) 石块的粒径必须大于15cm、最大尺寸不宜超过30cm。

(C) 填充石块应大面朝下，均匀布置，间距一般不小于10cm，以插入式振动器能在其中振捣为宜。

(D) 为保证每一石块能被混凝土包裹，石块离模板的距离不应小于15cm，亦不得与钢筋接触。填充第一层石块前，应先浇灌10～15cm厚的混凝土，而最上层石块的表面必须有不小于10cm厚的混凝土覆盖层。

(E) 尺寸厚大的结构分成单独区段浇筑时，已浇筑完毕的区段的水平缝中的石块应露出在区段的表面外，其露出部分约为石块体积的1/2，以保证区段间有较好的连接。

(F) 如锻锤基础、压缩机基础等振动大的结构不应填充石块，如需填充，须经设计部门同意。

(4) 大体积基础混凝土的养护

大体积基础宜采用自然养护，但应根据气候条件采取温度控制措施。并按需要测定浇筑后的混凝土表面和内部温度，使温度控制在设计要求的温差以内；当设计无要求时，温差不宜超过25℃。

复　习　题

1. 基槽（坑）土方施工的操作工艺顺序是什么？

2. 混凝土垫层所采用的材料有哪些要求？

3. 混凝土垫层的施工要点有哪些？

4. 独立基础的混凝土应如何进行浇筑？

5. 杯形基础浇筑的操作工艺顺序是什么？

6. 杯形基础浇筑前需做哪些准备工作？

7. 为保证杯形基础杯芯标高的正确性，浇筑时应采取什么措施？

8. 浇筑混凝土时应采取什么措施防止杯形基础轴线发生位移？

9. 条形基础混凝土的浇筑分哪两种方法？各适用于什么条件？

10. 使用插入式振动器振捣杯形基础和条形基础的混凝土时，插点的布置以什么方式为好？

11. 在基础混凝土的浇筑过程中，为什么不允许采用边浇捣混凝土边提拉钢筋的做法？

12．基础混凝土一般采用什么方法养护？养护时应注意些什么？

13．人工挖孔桩的护壁混凝土和桩身混凝土如何浇筑？

14．大体积混凝土施工中要解决的主要问题是什么？解决的措施有哪些？

十一、混凝土现浇结构的浇筑

混凝土现浇主体结构的构件主要由柱子、墙体、梁、楼板、楼梯及悬挑构件等组成。现浇混凝土主体构件的施工操作工艺顺序为：浇筑前的准备工作→混凝土的灌注→混凝土的振捣→混凝土的养护→模板拆除。

（一）混凝土柱的浇筑前的准备工作

1. 材料的准备

1）混凝土原材料的准备

混凝土搅拌前，应检查水泥、砂、石、外加剂等原材料的品种、规格是否符合要求。确定出投料时的施工配合比，并根据施工现场使用的搅拌机确定出每搅拌一盘混凝土各种材料的用量。

2）混凝土浇筑前，坍落度检查必须满足表 11-1 的要求。如发现不符合要求，应及时调整施工配合比。

混凝土浇筑时的坍落度　　表 11-1

结构种类	坍落度（mm）
基础或地面等的垫层、无配筋的大体积结构（挡土墙、基础等）或配筋稀疏的结构	10～30
板、梁和大型及中型截面的柱子等	30～50
配筋密集的结构（薄壁、斗仓、筒仓、细柱等）	50～70
配筋特密的结构	70～90

注：1. 本表系指采用机械振捣的坍落度；采用人工捣实时可适当增大；
2. 需要配制大坍落度混凝土时，应掺外加剂；
3. 曲面或斜面结构混凝土；其坍落度值应根据实际情况选定；
4. 轻骨料混凝土的坍落度，宜比表中数值减小 10～20mm。

2. 模板的检查

检查模板配置和安装是否符合要求，支撑是否牢固；检查模板的轴线位置、垂直度、标高、拱度的正确性。检查模板上的浇筑口、振捣口是否正确；施工缝是否按要求留设等。

3. 钢筋工程的验收

混凝土的浇筑必须在钢筋的隐蔽工程验收符合要求后进行，对钢筋和预埋件的品种、规格、数量、间距、接头位置、保护层厚度及绑扎安装的牢固性等进行全面检查，并签发隐蔽工程验收单后，方可浇筑混凝土。

4. 预埋水电管线的检查和验收

预埋水电管线的材料品种、规格、数量、位置、保护层厚度必须符合设计的要求，并签发隐蔽工程验收单后，方可浇筑混凝土。

5. 模板的清理及接缝的处理

混凝土浇筑前应打开清扫口，对残留在柱、墙底的泥、浮砂、浮石、木屑、废弃绑扎丝等杂物清理干净用清水冲洗干净并不得留下积水。对木模还应浇水润湿，模板的接缝仍较大时应用水泥袋或纸筋灰填实，特别是模板的四大角的接缝应严密。

（二）混凝土柱的浇筑

1. 混凝土的灌注

（1）当柱高不超过 3m，柱断面大于 40cm×40cm、且又无交叉箍筋时，混凝土可由柱模顶部直接倒人。当柱高超过 3m 必须分段灌注，但每段的灌注高度不得超过 3m。

（2）柱子断面在 40cm×40cm 以内或有交叉箍筋的任何断面的混凝土柱，均应在柱模侧面的门子洞口上装置斜溜槽，分段灌注混凝土，每段的高度不得大于 2m。如果柱子的箍筋妨碍斜溜槽的装置，可将箍筋一端解开向上提起，待混凝土浇筑后，门子板封闭前将箍筋重新按原位置绑扎，并将门子板封上，用柱箍夹紧。使用斜溜槽下料时，可将其轻轻晃动，使下料速度加快。

（3）混凝土灌注前，柱基表面应先填以50～100mm厚与混凝土内砂浆成分相同的水泥砂浆，然后再灌注混凝土。

（4）柱子分段灌注时，必须按表9-4的规定分层浇筑混凝土。分层浇筑时切不可一次投料过多，以免影响浇筑质量。

（5）在灌注断面尺寸狭小且混凝土柱又较高时，为防止混凝土灌至一定高度后，柱内聚积大量浆水而可能造成混凝土不均的现象，在灌注至一定高度后，应适量减少混凝土配合比的用水量。

（6）采用竖向串筒、溜管导送混凝土时，柱子的灌拄高度可不受限制。

（7）浇筑一排柱子的顺序应从两端同时开始同时向中间推进，不可从一端开始向另一端推进。

2. 混凝土柱的振捣

（1）柱子混凝土一般用插入式振动器振捣。当振动器的软轴比柱子长0.5～1m时，待下料达到分层厚度后，即可将振动器柱子的顶部伸入混凝土层内进行振捣；当振动器的软轴短于柱高时，则应从柱模侧面的门子洞进行振捣。振动器插入下一层混凝土中的深度不小于50mm，以保证上下混凝土结合处的密实性。

（2）当柱子的断面较小且配筋较为密集时，可将柱模一侧全部配成横向模板，从下至上，每浇筑一节就封闭一节模板，便于混凝土振捣密实。

（3）无条件进行机械振捣时可采用人工捣实。其方法是，一人用竹竿从柱顶插入中心上下振捣，竹竿的长度要比柱子长1m，同时另一人用竹片在钢筋和模板之间上下提浆，或用小木棰在模板外轻轻敲打，以保证水泥砂浆充满模板。

3. 混凝土柱的养护

混凝土柱子在常温下，宜采用自然养护。由于柱子系垂直构件，断面小且高度大，外表进行覆盖较为困难，故常采用直接浇水养护的方法。对硅酸盐水泥、普通水泥和矿渣水泥拌制的混凝土，浇水日期不得少于7d。对其他品种的水泥制成的混凝土的养护日期，应根据水泥技术性质决定。若当日的平均气温低于5℃时，不得浇水。

4. 混凝土柱浇筑施工中常出现的质量事故及防治

（1）柱底混凝土出现“烂根”的质量问题

1）柱基表面不平，柱模底与基础表面缝隙过大，柱子底部，混凝土振捣时发生严重漏浆，石多浆少，出现混凝土柱“烂根”。因此，除柱基表面应平整外，柱模安装时，柱模与基础表面的缝隙应用木片或水泥袋纸填堵，以防漏浆。

2）柱混凝土浇筑前，未在柱底铺以5～10cm厚的“肥浆”结合层。混凝土下料时发生离析，造成柱底石子集中，振捣时缺少砂浆而出现混凝土“烂根”。所以，柱混凝土浇筑前，须在柱底预先铺设50～100mm厚的与混凝土内成分相同的砂浆，并按正确方法卸料，可防止“烂根”现象的发生。

3）分层浇筑时，一次卸料过多，堆积过厚，振动器的棒未伸入到混凝土层的下部，造成漏振。因此，混凝土分层浇筑时须符合表8-1的要求。一次卸料不可过多，分层浇筑完毕后，应用木槌轻轻敲击模板，听声音观察混凝土柱底部是否振捣密实。

4）振捣时间过长，造成混凝土内石子下沉，水泥浆上浮。故此，必须掌握好每个插点的振捣时间，以避免因振捣时间过长使混凝土产生离析。

（2）柱子边角严重漏石的质量问题

1）柱模板边角拼装时缝隙过大，混凝土振捣时跑浆严重，使柱子边角严重漏石。对此情况，模板拼装时，边角的缝隙应用水泥袋纸或纸筋灰填塞，柱箍间距应缩小。同时在模板制作时宜采用阶梯缝搭接，减少漏浆。

2）某一拌盘的配合比不当或下料时混凝土发生离析，石子集中于边角处而水泥浆少，振捣时混凝土无法密实，造成严重露石（甚至露筋）。因此，浇筑时应严格控制每一盘的混凝土配合比，下料时采用串筒或斜溜槽，避免混凝土发生离析。

3）插点位置未掌握好或振动器振捣力不足，以及振捣时间过短，也会造成边角漏石。故此，振动器应预先找好振捣位置，再合闸振捣，同时掌握好振捣时间。

（3）柱子顶端出现较厚的砂浆层的质量问题

柱子浇筑到顶端时，柱上部出现较厚的砂浆层，造成此种现象的主要原因是：混凝土经过振捣后，其中的石子解脱了相互间的摩擦力和粘着力，靠自重下沉而使砂浆上挤；另一方面柱底预先铺设的砂浆层因振捣也往上浮，致使柱上部的砂浆就愈加多。因此，柱底预先铺设的砂浆不宜过厚，满足需要就行。由于砂浆层中少石子，其混凝土强度较设计强度低。为加强这个薄弱部位，应在柱顶砂浆层中加入一定数量的同粒径的洁净石子，然后再振捣。

（4）柱垂直度发生偏移的质量问题

1）单根柱浇筑后其垂直度发生偏移的主要原因是：混凝土在浇筑中对柱模产生侧压力，如果柱模某一面的斜向支撑不牢固、发生下沉，就会造成柱垂直度发生偏移。因此，柱模在安装过程中，支撑一定要牢固可靠。

2）浇筑一排柱子时发生垂直度偏移，主要是浇筑顺序不正确。其正确的浇筑顺序应从两端同时开始向中间推进，不可从一端开始向另一端推进。因为浇筑混凝土时，由于模板吸水膨胀、断面增大，而产生横向推力，如逐渐积累到另一端，则这一端最后浇筑的柱子将发生弯曲变形和垂直度的偏移。

（5）柱与梁连接处混凝土“脱颈”的质量问题

浇筑柱、梁整体结构时，应在柱混凝土浇筑完毕后，停歇2h，使其获得初步沉实后，再继续浇筑梁混凝土。如果柱、梁混凝土连续浇筑，其连接处混凝土会产生“脱颈”的质量事故。为此，混凝土柱的施工缝应设置在基础表面和梁底下部20～30mm处。

（三）混凝土墙体的浇筑

1．混凝土墙的灌注

（1）墙体混凝土灌注时应遵循先边角后中部，先外部后内部的顺序，以保证外部墙体的垂直度。

（2）高度在3m以内，且截面尺寸较大的外墙与隔墙，可从墙顶向模板内卸料。卸料时须安装料斗缓冲，以防混凝土离析。对于截面尺寸狭小且钢筋较密集的墙体，以及高度大于3m的任何截面墙体混凝土的灌注，均应沿墙高度每2m开设门子洞口、装上斜溜槽（图9-1）卸料。

（3）灌注截面较狭且深的墙体混凝土时，为避免混凝土浇筑至一定高度后，由于积聚大量的浆水，而可能造成混凝土强度不匀的现象，宜在灌至适当高度时，适量减少混凝土用水量。

（4）墙壁上有门、窗及工艺孔洞时，宜在门、窗及工艺孔洞两侧同时对称下料，以防将孔洞模板挤扁。

（5）墙模灌注混凝土时，应先在模底铺一层厚度约50～80mm的与混凝土内成分相同的水泥砂浆，再分层灌注混凝土，分层的厚度应符合表9-4规定的要求。

2．混凝土墙的振捣

（1）对于截面尺寸厚大的混凝土墙，可使用插入式振动器振捣。而一般钢筋较密集的墙体，可采用附着式振动器振捣，其振捣深度约为25cm左右。当墙体截面尺寸较厚时，也可在两侧悬挂附着式振动器振捣。

（2）墙体混凝土应分层灌注，分层振捣。上层混凝土的振捣需在下层混凝土初凝前进行，同一层段的混凝土应连续浇筑，不宜停歇。

（3）使用插入式振动器，如遇门、窗洞口时，应两边同时对称振捣，避免将门、窗洞口挤偏。同时不得用振动器的棒头猛击预留孔洞、预埋件和闸盒等。

（4）对于设计有方形孔洞的整体，为防止孔洞底模下出现空鼓，通常浇至孔洞底标高后，再安装模板，继续向上浇筑混凝土。

（5）墙体混凝土使用插入式振动器振捣时，如振动器软轴较墙高长时，待下料达到分层厚度后，可将振动器从墙顶伸入墙内振捣。如振动器软轴较墙高短时，应从门子洞伸入墙内振捣。为避免振动器棒头撞击钢筋，宜先将振动棒找到振捣位置后，再合闸振捣。使用附着式振动器振捣时，可分层灌注、分层振捣，也可边灌注、边振捣。

（6）外墙角、墙垛、结构节点处因钢筋密集，可用带刀片的插入式振动器振捣，或用人工捣固配合在模板外面用木槌轻轻敲打的办法，保证混凝土的密实。

3. 混凝土墙的养护

墙体混凝土在常温下，宜采用浇水养护，养护的时间和方法同柱子混凝土。

4. 混凝土墙的拆模

混凝土的柱和墙体浇筑振捣后，当混凝土的强度达到1MPa以上时（以等条件养护试件强度为准），即可拆模。

5. 混凝土墙浇筑施工中常出现的质量事故及防治

（1）距墙体底部高约100～200mm范围内出现混凝土“烂根”的质量问题

1）楼地表面不平整，使模板，特别是定型模板与楼地面之间产生较大缝隙，造成混凝土漏浆严重，墙底部混凝土内石多浆少，出现“烂根”。因此，模板安装前，楼地表面须用水泥砂浆找平，模板与楼地面间的缝隙应填堵。

2）墙体混凝土浇筑前，未在模板底铺设水泥砂浆结合层，加上灌注方法不当，使墙体底部混凝土内石多浆少，无法振捣密实。因此，在混凝土灌注前，需先在墙体底面上铺设一层50～80mm厚与混凝土内成分相同的水泥砂浆，并使用正确的方法灌注混凝土。

3）混凝土灌注时方法不当，使混凝土产生严重离析，造成墙底石多浆少而无法振捣密实，出现“烂根”。因此，凡超过3m的墙体必须在墙模门子洞口处装斜溜槽下料。

（2）在门框洞口处发生门框倾斜或变形的问题

1）混凝土灌注时一边下料，或需在门洞口两侧同时下料，但两侧下料高差过大，对门框产生侧压力，使门框倾斜或变形。因此，下料时应坚持分层灌注混凝土，门洞两侧对称同时下料，且下料高度应基本接近。

2）门框固定不牢固，致使在下料时将门框挤扁。门框安装时应与门洞口模板固定牢固。

（3）门洞口两上角混凝土发生斜向开裂的问题

1）墙体模板拆除过早，混凝土未达到一定的强度，加之门洞口模板拆除时过猛、过急，造成较大的振动力。因此，必须待混凝土强度达到1MPa以上时，模板方可拆除。同时拆模时应轻拆轻撬。

2）模板安装时，门洞口模板的对角尺寸大于门洞口净高，将门洞上口顶裂。所以，模板配置时，尺寸应准确，切忌过高。

3）门洞上口是应力较集中的地方，如果养护不及时会造成混凝土收缩过大，引起门洞上口两斜角被拉裂。解决此种问题的办法是在钢筋安装时，配置斜向抗拉钢筋。

（4）模板拆除后，墙体表面出现麻面现象

1）振捣时间不足，混凝土体积内空气未充分排出，造成模板与混凝土接触面有气泡，拆模后气泡消失出现麻面。因此，振捣时，应掌握好振捣时间，充分振捣，以混凝土表面泛浆无气泡为准。

2）隔离剂涂刷不当或漏刷，模板与混凝土发生粘结，脱模时将混凝土表面拉损而形成麻面。因此在模板安装时须认真涂刷隔离剂。

3）早强剂的掺量多少和种类的影响。

（5）混凝土粘模，墙面不光洁的问题

1）模板表面未处理干净，粘附的已干硬的砂浆等粘物，因此，模板在安装前应认真检查清理干净。

2）隔离剂涂刷不均匀、过稀，被水冲掉而无隔离作用，造成模板与混凝土发生粘结。所以，在采用有较好的隔离作用的隔离剂同时，还应加强模板隔离剂的涂刷工作。

3）木模板浇水润湿不充分也容易造成模板与混凝土发生粘结。

（四）混凝土肋形楼盖的浇筑

肋形楼板是由主梁、次梁和板组成的典型的梁板结构。其主梁设置在柱和墙之间。断面尺寸较大，次梁设置在主梁之间，断面尺寸较小，夹板设置在主梁和次梁上（图 11-1）。

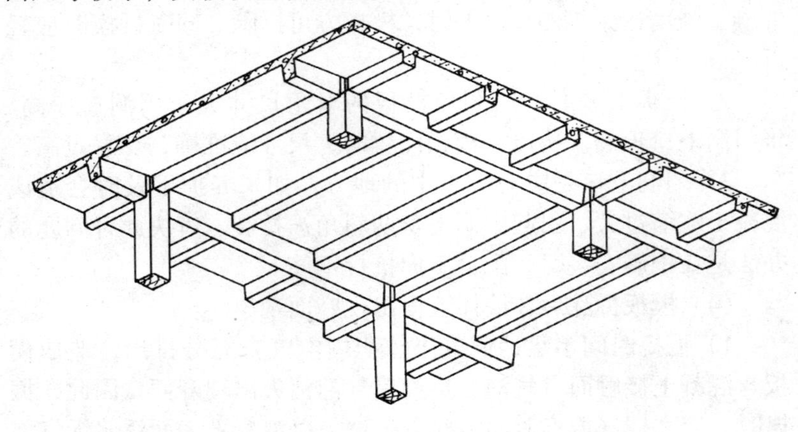

图 11-1　肋形楼板

1. 肋形楼板混凝土的灌注

（1）有主次梁的肋形楼板，混凝土的浇筑方向应顺次梁方向，主次梁同时浇筑。在保证主梁浇筑的前提下，将施工缝留置在次梁跨中 1/3 的跨度范围内。

（2）当采用小车或料斗运料时，宜将混凝土料先卸在铁拌盘上，再用铁锹往梁里灌注混凝土。灌注时一般采用“带浆法”下料，即铁锹背靠着梁的侧模向下倒。在梁的同一位置的两侧各站1人，一边一锹均匀下料。下料高度应符合表9-4规定的分层厚度要求。

（3）灌注楼板混凝土时，可直接将混凝土料卸在楼板上。但须注意，不可集中卸在楼板边角或有上层构造钢筋的楼板处。同时还应注意小车或料斗的浆料，将浆多石少或浆少石多的混凝土料均匀搭配。楼板混凝土的虚铺高度可比楼板厚度高出20～25mm左右。

2．肋形楼板混凝土的振捣

（1）当梁高度大于1m时，可先浇筑主次梁混凝土，后浇筑楼板混凝土，其水平施工缝留置在板底以下20～30mm处（图11-2*b*）。当梁高度大于0.4m小于1m时，应先分层浇筑梁混凝土，待梁混凝土浇筑至楼板底时，梁与板再同时浇筑（图11-2*a*）。

（2）当梁的钢筋较密集，采用插入式振动器振捣有困难时，机械振捣可与人工“赶浆法”捣固相配合。具体操作方法是：

从梁的一端开始，先在起头约600mm长的一小段里铺一层

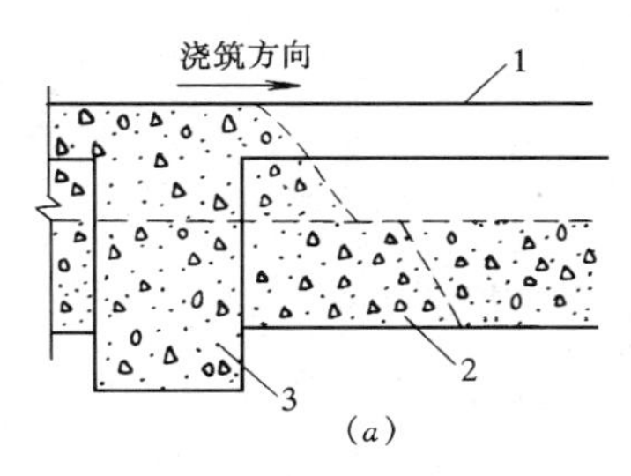

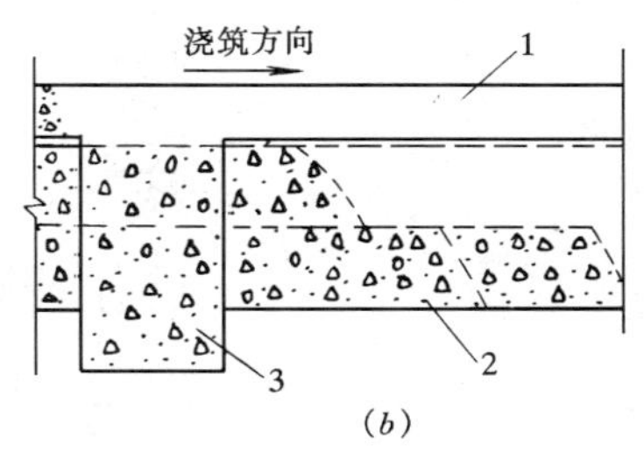

图11-2 梁的分层浇筑

（*a*）主梁高度大于0.4m小于1m的梁；（*b*）主梁高于1m时的梁

1—橡胶板；2—次梁；3—立梁

厚约15mm与混凝土内成分相同的水泥砂浆，然后在砂浆上下一层混凝土料，由两人配合，人站在浇筑混凝土前进方向一端，面对混凝土使用插入式振动器振捣，使砂浆先流到前面和底部，以

便让砂浆包裹石子，而另一人站在后边，面朝前进方向，用捣扦靠着侧模及底模部位往回钩石子，以免石子挡住砂浆往前跑，捣固梁两侧时捣扦要紧贴模板侧面。待下料延伸至一定距离后再重复第二遍，直至振捣完毕。

在浇捣第二层时可连续下料，不过下料的延伸距离略比第一层短些，以形成阶梯形。

(3) 对于主次梁与柱结合部位，由于梁上部钢筋特别密集，插入式振动器无法插入，此时可将振动棒从上部钢筋较稀疏的部位斜插入梁端进行振捣（图 11-3）。同时也可用带刀片插入式振动器振捣，但刀片不宜过长且振捣效率较低。所以，当截面较高时，梁下部也不易振捣密实。这种情况下必须加强人工振捣，以保证混凝土密实。该部位混凝土灌注有困难时可改用细石混凝土灌注。

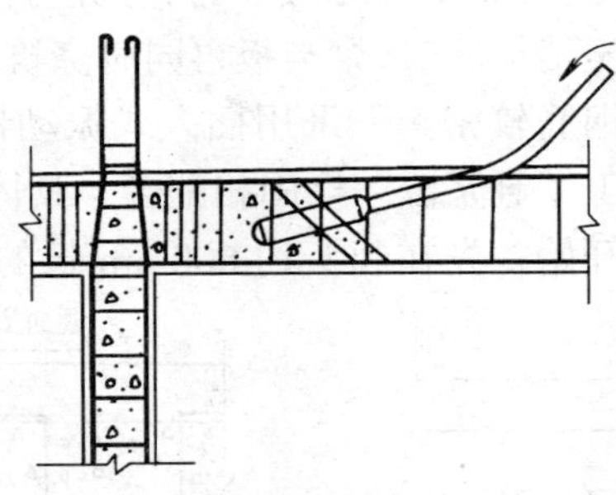

图 11-3 梁端的振捣方法

(4) 浇筑楼板混凝土时宜采用平板振动器，当浇筑小型平板时也可采用人工捣实，人工捣实用“带浆法”操作时由板边开始，铺上一层厚度 为 10mm 宽约 300～400mm 的与混凝土成分相同的水泥砂浆。此时操作者应面向来料方向，与浇筑的前进方向一致，用铁铲采用反铲下料。

3. 混凝土表面的修整

板面如需抹光的，先用大铲将表面拍平，局部石多浆少的，另需补浆拍平，再用木抹子打搓，最后用铁抹子压光。对因木橛子取出后而留下的洞眼，应用混凝土补平拍实后再收光。

4. 混凝土的养护

常温下，肋形楼板混凝土初凝后即可用草帘、草袋覆盖，终凝后浇水养护，浇水次数以保证覆盖物经常湿润为准。肋形楼板由于面积较大且平，也可采用围水养护，即在板四周用粘土筑成小埂，将水蓄在混凝土表面以达到养护的目的。养护时间：用硅酸盐水泥、普通水泥、矿渣水泥拌制的混凝土，在常温下不少于7d，其他水泥拌制的混凝土，其养护时间视水泥特性而定。

5. 肋形楼板混凝土浇筑施工中常出现的质量事故及防治

（1）柱顶与梁、板结合处出现裂缝的问题

柱与梁、板整体现浇时，如柱混凝土浇筑完毕后，立即进行梁、板混凝土的浇筑，会因柱混凝土未凝结，而产生柱沿长度方向的体积收缩和下沉，造成柱顶与梁、板底结合处混凝土出现裂缝。因此，正确的浇筑方法应先浇筑柱混凝土，待浇至其顶端部位时（一般在梁板底下约2～3cm处），静停2h后，再浇筑梁、板混凝土。同时也可在该部位留置施工缝，分两次浇筑。总之，柱与梁、板整体现浇时，不宜将柱与梁、板结构连续浇筑。

（2）柱、梁混凝土结合部出现蜂窝、孔洞的问题

在浇筑柱与主梁、次梁交接的结合部位时，这些部位的钢筋较密集，特别是结合部上部因其主筋交叉集中，使混凝土无法灌注、插入式振动器插振困难，稍不注意就会发生因浇捣不密实而产生蜂窝、孔洞的质量事故。因此在浇筑这些部位时，可改用细石混凝土灌注，用带刀片的插入式振动器振捣。或采用“带浆法”下料，即用铁锹背靠着梁的侧模对称下料，用“赶浆法”人工捣固。也可用带刀片的插入式振动器配合“赶浆法”人工捣固的办法，使混凝土密实。

（3）梁及板底部出现麻面的问题

1）模板表面粗糙或重复使用的模板表面未清理干净，粘有干硬的水泥浆，拆模时，混凝土表面被粘损而出现麻面。因此，

模板在安装前，表面应清理干净。

2）木模扳在混凝土浇筑前未浇水湿润或湿润不充分，使模板与混凝土接触处的水分被模板吸收，混凝土表面因失水过多而出现麻面。为此，木模板在浇筑前应浇水充分湿润。

3）钢模板表面隔离剂的涂刷不均匀或漏刷，拆模时混凝土表面粘结模板而产生麻面。因此，隔离剂的涂刷应仔细认真，切不要当可有可无的工作去做。

4）模板拼缝不严密，混凝土振捣时漏浆，其表面沿模板缝位置出现麻面。再者，振捣不密实，混凝土中的气泡未排出，一部分气泡停留在模板表面，形成麻面。因此，模板安装时其缝隙应堵塞。混凝土振捣时，应掌握好振捣时间，充分振捣，以混凝土表面泛浆，无气泡为准。

（4）楼板底面出现露筋的问题

1）楼板钢筋的保护层垫块铺垫间距过大或露铺，致使钢筋紧贴模板，混凝土浇筑后出现露筋。因此，除保护层厚度应符合表 9-4 规定外，垫块的间距一般为 1～1.5m 左右，并避免漏铺。

2）楼板混凝土浇筑过程中，操作人员踩踏钢筋，使钢筋紧贴模板，拆模后出现漏筋。因此，操作时必须注意，切忌踩踏钢筋。

（五）其他现浇构件的浇筑

1. 楼梯的浇筑

现浇楼梯混凝土的浇筑，因工作面较小，其操作位置又不断的变化，因此操作的人员不宜过多。

1）混凝土的浇筑顺序：现浇楼梯的结构形式主要有板式和梁式，都由休息平台分为两段或若干段斜向楼梯段，对楼梯段混凝土的浇筑顺序应按其位置进行划分：在休息平台下的混凝土由下一楼层进料，在休息平台上的混凝土由上层楼面进料。由下向上逐步浇筑完毕。

2）施工缝的留设：楼梯混凝土在浇筑过程中，若上一层混凝土楼面未浇筑时，可在梯段长度的跨中1/3跨度的范围内（图11-4）。在上下层楼面混凝土已浇筑完毕时，楼梯的浇筑应一次性浇筑完成，不得留施工缝。

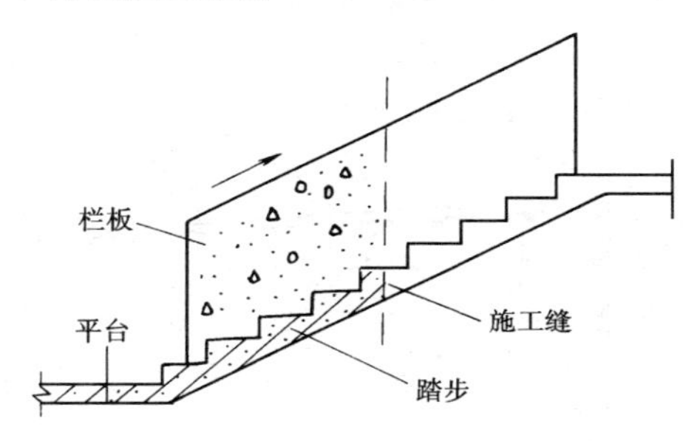

图11-4 楼梯的施工缝位置

3）对预埋件的位置要正确，预埋件周围的混凝土要包裹饱满。

4）楼梯踏步表面的修整：楼梯混凝土浇筑完毕后，应自上而下沿踏步表面进行 。应将表面拍平、拍实，对高出踏步表面的混凝土应剔去，不足部分用混凝土及时填补。表面石多浆少的局部应加浆拍平，用木抹子打搓后，用铁抹子压光。

2．一般悬挑构件的浇筑

悬挑构件是指悬挑出墙、柱、圈梁及楼板以外的构件（图11-5），如阳台、雨篷、天沟、屋檐、牛腿、挑梁等。根据构件的尺寸和作用分为悬挑板和悬挑梁。悬挑构件的受力与简支梁正好相反，其构件上部受拉下部受压。

（1）悬挑构件的浇筑顺序

1）悬挑构件的悬挑部分与后面的平衡构件的浇筑部分必须同时进行，以保证悬挑构件的整体性。

2）应先内后外，先梁后板一次连续浇筑，不允许留施工缝。

（2）混凝土的浇筑与振捣

1）对于悬臂梁，因工程量不大，宜将混凝土料卸在铁皮拌盘

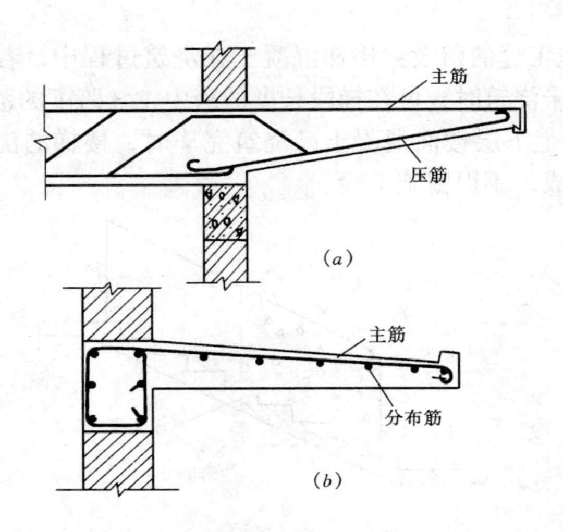

图 11-5　悬挑构件的配筋

(a) 悬挑梁；(b) 悬挑板

上,再用铁铲或小铁桶传递下料。可一次性混凝土料下足后,集中用插入式振动器振捣。对于支点外的悬挑部分,如因钢筋太密集,可采用带刀片的插入式振动器振捣或配合人工捣实的方法使混凝土密实。对于条件不具备的,也可采用人工“赶浆法”捣实。

2）对于悬臂板，应顺支承梁的方向，先浇筑梁，待混凝土摊平板底后，梁板同时浇筑，切不可待混凝土浇筑完后，再回过头来浇筑板。对于支承梁，可用插入式振动器振捣，也可用人工“赶浆法”捣实，对于悬挑板部分，因板厚较小，宜采用“带法浆”捣实，板的表面用铁铲拍平，压实，并采用揉搓出浆。

(3) 混凝土的养护

混凝土初凝后，表面即可采用草帘等覆盖物，终凝后即可浇水养护。硅酸盐水泥、普通水泥和矿渣水泥拌制的混凝土，在常温下养护时间应不少于 7d，其他品种的水泥制成的混凝土的养护日期视水泥性质而定。

3. 圈梁的浇筑

圈梁一般设置在砖墙上，圈梁的厚度通常为 120～240mm，宽度同墙体的厚度。因此圈梁的混凝土浇筑是在墙体上进行的。工作面窄而长，每一个浇点人不宜过多，以2～3人配合为佳。混凝土的浇筑和振捣施工时注意以下主要事项：

（1）混凝土的施工缝的留置：因圈梁较长，一次无法浇筑完成，可留置施工缝，但施工缝的位置不能留置在砖墙的十字、丁字、转角、墙垛处及门窗、大中型管道、预留孔洞上部等位置。

（2）混凝土浇筑顺序：混凝土的浇筑应由远而近，由高到低的进行。

（3）混凝土的灌注宜采用反铲下料，即铁铲背朝上下料。下料时应先两边后中间，分段浇满后集中振捣，分段的长度一般为2～3m。

（4）圈梁混凝土的振捣一般采用插入式振动器。对于厚度较小的圈梁，也可采用“带浆法”配合“赶浆法”人工捣实。接槎处一般留成斜坡形向前推进。

（六）钢筋混凝土框架结构施工

钢筋混凝土框架结构是多层和高层建筑的主要结构形式。框架结构施工按设计有现浇结构施工、预制装配式吊装施工、预制与现浇结合施工等几种形式。现浇钢筋混凝土框架施工是将柱、墙（剪力墙、电梯井）、梁、板（也可预制）等构件在现场按施工图浇筑。

现浇框架混凝土施工时，要由模板、钢筋等多个工种相互配合进行。因此，施工前要做好充分的准备工作，施工中要合理组织，加强管理，使各工种密切协作，以保证混凝土工程施工的顺利进行。

1. 施工前的准备工作

（1）接受技术交底

框架混凝土施工前，全体作业人员应接受技术人员必要的技术交底，将技术部门编制的混凝土工程的施工方案，在作业层进行全面的理解并实施。其内容包括：

1）工程概况和特点：框架分层、分段施工的方案，浇筑层的实物工程量与材料数量。

2）混凝土浇筑的进度计划、工期要求、质量、安全技术措施等。

3）施工现场混凝土搅拌的生产工艺和平面布置，包括搅拌台（站）的平面布置、材料堆放位置、计量方法和要求等。

4）运输工具和运输路线要相适应。如为泵送混凝土时，对楼面的水平运输通道，应按浇筑顺序的先后，用钢管把输送管架至浇筑区域。用双轮车运输时，用钢管架好运输通道，高度应离板面 30～50cm。

5）浇筑顺序与操作要点，施工缝的留置与处理。

6）混凝土的强度等级、施工配合比及坍落度要求。

7）劳动力的计划与组织、机具配备等。

（2）材料、机具、工作班组的准备

1）检查原材料的质量、品种与规格是否符合混凝土配合比设计要求，各种原材料应满足混凝土一次连续浇筑的需要。

2）检查施工用的搅拌机、振捣器、水平及垂直运输设备、料斗及串筒、备品及配件设备的情况。所有机具在使用前应试转运行。

3）灌注混凝土用的料斗、串筒应在浇筑前安装就位，浇筑用的脚手架、桥板、通道应提前搭设好，并进行一次安全可靠性的检查，符合要求后方可进行混凝土的浇筑。

4）对砂、石料的称量器具应检查校正，保证其称量的准确性。

5）安排好本工种前后台劳动人员，配备值班电工、翻斗车司机、看护模板及木工和钢筋工、机械修理工、水电工等配套工种作业人员。

（3）钢筋及水电管线的检查

1）模板检查：模板安装的轴线位置、标高、尺寸与设计要求是否一致。模板与支撑是否牢固可靠、支架是否稳定。模板拼缝是否严密，锚固螺栓和预埋件。预留孔洞位置是否准确。发现问题应及时回报处理。

2）钢筋的检查：钢筋的规格、数量、形状、安装位置是否符合设计要求。钢筋的接头位置。搭接长度是否符合施工规范要求。控制混凝土保护层厚度的砂浆垫块或支架是否按要求铺垫。绑扎成型后的钢筋是否有松动、变形、错位等。检查发现的问题应及时要求钢筋工处理。检查后应填写隐蔽工程验收记录。

（4）现场的清理工作

1）模板清理：模板底木屑、绑扎丝头等杂物清理干净。木模在浇筑前应充分浇水润湿，模板拼缝缝隙较大时，应用水泥袋纸、木片或纸筋灰填塞，以防漏浆影响混凝土质量。

2）对粘附在钢筋上的泥土、油污及钢筋上的水锈应清理干净。

3）运输路线上的障碍物应妥善处理。

2. 框架结构混凝土的浇筑

全现浇框架结构混凝土的浇筑顺序：在一个施工段内，应尽量采用从两端向中间推进，先浇柱、墙竖向构件，后浇梁、板等横向构件。

（1）柱子混凝土的浇筑

1）柱子混凝土灌注前，柱底表面应用高压冲洗干净没有明水后，先浇筑一层 5～10cm 厚与混凝土内砂浆成分相同的水泥砂浆（又称支石混凝土），然后再分段分层灌注混凝土。

2）当柱高不超过 3m，混凝土可用小车由柱模顶直接倒入柱模。当柱高超过 3m 时，必须用一串筒挂入送料（如图 11-6 所示）。

3）一般浇入混凝土料深 40～50cm 时，即可用插入式指示器插入振捣。根部可在柱子中部开的“门子板”处插入振捣。待浇筑至“门子板”口下 10cm 时，把“门子板”封死，振捣器移至柱顶处，这时柱内的串筒也可以拿走，在上部边浇筑边振捣。

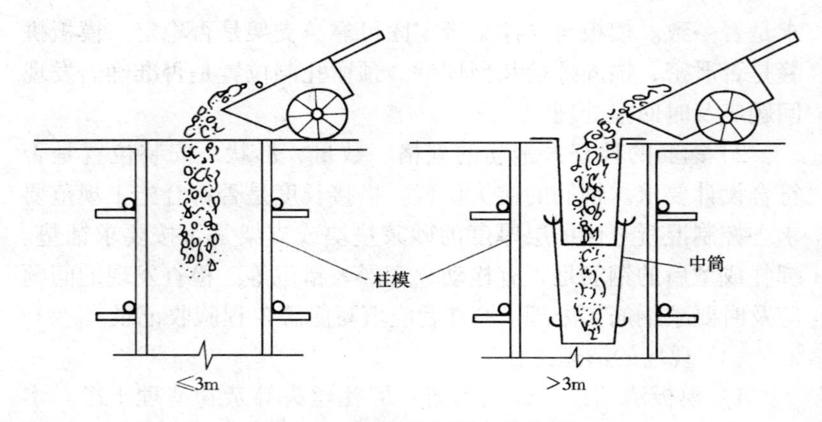

图 11-6 框架柱混凝土的浇筑

一般柱高小于 3m 的，振捣棒在柱顶也够得到，就不设置门子板了。

4）浇筑至梁底标高下 10cm 左右，柱子第一次浇筑就算完成了。如与梁板连续浇筑，那么，这时就应开始记录间歇时间。经过 2h 才可接着浇筑梁柱接头处的混凝土。如果工期许可，一般不赞成连续浇筑。一是钢筋密无法下料；二是混凝土由于钢筋多容易产生离析；三是振捣不容易进行，容易发生蜂窝、麻面或孔洞等现象。

5）浇捣中要注意柱模不要胀模或鼓肚；要保证柱子钢筋的位置，即在全部完成一层框架后，到上层放线时，钢筋应在柱子边框线内。

（2）墙体混凝土的浇筑

1）墙体混凝土浇筑，应遵循先边角后中部，先外墙后内墙的顺序，以保证外部墙体的垂直度。

2）混凝土灌注时应分层。分层厚度：人工振捣不大于 35cm；振捣器振捣不大于 50cm；轻骨料混凝土不大于 30cm。

3）高度在 3m 以内的外墙和内墙，混凝土可从墙顶向板内卸料，卸料时须在墙顶安装料斗缓冲，以防混凝土产生离析。对于截面尺寸狭小且钢筋密集的墙体，则应在侧模上开门子洞，用斜溜槽投料，但高度不得大于2m。对于高度大于3m的任何截面的墙体，均应每隔2m开门子洞，装斜溜槽投料。

4）墙体上开有门窗洞或工艺洞口时，应从两侧同时对称投料，以防将门窗洞或工艺洞口模板挤变形。

5）墙体在灌注混凝土前，须先在底部铺5～10cm厚与混凝土内成分相同的水泥砂浆。

（3）柱节点混凝土浇筑

1）框架梁、柱节点处的特点：框架的梁、柱交叉的位置，称梁、柱节点，由于其受力的特殊性，主筋的连接接头的加强，以及箍筋的加密造成钢筋密集，采用一般的浇筑施工方法，混凝土难以保证其密实度。

2）混凝土中的粗骨料要适应钢筋密集的要求：按施工图设计的要求，采用强度等级相同或高一级的细石混凝土浇筑。

3）混凝土的振捣：用较小直径的插入式制动器进行振捣，必要时可以人工振捣辅助，以保证其密实性。

4）为了防止混凝土初凝阶段，在自重作用以及模板横向变形等因素在高度方向的收缩，柱子浇捣至箍筋加密区后，可以停1～1.5h（不能超过2h），再浇筑节点混凝土。节点混凝土必须一次性浇捣完成，不得留施工缝。

3. 混凝土的振捣

（1）对于截面厚大的混凝土墙，可用插入式振捣器振捣，方法同柱的振捣。对一般或钢筋密集的混凝土墙，宜采用在模板外侧悬挂附着式振捣器振捣，其振捣深度约25cm左右。如墙体截面尺寸较厚时，可在两侧悬挂附着式振捣器振捣。

（2）使用插入式振捣器如遇有门窗洞及工艺洞口时，应两边同时对称振捣。同时不得用棒头猛击预留孔洞、预埋件等。

（3）当顶板与墙体整体现浇时，楼顶板端头部分的混凝土应单独浇筑，以保证墙体的整体性和抗震能力。

4. 梁、板混凝土的浇筑

（1）确定浇筑顺序：一般以最远端开始，逐渐缩短混凝土运距，避免捣实后的混凝土受到扰动。浇灌时应先低后高，即先浇捣梁，待浇捣至梁上口后，可一起浇捣梁、板，浇筑过程中尽量使混凝土面保持水平状态。对截面高于1m的梁，可以单独先浇捣梁至板下5～10cm时，梁的上部混凝土再与板的混凝土一起浇捣。

（2）混凝土入模：应采用反铲下料，这样可以避免混凝土产生离析。当梁内混凝土下料有30～40cm深时，就应进行振捣，振捣时直插、斜插、移点相结合，保证混凝土的密实性。

（3）梁板混凝土浇筑方向：应沿次梁方向垂直于主梁的方向浇筑。浇捣一段后（一个开间或一个柱距），应采用平板振捣器按浇筑方向，拉动机器振实面层。平板振捣后，由操作人员随后按楼层结构标高面，用木杠及木抹子搓抹混凝土表面，使之达到平整。

（4）当楼层不能一次浇筑完成，或遇到特殊情况时，中间停歇时间超过2h以上的，应设置施工缝或按设计要求留出后浇带。

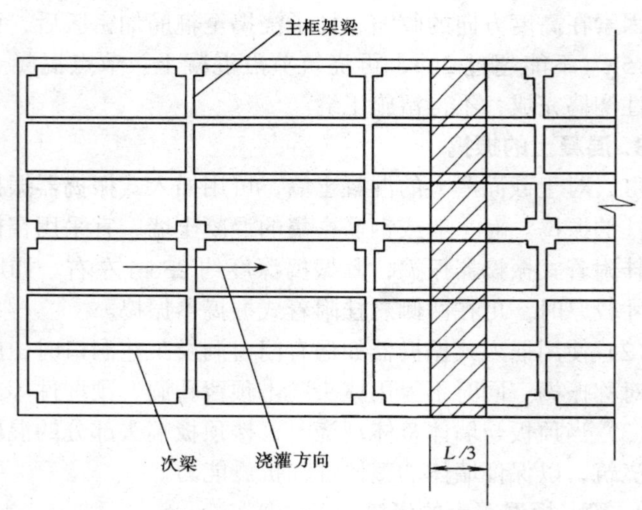

图11-7 有主次梁楼板的施工缝位置

5. 施工缝的留置和处理

（1）施工缝留置于结构受剪力较小、且便于施工的部位。施工缝留置的位置和处理的方法，应按技术交底的施工方法进行。框架结构的施工缝通常留在以下几个部位：

1）梁：框架肋形楼盖混凝土的浇筑行程大多与框架主梁垂直，与次梁平行，所以把施工缝留在次梁中间部位跨度的1/3范围内（图11-7），对受力上是有利的。主梁不宜留设施工缝。悬臂梁应与其相连接的结构整体浇筑，一般不宜留施工缝，必须留施工缝时，应取得设计单位同意，并采取有效措施。

2）板：单向板施工缝可留设在与主筋平行的任何位置或受力主筋垂直方向的中部跨度的1/3的范围内；双向板施工缝位置应按设计要求留设。

3）柱：宜留设在梁底标高以下20～30mm或梁、板面标高处。

4）墙：宜留设在门洞口连梁跨中1/3区段内；也可留在纵横剪力墙的交接处。

5）大截面梁、厚板和高度超过6m的柱，应按设计要求留设施工缝。

（2）施工缝的处理

对于施工缝处继续浇混凝土时，要符合已浇筑的混凝土的抗压强度达到$1.2N/mm^2$；对已硬化的混凝土表面，要清除混凝土浮渣和松散石子、软弱混凝土层，并洒水湿润，无明水后再浇新混凝土；浇筑前接头处要先用同混凝土配合比的水泥砂浆铺垫；该处振捣要细致、密实，使结合牢固。

6. 后浇带处混凝土的浇筑施工

（1）设置后浇带的作用：

1）预防超长梁、板（宽）混凝土在凝结过程中的收缩应力对混凝土产生收缩裂缝；

2）减少结构施工初期地基不均沉降对强度还未完成增长的混凝土结构的破坏。

(2) 后浇带的位置是由设计确定的，后浇带处梁板的钢筋加强应按设计要求，后浇带的位置和宽度应严格按施工图要求留设。

(3) 后浇带混凝土的浇筑时间，是在1～2月以后，或主体施工完成后。这时，混凝土的强度增长和收缩已基本完成，地基的压缩变形也已基本完成。

(4) 后浇带处混凝土施工的基本要求：

1) 后浇带处两侧应按施工缝处理。

2) 应采用补偿收缩性混凝土（如UEA混凝土，UEA的掺量应按设计要求），后浇带处的混凝土应分层精心振捣密实。如在地下室施工中，底板和外侧墙体的混凝土中，应按设计在后浇带的两侧加强防水处理。

7. 养护与拆模

(1) 常温下宜采用喷水养护，养护时间在7d以上。

(2) 当混凝土强度达到$1N/mm^2$以上时（以等条件养护试块强度确定）方可拆模。拆模时间过早容易使墙体混凝土下坠、产生裂缝，或与模板发生粘连。

8. 现浇混凝土框架结构容易出现的质量问题

(1) 柱、墙“烂根”

1) 混凝土浇筑前，未在柱、墙底铺以5～10cm厚的去石混凝土（砂浆的水泥和砂的配合比与混凝土的相同）。在向其底部卸料时，混凝土发生离析，石子集中于柱、墙底而无法振捣出浆来，造成底部“烂根”。

2) 混凝土浇筑高度超过规定要求，又未采取相应措施，这样混凝土发生离析，柱、墙底石子集中而缺少砂浆。

3) 振捣时间过长，使混凝土内石子下沉、水泥浆上浮。

4) 分层浇筑时一次投料过多，振捣器未伸到底部，造成漏振；因此，一次投料不可过多，振捣完毕后应用木槌敲击模板，从声音判断底部是否振实。

5) 楼地面表面不平整，墙模安装时与楼地面接触处缝过大，造成混凝土严重漏浆而出现“烂根”现象。

（2）边角处漏石、露筋

1）模板边角拼装缝隙过大，严重跑浆造成边角处漏石。所以，模板配制时，边角处宜采用阶梯缝搭接。如采用直缝，模板缝隙应用水泥袋纸填塞。

2）某一拌盘配合比不当，石多浆少或局部漏振，造成边角处呈蜂窝状漏石。

（3）裂缝

柱子混凝土浇筑完毕后未经沉实而继续浇筑梁板混凝土。浇筑与柱和墙连成整体的梁和板时，应在柱和墙浇筑完毕后停歇1～1.5h，使其获得初步沉实，再继续浇筑。

（4）轴线走位及垂度偏移

1）柱模支撑方法不当，致使混凝土振捣时支撑下陷，柱顶发生偏移。

2）一排柱浇筑时，从一端开始向另一端行进时，由于模板吸水膨胀，断面增大而产生横向推力，并逐渐积累到另一端，最后一根柱子将发生弯曲变形。所以应采用从两端对称向中间或中间对称向两端浇筑顺序。

9. 安全注意事项

（1）柱、墙、梁混凝土浇筑时，应搭设脚手架，而脚手架的搭设必须满足浇筑要求。操作人员不得站在模板或支撑上操作，以防高空坠落，造成人身伤亡。

（2）振捣器必须装有漏电保护装置，操作人员需穿戴绝缘手套和胶鞋。湿手不得触摸电器开关，非专业电工不得随意拆卸电器设备。

（3）采用料斗吊运混凝土时，在接近下料位置的地方须减缓速度。在非满铺平台条件下防止在护身栏处挤伤人。采用串筒灌注混凝土时，串筒节间必须连接牢固，以防坠落伤人。

（4）楼板浇水养护时，应注意楼面的障碍物和孔洞，拉移胶管时不得倒退行走。

（5）夜间施工用于照明的行灯的电压须低于36V，如遇强风、大雾等恶劣天气应停止作业。

复　习　题

1. 柱子混凝土的浇筑工艺顺序是什么？

2. 混凝土柱子的浇筑有哪些要求？

3. 浇筑前在柱底铺设50～100mm的砂浆的目的和作用是什么？

4. 柱子边角出现严重漏石的原因是什么？浇筑混凝土前应采取什么措施预防？

5. 混凝土柱浇筑完毕后，上端出现砂浆层的原因是什么？应采取什么补救措施？

6. 呈排柱子混凝土的浇筑顺序是怎样的？为什么要按此顺序，否则会带来什么后果？

7. 墙体混凝土的浇筑有哪些具体要求？

8. 有主次梁的肋形楼板的浇筑顺序是怎样的？施工缝宜留在什么地方？

9. 梁、板浇筑时卸料和下料应注意什么？

10. 梁、板混凝土的浇筑有哪些具体要求？

11. 采用"赶浆法"人工捣实钢筋较密集的混凝土梁的操作方法是怎样的？

12. 采用"带浆法"人工捣实小型平板的操作方法是怎样的？

13. 对于柱、梁节点混凝土的振捣应采取什么措施使其密实？

14. 柱、梁、板的混凝土为什么不能连续浇筑？否则会带来什么后果？应采取什么措施？

15. 楼梯混凝土的浇筑顺序是怎样的？振捣时应注意什么？

16. 梁、板底部混凝土出现麻面、露筋的原因是什么？施工中应采用什么措施？

17. 悬挑构件的浇筑顺序是怎样的？

18. 悬臂梁、板各采用什么方法进行浇筑与捣实？

19. 如何浇筑圈梁混凝土？

20. 框架棍凝土施工前要做哪些准备工作？

21. 柱混凝土的灌注有哪些要求？振捣时应注意些什么？

22. 墙体混凝土的灌注有哪些要求？振捣时应注意些什么？

23. 叙述柱、墙混凝土的养护方法和要求。

24. 简述梁、板混凝土的灌注与振捣。

25. 柱、墙、梁、板施工缝的留置有哪些规定？

26. 柱、墙、梁的轴线位移、截面尺寸、表面平整度的允许偏差是多少？用什么方法检验？

27. 造成柱、墙底部“烂根”的原因是什么？如何避免出现此质量问题？

十二、混凝土预制构件的浇筑

（一）普通钢筋混凝土屋架的浇筑

1. 普通钢筋混凝土屋架的生产工艺（见图 12-1）

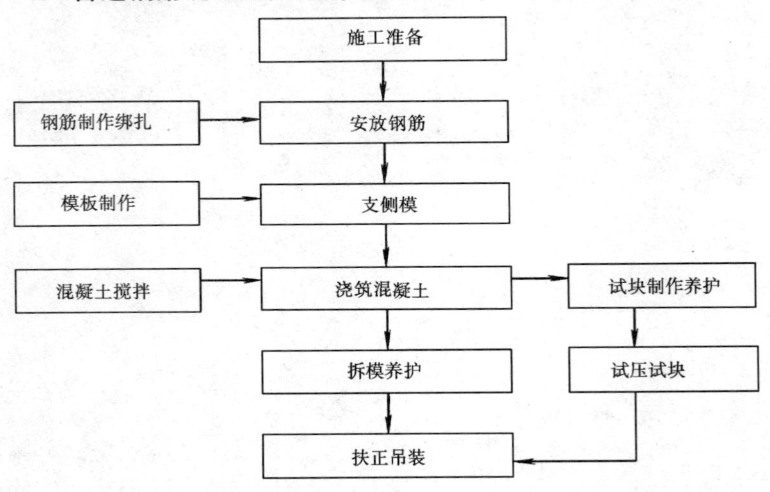

图 12-1　预制钢筋混凝土屋架制作工艺流程图

2. 操作要点

（1）施工准备：屋架一般采用平卧或平卧重叠的浇捣方法，在施工现场预制，以便翻身扶正直接吊装。

平卧或平卧重叠法生产屋架，其底模可采用素土夯实铺砖，上抹 1:2 水泥砂浆找平，做成砖胎模或在混凝土地坪上直接做砖胎模。底模布置时应避开地坪伸缩缝，现场素土上的砖胎模应设有临时排水沟，预防下雨时地基下沉。

平卧重叠生产可解决平卧占地面积较大的矛盾。待下层屋架混凝土强度达到设计强度的30%时，即可在其表面涂刷隔离剂后在上重叠制作上一层屋架，重叠的层数（高度）以不影响起重设备回转为原则，一般以3～4层为宜。

底模制作要求表面平整光滑，用仪器抄平。几何尺寸符合设计要求，各杆件中心线应处于同一平面，底模应按施工平面布置图的位置制作以便吊装。底模做好在使用前应刷隔离剂两道，以后每次使用脱模后及再次使用前应清扫表面，铲除残渣、涂刷隔离剂。

（2）绑扎钢筋：屋架钢筋骨架可在隔离剂已干燥的砖胎模上绑扎成型；也可先预制后入模拼装绑扎。屋架外形尺寸大，构件截面小，端节点钢筋密，预埋铁件多。钢筋骨架的绑扎是屋架施工的关键工序，关系到整个工程的质量和安全。因此操作前必须熟悉图纸，掌握所需钢筋的品种、规格、等级、形状及数量，了解构件的轴线位置、标高及构造要求，并在底模上画线，注明钢筋的位置号码。对钢筋逐根编号，按序穿插，按号绑扎，事后检查避免错漏。当屋架下弦受拉钢筋有两排以上配筋时，两排钢筋之间可用 $\phi25$ 短钢筋支垫，钢筋骨架与地胎模之间亦应垫置 $\phi25$ 短钢筋或垫块，作为屋架侧向保护层，并可保证钢筋骨架在截面上居中不偏。

（3）支侧模：侧模一般采用木模板，内壁要平整光滑，模板转角要顺滑，便于脱模。模板拼装尺寸要准确无误，下部和中部螺栓应夹紧在地胎模上，使之结合牢固、拼缝紧密、不漏浆，上部锁口木条应定位准确，斜撑要牢靠，以保持侧模直立，不倾斜，不松动。

（4）浇筑混凝土：浇筑混凝土前，首先应检验钢筋、模板、铁件是否符合要求。木侧模要洒水湿润。配用吊车吊混凝土料斗下料入模或人工下料。浇筑可从屋架的一端开始，分二组沿上、下弦两方向同时向屋架另一端推进，各腹杆可在浇筑上、下弦杆时同时浇筑，如图12-2（*a*）；如腹杆为预制的腹杆，则屋架浇筑可从上弦顶点开始，沿上弦两边方向向下浇筑至两端，然后由两端沿下弦向下弦中点浇筑会合，如图 12-2（b）。整榀屋架一次浇筑完成，不留施工缝。

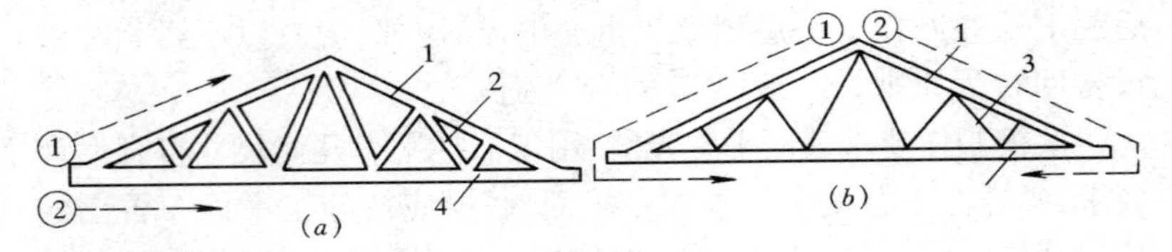

图 12-2　屋架浇筑次序图

（a）全现浇屋架；（b）腹杆预制、上下弦现浇屋架

1—上弦；2—腹杆；3—预制腹杆；4—下弦

（圆圈内数码为作业小组浇筑路线）

浇筑时可用赶浆捣固法浇筑，通常上下弦厚度不超过350mm时可一次浇筑全厚度。厚度大于350mm的超厚杆件应分层浇筑。上下两层浇筑口距离约为3～4m，振捣器应插入下层混凝土5cm，以使上下层结合成整体。浇筑时应随振随抹，整平表面，原浆收光。

由于屋架杆件截面较小，节点钢筋较密，预埋件多，容易出现蜂窝，应特别仔细地用套装刀片的振捣器振捣节点和端角钢筋密集处。振捣时不得碰撞钢筋。振捣时间，一般每点不少于10s，不大于60s。

屋架上用于与屋面板、檩条、柱子或联系梁焊接连接用的预埋铁件，要求位置准确，摆放要平正。

（5）拆模、养护：侧模在混凝土强度（大于 $1.2N/mm^2$）能保证构件不变形，棱角完整无裂缝时方可拆除。

现场一般采用自然养护，在浇筑完成12h以内覆盖塑料薄膜或草袋浇水保湿养护。要求薄膜覆盖至底板，保湿养护不少于14d。浇水养护时，应多次数、少水量养护，以免水量过多浸软土基，引起地胎模底板下沉，导致构件变形。

（6）扶正吊装：在混凝土强度达到设计要求的强度后，方可翻身扶直，吊装上柱顶。屋架翻身吊装前，应用小撬杆轻拔屋架，使屋架与底模分离，以便翻身吊装。

（二）普通钢筋混凝土吊车架的浇筑

1. 吊车梁的浇筑工艺

普通钢筋混凝土吊车梁生产工艺流程见图 12-3。

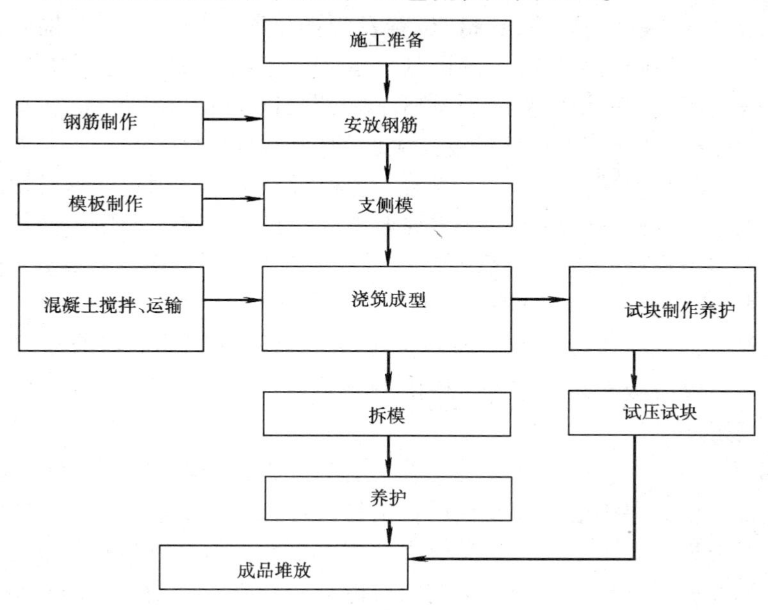

图 12-3 吊车梁生产工艺图

2. 操作要点

普通钢筋混凝土吊车梁可在工厂生产，运到现场吊装；也可在现场预制，直接吊装。各工序操作要点如下：

（1）施工准备：吊车梁宜立置浇筑成型，立置堆放和运输。现场预制直接吊装的应做好现场预制平面布置，要按照吊装工序的安排，使吊车梁能就地起吊、安装。现场应设有临时的排水沟，预防下雨时原地下沉。生产采用的立式地胎模，应表面平整、尺寸准确。可优先选用型钢底模，也可采用混凝土或砖地模，底模应抄平，置于坚硬的混凝土台面上，避开台面伸缩缝布置。隔离剂涂刷后应保持清洁，若被雨水冲刷应补刷一道。

(2) 钢筋制作、安装:钢筋制作可在钢筋加工房作好后运到现场安装,亦可在隔离剂已干燥的地胎模上绑扎钢筋骨架,以避免预制钢筋骨架在搬运起吊时变形。钢筋骨架安装定位前应检查钢筋骨架中钢筋的种类、规格、数量、几何形状和尺寸是否符合设计要求,预埋铁件的规格、数量、位置及焊接是否正确。安装定位应用带有横担的无水平分力的吊具吊运,平整轻落于底模上,注意钢筋骨架落位时应设置直径为 ϕ25,间距为 1000mm,长度与钢筋骨架宽度相等的垫筋,以保证受拉主筋的保护层厚度。

(3) 侧模板的制作、安装：侧模板宜优先选用定型钢模现场制作。侧模安装应平整，支撑要牢固，拼缝紧密不漏浆，内壁要平整光滑；木模应尽可能刨光，转角处应顺滑无缝以便脱模，要求侧向弯曲$\leqslant L/2000$；平面扭曲$\leqslant L/1500$，几何尺寸要准确，斜撑、螺栓要牢靠，预埋铁件预留孔洞位置尺寸应符合设计要求，侧模板安装后应保持模内清洁无杂质残渣，以保证混凝土的浇筑质量。

(4) 浇筑成型：浇捣混凝土前应检验钢筋、预埋件规格、数量，钢筋保护层厚度及预埋孔洞是否符合设计要求，浇捣时应润湿模板，人工下料；混凝土浇筑层厚度为 300～350mm，采用插入式振动器振捣成型。振动时应做到不漏振，振动棒应避免撞击钢筋、模板、吊环、预埋铁件等。每振好一点，振动棒应徐徐抽出，以免留下气洞。振捣混凝土时应经常注意观察模板、支撑架、钢筋、预埋铁件和预留孔洞的情况，发现有松动变形、钢筋移位、漏浆等现象应停止振捣，并在混凝土初凝前修整完后继续振捣直至成型。浇筑顺序应从一端向另一端进行。当浇到上部预埋铁件时应注意捣实下面的混凝土，并保持预埋件位置正确。吊车梁上表面应用铁抹抹平。浇捣完毕 12h 内应覆盖草包或塑料薄膜，浇水养护。浇捣过程中应按规定制作试块。

(5) 拆模：当混凝土强度（$\geqslant 1.2\mathrm{N/mm^2}$）能保证构件不变形；棱角完整时方可拆除侧模板。预留孔洞芯模应在混凝土强度能保证孔洞表面不产生裂缝、不坍陷时方可拆除。芯模应在初凝前后转动，以免混凝土凝结后难于脱模。

（6）养护：吊车梁在工厂生产时可采用蒸汽养护。现场浇筑的吊车梁可在浇捣成型后（12h 以内）覆盖浇水养护，覆盖养护应保持覆盖物表面湿润，养护时间不少于 14d。

（7）成品堆放:混凝土强度达到设计强度后方可起吊。起吊时先用撬棍将构件轻轻撬松脱离底模,然后起吊归堆,装车出厂或在现场直接吊装,堆放应立置,其搁置点距梁端距离应小于 1m。

（三）普通钢筋混凝土预制桩的浇筑

1. 普通钢筋混凝土预制桩的生产工艺（见图 12-4）

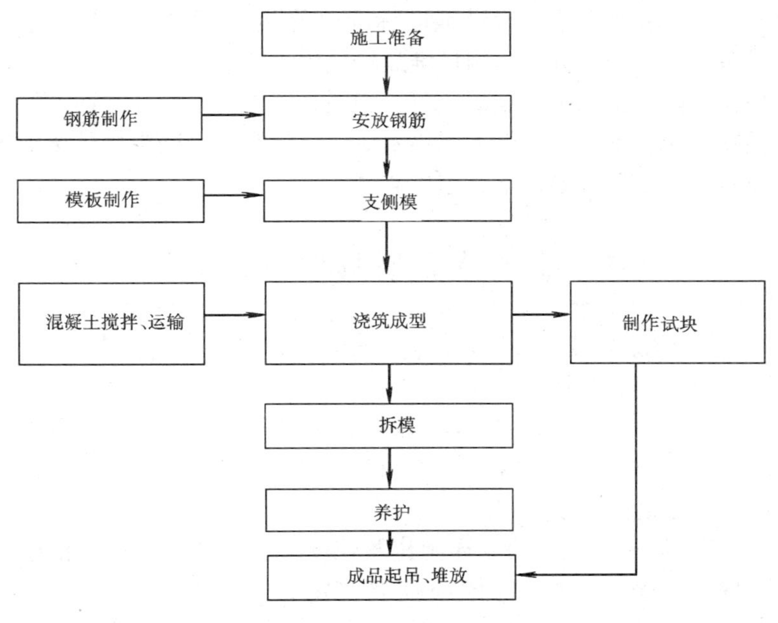

图 12-4　预制桩生产工艺图

2. 制作方法和要点

预制桩可在工厂或施工现场预制。一般较短的桩多在预制厂生产，而较长的桩则在打桩现场就地预制。现场制作预制桩可采用重叠法生产。

现场预制多采用工具式木模板或钢模板，支在坚实平整的地坪上，模板应平整、尺寸准确。可用间隔重叠法生产，但重叠层数一般不宜超过四层。长桩可分节制作，一般桩长不得大于桩断面的边长或外直径的50倍。桩的钢筋骨架，可采用点焊或绑扎。骨架主筋则宜用对焊或搭接焊，主筋的接头位置应相互错开。桩尖一般用粗钢筋或钢板制作，在绑扎钢筋骨架时将其焊好。桩混凝土强度等级不应低于C30，浇筑时应由桩顶向桩尖连续进行，严禁中断，以提高桩的抗冲击能力。浇筑完毕应覆盖洒水养护不少于7d，如用蒸汽养护，在蒸养后，尚应适当自然养护，达到设计规定强度后方可使用。

桩的混凝土达到设计强度标准值的75%后方可起吊，吊点应按设计规定设置。预制桩堆放场地应平整、坚实，不得产生不均匀沉陷。垫木与吊点的位置应相同，并保持在同一平面上，各层垫木应上下对齐，最下层垫木应适当加宽，以减少堆桩场地的地基应力，堆放层数不宜超过4层。

（四）混凝土预制构件的质量要求

1. 质量标准

（1）主控项目

1）混凝土原材料质量（水泥、水、骨料、外加剂）及配合比、原材料计量、搅拌、浇筑、养护等必须符合现行施工规范和有关规定的要求。

2）混凝土试件的取样制作及强度检验，必须符合《混凝土强度检验评定标准》（GBJ107）的规定。

3）构件上的预埋件、插筋和预留孔洞的规格、位置和数量必须符合设计规定。

4）构件成型后应在明显部位标明厂名以及构件型号、生产日期和质量验收标志。

（2）一般项目

1）构件外观质量要求表面平整，几何尺寸准确无误，铁件平正定位准确，不应有露筋、孔洞、蜂窝、裂缝及端头混凝土疏松或外伸钢筋松动等缺陷。

2）尺寸允许偏差：长度：板和梁：±5mm；吊车梁和屋架：+15mm，－10mm；宽度、厚度±5mm；侧向弯曲：板和梁：$L/750$ 且≤20mm，吊车梁和屋架：＜$L/1000$ 且≤20mm；预留孔中心线≤5mm；预留洞中心线≤15mm；主筋保护层厚度：板：+5mm，－3mm，吊车梁和屋架：+10mm，－5mm；对角线差≤10mm；表面平整度≤5mm；翘曲≤$L/750$。

2. 易出现的质量问题

（1）麻面：由于浇筑前没有在模板上洒水湿润，或湿润不足，混凝土水分被模板吸去；或模板拼缝漏浆，构件表面浆少。故浇筑前应充分浇水湿润，并检查模板拼缝，对可能漏浆的缝，设法封嵌。

（2）蜂窝：原因是浇灌时正铲投料，人为地造成离析；或浇灌时没有采用带浆法下料或赶浆法捣固。防治方法是严格实行反铲投料；并严格执行带浆法下料和赶浆法捣固。

（3）露筋、孔洞：主要因为钢筋较密集，粗骨料被卡在钢筋上，加上振捣不足或漏振。因此搅拌站要按配合比规定的规格、数量使用粗骨料，节点钢筋密集处应用带刀片的振捣器仔细振实，必要时辅以人工钢钎插捣。

（4）构件出现裂缝：构件出现裂缝的原因是由于曝晒或风大水分蒸发过快或覆盖养护不及时出现塑性收缩裂缝。故在高温季节施工时要防止水分过多散失，成型后立即进行覆盖养护。

（5）预埋螺杆歪斜、长短不一：由于振捣混凝土时振动棒碰撞螺杆引起移位或支模时螺栓固定得不好，振捣时混凝土挤歪螺栓；因此振捣器应避开螺杆；支模时用固定木条钻孔套住螺栓使之不斜、不移、不下沉；螺杆下部应与钢筋骨架绑扎，振捣混凝土时注意及时调直扶正被挤歪的螺栓。

3. 安全注意事项

(1) 吊车电动葫芦吊物下严禁站人，下料时应侧立于料斗边，以防电动葫芦打滑，料斗突然下落伤人。

(2) 在安装或拆除模板时应用无水平分力的吊具吊住操作，以防模板倾倒时砸伤手脚。

(3) 拆模时应精神集中，随拆随运，拆下的模板堆放在指定地点，按规格码垛整齐。木模铁钉应及时处理，以免伤人。

(4) 振捣器电线应保护好绝缘外皮，以防漏电伤人。

(5) 机电设备发生故障应先停电然后检查修理排除故障，供电闸刀处应有专人值班。

(6) 用电设备除应接地保护外还应安装漏电保护装置以利安全。

复　习　题

1. 模板上为什么要涂隔离剂?
2. 屋架浇筑的顺序有哪几种?
3. 屋架在什么情况下才能拆模养护?
4. 钢筋混凝土构件起吊的规定强度是多少?
5. 钢筋混凝土吊车梁现场预制平面布置地基需做哪些处理?
6. 为保证钢筋保护层和钢筋位置符合要求应采取哪些措施?
7. 为防止漏浆和保证构件的棱角完整应采取什么措施?
8. 预制钢筋混凝土屋架制作的工艺顺序如何?

十三、预应力构件混凝土的施工

（一）后张法预应力屋架

预应力屋架制作与普通钢筋混凝土屋架制作的基本工艺相似，不同之处在于预应力屋架在制作成型过程中，需预留孔道，以待屋架混凝土达到设计强度后，在孔道内穿预应力钢筋，张拉锚固建立预应力，并在孔道内进行压力灌浆，用水泥浆包裹保护预应力钢筋。

孔道的留设是后张法构件制作中的关键之一。孔道的留设方法有钢管抽芯法、胶管抽芯法、预埋管道法。预埋管道即预埋波纹管，可省去抽管工序，可做成各种形状的管道，并可弯折连接，使之与混凝土有良好的粘结。

1. 制作工艺

预应力屋架制作工艺见图 13-1。

2. 操作要点

（1）施工准备：预应力屋架一般采用卧式重叠法生产，重叠不超过 3～4 层。地胎模应按照施工平面图布置，不仅应满足屋架翻身扶正就位和吊装的要求，还要在每根屋架地胎模之间留有一定的距离并互相错位，以满足预应力屋架抽管、穿筋和张拉的要求。隔离剂应选用非油质类模板隔离剂。

（2）绑扎钢筋：预应力屋架的钢筋骨架可在隔离剂已干燥的地胎模上绑扎成型。绑扎方法与普通钢筋混凝土屋架的钢筋骨架绑扎相似，但绑扎时应同时预留孔道并固定芯管。

（3）预留孔道：屋架下弦预留直线孔道通常采用钢管抽芯

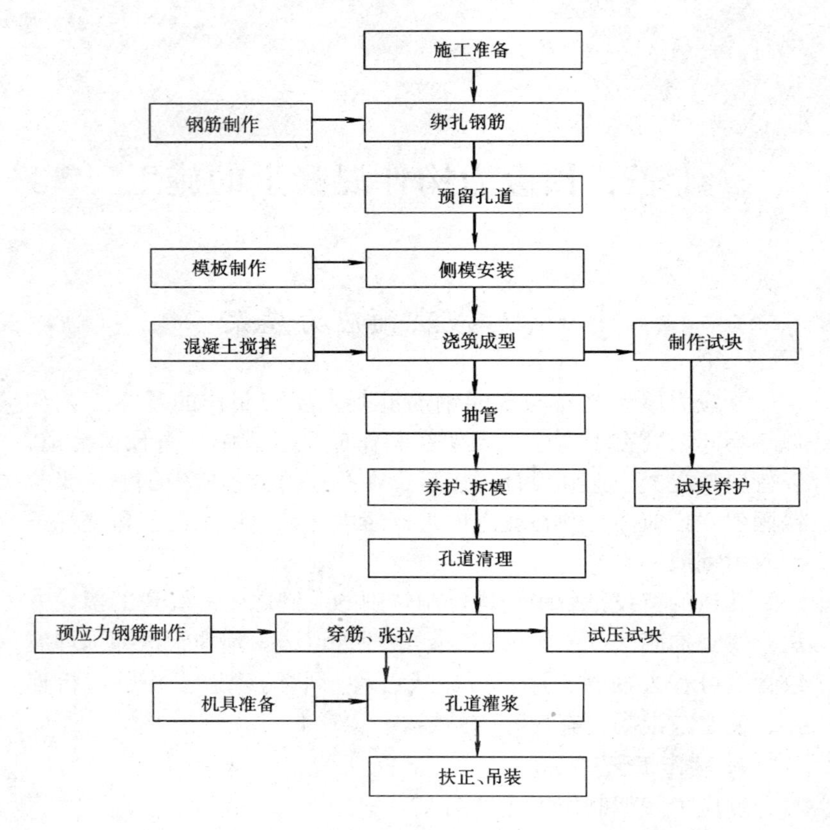

图 13-1 预应力屋架制作工艺流程图

法。在钢筋骨架绑扎过程中，预埋芯管可用 ϕ6～8 钢筋焊成井字形网片与骨架绑扎连接，将芯管（钢管、胶管或波纹管）放在网片井字中央。井字架的最大间距：当芯管为钢管时，其间距为 1m，波纹管间距为 0.8m，胶管间距为 0.5m。预留孔道芯管的直径，应比预应力钢筋大 15mm。抽芯的钢管表面必须圆滑、顺直，不得有伤痕及凸凹印，预埋前应除锈，刷脱模剂。钢管安放时，两端应伸出构件 500mm 左右，并在端部留有方向互相垂直的耳环或小孔，以便插入钢筋转动和抽拔钢管。

由于屋架要求起拱，直线孔道在屋架下弦中间形成弯折，芯管通常做成两节，接头在中间弯折处并在弯折处内装短套管一个，固定在一节管端，见图 13-2（*a*）。芯管位置必须摆正，并通过沿长度方向隔一定距离布置的井字形钢筋网格加以固定，以防混凝土浇捣过程中芯管产生挠曲或位移。

若屋架跨度超过 15m，应对称设置两根芯管，分别从两端抽出。中部用白铁套管连接，见图 13-2（*b*）。

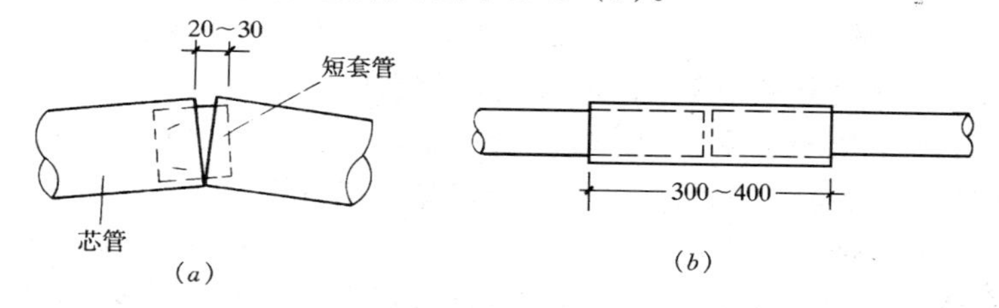

图 13-2 芯管连接

（*a*）芯管连接（起拱）；（*b*）套管连接

（4）侧模安装：侧模可采用木模板。应按要求留置灌浆孔及排气孔。灌浆孔直径不宜小于 25mm，其间距对金属螺旋管不宜大于 30m，对抽芯成型孔道不宜大于 12m。可在屋架下弦模板一侧用木塞留设灌浆孔。排气孔应高于灌浆孔，直径 8～10mm，在下弦模板一侧用短钢筋预留。

在混凝土浇筑后随即把木塞或短钢筋活动一下，看是否顶着孔道芯管。待抽出芯管后，再把木塞或短钢筋拔出，这样可保证灌浆孔和排气孔与孔道连接畅通。

屋架上弦铁件要求位置难确，与上弦表面相平。屋架两端的锚固铁板面与孔道中线应垂直并能保证浇筑时不被移动，以免张拉时螺丝端杆弯曲，不能拧紧螺帽，影响屋架的受力性能，或屋架难于安装。

（5）浇筑混凝土：方法与普通混凝土屋架相似。对弦杆厚度小于 350mm 时，可一次浇筑全厚度；对厚度大于 350mm 的超厚杆件或埋设两排以上预留孔道芯管时应分层浇筑，其上下层的前后距离宜在 3～4m 以内；屋架应一次浇筑完毕，不允许留施工缝。浇筑顺序宜采用由下弦中间节点开始向上弦中间节点会合的对称浇捣方法。这样可以使下弦混凝土凝结时间基本一致，有利于抽芯管。

(6) 抽芯管：在混凝土浇筑后每隔10～15min应将芯管转动一次，以免混凝土凝结硬化后芯管抽不动；转动时如出现裂纹，应立即用抹子搓动压平消除。

1）抽管时间：应在混凝土初凝后终凝前用手指轻捺表面而没有痕迹时开始抽芯管，主要与环境温度、水泥品种、是否掺外加剂和混凝土强度有关。过早会引起管壁坍落，过迟则会使混凝土与芯管粘住抽拔困难，要恰当掌握。在一般情况下，当环境温度＞30℃时，应在混凝土浇筑3h后抽芯管；30～20℃时，3～5h后抽管；20～10℃时，可在5～6h后抽管；当环境温度＜10℃时，应在浇筑混凝土8～12h以后抽管。

2）抽管顺序：应先上后下，可用手摇绞车或慢动电动卷扬机抽拔；如用人工抽拔，抽管时应边转边抽，速度均匀，保持平直，每组4～6人；应在抽管端设置可调整高度的转向滑轮架或设置一定数量的搁支马凳，使管道方向与抽拔方向同在一条直线上，保护管道口的完整。

抽管时如发生孔道壁混凝土坍落现象时，可待混凝土达到足够强度后，将其凿通，清除残渣，以不妨碍穿筋。

(7) 养护拆模：混凝土浇筑后即应进行覆盖保温养护，浇水次数以保持覆盖物（草包）湿润状态为准，直至强度增长至设计强度的100%。

侧模在混凝土强度（＞$12N/mm^2$）能保证构件不变形、棱角完整、无裂缝时方可拆除。

(8) 清理孔道：抽芯后应检查孔道有无堵塞，可用强光电筒照射，或用小口径胶（铁）管试穿。如果堵塞，应及时清理。清理孔道可采用清孔器将孔道拉通。清孔器与插入式振动器相似，但软轮较长，振动棒改为螺旋钻头。

(9) 穿筋、张拉：穿筋前可用铁丝将水泥纸袋或破布片缠绕在螺丝端杆上保护螺牙，方可穿入。预应力筋张拉或放张时，混凝土强度应符合设计要求；张拉程序采用 0→$1.05\sigma_{con}$（持荷2min）→σ_{con}；或 0→$1.03\sigma_{con}$。张拉前除应检查屋架几何尺寸、混凝土浇筑质量和强度、预应力钢筋的品种、规格、长度和有关焊接冷拉及机械性能报告等是否符合设计要求外，还应检查锚夹具的质量标准和外观质量，若有裂缝、变形或损伤情况应更换。表面油污和脏物应用汽油或煤油擦拭干净。张拉设备（油压千斤顶、高压油泵和油压表）应配套进行检验。

直线预应力钢筋长度小于或等于 30m 的屋架，可在一端张拉，但宜将张拉组数错开，左右两端各张拉 50%；长度超过 30m 的屋架，应采用两端同时张拉，张拉后宜先在一端锚固，在另一端补足张拉力后再进行锚固，以减少预应力损失。若逐根张拉钢筋时，应先张拉靠近重心处的预应力筋，并逐步地向外、对称地进行。平卧重叠浇筑的构件，张拉顺序及张拉力应按设计要求进行。

（10）孔道灌浆：预应力钢筋张拉后，孔道应尽快灌浆。灌浆材料一般使用纯水泥浆。灌浆前，应先将下部孔洞临时用木塞封堵，用压力水冲洗管道，直到最高的排气孔排出水为止。

灌浆时，灰浆泵工作压力保持在 0.5～0.6N/mm^2 为宜，压力过大易张裂孔壁，水泥浆应过筛，以免水泥夹有硬块而堵塞泵管或孔道。灌浆程序应是先下后上，以免上层孔道漏浆而堵塞下层孔道。待灌满时，水泥浆将从各个孔道口冒出。待冒出与灌浆稠度基本一致的浓浆时，即可再用木塞堵死，冒一个，堵一个；在灌满孔道并封闭排气孔后约几分钟拔出灌浆嘴，并用木塞堵死。端头锚具亦尽早用混凝土封闭。灰浆应留试块，除测定强度外，亦作为移动构件的参考。

灌浆工作应连续进行，不得中断，如因故障在 20min 后不能继续灌浆时，应用压力水将已灌部分全部冲洗出来，以后另行灌浆。

（11）屋架扶直就位：吊装屋架在孔道灌浆强度达到设计强度后即可翻身扶直就位并可直接吊装。

(二) 预应力T形吊车梁

1. 长台座先张法预应力T形吊车梁制作工艺（图13-3）

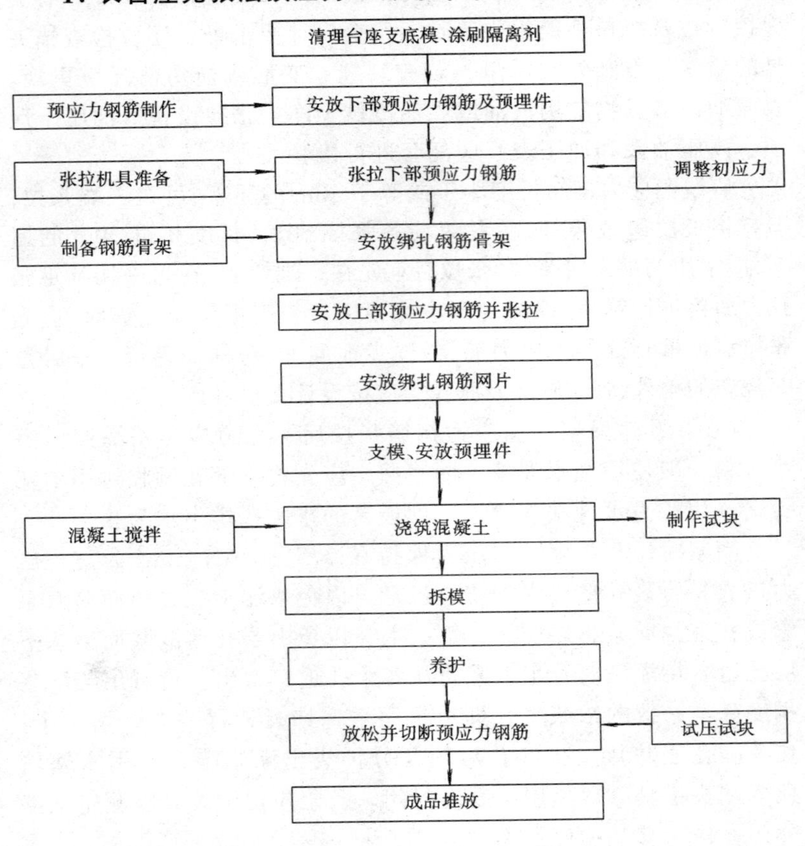

图13-3　先张法预应力T形吊车梁制作工艺流程图

2. 操作要点

(1) 施工准备：清理台座上地模的残渣瘤疤、刷隔离剂。地模一般采用砖胎模，表面用1:2水泥砂浆抹面找平。亦可以台面为底模，直接在台面上支侧模。

（2）安放下部预应力钢筋及预埋件：安放钢筋前应检查预应力钢筋的制作是否符合设计要求，预埋件规格数量是否正确。

（3）张拉下部预应力钢筋：应将张拉参数（张拉力、油压表值、伸长值等）标在牌上，供操作人员掌握，张拉前应校检张拉设备仪表，检查锚夹具。不合要求的不得使用。张拉后持荷2～3min待预应力值稳定后，方可锚定，张拉至90% σ_{con}时，可进行预埋件、钢箍的校正工作。

（4）绑扎安装钢筋骨架：下部预应力钢筋张拉锚固后，方可绑扎钢筋骨架，钢筋骨架的钢筋规格、数量及骨架的几何尺寸都应符合设计要求。骨架一般先预制绑扎后安装入模或模内绑扎。注意预垫好预应力钢筋的保护层。

（5）安放上部预应力钢筋并张拉：张拉锚固与下部预应力钢筋张拉相同。

（6）安放绑扎网片：按设计要求绑扎网片，应注意绑扎牢固，与骨架连接正确，以免影响支模。

（7）支侧模、安放预埋件：吊车梁一般采用立式支模生产方法。吊车梁宜优先选用钢制模板；如采用木模，模板与混凝土接触的表面宜包钉镀锌铁皮，以使构件表面光滑平整。端模采用拼装式钢板，以便在预应力钢筋放松前可以拆除；模板内侧应涂刷非油质类模板隔离剂。模板应有足够的刚度，要求不变形、不漏浆、装拆方便。用地坪台面作底板时，安装模板应避开伸缩缝；如必须跨压伸缩缝时，宜用薄钢板或油毡纸垫铺，以备放张时滑动。侧模支好后，预埋件可随之安装定位。铁件数量规格应检验合格，定位要牢固，位置应正确。

（8）浇筑混凝土：人工操作必须反铲下料；若用料斗下料，应注意铺料均匀，料斗下料高度应＜2m，下料速度不可过快，注意避免压弯吊车梁上部构造钢筋网片或骨架。

采用插入式振捣器分层振捣，每层厚度为300～350mm。吊车梁腹部应采用垂直振捣，对上部翼缘应采用斜向振捣。振捣时应避免碰撞钢筋和模板。振动以混凝土振出浆为度，每次插入时应将振捣棒插入下层混凝土50mm左右，以使上下层混凝土结合密实；吊车梁的振捣应从一端向另一端进行。应注意振实铁件下的混凝土，吊车梁上表面应用铁抹抹平。一次浇筑完成不留施工缝、并应将每一条长线台座上的构件在一个生产日内全部完成。浇筑完毕即应覆盖养护。

(9) 拆模：侧模在混凝土强度能保证棱角完整，构件不变形，无裂缝时方可拆除。浇筑混凝土后要静停1～2d方可拆除侧模和端模，拆模后应检查外表，对张大的应凿除，对漏浆蜂窝等缺陷应及时修补。

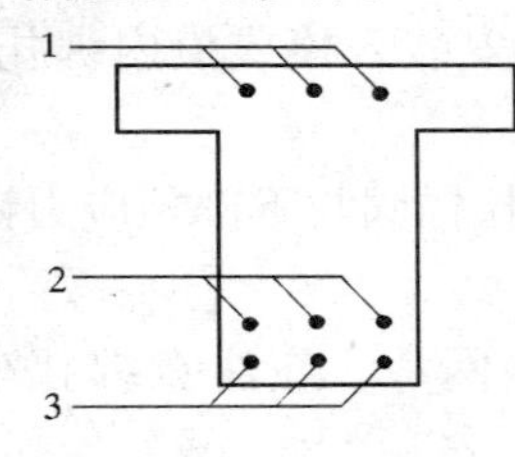

图13-4 多根预应力筋放张顺序图
1，2，3—放张顺序号

(10) 养护：对浇筑完的混凝土应在其初凝前覆盖保湿养护，直至放张吊运归堆，并在归堆后继续养护。养护的时间不应少于14d。

(11) 放松预应力钢筋：放张预应力筋时，混凝土应达到设计要求的强度。如设计无要求时，应不得低于设计混凝土强度的75%。预应力筋放张可用乙炔割断预应力钢筋。先将钢筋加热至预缩松弛，放松预应力然后割断。应注意避免烧坏构件端部混凝土和预埋件。放张顺序为先放张预压力较小区域的预应力筋，再放张预压力较大区域的预应力筋，见图13-4。

(12) 成品堆放：脱模时先用撬棍轻轻拨撬，使吊车梁与底模分离脱模，然后用带有横担的无水平分力的吊具起吊堆放。每堆不宜超过二层。

(三) 鱼腹式吊车梁

预应力鱼腹式吊车梁一般采用后张自锚工艺张拉预应力钢筋。

1. 制作工艺

后张自锚法卧式生产预应力鱼腹式吊车梁的工艺流程见图

13-5。

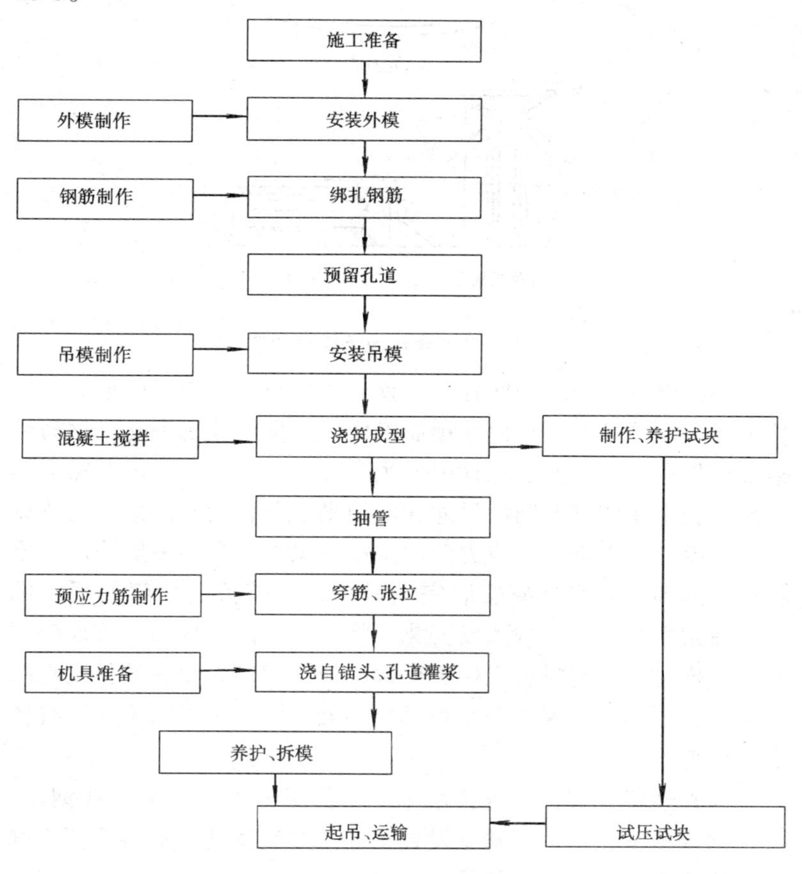

图 13-5　后张自锚法卧式生产预应力鱼腹式吊车梁工艺流程图

2. 操作要点

（1）施工准备：鱼腹式吊车梁的预制一般采用卧式浇筑，也可采用立式浇筑（图 13-6）。卧式生产采用砖胎模（砖胎模制作要求与预应力屋架同）。

（2）安装外模：外模可用木模，要求支撑牢固，拼接严密，几何尺寸正确无误。

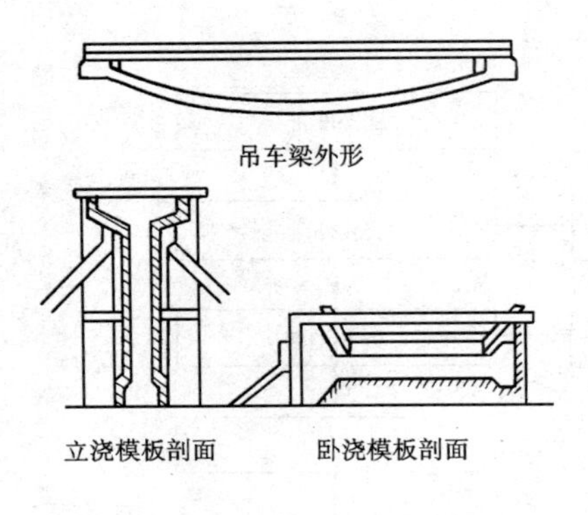

图 13-6 鱼腹式吊车梁模板图

（3）绑扎、安装钢筋骨架：预应力鱼腹式吊车梁的钢筋骨架外形复杂，并且主要是由细钢筋组成，如采用预制绑扎，钢筋骨架很容易在运输、安装过程中发生变形、损坏；并且吊车梁下部圆弧形状主要依靠箍筋的尺寸和间距来控制，稍不注意就会造成下部弧度形状不准。预应力鱼腹式吊车梁钢筋骨架一般采用平放状态模内绑扎。当外模安装完毕后，先在模板上按箍筋间距画线，在梁中间分开，按弧度变化，将箍筋向两边排列，按线将箍筋放入模内，并同时穿入模板底部的架立钢筋，使箍筋呈直立状并绑扎，再穿入上翼缘和腹板部分的架立钢筋，安入网片，整体绑扎成型。

（4）预留孔道：鱼腹式吊车梁上翼缘配置预应力直线钢筋，可用钢管预留孔道；下翼缘设置预应力曲线钢筋，通常采用充气胶管抽芯法形成预留曲线孔道。一般宜选用 5～7 层夹布，直径 54mm 的胶管，由于胶管在浇捣过程中极易变形，应在吊车架下翼缘断面上根据孔道的数量和分布情况，配制相应形状的点焊钢筋井架，每隔 50cm 设一钢筋井架，将胶皮管固定住。施工前应先对胶皮管进行充气（或充水）试压，检查管壁以及两端封闭接头是否渗漏；采用后张自锚工艺时，除有一般的预留孔道、灌浆孔外，还要在预留孔道端头留设锥形孔和灌注孔。见图 13-7。

（5）安装吊模：卧式生产工艺中的上部吊模可用木模制作安

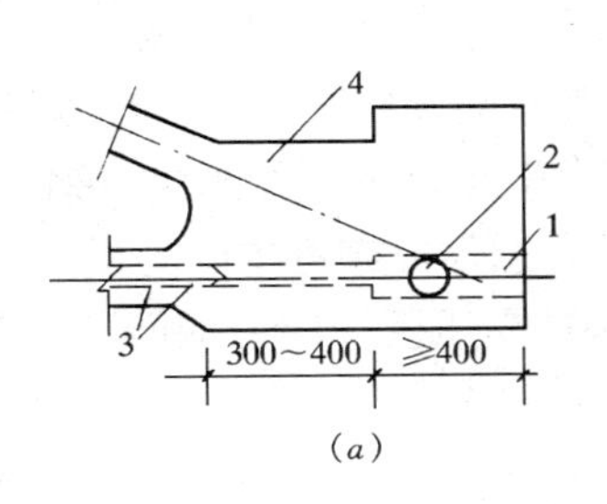

（a）

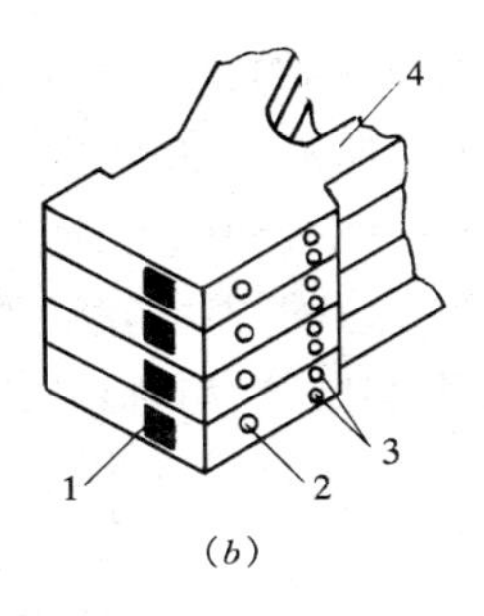

（b）

图 13-7　后张自锚留孔位置图

（a）平卧制作；（b）平卧重叠制作

1—锥形孔；2—灌注孔；3—灌浆孔或排气孔；4—屋架

装，除要求吊模几何尺寸正确无误，拼接严密，表面光滑外，更应注意整个吊模应定位准确，牢固可靠，以使吊车梁截面两边对称于中线。

（6）浇捣混凝土：首先应检验钢筋、模板、铁件、孔道是否符合设计要求并作好隐蔽记录同时给胶管充气，压力宜在 0.7～0.8N/mm^2。可使胶管直径增大 3mm 左右，以利抽管，卧式浇筑宜分层进行，每层厚度 200mm 左右，插入式振捣器振捣，从梁腹部最低处开始向两边浇筑混凝土；对梁下翼缘胶管密集处和钢筋密集处、梁腹部必须仔细捣实。梁端孔道口预埋铁板，必须与孔道垂直，以减少锚具变形的应力损失；浇捣过程中，应注意防止胶管移位，或由于充气压力变化而引起管径胀缩，混凝土浇筑完毕即应覆盖养护。

（7）抽管：待构件浇捣完毕，混凝土初凝后终凝前即可放掉压缩空气。这时管径缩小，自行与混凝土脱离，抽出胶管即形成孔道。放气抽管时间，一般在混凝土浇筑后 4h 左右，气温较低时可稍长些。抽管后应加强养护，当混凝土强度达到设计要求时，即可穿筋张拉。

（8）穿筋张拉：穿入钢筋应注意保护螺栓端杆，可缠水泥纸袋或破布片保护螺牙。若穿入钢丝束（钢绞线，钢筋束）时应将钢丝顺序编号，用穿束器套上，将穿束器的引线先行穿过孔道；一人在另一端拉动，两端的钢丝束应保持垂直于端面，直至两端露出张拉锚固操作工艺所需长度为止。自锚法张拉的预应力钢筋，应支承在承力横梁上。曲线预应力钢筋和长度大于24m的直线预应力钢筋，应采用两端张拉的方法；逐根张拉时，应先张拉靠近重心处的预应力钢筋，并逐步向外、对称地进行；先张拉受压区预应力钢筋。鱼腹式吊车梁后张法多根钢筋张拉顺序见图13-8。

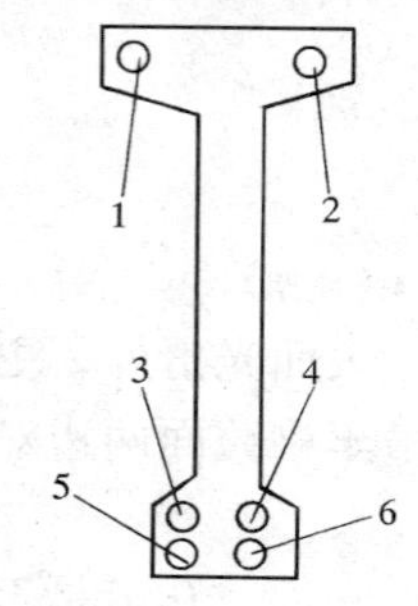

图13-8　鱼腹式吊车梁后张法多根钢筋张拉顺序
（图中数据为钢筋张拉顺序）

（9）浇筑自锚头、孔道灌浆：预应力钢筋张拉后，临时固定于承力架上，即可浇灌混凝土锥形自锚头。自锚头体积虽小，但受力很大，直接关系到构件质量，故要求密实、早强，收缩性小；浇灌前应先清洗，润湿锥形孔，以保证锚头混凝土与锥形孔有良好的粘结。自锚头一般采用C40细石混凝土，坍落度宜为30～70mm，浇筑自锚头混凝土是通过梁端预留的浇筑孔进行，可用带刀片的振捣棒或35型高频插入式振捣器进行捣实（图13-9）。当排气孔向外排浆时，表明自锚头已浇满。浇筑前宜用8号铁丝或ϕ6～8的橡胶棒插入锥形孔中，待混凝土初凝后拔出，以形成灌浆用的排气孔。

自锚头浇好后应加强养护，以减少混凝土收缩变形，提高早期强度，待自锚头混凝土终凝后就可以进行孔道灌浆。灌浆由梁跨中最低处压入。

当自锚混凝土强度达C30，水泥浆强度达10N/mm^2（或吊车梁混凝土达到设计要求强度时）即可放松预应力钢筋，放张时

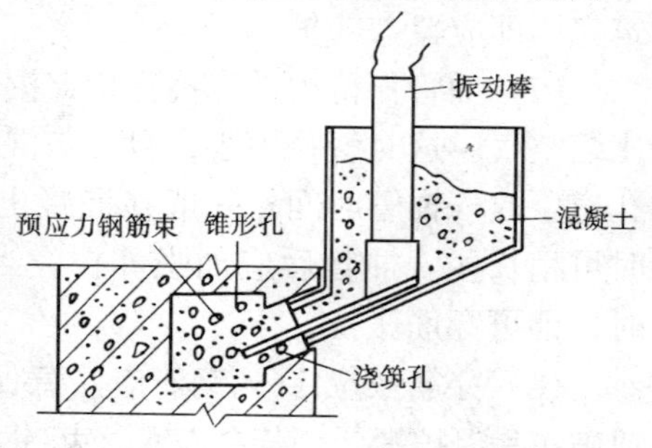

图13-9　自锚头浇筑混凝土

用气焊逐根割断钢筋。割断的钢筋应用水泥砂浆或细石混凝土加以封固，以保护外露的钢筋。

（10）养护、拆模：浇筑混凝土后静停1～2d，即可拆除模板并覆盖草袋或塑料薄膜，浇水保润养护不少于14d。

（11）起吊运输：当吊车梁自锚混凝土强度达到设计强度要求后，即可进行起吊运输安装。起吊时应先使吊车梁与砖胎模分离，可用小撬棍轻拔松动，后用带有横担、无水平分力的吊具起吊运输堆放或直接安装。

（四）预应力圆孔板的浇筑

预应力圆孔板常用的生产工艺有长线台座法、机组法、平模流水传送法等。长线台座法又有挤压成型工艺和拉模成型工艺。生产中应用最多的是长线台座法。

1. 生产工艺

挤压成型工艺是利用生产成型的旋转绞刀（绞龙）挤压混凝土，由振动器振动，依靠混凝土对绞刀的反作用力将挤压机推向前方进行生产。

圆孔板挤压成型机的构造分为两类，一类是用外部振动器振动成型；另一类是外部振动器加绞刀内部振动成型（图13-10）。

拉模工艺的特点是将模具组装成一个整体，利用卷扬机钢丝绳在模型滑轮上的各种绕法，使模型与混凝土之间产生作用力与反作用力、滚动摩擦与滑动摩擦之间的作用力，使外套架与内模、芯模在不同情况下移动，完成各个工序。圆孔板拉模成型机的构造，依移动方式不同可分为牵引式和自行式两种；依振动方式不同可分为内振和外振两种。预应力圆孔板的生产工艺流程见图13-11。

2. 操作要点

采用长线法生产预应力圆孔板，预制场地须配备龙门吊或塔吊等起重设备，以便运送混凝土熟料、构件脱模、堆放、装车外运和模具转移等。在施工生产中应注意下列问题：

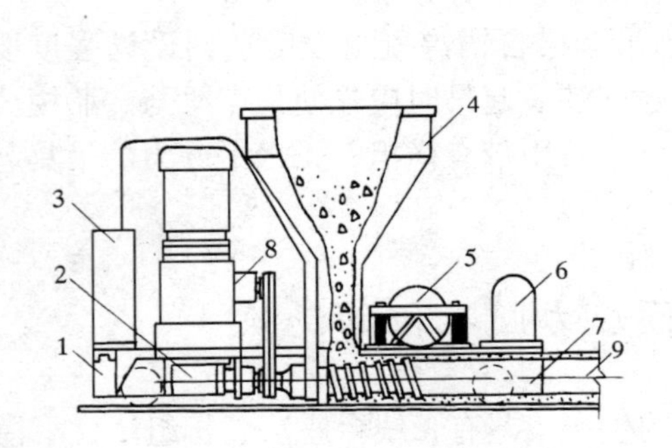

图 13-10　混凝土圆孔板挤压成型机

1—自行式刀架；2—绞刀内部振动器；3—开关柜；4—料斗；5—外部振动器；6—压重；7—绞刀；8—绞刀传动装置；9—圆孔

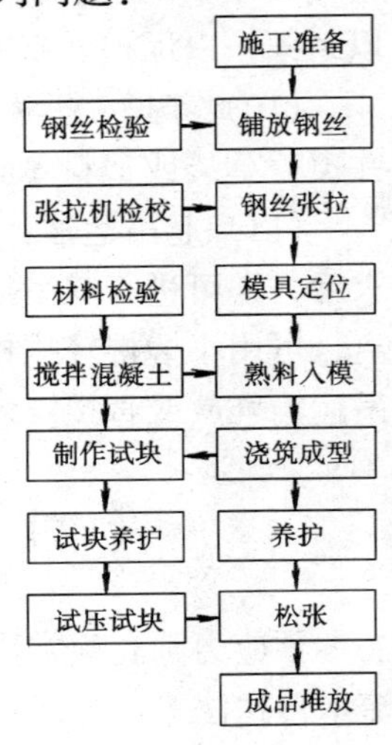

图 13-11　预应力圆孔板生产工艺流程图

(1) 台面清理：台面应平坦、光滑无裂纹，宜优先选用预应力混凝土台面。混凝土残渣应铲除清扫干净。如采用挤压成型工艺，台面应比地面稍高，两边预埋角钢作为挤压成型机行走的轨道。台面宽度及高度按挤压成型机型号确定。

(2) 刷隔离剂：隔离剂宜预先涂刷，涂刷应均匀；若有漏刷或不均匀处应补刷，待干透后铺筋，避免污染钢筋。

(3) 穿铺预应力钢丝：穿铺前应检查台座上钢丝张拉定位板上的钻孔位置与孔径大小是否与图纸相符，孔眼与台面的距离是否能保证混凝土保护层厚度。钢丝中心位置的偏差应小于 5mm。

穿铺钢丝应在隔离剂干燥后进行。将成捆的钢丝盘放在放线架上，用机动或电动铺丝车或人工牵引钢丝，钢丝应对准两端台座孔眼，按顺序进行，不得交错。钢丝在固定端应用夹具固定在定位板上，张拉端用夹具夹紧，待张拉后再锚紧。

在铺丝过程中，为节约钢材，可采用两根钢丝互相搭接的方法来搭接短钢材。钢丝接长时不得用打结接头，应用20～22号铁丝密排绑扎，绑扎长度不得小于40d（d—钢丝的直径）。

（4）钢丝张拉：可采用DL-1型电动螺杆张拉机张拉单根预应力钢丝，该机操作简便、安全可靠、效率高。

DL-1型电动螺杆张拉机由电动机、减速箱、螺杆、螺母、弹簧测力计、钢丝钳、支撑杆、手柄、配电箱等几部分组成（图13-12）。

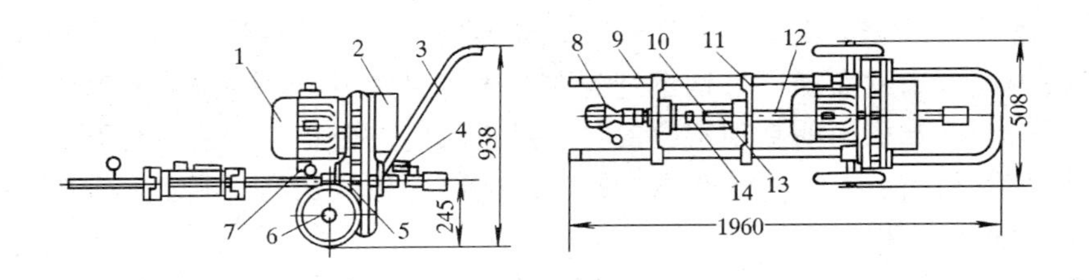

图13-12　DL-1型电动螺杆张拉机

1—电动机；2—配电箱；3—手柄；4—前限位开关；5—减速箱；6—胶轮；7—后限位开关；8—钢丝钳；9—支撑杆；10—弹簧测力器；11—活动架；12—梯形螺杆；13—计量标尺；14—微动开关

张拉钢丝时，将张拉机撑杆顶在定位板前，钢丝钳对准待张拉钢丝，松开钢丝钳，将钢丝平置于钳中夹紧，开动电动机向前牵引张拉钢丝，当达到规定的张拉力时，微动行程开关被弹簧上的顶针触动断电，电动机停止运转，张拉结束。

钢丝张拉后应立即锚固，将圆锥锚具套筒及锥销用轻锤击紧。然后开动电动机向后放松钢丝，边松边用锤子重击锥销锚固钢丝，直至钢丝锚紧不再滑移（滑移值≤5mm），松开钢丝钳取出钢丝，移动张拉机张拉下一根钢筋。

钢丝张拉后，应抽查其应力值是否符合规定值，过高过低均应进行调整。通常用内力测定仪来测定实际张拉应力值。

（5）模具定位：挤压机在预应力钢丝张拉后就位，就位时注意行模（侧模）应与台面两侧角钢相吻合，滚轮放置在角钢上；

预应力钢丝应对正挤压机上的挂筋器，在挤压行进中应注意检查有无偏移；送料装置应保证新拌混凝土能不断地装入料斗。

拉模定位通常用吊车将拉模吊至钢丝排上（钢丝张拉完毕），将拉模固定定位板钢丝槽对准钢丝排，轻落拉模于台面上，检查钢丝是否在拉模钢丝槽内，不在时可用小撬棍轻拨钢丝入槽，并将40～50扁钢挑丝板安入拉模的内模前端横梁挑丝板座内挑起钢丝，且在拉模后端钢丝排上垫入1根ϕ14通长钢筋，使拉模前后垫起钢丝。以保证钢丝的保护层厚度；将台座前端卷扬机对准拉模外套架横梁中部耳环，开动卷扬机，将拉模外套架拉出与内模分离（卷扬机带钩钢绳钩住外套架横梁中部耳环）；外套架带动前端板向前至预定位置时，停止向前，由定位卡或限位开关控制；前后端板间的距离即拟生产的圆孔板的长度；洒水润湿模具即可浇捣混凝土。

（6）混凝土的制备：挤压和拉模成型用混凝土，宜选用普通硅酸盐水泥配制，水灰比不宜大于0.4，混凝土应为干硬性混凝土，粗骨料粒径应不大于圆孔板竖肋厚度的2/3，通常采用5～15mm粒级，不应大于20mm，但采用拉模成型工艺时，其粗骨料粒径应控制在15mm以内，避免楔塞芯模抽芯。

（7）浇筑成型：挤压成型时下料要均匀，确保不出现空档。挤压成型机行走速度控制在1.5m/min以内，行走过快将影响混凝土的密实度，可通过增减机架后面的配重以调节行走速度。当混凝土全部充满芯管的间隙时，挤压机即开始向前移动，其后方就形成了空心板带。

拉模成型时宜用料斗下料，下料高度小于800mm，可配合吊车行走边走边开料斗门下料，以使混凝土熟料均匀装填模板；振捣时应先开动拉模内振芯管振动，边振边检查平板面，对缺浆部位应补料捣实，不得任意洒水。当混凝土熟料不再沉陷、表面出现水泥浆层时，表明混凝土已充分振实，可停止内振，用平板振捣器复振表面，以振实表面混凝土。振捣时，不允许将振动器支撑在构件的钢丝上。振捣完毕即可拆除后端板，拉内模及芯管与构件分离，在拉内模前应开动拉模摇管机构的摇管，以减小芯管表面与构件内孔壁的附着力，避免拉内模芯管时将构件拉裂。

成型的圆孔板应检查几何尺寸，若有偏差应及时修整并用长2m、宽150mm的木板拍平板面，薄洒一层干水泥砂子，用湿毛刷将板面刷平，以填平板面细小毛孔，使板面平整。在混凝土初凝后24h内禁止人、车踩压圆孔板及外露钢丝，以免损伤圆孔板外观及影响混凝土与钢丝的粘结。

（8）养护：常温下，宜采用薄膜或喷膜保湿养护。用覆盖物养护应淋水保湿。温度高于25℃时，应在成型后立即覆盖；温度低于5℃时不得浇水。当混凝土强度达到设计强度75%以上时方可停止浇水养护。

（9）切割、放张：挤压成型法生产的圆孔板，可用切割机切割放张；若无切割机，可在混凝土成型后用高压水或压缩空气将混凝土切成宽度不大于20mm的断缝，待混凝土强度达到设计强度的75%后方可断筋放张。

拉模成型法生产的圆孔板，当混凝土强度达到设计强度75%以上时，可用专用剪丝钳剪断钢丝。先从长线台面中间开始断丝松张，然后分向两端进行，对称均匀地逐根剪断，不得扭断。

（10）成品堆放：圆孔板松张后应及时吊运归堆，以便清理台面进入下一轮生产循环。

吊运堆放时要注意绑扎点和支点；垫木应等厚，上下层支点应在一条直线上不得错位，支点距板端长度不得超过150mm，每垛不超过8层；吊板时，应用钢丝绳套住板底起吊，板端悬出长度亦不得超过150mm，吊转及堆放时不能颠倒板面，不能倒立堆放，避免碰撞。堆场应平整夯实以防不均匀沉降，造成圆孔板扭曲、倒塌、断裂。堆场应有排水设施。板垛堆放搁置支点应与上部垫块支点对齐，搁置支点距板端距离同样不得超过150mm。

（五）预应力构件的质量标准和生产中易出现的质量安全问题

1. 质量标准

（1）主控项目

1）预应力筋用锚具、夹具和连接器应按设计要求采用，其性能应符合现行国家标准《预应力筋用锚具、夹具和连接器》的规定。

2）预应力筋安装时，其品种、级别、规格、数量必须符合设计要求。

3）预应力筋的张拉力、张拉或放张顺序及张拉工艺应符合设计及施工技术方案的要求。

4）当采用应力控制方法张拉时，应校核预应力筋的伸长值。实际伸长值与设计计算理论伸长值的相对允许偏差为±6%。

5）预应力筋张拉锚固后实际建立的预应力值与工程设计规定检验值的相对允许偏差为±5%。

6）张拉过程中应避免预应力筋断裂或滑脱，当发生断裂或滑脱时，断裂或滑脱的数量严禁超过同一截面预应力筋总根数的3%。

7）后张法有粘结预应力筋张拉后应尽早进行孔道灌浆，孔道内水泥浆应饱满、密实。

8）锚具的封闭保护应符合设计要求；当设计无具体要求时，应采取防止锚具腐蚀和遭受机械损伤的有效措施；凸出式锚固端锚具的保护层厚度不应小于50mm；外露预应力筋的保护层厚度：处于正常环境时，不应小于20mm；处于易受腐蚀的环境时，不应小于50mm。

9）构件成型后应在明显部位标明厂名以及构件型号、生产日期和质量验收标志。

（2）一般项目

1）预应力筋用锚具、夹具和连接器使用前应进行外观检查，其表面应无污物、锈蚀、机械损伤和裂纹。

2）后张法有粘结预应力筋预留孔道的规格、数量、位置和形状除应符合设计要求外，预留孔道的定位应牢固，浇筑混凝土时不应出现移位和变形；孔道应平顺，端部的预埋锚垫板应垂直于孔道中心线。

3）浇筑混凝土前穿入孔道的后张法预应力筋，宜采取防止锈蚀的措施。

4）锚固阶段张拉端预应力筋的内缩量应符合设计要求；当设计无具体要求时，应符合表13-1的规定。

张拉端预应力筋的内缩量限值　　表13-1

锚具类别		内缩量限值（mm）
支承式锚具（镦头锚具等）	螺帽缝隙	1
	每块后加垫板的缝隙	1
锥塞式锚具		5
夹片式锚具	有顶压	5
	无顶压	6～8

5）构件制作要求表面平整，几何尺寸准确无误，铁件平正定位准确，不应有蜂窝、孔洞、露筋、裂缝等质量缺陷；不应有缺棱掉角、麻面、飞边等质量缺陷。

6）尺寸允许偏差为：长度+15mm，－10mm；宽度±5mm；厚度±5mm；侧向弯曲＜$L/1000$且≤20mm；预埋件中心位置＜10mm；预留孔中心线≤5mm；预留洞中心线≤15mm；主筋保护层厚+10mm，－5mm。

2．易出现的质量问题

（1）麻面：由于浇筑前没有在模板上洒水湿润，或湿润不足，混凝土水分被模板吸去；或模板拼缝漏浆，构件表面浆少。故浇筑前应充分浇水湿润，并检查模板拼缝，对可能漏浆的缝，设法封嵌。

（2）蜂窝：原因是浇灌时正铲投料，人为地造成离析；或浇灌时没有采用带浆法下料或赶浆法捣固。防治方法是严格实行反铲投料；并严格执行带浆法下料和赶浆法捣固。

（3）露筋、孔洞：主要因为钢筋较密集，粗骨料被卡在钢筋上，加上振捣不足或漏振。因此搅拌站要按配合比规定的规格、数量使用粗骨料，节点钢筋密集处应用带刀片的振捣器仔细振实，必要时辅以人工钢钎插捣。

（4）张拉时出现裂缝：张拉不对称或先张拉截面边缘的钢筋，使构件截面呈过大的偏心受压状态。从而出现裂缝。要求对称张拉或先张拉靠近截面重心处的预应力钢筋，再张拉距截面重心较远处的预应力筋。

（5）充气胶管抽芯困难：抽芯困难是由于振捣中胶管移位；或充气压力变化引起管径胀缩；或放气时间过晚。所以在绑扎钢筋骨架时应每隔 50cm 设一钢筋井架固定胶管；在浇筑后约 4h 左右（混凝土初凝后终凝前）放掉压缩空气。

（6）预制板底露筋有孔洞：由于内振芯管发生故障，芯管振动效果不佳：石子粒径过大，卡在芯管之间造成露筋和孔洞缺陷。因此，振捣过程中应注意观察芯管的振动是否正常，发现故障应及时更换；石子粒径不应大于 20mm，大于 20mm 的石子应筛选处理。

（7）坍孔、拉裂、露筋：由于台面高低不平而使拉模移动不平；或混凝土水灰比过大；或芯管变形等问题是造成构件坍孔、拉裂、露筋的主要原因。故要求台面平整；合理设计配合比，混凝土稠度宜选择工作度在 30～40mm。同时应严格控制混凝土的搅拌质量和时间。拉模制作要求芯管直，前后端板孔同心。

（8）圆孔板横向裂缝：主要原因是圆孔板成型时横跨于台面伸缩缝或开裂的台面上，因台面温度升降而使构件产生裂缝，故构件成型时应避开生产台面的伸缩缝和开裂地段。当不能避开时应在台面上铺油毡或薄铁皮，铺垫宽度不宜小于 1m。

3. 应注意的安全事项

（1）预应力钢丝张拉前应检查锚、夹具，有裂纹和破损的不得使用。

（2）张拉或锚固钢丝时，操作人员应站在张拉机侧面，以防锚、夹具滑脱、破碎及断丝伤人。操作区内严禁人员通行或逗留。

（3）拉模牵引挂钩、料斗吊钩、钢丝绳应定期检查，不合格的应及时更换。

（4）拉模及振动器的电线应避免拉压刮伤表面以防漏电伤人。所用的用电设备除应有接地线外，还应有漏电保护装置，以保安全。

（5）龙门吊、电动葫芦刹车应定期检校调试，确保安全；电动葫芦不得超载吊物；吊物下严禁站人。

（6）灌浆人员应穿戴防护用品，以防水泥浆射出伤人。

（7）连接预应力筋的拉头套入千斤顶碗中时，应扭转 90°，以免因拉头双耳挂入碗套过少滑脱，造成严重安全事故。

复　习　题

1. 什么是后张法？什么是先张法？其工艺流程是怎样的？
2. 预留孔道的方法有哪几种？应注意哪些问题？
3. 后张法工艺张拉预应力筋的原则是什么？
4. 后张法预应力混凝土为什么应尽快进行孔道灌浆？
5. 预应力屋架下弦出现侧向弯曲的原因是什么？如何预防？
6. 采用先张法工艺在张拉前应进行哪些准备工作？
7. 鱼腹式吊车架的浇捣顺序及注意事项有哪些？
8. 怎样按顺序进行预应力钢筋的放张？
9. 先张法预应力混凝土为什么需要达到一定强度后才能放松钢筋？
10. 什么是后张自锚工艺？
11. 预应力圆孔板生产的工艺顺序如何？
12. 预应力空心板浇筑成型时的操作要点是什么？

十四、轻质混凝土和泡沫混凝土的施工

（一）轻质混凝土和泡沫混凝土的组成材料

轻质混凝土按其成分，分为轻骨料混凝土、多孔混凝土（如加气混凝土、泡沫混凝土）和大孔混凝土（如无砂大孔混凝土、少砂大孔混凝土）三种类型，这里介绍轻骨料混凝土和泡沫混凝土的施工过程。

1. 轻骨料混凝土的组成材料

轻骨料混凝土是用轻粗骨料、轻细骨料（或普通砂）、水泥和水配制而成的混凝土，其表观密实不大于 1900kg/m^3 的建筑材料，用于建筑工程中有利于抗震并能改善保温和隔音性能。适用于制作一般墙、板承重构件和预应力钢筋混凝土构件，特别适用于高层及大跨结构建筑。

轻骨料混凝土依据其细骨料的不同，可分为全轻骨料（用轻砂）和砂轻骨料（普通砂）混凝土。依据粗骨料品种的不同，又分为陶粒混凝土、粉煤灰陶粒混凝土、页岩陶粒混凝土、膨胀珍珠岩混凝土等。

（1）水泥：一般采用硅酸盐水泥、普通水泥、矿渣水泥、火山灰水泥及粉煤灰水泥。必要时也可采用其他品种的水泥。

（2）轻骨料：粒径在 5mm 以上，堆积密度小于 1000kg/m^3。常用有膨胀珍珠岩、页岩陶粒、粘土陶粒等。

（3）轻细骨料：粒径不大于 5mm、密度小于 1000kg/m^3。常用粉煤灰陶砂、页岩陶砂、粘土陶砂等。

（4）砂：适宜浇筑混凝土用的普通砂。

（5）水：轻骨料混凝土用的水与普通混凝土用的水要求相同。

2. 轻骨料混凝土的技术性能

轻骨料混凝土的性能主要用抗压强度和表观密度两大指标衡量，如表观密度小而强度高，说明这种轻骨料混凝土性能优良。我国目前采用的结构用轻骨料混凝土表观密度为 1700～1900kg/m^3，抗压强度为 30MPa 左右，最高可达 50MPa。

（1）轻骨料混凝土拌和物的工作性：轻骨料混凝土拌和物的工作性在概念及坍落度的测定方法上同普通混疑土一样。影响工作性的主要因素除与普通混凝土相同外，由于轻骨料的吸水率大，拌制时不但应先用水润湿，而且要用水预先饱和。拌制后由于轻骨料继续吸水，将导致拌和物的工作性迅速改变。因此，应严格控制坍落度的测定时间，一般在 15～30min 内须测定完。

（2）轻骨料混凝土的强度：轻骨料混凝土的强度是混凝土的最基本的受力特性。其抗压强度是以混凝土拌和物，依标准方法制作边长为 15cm×15cm×15cm 的立方体试件，在标准条件（温度 20±3℃，相对湿度大于 90%）下养护 28d 后测得的平均抗压强度。

轻骨料混凝土按 28d 抗压强度可划分为：CL5.0、CL7.5、CL10、CL15、CL20、CL25、CL30、CL35、CL40、CL45 和 CL50 等。

轻骨料混凝土的强度与水灰比、用水量、骨料品种、施工方法等因素有关。另外还与骨料本身的强度有关。

轻骨料混凝土按用途分为三类，其相应的强度等级和表观密度等级范围见表 14-1。

各种强度等级轻骨料混凝土的强度等级标准值按表 14-2 采用。

（3）密度：按干密度分为若干等级，见表 14-3

（4）弹性模量：可用公式计算，也可按表 14-4 选用。

（5）抗冻性：其抗冻等级应满足表 14-5 的要求。

轻骨料混凝土按用途的分类　　表 14-1

类别	名　称	混凝土强度等级的合理范围（MPa）	混凝土表观密度等级的合理范围（kg/m^3）	用　途
1	保温轻骨料混凝土	CL5.0	＜800	主要用于保温的围护结构或热工结构物
2	结构保温轻骨料混凝土	CL5.0 CL7.5 CL10 CL15	＜1400	主要用于不配筋或配筋的围护结构
3	结构轻骨料混凝土	CL15 CL20 CL25 CL30 CL35 CL40 CL45 CL50	＜1900	主要用于承重的配件，预应力构件或构筑物

轻骨料混凝土的强度标准值（MPa）　　表 14-2

强度种类		轴心抗压	弯曲抗压	轴心抗拉	抗　剪
符号		f_{CK}	f_{CmK}	f_{tK}	f_{rK}
混凝土强度等级	CL5.0	3.4	3.7	0.55	0.68
	CL7.5	5.0	5.5	0.75	0.88
	CL10	6.7	7.5	0.9	1.08
	CL15	10.0	11.0	1.2	1.47
	CL20	13.5	15.0	1.5	1.82
	CL25	17.0	18.0	1.75	2.14
	CL30	20.0	22.0	2.0	2.44
	CL35	23.5	26.0	2.25	2.74
	CL40	27.0	29.0	2.45	2.83
	CL45	29.5	32.5	2.6	3.06
	CL50	32.0	35.0	2.75	3.31

注：1. 自然煤矸石混凝土轴心抗拉强度标准值应按表中值乘以系数 0.85，对浮石或火山渣混凝土应按表中值乘以乘数 0.80；

2. 表中抗剪强度系按有关试验方法测定。

轻骨料混凝土的密度等级　　表 14-3

密度等级	干表观密度的变化范围 (kg/m³)	密度等级	干表观密度的变化范围 (kg/m³)
800	760～850	1400	1360～1450
900	860～950	1500	1460～1550
1000	960～1050	1600	1560～1650
1100	1060～1150	1700	1660～1750
1200	1160～1250	1800	1760～1850
1300	1260～1350	1900	1860～1950

轻骨料混凝土的弹性模量 E_c（$\times 10^2$MPa）　　表 14-4

强度等级	密度等级											
	800	900	1000	1100	1200	1300	1400	1500	1600	1700	1800	1900
CL5.0	34	38	42	46	50	54	58	62	—	—	—	—
CL7.5	42	47	52	57	62	67	72	77	82	—	—	—
CL10	—	—	60	66	72	78	84	90	96	102	130	—
CL15	—	—	—	—	88	95	102	109	116	123	151	—
CL20	—	—	—	—	—	—	119	127	135	143	169	159
CL25	—	—	—	—	—	—	—	142	151	160	180	178
CL30	—	—	—	—	—	—	—	—	165	175	195	190
CL35	—	—	—	—	—	—	—	—	—	185	190	200
CL40	—	—	—	—	—	—	—	—	—	180	200	205
CL45	—	—	—	—	—	—	—	—	—	—	205	210
CL50	—	—	—	—	—	—	—	—	—	—	—	215

注：用膨胀矿渣或自然煤矸石作粗骨料的混凝土，其弹性模量值可比表中值提高20%。

不同使用条件的抗冻性要求　　表 14-5

使用条件	抗冻标号
1．非采暖地区	D15
2．采暖地区	
干燥或相对湿度≤60%	D25
潮湿或相对湿度＞60%	D35
水位变化的部位	D50

注：非采暖地区是指最冷月份的平均气温高于－5℃的地区；采暖地区指最冷月份的平均气温低于－5℃的地区。

3. 泡沫混凝土的组成材料

泡沫混凝土是在水泥浆中掺入预先以机械方法搅成的泡沫，再经混拌、浇筑成型，养护硬结的一种多孔材料。其中气孔率可达85%，抗压强度一般为0.4～0.7N/mm^2，导热系数为0.15～0.21W/(m·K)，质量密度为400～600kg/m^3，常用于屋面保温层。

(1) 水泥：硅酸盐水泥、普通水泥、矿渣水泥或火山灰水泥，标号不低于325号；

(2) 胶：皮胶或骨胶，要求透明，不含杂质，无坏臭味，用时需测定其比粘度及含水率；

(3) 松香：要求洁净透明，颜色较浅，干燥状态时无粘性，用时需测定其皂化系数，软化点不低于65℃。

(4) 碱：工业氢氧化钠或氢氧化钾，纯度在85%以上，用时需测定其纯度。

(二) 轻骨料混凝土和泡沫混凝土的施工工艺过程

1. 轻骨料混凝土的施工工艺过程

轻骨料混凝土的施工工艺与普通混凝土基本相同，但因轻骨料本身多孔、表面粗糙、吸水率较大，因此其施工要求与普通混凝土又有所不同。

(1) 轻骨料的堆放：轻骨料由于粒级和含水率不同，其质量密度差别较大，为便于使用，轻粗骨料应按粒级分别堆放。露天堆放时，料堆高度一般不宜大于2m，以防大小颗粒离析。若与普通骨料联合使用，应注意使轻重骨料分别堆放、严防混杂，以保证配料准确。

(2) 骨料的称量：由于轻粗骨料的粒级及含水率的变化，对其质量密度的影响较大。因此，宜采用体积用量，以免其制成量变化太大。在我国，大多数采用重量计量，即采用磅秤或其他计量装置计量。按重量计量时，各组成材料的允许偏差为：粗细骨料 3%，水泥、水、外加剂为 2%。

（3）轻骨料混凝土的搅拌：全轻混凝土宜采用强制式搅拌机搅拌，砂轻混凝土可用自落式搅拌机搅拌，但搅拌时间应按表 9-1 规定的最短搅拌时间延长 60～90s。采用强制式搅拌机搅拌的投料顺序是：先加粗细骨料和水泥搅拌 60s，再加水继续搅拌；采用自落式搅拌机的投料顺序是：先在搅拌筒内加 1/2 的用水量，然后加粗细骨料和水泥，均匀搅拌 60s，再加剩余用水量继续搅拌。采用自落式搅拌机搅拌时，要防止水泥砂浆粘贴筒壁，解决这个问题最简单的办法是：将所设计的轻骨料拌和物事先投入搅拌机搅拌，搅拌时间延长一倍以上，使部分砂浆粘贴在搅拌筒上，然后将其余拌和物卸出，随后则可进行正常的搅拌。

（4）轻骨料混凝土的运输：由于轻骨料重度较轻，有上浮的趋势，所以轻骨料混凝土在运输中较普通混凝土易于离析，特别是骨料间颗粒质量密度差别较大时，更容易产生离析。轻骨料混凝土从搅拌机卸出至浇筑的时间，一般不超过 45min，如运输中停放时间过长，导致拌和物和易性损失时，宜在浇筑前采用人工二次搅拌。

（5）轻骨料混凝土的浇筑：由于轻粗骨料表面粗糙，故拌和物内摩擦力较大，特别从轻骨料混凝土中排出空气的速度比普通混凝土慢，所以振捣必须充分。

轻骨料混凝土一般用机械振捣成型，当采用插入式振动器振捣时，其插点间距不宜大于作用半径的 1 倍；振动器距离模板不应大于振动器作用半径的 1/2；并应避免碰撞钢筋、模板、芯管、吊环、预埋件等。

浇筑竖向结构时，每层浇筑厚度不宜超过 30cm，且采用插入式振动器振捣。当浇筑面积较大的构件时，如厚度尺寸大于 24cm，宜先采用插入式振动器振捣后，再用平板式振动器进行表面振捣。

（6）轻骨料混凝土的养护：在较温和的气候条件下，轻骨料混凝土在自然养护中，由于水泥水化时所产生的水化热，以及混凝土表面水分的蒸发，使轻骨料中所吸收的水分逐渐排出，这进一步有利于水泥的水化，此时，可不采取任何防止混凝土水分蒸发的措施，而使混凝土的强度正常发展。

在炎热的气候条件下进行自然养护时，要防止表面失水太快，避免由于湿差太大而出现网状收缩裂纹；构件脱模后，则应用塑料薄膜或草帘覆盖并喷水养护。

采用蒸汽养护时，在蒸养过程中，须防止升温速度过快，而引起混凝土内部结构的破坏，因此，成型后的静停时间应不少于1.5～2h；冬期还应适当延长。

轻骨料混凝土的养护周期，一般较普通混凝土缩短1～3h。

2. 泡沫混凝土的施工工艺过程

(1) 泡沫剂的制备

泡沫剂是泡沫混凝土中的主要成分，它在机械搅拌作用下，形成大量稳定的气泡。

1) 胶液的配制：将胶擦拭干净，用锤砸成4～6cm的碎块，经称量后，放入内套锅内，加入计算用水量，浸泡24h，使胶全部变软，将内套锅套入外套锅内隔水加热，随熬随拌，直至全部溶解为止，但熬煮时间不宜超过2h。

2) 松香碱液的配制：将松香辗成粉末，用100号细筛过筛。将碱配成碱液装入玻璃容器内，并称取定量的碱液装入内套锅中，待外套锅中水温加热到90～100℃时，再将碱液的内套锅套入外套锅中，继续加热。待碱液温度为70～80℃时，将称好的松香粉末徐徐加入，随加随拌，松香粉末加完后，熬煮2～4h，使松香充分皂化，成粘稠的液体。在熬煮时，蒸发掉的水分应予补足。

3) 泡沫剂的配制：待熬好的松香碱液和胶液冷却至50℃左右时，将胶液徐徐加入松香碱液中急速地搅拌，至表面有漂浮的小泡为止，即成为泡沫剂。

(2) 泡沫混凝土的性能

1）取决于原材料的品种；

2）泡沫剂的质量和采用的养护制度；

3）泡沫混凝土的表观密度小，其导热系数随表观密度而异；

4）泡沫混凝土的强度不高，主要用于非结构性的混凝土材料。

（3）泡沫混凝土的配制

将所需的泡沫剂精确地称量好，用热水稀释，与冷水一起倒入泡沫搅拌筒内搅拌5min，即成白色的泡沫浆。

将水泥与冷水一起倒入水泥浆搅拌筒内搅拌2.5min，使之成为均匀的水泥浆。

将搅拌好的泡沫浆和水泥浆一起倒入泡沫混凝土搅拌筒中搅拌5min，即注模成型，经养护后可得所需配制的泡沫混凝土。

泡沫混凝土可根据需要的尺寸、规格锯割，加工成保温制品，满足工程需要。

泡沫混凝土的配合比见表14-6。

泡沫混凝土的配合比 **表14-6**

材料名称		重量比	用　　量
水泥浆	水泥 冷水	1 0.48	350 168
泡沫浆	泡沫剂 热水 冷水	1 4 40	1 4 40

（4）泡沫混凝土的浇筑施工

由于泡沫混凝土的泡沫剂的作用在早期很重要，故搅拌后应尽快浇筑，从搅拌出料到浇筑振捣成型时间不宜超过1h。一般用机械振捣成型，浇筑隔墙（断）构件时，在埋有构造筋的部位，为了保证拉结效果，宜用轻骨料混凝土。在其他部位照常用泡沫混凝土，每层浇筑厚度不宜超过40cm，且采用插入式振动器振捣。当浇筑较大面积的水平构件（如屋面保温层）时，如厚度尺寸大于24cm，宜先采用插入式振动器振捣后，再用平板式振动器进行表面振捣。

（5）泡沫混凝土的养护

在较温和的气候条件下，泡沫混凝土在自然养护中，由于水泥水化时所产生的水化热，以及混凝土表面水分的蒸发，使骨料中所吸收的水分逐渐排出，有利于水泥的水化，此时，可不采取任何防止混凝土水分蒸发的措施，而使混凝土的强度正常发展。

在炎热的气候条件下进行自然养护时，要防止表面失水太快，避免由于湿差太大而出现网状收缩裂纹；构件脱模后，则应用塑料薄膜或草帘覆盖并喷水养护。

采用蒸汽养护时，在蒸养过程中，须防止升温速度过快，而引起混凝土内部结构的破坏，因此，成型后的静停时间应不少于1.5～2h；冬期还应适当延长。

泡沫混凝土的养护周期，一般较普通混凝土缩短1～3h。

复　习　题

1. 轻质混凝土按其组成成分分为哪几种类型？

2. 轻骨料混凝土是由哪几种材料拌制而成的？轻骨料混凝土具有哪些特性？

3. 轻骨料混凝土根据其细骨料的不同分为哪两种？

4. 轻骨料混凝土拌和物的和易性较普通混凝土有哪些异同点？

5. 轻骨料混凝土的强度是如何确定的？它有哪几个强度等级？

6. 轻骨料混凝土的骨料堆放与称量有些什么要求？

7. 轻骨料混凝土的搅拌时间为什么较普通混凝土长？

8. 叙述轻骨料混凝土搅拌时的投料顺序。

9. 采用插入式振动器振捣轻骨料混凝土有哪些要求？

10. 轻骨料棍凝土的养护应注意些什么？其养护周期为什么较普通混凝土稍短？

11. 泡沫混凝土由哪几种材料制成？对配制材料有些什么要求？

12. 泡沫剂如何配制？

13. 泡沫混凝土如何配制？

十五、特种功能混凝土的性能及施工方法

（一）耐酸混凝土

耐酸混凝土是指能抵抗酸类介质的物理或化学侵蚀的混凝土。通常用于浇筑有耐酸要求的整体地坪、设备基础、化工和冶金等工业中的大型设备（贮酸槽、反应塔等）和构筑物的外壳及内衬、防腐蚀池槽等工程。

常用的耐酸混凝土有三种：水玻璃耐酸混凝土，硫磺耐酸混凝土，沥青耐酸混凝土。各自适用范围见表 15-1。

耐酸混凝土的适用范围　　表 15-1

名　称	适　用　范　围	优　缺　点
水玻璃耐酸混凝土	1. 除氢氟酸外，能抵抗绝大部分酸类的侵蚀； 2. 在 1000℃以下对硫酸、硝酸等氧化性浓酸仍具有良好的耐酸性和耐酸稳定性	1. 有较高的机械强度； 2. 抗渗、耐水性差； 3. 不耐碱； 4. 施工较复杂，养护期较长
硫磺耐酸混凝土	1. 能耐浓盐酸、50%硫酸、40%硝酸； 2. 用石墨或硫酸钡作填料时，可耐氢氟酸和氟硅酸； 3. 能耐一般铵盐、氯盐、纯机油及醇类溶剂	1. 硬化块、强度高，不需养护，适用于抢修工程； 2. 结构较密实，抗渗，耐水； 3. 收缩性大，耐热性差，性较脆，不耐磨； 4. 不耐浓硝酸和强碱
沥青耐酸混凝土	1. 能耐中等浓度的无机酸、碱和盐类腐蚀； 2. 不能在温度为 50℃以上的环境中使用，只宜在室内使用	1. 材料来源较广，价格较低，施工简便，不需养护，冷固后即可使用； 2. 耐热性差，易老化，强度低，易变形，色泽不美观

本书主要介绍水玻璃耐酸混凝土。

1. 水玻璃耐酸混凝土的材料和性能

水玻璃耐酸混凝土是以水玻璃为胶结材料，加入固化剂（氟硅酸钠）、耐酸骨料（天然砂、石英砂、石英石、花岗岩、碎瓷片等）、填充料（耐酸粉料）、外加剂按一定比例配制而成的混凝土。它的硬化是由于水玻璃和氟硅酸钠的作用，生成硅胶，产生胶凝性。水玻璃混凝土多用于浇筑有耐酸要求的地面、基础的整体面层及酸坑、池、槽等结构的外壳和内衬。由于氟硅酸钠有毒，因此，不能用于食品工业和医药工业作容器、贮槽。各种组成材料的性能简介如下：

（1）水玻璃：水玻璃是水玻璃耐酸混凝土的胶结剂，呈青灰色或黄灰色粘稠液体。水玻璃模数（二氧化硅与氧化钠的克分子比）指标为2.6～2.8，密度指标为1.38～1.40。模数和密度是水玻璃的两项重要的技术性能指标，模数愈高，耐酸混凝土的凝结速度愈快。而若模数过低，凝结时间延长，耐酸性和强度也随之降低。配制耐酸混凝土，关键是选择适宜的水玻璃的模数和密度。若模数和密度不符合要求应进行调整。

（2）氟硅酸钠：氟硅酸钠是耐酸混凝土中水玻璃的固化剂，为白色、浅灰或黄色结晶粉末。纯度不小于95%；细度要求全部通过1600孔/cm^2筛，如用2500孔/cm^2筛分，筛余量不大于10%；含水率不大于1.0%，含水率大或潮湿结块时，应在不高于60℃的温度烘干，脱水后研磨，按细度要求过筛；游离酸（折合成HCl）不大于0.3%。纯度和细度是其主要质量指标：纯度高者，含杂质较少，相应的可减少氟硅酸钠的用量；细度的大小与水玻璃的化学反应的快慢及是否完全，有密切关系。

（3）耐酸粉料：是由耐酸矿物如辉绿岩、陶瓷、铸石或含石英质高的石料粉磨而成，用以填充骨料空隙，使混凝土达到最大密度。耐酸粉料的耐酸率不应小于94%；含水率不应大于0.5%；细度要求1600孔/cm^2筛余量不大于5%，4900孔/cm^2筛余量为10%～30%。石英粉一般杂质较多，吸水性高，收缩大，不宜单独使用，可与辉绿岩粉混合，用量各半。耐酸粉料用量少，混凝土塑性差，密实度降低，但用量过多会使混凝土拌和物的粘性增大，不易浇筑密实，硬化后内部含有较多气泡，从而抗渗性差，吸水率大。

（4）耐酸骨料：耐酸骨料是耐酸混凝土的主要骨架，一般由天然耐酸岩石或人造耐酸石材破碎而成。耐酸骨料的主要要求是耐酸率高、级配好和洁净。耐酸性能是耐酸骨料最重要的性能。

当骨料中二氧化硅含量较高，氧化钙含量较低时，其耐酸性能较好。

耐酸细骨料的最大粒径不应大于结构最小尺寸的1/4；用于楼、地面的不得大于25mm。粗细骨料颗粒级配应符合表15-2、表15-3的要求。

（5）水玻璃耐酸水泥：是由耐酸粉料与氟硅酸钠按适当配合比共同粉磨而成，可直接用来配制耐酸混凝土。

耐酸细骨料颗粒级配 　　**表15-2**

筛孔（mm）	5	1.2	0.3	0.15
累计筛余（%）	0～10	20～55	70～95	95～100

耐酸粗骨料颗粒级配 　　**表15-3**

粒径或筛孔（mm）	最大粒径	1/2最大粒径	5
累计筛余（%）	0～5	30～60	90～100

2. 水玻璃耐酸混凝土配合比

水玻璃耐酸混凝土抗压强度大于20N/mm^2，浸酸安定性外观检查应合格（无裂纹、起鼓、发酥和掉角等现象）。常用水玻璃混凝土配合比见表15-4。

在耐酸混凝土中，如水玻璃用量过少，混凝土和易性差；但用量过多则耐酸性、抗水性差；通常用量为250～300kg/m^3。

耐酸粉料用量过少则塑性差；用量过多则粘性大；这些都造成操作困难，影响密实度。耐酸粉料的通常用量为400～500kg/m^3。

常用水玻璃混凝土配合比（重量比） 表 15-4

序号	水玻璃	氟硅酸钠	粉料			骨料	
			辉绿岩粉	辉绿岩粉:石英岩粉=1:1	69号耐酸粉	细骨粉	粗骨粉
1	1.0	0.15～0.16	2.0～2.2	—	—	2.3	3.2
2	1.0	0.15～0.16	—	1.8～2.0	—	2.4～2.5	3.2～3.3
3	1.0	0.15～0.16			2.1～2.2	2.5～2.7	3.2～3.3

注：氟硅酸钠纯度按100%计，不足时，应按参量比例增加。

3. 水玻璃耐酸混凝土的施工工艺

（1）水玻璃混凝土宜选用强制式搅拌机配制。材料按下列次序加入搅拌机内：细骨料、粉料、氟硅酸钠、粗骨料，干拌均匀（约2min），然后加入水玻璃再搅拌1min。如用水玻璃耐酸水泥，则连同粗、细骨料一起干拌均匀，再加水玻璃搅拌1min。搅拌时间越长，则硬化时间越短，当搅拌时间为5min时，初凝时间仅12min；因此，搅拌时间应适度。初凝时间一般为30min，为便于操作，每次搅拌时间和搅拌量均不宜过多。

人工搅拌配制时，先将粉料和氟硅酸钠放在密封的粉料搅拌箱内筛分拌匀，然后将拌匀的粉料（已含有氟硅酸钠）和粗、细骨料倒在钢板上干拌均匀；再加入水玻璃，湿拌不少于3次，至颜色均匀为度。配制好的水玻璃混凝土必须在初凝前用完。

（2）浇筑耐酸混凝土宜在温度为15～30℃的条件下进行，施工时必须做好防水、防雨、防晒及应付温度骤变影响的措施，并不得在温度低于10℃的环境下施工。浇筑的基层表面要坚固密实，平整干燥，无污垢。水玻璃材料不耐碱，在基层面上应设置冷底子油或油毡隔离层（金属基层可不做隔离层）。

混凝土坍落度采用机械振捣时不大于10mm，人工捣固时为10～20mm。

混凝土浇筑应分层进行，采用插入式振捣器每层厚度应不大于200mm，采用平板振捣器和采用人工捣实时，每层灌注厚度不应大于100mm。

混凝土应振捣密实至表面泛浆并排出大量气泡为度。混凝土表面应在初凝前一次抹平压光。施工温度越高，则硬化时间越快；气温在30℃时，初凝时间仅14min；应控制操作时间。分层浇筑应连续进行，上一层应在下一层初凝前完成，如超过初凝时间，应留斜槎做施工缝处理。施工缝表面不要太光，但要洁净，继续浇筑前应先涂一层水玻璃稀胶泥，稍后才可浇筑混凝土。耐酸贮槽、池应一次浇筑完成，不留施工缝。

（3）水玻璃混凝土的拆模时间:水玻璃混凝土的特点是初凝快，终凝慢,故拆模时间应按养护温度确定:10～15℃,不少于5d;16～20℃,不少于3d;21～30℃,不少于2d;31～35℃,不少于1d。

（4）水玻璃耐酸混凝土经养护硬化后（约10d），应进行四次酸化处理，使表面形成硅胶层。处理方法通常用浓度为30%～35%的硫酸或浓度为15%～25%的盐酸或浓度为40%的硝酸为处理液，每隔8～12h，在混凝土表面均匀涂刷一次，下次涂刷前，应将混凝土表面析出的白色盐类结晶清刷干净。

（5）水玻璃耐酸混凝土施工和养护期间应防雨、防潮、防晒和防冻，宜在15～30℃的干燥环境下自养，不得浇水或蒸汽养护，不得冲击和振动。养护最少时间：气温在10～20℃时不少12d，在21～30℃时不少于6d；在31～35℃时不少于3d。

4. 水玻璃耐酸混凝土的质量标准

水玻璃耐酸混凝土的质量标准：见表15-5。

水玻璃混凝土施工的质量标准　　表15-5

序号	项　目	指标及要求
1	抗压强度等级	≥C20
2	浸酸安定性	合格
3	抗渗性	2 N/mm^2
4	吸水率	≤15%
5	混凝土表面	1. 表面密实，无气孔、脱皮、起壳、起砂或未固化现象； 2. 平整度要求：≤4mm（2m直尺检查）； 3. 坡度要求：允许偏差为坡长的±2%，最大偏差值≤30mm，泼水能顺利排除
6	表面缺陷	1. 不得有蜂窝、麻面、裂缝； 2. 如有上述缺陷，应将该部位凿出，清理干净，薄涂一层水玻璃胶泥，待稍干后，用水玻璃胶泥或水玻璃砂浆妥善修补

5. 水玻璃耐酸混凝土施工的注意事项

(1) 水玻璃混凝土终凝时间较长，侧压力大，模板必须支撑牢固，拼缝严密，表面平整。模板表面应涂以非碱性隔离剂，如冷底子油或机油。

(2) 钢筋与埋件应先行除锈，并涂刷环氧酯防锈漆，可撒上耐酸粉和细砂，以加强握裹力。

(3) 氟硅酸钠有毒，与粉料混合时应有密封搅拌箱；操作人员应穿戴工作服、口罩、护目镜等。酸化处理时应穿戴防酸防护用品；如防酸手套、防酸靴等。

(4) 配置稀碱溶液时，只准将浓硫酸徐徐少量地倒入水中，严禁将水倒入浓硫酸内。

(二) 耐碱混凝土

耐碱混凝土是水泥与耐碱骨料及粉状掺和料按一定比例配制而成的特种混凝土。在冶金、化学防腐蚀工程中多用于地坪面层及贮碱池槽等结构。

1. 耐碱混凝土的材料和性能要求

(1) 水泥：应选用硅酸盐水泥或普通硅酸盐水泥；水泥中的铝酸三钙的含量不应大于9%；不宜选用矿渣水泥；不能使用火山灰质水泥、粉煤灰水泥。

(2) 骨料：粗骨料应选用石灰岩、白云岩、大理岩等；对碱性不强的腐蚀介质，可以选用花岗岩、辉绿岩、石英岩等。骨料粒径视截面尺寸而定，以连续级配为好。细骨料可选用石英砂或干净无杂质的河砂。

(3) 粉状掺和料：粉状掺和料可以改善混凝土的工作性，如需使用，可选磨细的石灰石粉，其细度通过4900孔/mm^2的筛余不应大于25%，最大粒径应小于0.15mm。

2. 耐碱混凝土配合比

配制耐碱混凝土的原材料称量应准确，骨料和粉料的含水率应在配制前确定。并应按含水率调整配合比。常用耐碱混凝土的水灰比见表 15-6；耐碱混凝土的配合比材料用量见表 15-7。

耐碱混凝土的水灰比 **表 15-6**

氢氧化钠浓度（%）	耐碱混凝土的水灰比
<10	0.6～0.65
10～25	0.5～0.6
>25	<0.5

耐碱混凝土的配合比材料用量参考（kg/m^3） **表 15-7**

序号	水泥		石灰石粉	中砂	碎石		水	坍落度（mm）	强度等级（28d）（N/mm^2）
	强度等级	用量			粒径	用量			
1	普 32.5	360	—	780	5～40	1170	178	50	21.0
2	普 32.5	340	110	740	5～40	1120	182	50	23.8

3. 耐碱混凝土的施工操作要点

（1）耐碱混凝土宜用机械搅拌，搅拌时间不少于 2min。

（2）浇筑时必须用振捣器仔细捣实，以取得最大密实度。其抗掺等级最少应达到 P1.5 级。因为耐碱混凝土是以高密实度来防止碱性介质的物理或化学侵蚀，所以应按普通高密实度混凝土的施工要求操作。

（3）要求一次浇筑不留施工缝。楼地面应采用一次找坡抹平、压实、压光，压光应在砂浆终凝前完成，禁止撒干水泥。

（4）耐碱混凝土的养护与普通混凝土相同，混凝土应经常处于湿润状态，浇水天数不少于 14d。冬季施工不得采用电热法养护。

（三）耐热混凝土

耐热混凝土是指在 200～1300℃ 高温长期作用下，仍能保持其物理力学性能的混凝土。

1. 耐热混凝土的组成材料和性能

（1）胶结料

1）水泥：耐热混凝土应采用普通硅酸盐水泥或矿渣硅酸盐水泥，其强度等级不低于32.5号；使用温度<700℃，高炉水淬矿渣含量在50%以上的矿渣水泥可不加耐热掺和料；使用温度≤900℃时，必须加入耐热掺和料，但高炉水淬矿渣含量不应大于50%，且不得使用石灰石质掺和料。如采用矾土水泥，其强度等级不应低于32.5号；矾土水泥宜加入耐热掺和料。

2）水玻璃：耐热混凝土中的水玻璃及氟硅酸钠的使用要求与耐酸混凝土相同。

（2）掺和料：掺和料有粘土熟料、耐火砖粉末、高炉矿渣、粉煤灰、镁砂等。其细度要求为小于0.088mm的含量应大于70%。掺入量一般为水泥重量的30%～100%。

（3）骨料：骨料可用粘土熟料、矾土熟料、高铝砖碎料、粘土砖碎料、高炉重矿渣、安山岩、玄武岩、辉绿岩、镁砖碎料等。用于振捣成型时，粗骨料粒径一般为5～15mm，砂率为45%～55%；用于振动成型时，粗骨料粒径不宜大于10mm，砂率为45%～65%；用于喷射成型时，粗骨料粒径不宜大于10mm，砂率为55%～75%；机压成型时则不宜使用粗骨料。耐热混凝土的细骨料粒径一般为0.15～5mm。

2. 耐热混凝土配合比

耐热混凝土的材料组成、极限使用温度和适用范围见表15-8。其施工配合比按表15-9选定经验配合比进行试配，确定基准配合比。

耐热混凝土的材料组成、极限性用温度和适用范围　表15-8

种类	极限使用温度（℃）	组成材料及用量（kg/m³）			混凝土最低强度等级	适用范围
		胶结料	掺和料	粗细骨料		
普通水泥或矿渣水泥耐热混凝土	700	普通水泥（矿渣水泥）300～400（350～450）	水渣、粉煤灰粘土熟料150～300（0～200）	高炉矿渣、红砖安山岩、玄武岩1300～1800（1400～1900）	C15	温度变化不剧烈、无酸碱侵蚀的工程

续表

种类	极限使用温度（℃）	组成材料及用量（kg/m³）			混凝土最低强度等级	适用范围
		胶结料	掺和料	粗细骨料		
普通水泥或矿渣水泥耐热混凝土	900	普通水泥（矿渣水泥）300～400（300～400）	耐火度不低于1610℃的粘土熟料、粘土砖 150～300（100～200）	耐火度不低于1610℃的粘土熟料、粘土砖 1400～1600（1400～1600）	C15	无酸碱侵蚀的工程
	1200	普通水泥 300～400	耐火度不低于1670℃的粘土熟料、粘土砖、矾土熟料，150～300	耐火度不低于1670℃的粘土熟料、粘土砖、矾土熟料，1400～1600	C20	
矾土水泥耐热混凝土	1300	矾土水泥 300～400	耐火度不低于1730℃的粘土熟料、矾土熟料 150～300	耐火度不低于1730℃的粘土砖、矾土熟料、高铝砖，1400～1700	C20	宜用于厚度小于400mm的结构，无酸碱侵蚀的工程
水玻璃耐热混凝土	600	水玻璃 300～400 再加氟硅酸钠（占水玻璃重量的12%～15%）	粘土熟料、粘土砖 300～600	安山岩、辉绿岩、玄武岩 1550～1650	C15	可用于受酸（氢氟酸除外）作用的工程，但不得用于经常有水蒸气及水作用的部位
	900		耐火度不低于1670℃的粘土熟料、粘土砖 300～600	耐火度不低于1610℃的粘土熟料、粘土砖 1200～1300	C15	
	1200		一等冶金镁砂或镁砖 500～600	一等冶金镁砂或镁砖 1700～1800	C15	可用于受NaCl、NaF、Na_2SO_4、Na_2CO_3溶液作用的工程，不得用于受酸及有水蒸气和水作用的部位

耐热混凝土的配合比实例　　表 15-9

工程项目	材料							
	水	42.5号普通水泥	42.5号矿渣水泥	细骨料(0.15～5mm)	粗骨料(5～25mm)	掺和料	强度(N/mm²)	极限使用温度(℃)
高炉基础	0.95	1	—	1.90	2.70	1	24	1200
贮矿槽	0.48	—	1	1.50	2.25	—	38	900
返矿槽	0.70	—	1	1.80	2.50	—	37	900

3. 耐热混凝土的施工操作要点

(1) 耐热混凝土宜采用机械搅拌。投料次序：先将水泥、掺和料、粗细骨料干拌 2min 然后加水搅拌 3～5min 至颜色均匀；不应使用促凝剂。

(2) 在满足施工要求条件下，应尽量减少用水量，坍落度机械振捣应不大于 20mm，人工捣插应不大于 40mm。

(3) 耐热混凝土的浇筑方法与普通混凝土相同，浇灌时每层厚度控制在 250～300mm。

(4) 耐热混凝土宜在温度为 15～25℃ 的潮湿环境中养护。养护时间：普通水泥不少于 7d；矿渣水泥不少于 14d；矾土水泥要加强早期养护，不少于 3d。冬期施工养护温度为：普通及矿渣水泥不得超过 60℃；矾土水泥不得超过 35℃。

(5) 水玻璃耐热混凝土的施工方法，与水玻璃耐酸混凝土相同。

4. 耐热混凝土的施工工艺（见图 15-1）

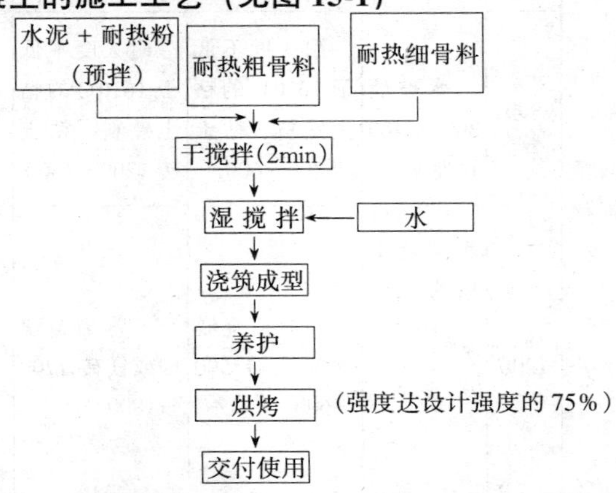

图 15-1　耐热混凝土的施工工艺流程图

（四）防水混凝土

防水混凝土是一种不需附加其他措施，靠混凝土自身的密实性抵抗一定压力液体渗透能力的混凝土。防水混凝土应满足抗渗及强度要求，根据工程的具体情况还应满足抗冻及其他特殊要求。

防水混凝土按其防水的原理分为：普通防水混凝土，外加剂防水混凝土和膨胀水泥防水混凝土。前两种在工程中较为多用。

1. 普通防水混凝土

普通防水混凝土是以调整配合比的方法，来提高自身的密实度，从而达到提高抗渗性能的一种混凝土，故又称集料级配防水混凝土。

在普通防水混凝土中，骨料的骨架作用减弱，水泥砂浆除满足填充及粘结作用外，还要求在石子周围形成质量良好的砂浆包裹层，从而提高混凝土的抗渗性能。

（1）普通防水混凝土组成材料及要求

1）材料要求：

(A) 水泥：水泥品种应根据混凝土的抗渗、耐久性、使用条件决定。水泥强度等级根据混凝土强度等级确定，但不得小于32.5级。

(B) 骨料：砂子宜选用坚硬颗粒的天然中砂，其含泥量不得大于3%，泥块含量不得大于1%；粗骨料应选用质地坚硬、致密的连续级配的石子，不宜用疏松多孔吸水性大的岩石。其最大粒径不宜大于40mm，其含泥量不得大于1%，泥块含量不得大于0.5%。石子级配见表15-10。

石子的颗粒级配　　　　表 15-10

石子粒径（mm）	最大粒径（40）	0.5倍最大粒径	5
累计筛余量（%）	0～5	30～60	95～100

2）抗渗等级的选择：抗渗等级的选择与水力梯度（最大水头与建筑物构件最小厚度之比）有关，见表 15-11。

防水混凝土抗渗等级的选择 **表 15-11**

水力梯度	10 以下	10～20	20 以上
抗渗等级	P6	P8	P10～P12

（2）普通防水混凝土配合比设计要求

防水等级为 P6 及其以上防水混凝土的配合比可按体积法计算，计算式见本书第六章式 6-9，6-10。

要求防水混凝土的配合比的材料用量应符合下列规定：

每立方米混凝土中的水泥和矿物掺和料总量不宜小于 320kg；砂率宜为 35%～45%；供试配用的最大水灰比应符合表 15-12 的规定。

抗渗混凝土最大水灰比 **表 15-12**

抗渗等级	最大水灰比	
	C20～C30 混凝土	C30 以上混凝土
P6	0.60	0.55
P8～P12	0.55	0.50
P12 以上	0.50	0.45

进行抗渗混凝土配合比设计时，还应增加抗渗性能试验；并要求试配抗渗水压值应比设计值提高 0.2MPa；试配时，宜采用水灰比最大的配合比作抗渗试验，其试验结果应符合式 15-1 要求：

$$P_t \geqslant \frac{P}{10} + 0.2 \qquad (15\text{-}1)$$

式中 P_t——6 个试件中 4 个未出现渗水时的最大水压值(MPa)；

P——设计要求的抗渗等级值。

（3）普通防水混凝土施工要点

1）混凝土配料称量必须准确；

2）宜采用机械搅拌，且搅拌时间不少于 3～3.5min；

3）混凝土拌和料必须满足施工要求的和易性，浇灌时要均匀分布，分层捣实，每层浇灌厚度不宜超过 250mm，并应连续浇灌而不留施工缝；

4）浇捣后注意养护。用普通水泥配制的防水混凝土，在初凝后即开始养护，时间不少于14d；当用火山灰质水泥时，养护时间不少于21d。

2. 外加剂防水混凝土

外加剂防水混凝土是在混凝土中掺入适当品种和数量的外加剂，隔断或者堵塞混凝土中的各种孔隙、裂缝及渗水通路，以达到改善抗渗性能的一种混凝土。

（1）引气剂防水混凝土：引气剂防水混凝土，是国内使用较普遍的一种外加剂防水混凝土，是在混凝土拌和物中掺入微量引气剂配制而成。它具有良好的和易性、抗渗性、抗冻性和耐久性，且技术经济效果好，因此，国内外都普遍使用。

1）引气剂防水混凝土配合比选择参考范围：

含气量以3%～5%（体积比）为宜，也就是松香酸钠与松香热聚物的掺量分别为水泥重的0.03%～0.05%、0.01%～0.05%，此时拌和物重度降低不超过6%，混凝土强度降低不超过25%；每立方米混凝土中的水泥和矿物掺和料总量不宜小于320kg；砂率宜为35%～45%；供试配用的最大水灰比应符合表15-12的规定。

砂、石级配、坍落度控制与普通防水混凝土相同。对掺引气剂的混凝土还应进行含气量试验，其含气量应控制在3%～5%范围内。

2）引气剂的掺量：目前常用的引气剂有松香酸钠和松香热聚物，其参考配合比见表15-13

松香酸钠加气剂防水混凝土配合比参考表　　表15-13

配合比（kg/m³）						坍落度（cm）	抗压强度（MPa）	抗渗等级（MPa）
32.5级水泥	砂	碎石（5～40mm）	水	松香酸钠（%）	氯化钠（%）			
340	640	1210	170	0.05	0.075	3	23.0	0.8

注：松香酸钠和氧化钙掺量以水泥重量的百分数计。

（2）减水剂防水混凝土：以各种减水剂拌制的防水混凝土统称减水剂防水混凝土。减水剂对水泥具有分散作用，可减少混凝土的拌和用水量，从而减少混凝土的孔隙率，增加密实性和提高抗渗性。

常用减水剂的掺量：见表15-14。

国产普通减水剂主要牌号及其掺量　　表15-14

序号	牌　号	主要组分	推荐掺量（水泥重量的%）
1	M型	木钙	0.25
2	MY	纸浆废液	0.35
3	WH—1	苇浆废液	0.25
4	CH	纸浆废液	0.25
5	TR-2	烤胶	0.25
6	MG	木镁	0.25
7	长城牌	磺化腐植酸钠	0.30
8	TRB	烤胶废渣	0.75

（3）早强剂及早强减水剂防水混凝土：用微量早强剂及早强减水剂拌制的混凝土称早强防水混凝土。早强剂及早强减水剂可提高混凝土的抗渗性，并具有早强、增强减少的作用。用早强剂及早强减水剂配制的防水混凝土，抗渗效果好，质量稳定，施工方便，特别适用于工期紧，要求早强及抗渗性较高的地下防水工程。采用早强剂及早强减水剂，还可加速模板周转，加快施工进度和提高劳动生产率，因此，已在工程中得到较为广泛应用。

早强剂及早强减水剂掺量：早强剂掺量见表15-15，早强减水剂掺量见表15-16。

早强剂掺量　　表15-15

混凝土种类及使用条件	早强剂品种	掺量（水泥重量%）
潮湿环境的钢筋混凝土	硫酸钠	1.5
	三乙醇胺	0.05
无筋混凝土	氯盐	3

注：1. 潮湿环境的钢筋混凝土中，由其他原材料带入的氯盐总量不应大于水泥重量的0.25%。

2. 表中氯盐含量，以无水氯化钙计。

早强减水剂掺量 **表 15-16**

序号	牌　　号	主　要　组　分	推荐掺量（水泥重量的%）	3d 强度提高（%）
1	NSZ	芒硝	1.5	40～70
2	S 型	高效减水剂＋硫酸钠	1.5～2.5	50～100
3	金星Ⅳ型	高效减水剂＋硫酸钠	1.0～2.5	50～100
4	金星Ⅲ型	木钙＋硫酸钠	2.5～3.0	50～100
5	金星Ⅰ型	非氯盐复合	2.0	50～100
6	NC	糖钙＋硫酸钠	2.0～4.0	
7	LZS	糖钙＋芒硝	2.5～3.0	50～80
8	TL	糖钙＋硫酸钠	2.0～3.0	70
9	MS—F	木钙＋硫酸钠	3.5～5.0	50

（4）防水剂（氯化铁）防水混凝土：是在混凝土拌和物中加入少量氯化铁防水剂拌制而成的具有高抗渗、高密实度的混凝土。在混凝土中加入一定量氯化铁防水剂后，由于在水泥水化过程中产生了溶于水的氢氧化铁、氢氧化铝等胶体，填充了混凝土中的孔隙，增加了密实性，同时还大大降低了泌水率，减少了混凝土内的毛细孔隙，明显地提高了混凝土的抗渗性，从而达到防水的目的。

氯化铁防水混凝土适用于水中结构的无筋或少筋厚度大的防水混凝土工程及一般地下防水工程，砂浆修补抹面工程。在接触直流电源或预应力混凝土及重要的薄壁结构上不宜使用。

氯化铁防水混凝土施工配合比可参考表 15-17。

氯化铁防水混凝土施工配合比参考表 **表 15-17**

配合比（重量比）					抗压强度（MPa）	抗渗等级（MPa）
水泥	砂	碎石（5～40mm）	水	氯化铁		
1	2.5	4.7	0.6	0.015	22.0①	2.3
1	1.9	2.66	0.46	0.02	50.0	3.2～3.5

①为 7d 的强度值。

（5）外加剂的使用和选择注意事项：

1）使用前必须熟悉外加剂生产厂提供的技术资料，以及产品说明书。

2）使用前必须以工程实际所用材料（包括水泥、砂、石、水等）的性能、用量、配合比，结合现场施工条件（施工方法、施工温度）的要求，进行模拟试验，以试验效果评定所选外加剂是否可以采用。

3）参考普通防水混凝土配合比的技术参数，通过试配求得外加剂的最佳掺量。

4）加强施工管理，严格遵循外加剂掺量和使用注意事项。随时进行现场监督检查，发现问题，及时采取措施，以保证混凝土施工质量。

5）按有关规定做好外加剂的制备、贮存和使用。

3. 膨胀剂防水混凝土

用膨胀剂配制的防水混凝土，称为膨胀防水混凝土。膨胀剂在水泥水化中形成大量体积增大的钙矾石，产生一定的膨胀性能，改善了混凝土的孔隙结构，使总孔隙率减少，毛细孔径减小，提高了混凝土的抗渗性。同时还可以改善混凝土的应力状态，由膨胀能转变为自应力，使混凝土处于受压状态，补偿收缩，因而提高了混凝土的抗裂能力。这两者的统一，使混凝土具有良好的抗渗性。

（1）膨胀剂防水混凝土的水泥用量及膨胀剂的常用掺量：膨胀剂常用掺量见表15-18。

膨胀剂常用掺量 **表15-18**

膨胀混凝土种类	水泥用量（kg/m^3）	膨胀剂名称	掺量（水泥重量的%）
补偿收缩混凝土	≥300	明矾石膨胀剂	3～17
		硫铝酸钙膨胀剂	8～10
		氧化钙膨胀剂	3～5
		氧化钙-硫铝酸钙复合膨胀剂	8～12

（2）膨胀剂的使用目的和适用范围见表15-19。

膨胀剂的适用范围 **表 15-19**

混凝土种类	使用目的	适用工程
补偿收缩混凝土	减少混凝土干缩裂缝，提高抗裂性和抗渗性	基础防水，地下防水，贮罐水池，基础后浇缝，混凝土构件补强、堵漏，预填骨料混凝土，钢筋混凝土，预应力混凝土
填充用膨胀混凝土	提高机械设备、构件的安装质量，加快安装速度	机械设备的底座灌浆，地脚螺栓的灌浆固定，梁柱接头的浇筑，管道接头的填充，防水堵漏
自应力混凝土	提高抗裂性及抗渗性	仅用于常温下的自应力钢筋混凝土压力水管

注：1. 本表适用的膨胀剂有硫铝酸钙类、氧化钙类、氧化钙-硫铝酸钙类、氧化镁类等四类；

2. 掺硫铝酸钙膨胀剂的膨胀混凝土，不得用于长期处于环境温度为 80℃ 以上的工程中。

（3）膨胀剂防水混凝土的施工特性及要求：见表 15-20。

膨胀剂防水混凝土的施工特性及要求 **表 15-20**

序号	项目	特性及要求
1	水泥	1. 明矾石膨胀剂宜采用普通硅酸盐水泥或矿渣水泥； 2. 硫铝酸钙类膨胀剂，氧化钙类宜采用硅酸盐水泥、普通硅酸盐水泥； 3. 如用其他水泥，应通过试验确定
2	不宜复合的外加剂	掺硫铝酸钙类或氧化钙类的膨胀混凝土，不宜同时使用氯盐类外加剂
3	试配	膨胀剂的品种，应按工程性质和施工条件选择，并在施工试配时确定其掺量
4	搅拌	1. 应采用机械搅拌，必须搅拌均匀； 2. 搅拌时间不应少于 3min，并应比不掺外加剂混凝土的常规搅拌延长 30s
5	浇筑	1. 从搅拌机出料至浇筑的允许时间，应根据试验确定； 2. 补偿收缩混凝土，宜用机械振捣，必须振捣密实； 3. 坍落度在 150mm 以上的填充用膨胀混凝土，不得使用机械振捣；在浇筑机械设备底座等部位时，可用竹条等柔性工具插捣；每个浇筑部位，必须从一个方向浇筑
6	养护	1. 必须在潮湿状态下养护 14d 以上；或用喷涂养护剂养护； 2. 在日最低温度低于 5℃ 时，应采取保温措施； 3. 可采用低于 80℃ 的蒸汽养护； 4. 上述养护制度应根据膨胀剂品种、水泥品种、通过试验确定

（五）防射线混凝土

防射线混凝土属于重混凝土，用于防护来自各种同位素、加速器或反应堆等原子能装置的原子射线的辐射，如X、α、β、γ以及中子射线等。混凝土防辐射的能力随表观密度的增大而增强，一般防辐射混凝土的表观密度要求为 2800 ~ 7000 kg/m^3。

1. 防射线混凝土的材料要求

（1）水泥：宜优先采用矾土水泥、钡水泥，也可采用强度等级不低于32.5号的硅酸盐水泥和普通硅酸盐水泥。

（2）骨料：应选用表观密度大、含铁量高、级配良好的赤铁矿、磁铁矿、褐铁矿或重晶石等制成的矿石和矿砂作为粗细骨料。配制不同密度的防辐射混凝土对骨料块状表观密度的要求也不一样，见表15-21。

当矿石的表观密度较小，不能配出所要求的表观密度的混凝土时，可掺入一定数量的金属铁块，如金属废块，铸铁件或碎片、钢板切边、螺母和铸铁块（规格 20mm × 25mm × 35mm）、钢棒、钢筋头（80mm 以内）等。

不同表观密度的混凝土对骨料块状表观密度的要求　表15-21

混凝土设计表观密度（kg/m^3）	3000	3100	3200	3300	3400	3500	3600
骨料块状表观密度（kg/m^3）	3000～3600	3700～3900	3800～4000	4000～4100	4100～4200	4300～4400	4400～4500

防辐射混凝土参考施工配合比　　表 15-22

混凝土名称	表观密度（kg/m³）	质量配合比
普通混凝土	2100～2400	水泥:砂:石子=1:3:6
褐铁矿混凝土	2600～2800	1. 水泥:褐铁矿碎石:褐铁矿砂:水=1:3.7:2.8:0.8 2. 水泥:褐铁矿碎石:褐铁矿砂:水=1:2.4:2:0.5（增塑剂）
褐铁矿石加废钢混凝土	2900～3000	水泥:废钢粗骨料:褐铁矿细骨料:水=1:4:3:0.4
赤铁矿混凝土	3200～3500	1. 水泥:普通砂:赤铁矿砂:赤铁矿碎石:水 (1) 1:1.43:2.14:6.67:0.67 (2) 1:1.22:2:7.32:0.68 2. 水泥:普通砂:赤铁矿碎石:水=1:2:8:0.66
磁铁矿混凝土	3300～3800	1. 水泥:磁铁矿碎石:磁铁矿砂:水 (1) 1:2.64:1.36:0.56 (2) 1:3.0:1.7:0.55 2. 水泥:磁铁矿粗细骨料:水 (1) 1:7.6:0.5 (2) 1:5:0.73
重晶石混凝土	3200～3800	水泥:重晶碎石:重晶石砂:水 (1) 1:4.54:3.4:0.5 (2) 1:5.44:4.46:0.6

注：主要用于防 X、γ 及中子射线。

2. 防射线混凝土的配合比

防射线辐射混凝土的配合比，与普通骨料混凝土的配合比设计基本上相同。但由于骨料密度大，混凝土易离析，故选择配合比时应选用尽可能小的坍落度为宜。

各种防射线辐射混凝土的配合比应根据设计要求通过试验确

定。施工参考配合比参见表15-22。

为改善混凝土的和易性，减少用水量，提高密实度，可加入适量亚硫酸盐纸浆或苇浆废液塑化剂。

3. 防射线混凝土的施工要点

(1) 配制混凝土应严格掌握配合比，由于混凝土中的几种材料比重相差较大，要严格控制坍落度，以免振捣时引起骨料的不均匀下沉，影响重混凝土的防护性能。坍落度一般以20～40mm为佳，如要求坍落度大，应考虑采用减水剂。

(2) 混凝土要振捣密实，骨料分布要均匀。浇筑层厚度以200～250mm为宜；振捣时间一般为15s左右，到表面出浆即可。混凝土自搅拌至浇筑完不得超过2h。

(3) 因混凝土自重大，模板和支撑应坚固。

(4) 浇筑混凝土应连续进行，一般不准留设水平施工缝，必须留水平缝时，也应做成凹凸形施工缝。垂直施工缝必须使防辐射混凝土伸进普通混凝土内50mm，并与普通混凝土锯齿形相接。

(5) 混凝土的养护方法与普通混凝土相同。冬季可用蓄热或加热法养护，并经常使混凝土保持一定的湿度。

复 习 题

1. 什么是普通防水混凝土？普通混凝土与普通防水混凝土有什么区别？

2. 对普通防水混凝土组成材料有哪些要求？

3. 什么是外加剂防水混凝土？常见的外加剂防水混凝土有哪些？

4. 什么是引气剂防水混凝土？它有何特点？适用于哪些范围？

5. 引气剂防水混凝土配合比选择时参考哪些范围？有哪些施工特性及要求？

6. 什么是减水剂防水混凝土？它的施工特性及要求有哪些？

7. 什么是早强剂防水混凝土？它有何特点？适用于哪些工程？

十六、特种材料混凝土施工

（一）补偿收缩性混凝土

补偿收缩混凝土是用膨胀水泥或在普通混凝土中掺入适量膨胀剂配制而成的一种微膨胀混凝土。它可以针对普通混凝土收缩变形大、易产生裂缝的弊病，起到相对补偿的效果。膨胀剂可以使混凝土的孔结构堵塞或改变，提高了抗裂性和抗渗性，可用于水池、水塔、人防、洞库等工程；由于它的膨胀性，可用于防水工程中的施工缝、后浇带以及加固、修补、堵漏工程。尤其可贵的是能起到自防水的作用，可以取消外防水，从而在保证质量的前提下，获得一定的经济效果。

1. 补偿收缩混凝土的配制

配制补偿收缩混凝土有两个途径：一是用膨胀水泥配制，已在工程中应用的有明矾石膨胀水泥、硅酸盐膨胀水泥、石膏矾土膨胀水泥，也有的利用矾土水泥掺入一定量的无水石膏制成，或是在普通水泥中掺入一定量的无水石膏，并按一定比例共同磨制而成。采用膨胀水泥，因用量较大，生产量小，又要解决水泥的运输问题，在使用上受到一定的限制。二是采用膨胀剂，在使用上如同普通的粉状外加剂，也可以与其他外加剂复合使用。膨胀剂仅是水泥用量的8%～15%，避免了大量的运输问题，从而受到施工单位的欢迎。

目前配制的补偿收缩混凝土，多采用U形混凝土膨胀剂（简称UEA），经过工程实践，取得了抗裂、抗渗等的预期效果。

UEA是特制硫酸铝酸盐熟料或硫酸铝熟料与明矾石、石膏、外加剂共同粉磨而成的，相对密度 2.85，比表面积 3000～3500cm^2/S，颜色呈灰白，保质期 2 年，其化学成分见表 16-1。

UEA 化学成分　　表 16-1

烧失量（%）	SiO2（%）	Al_2O_3（%）	Fe_2O_3（%）	CaO（%）	SO_3（%）
2.85	31.39	8.25	1.95	21.15	28.5

配制补偿收缩混凝土的配合比设计，原则上与普通混凝土相同，但应根据混凝土的强度等级、膨胀率（应在 1.5×10^{-4}以上）和收缩率（应在 4.5×10^{-4}以下），以及施工所要求的坍落度进行试配。目前尚未建立膨胀率与强度等一系列物理性能的精确关系，在使用上只能依靠试配，尤其是不同品种的水泥，可能有不同的膨胀率。

补偿收缩混凝土的配合比可参见表 16-2。

参考配合比　　表 16-2

水泥强度等级	混凝土强度等级	材料用量（kg/m^3）					坍落度（cm）	备注
		水泥	UEA	砂	石	水		
32.5	C23	304	42	735	1200	170	6～8	根据不同的现场条件，配合比作相应调整
	C28	358	49	655	1165	187		
	C33	378	52	669	1091	208		
42.5	C28	317	43	693	1237	167	6～8	
	C33	352	42	660	1239	171		
32.5	C23	348	48	700	1141	181	12～16	泵送混凝土外掺减水剂
	C20	368	50	655	1155	187		
42.5	C23	231	48	700	1228	180	12～16	
	C28	352	49	690	1231	138		

混凝土的膨胀剂一般采用内掺法，即每立方米所用膨胀剂的重量与每立方米实际水泥重量之和作为每立方米混凝土水泥用量。

2. 补偿收缩混凝土的一般性能

（1）混凝土拌和物随着时间的延长，会产生明显的坍落度损失，见表 16-3。这是因为水化物时间的延长，消耗了拌和物中一定量的水分子，水泥颗粒之间相对滑移减少，所以坍落度损失较普通混凝土稍大，应在配合比中掺入一定量的减水剂或流化剂（如 LH-1 流化剂），尤其是泵送混凝土，更应注意。

某工程补偿混凝土坍落度 **表 16-3**

编号	水泥强度等级	材料用量（kg/m^3）					M-1 减水剂	坍落度损失（cm）		
		水泥	砂	石子	水	UEA		搅 3min 坍落度	停 1h 坍落度	1.5h 坍落度
1	32.5	354	763	1144	195	44	1.19	10	3.3	2.5
2	32.5	390	744	1170	198	47.6	1.29	8	2.5	1.0
3	42.5	308	788	1180	182	42	1.05	11	4.5	3.2
4	42.5	335	774	1161	185	45.6	1.14	9	40	2.0

（2）补偿收缩混凝土的强度分为自由膨胀强度和限制膨胀强度两种。自由膨胀强度通常随着膨胀值的增加而下降 5%～10%，而限制膨胀强度则与其不同，在限制条件下，一定的膨胀能使混凝土更加密实，从而提高强度 10%～20%。在实际工程中补偿收缩混凝土，多处于各种不同的限制状态。

（3）UEA 可掺入一般水泥中使用，但试验证明，更宜加到 32.5 强度等级以上的普通硅酸盐水泥和矿渣水泥中使用，其参考配合比见表 16-2。

（4）在一般情况下，在水泥中掺 10%～14% 的 UEA 可获得良好的膨胀性能，对强度影响不大，宜用于补偿收缩；掺量为 8%～10% 时，膨胀率偏小，强度有所提高，适用于防水砂浆；掺量在 14%～16% 时，膨胀率提高，而强度有所下降，适用于受限制或绝对限制的填充混凝土；掺量达 25%～30% 时，适用于自应力混凝土，在这种场合下，混凝土强度不会下降，反而有所提高。

（二）聚合物混凝土的施工

聚合物混凝土是以聚合物（树脂或单体）代替水泥作为胶结材料与骨料拌和，浇筑后经养护和聚合而成的一种新型混凝土，它改善了水泥混凝土抗拉强度低和拉应变小（即抗裂性小）、脆性大、耐化学腐蚀性差的缺点，因而被用于衬砌、桩、轨枕、路面和桥面等。聚合物混凝土按其组成及制作工艺分为：聚合物水泥混凝土、聚合物浸渍混凝土、聚合物混凝土。

1. 聚合物水泥混凝土

聚合物水泥混凝土，是在普通混凝土的拌和物中再加入一种聚合物而制成。聚合物的硬化和水泥的水化同时进行，并且两者结合在一起形成一种新材料。由于其制作简单，成本较低，近年来更被进一步扩大应用到混凝土中。

（1）性能：将聚合物搅拌在普通混凝土中，聚合物在混凝土内形成薄膜，填充水泥水化物和骨料之间的孔隙，与水泥水化物结成一体，故其与普通混凝土相比具有较好的粘结性、耐久性、耐磨性，有较高的抗弯性能，减少收缩，提高不透水性、耐腐蚀性和耐冲击性。其性能的改善属中等程度，强度提高较少。

（2）聚合物及掺量：聚合物水泥混凝土所用的材料，除一般混凝土所采用的水泥、砂和石子之外，还有水溶性聚合物。这些聚合物常用的有天然及合成的乳胶、聚丙烯酸酯等热塑性聚合物、环氧树脂等热固性聚合物以及沥青乳液和辅助外加剂（如稳定剂、消泡剂）等。在一般情况下，通常聚合物水泥砂浆的配合比是：水泥∶砂＝1∶2～1∶3（重量）。聚灰比在5%～20%范围内，水灰比可根据和易性适当选择，大致在0.3～0.6范围内。

（3）制造及施工方法：制作聚合物水泥混凝土可使用与普通水泥混凝土一样的设备。聚合物水泥混凝土应在拌和后1h内进行施工与使用。养护时，应先湿养护，待水泥水化以后再进行干养护，以使聚合物成膜。打底混凝土或砂浆应按下列顺序施工：

1）边喷砂、边用钢丝刷刷去老混凝土表面脆性的浮浆层或泥土等，用溶剂洗掉油或润滑油迹。

2）接打处的孔隙、裂缝等伤痕要进行V形开槽，用砂浆堵塞修补，对排水沟周围、管道贯通部位也进行同样的处理。

3）用水冲洗干净后，用棉纱擦去游离的水分。

涂一层厚度为7～10mm左右的聚合物水泥砂浆。当所需的厚度大于7～10mm时，可以涂2～3次。聚合水泥砂浆不宜像普通水泥砂浆那样用抹子抹好几遍，只要抹2～3遍就可以了。此外，在抹平时，抹子往往会粘附一层聚合物薄膜，应边抹边用木片、棉纱等将其擦掉。当大面积涂抹时，每隔3～4m要留宽15mm的缝。必须注意，施工后，未硬化前不能洒水或淋雨，否则表面将形成一层白色脆性的聚合物膜，会降低其使用性能。

4）用途：聚合物水泥混凝土具有优良的性能，已成为常用的建筑材料。目前主要用于地面、路面、桥面和船舶的内外甲板面。尤其是对洒落化学物质的楼地面更为适宜。也可用作衬砌材料、喷射混凝土和新、旧混凝土的接头。

2. 聚合物浸渍混凝土

所谓聚合物浸渍混凝土，就是将硬化了的混凝土浸渍在单体中，然后再使其聚合成整体混凝土，减少其中的孔隙。由于聚合物填充了混凝土内部的孔隙和微裂缝，使混凝土密实度、粘结力增加，可减少应力集中。因而具有高强、耐蚀、抗渗、抗冻、耐磨、抗冲击等优点。

（1）性能：聚合物浸渍混凝土是在普通混凝土中浸入6%～9%（重量比）的聚合物制成的，混凝土的改性也是由于聚合物充满混凝土中的孔隙和毛细管而造成的。因此，聚合物浸渍混凝土与普通混凝土虽然在外观上有些相似，但内部却是有区别的。

聚合物浸渍混凝土显著地改善了混凝土的物理力学性能，一般情况下，聚合物浸渍混凝土的抗压强度约为普通混凝土的3～4倍；抗拉强度约提高3倍；抗弯强度约提高2～3倍，弹性模量约提高1倍；冲击强度约提高0.7倍。此外，徐变大大减少，抗冻性、耐硫酸盐性、耐酸和耐碱等性能都有大的改善。缺点是，当温度到达比发生火灾还低的温度时，聚合物就会发生热分解、冒烟、并产生恶臭气体和燃烧，强度和刚度急剧下降，严重地影响结构的安全。

（2）生产工艺：聚合物浸渍混凝土的生产工艺过程为：

混凝土制品 → 干燥 → 浸渍 → 聚合 → 成品

1）干燥：聚合物是否充满基材的孔隙对聚合物浸渍混凝土的强度和耐久性有很大的影响，为了最大限度地改善基体的性能，必须对基体进行充分的干燥，建议干燥的温度以150℃左右为宜。

2）浸渍：浸渍即将基体混凝土制品在常压或压力状态下浸渍在单体中，直到浸透为止。浸渍用的材料有：甲基丙烯酸甲脂、苯乙烯、醋酸乙烯、乙烯、丙烯腈、聚酯二苯乙烯等，最常用的是前两种。此外，还要加入催化剂和交联剂等。

3）聚合：聚合使浸渍在基体中的聚合物固化，聚合后的聚合物混凝土，有较高的强度和较好的耐热性、耐腐蚀性和耐磨性等。

聚合物浸渍混凝土的聚合方法有：热聚合、辐射聚合和催化剂聚合。目前应用较多的是热聚合。

热聚合多用增加化学引发剂的加热法。化学引发剂有：过氧化苯酰、特丁基过苯甲酸盐、偶氮双异丁腈等。用化学引发剂时，使用前将其溶解在单体中。热聚合的加热可用电炉、蒸汽或热水。

热聚合要选择合适的聚合温度和加热时间（见表16-4），聚合温度和加热时间不同，得到的聚合物的强度亦不同。

由于基体表面的单体容易挥发，在聚合时，宜用薄膜覆盖基体混凝土，或者在热水中聚合。

聚合温度和加热时间 **表16-4**

聚合物种类	聚合物软化温度（℃）	加热时间（h）（75℃加入1%过氧化苯）
甲基丙烯酸甲脂	100	1.25
苯乙烯	110	8.0
丙烯腈	270	0.6
乙烯丙烯腈60/40	110	1.0
醋酸乙烯	70	1.0

（3）聚合物浸渍混凝土用途：造价目前较高，实际应用尚不普遍。目前只是利用其耐腐蚀、高强、耐久性好的特性制作一些构件，如管道内衬、隧道衬砌、桥面板、路基面、铁路轨枕、混凝土船、海上采油平台等。将来，随着其制作工艺的简化和成本的降低，作为防腐蚀材料、耐压材料、以及在水下及海洋开发结构方面将扩大其应用范围。

3. 聚合物混凝土

聚合物混凝土亦称树脂混凝土，是以合成树脂为胶结材料、以砂石为骨料的混凝土。为了减少树脂的用量，还加有填料粉砂等。

（1）性能：聚合物混凝土与普通混凝土相比，具有强度高、耐化学腐蚀、耐磨性、耐水性和抗冻性好、易于粘结、电绝缘性好。聚合物混凝土亦可掺加增强材料，经增强的聚合物混凝土，其抗裂性能比普通混凝土高很多倍。

（2）原材料：

1）胶结料：常用的胶结料有：环氧树脂、聚酯树脂、呋喃树脂、酚醛树脂、不饱和聚酯和聚氨基甲酸乙酯、苯乙烯等。

常用的固化剂有：多胺类化合物、聚酰胺等。

2）骨料：树脂混凝土使用的骨料与普通混凝土相同，最大粒径在2.0mm以下，为了减少树脂的用量，骨料的密实度要大。为了使骨料能与树脂牢固的粘结，骨料必须干燥，含水率应在1%以下，且不允许含有阻碍树脂固化反应的杂质。

3）填料：为了减少树脂的用量和改善树脂混凝土的工作性能，宜加入粒径为1～30μm的惰性填料。如石英砂、粉砂、碳酸钙、粉煤灰、火山灰等。

（3）配合比：树脂混凝土常用的配合比见表16-5。

（4）生产工艺：

1）准确计量。

2）搅拌采用聚合物混凝土搅拌机，搅拌时，先用搅拌机将树脂和固化剂预先充分混合，然后再与混合过的骨料和填料进行强制搅拌。

树脂混凝土配合比（重量比）　　表 16-5

原材料		聚酯混凝土		环氧混凝土	酚醛混凝土	聚氨基甲酸酯混凝土
胶结料		不饱和聚酯树脂 10	不饱和聚酯树脂 11.25	环氧树脂（含固化剂）10	酚醛树脂 10	聚氨基甲酸酯，（含固化剂、填料）20
填料		碳酸钙 12	碳酸钙 11.25	碳酸钙 10	碳酸钙 10	—
骨料（mm）	细砂	(0.1～0.8)20	(<1.2)38.8	(<1.2)20	(<1.2)20	(<1.2)20
	粗砂	(0.8～4.8)25	(1.2～5)9.6	(1.2～5)15	(1.2～5)15	(1.2～5)15
	石子	(4.5～20)33	(5～20)29.1	(5～20)45	(5～20)45	(5～20)45
其他材料		短玻璃纤维(12.7mm)过氧化物促凝剂	过氧化甲基乙基甲酮	邻苯二甲酸二丁酯	—	—

3）聚合物混凝土的搅拌时间比普通混凝土长，约需 3～4min。

4）可以用分段制造法生产聚合物混凝土，即先将树脂与细砂进行拌和制成胶结料，然后再与粗砂、碎石进行拌合。

5）为使构件表面光滑，尽量采用玻璃钢模板。在混凝土浇筑之前，可根据树脂的种类，选用合适的脱模剂。

6）构件的成型，可用振动法、离心法、压轧法、挤压法等成型工艺。由于聚合物混凝土的粘度大，如果用振动法成型时，宜用高频振动成型。

7）聚合物混凝土的发热不但快而且很大，为避免过大的热量产生不良影响，混凝土的浇筑厚度，日常一般掌握在 10cm 以下。

8）聚合物混凝土构件的养护，除自然养护外，还有加热养护。加热养护不受环境条件的影响，质量容易控制，而且可以批量生产。

(5) 聚合物混凝土用途：由于强度高、耐腐蚀、耐热性好等，较广泛地用于耐腐蚀的化工结构和高强度的接头。此外，还用于衬砌、堤坝面层、桩、轨枕、喷射混凝土修补等。有些绝缘性能好的树脂混凝土，也用作绝缘材料。聚合物混凝土具有漂亮的外貌，也可用作饰面构件，如窗台、窗框、地面砖、花坛、桌面、浴缸、盥洗室等。

（三）流态混凝土的施工

在预拌的坍落度为8～12cm的基体混凝土中，加入流化剂，经过搅拌，使混凝土的坍落度顿时增大至18～22cm，能像水一样地流动，这种混凝土称为流态混凝土。

1．性能

流态混凝土是在坍落度较小、用水量较少的基体混凝土中，添加流化剂配制而成。经过流化后，主要是使其坍落度增大，改善其浇筑性能，而硬化后其物理力学性能，与原来的基体混凝土基本上是相同的。与坍落度相同的大流动性混凝土相比，其物理力学性能要优越得多。流态混凝土适用于商品混凝土，泵送混凝土，薄壁或断石复杂、钢筋密集的结构混凝土及楼板、地坪、路面等大面积混凝土。

2．流化剂

流化剂是一种高效减水剂，按其化学组成可分为四类：三聚氰胺磺酸盐缩合物；萘系磺酸盐甲醛缩合物；改性木质素磺酸盐；其他酯类化合物，如多元醇酯、磺酸酯等。

混凝土中加入流化剂后，显示出如下特点：

（1）在同样用水量的条件下流动性大幅度增加，坍落度超过18～22cm，需要时还可增加。

（2）流动性虽大，但不像普通混凝土那样会带来离析与泌水等现象。

（3）由于用水量不变，流动性增加，因此不产生多用水的不良后果，且强度等主要性能与相同加水量的中低流动性混凝土相近。

（4）由于多数流化剂有早强和高强作用，故流态混凝土常能超过普通混凝土的早期与后期的强度指标。

（5）不需要多用水泥（甚至还可少用水泥），因此，避免了水泥浆多带来的缺点。

3. 流态混凝土配合比设计的原则

（1）具有良好的工作度，不产生离析，能密实浇筑成型。

（2）具有所要求的强度和耐久性。

（3）符合特殊性要求。

4. 流态混凝土配合比参考实例

选择坍落度为20cm时的砂率：

当$D_{max}=2$cm时，石子用量1050kg/m^3

$D_{max}=4$cm时，石子用量1100kg/m^3；此时，砂率皆为35%～41%。用1.5kg磨细粉煤灰代替1kg水泥的比例，取代5%～10%的水泥，砂率为41%。掺用磨细粉煤灰使粘聚性大为改善，虽然基体混凝土坍落度有些降低，但加入流化剂后，坍落度仍在20cm以上，强度也不降低。

5. 流态混凝土施工注意事项

（1）流化剂添加量为水泥重量的0.5%～0.7%为宜。

（2）基体混凝土搅拌之后60～90min以内添加流化剂为宜。

（3）普通混凝土的含气量为4%，轻骨料混凝土为5%。

（4）坍落度，基本混凝土一般为8～12cm，流态混凝土为18～22cm。

（5）水灰比，普通混凝土一般为0.65～0.7，轻骨料混凝土为0.6～0.65。

（6）最小水泥用量，普通混凝土为280kg/m^3，轻骨料混凝土为300kg/m^3。

（7）骨料要求，砂的细度模数为2.8，最大粗骨料粒径碎石为20mm，卵石为25mm（人造轻骨料为15mm）。

（8）基体混凝土的外加剂，一般采用AE剂或AE减水剂。

AE 减水剂又分标准型、缓凝型和促凝型三类。流化剂分标准型和缓凝型两种。缓凝型流化剂兼有流化和缓凝两种效果，宜于夏天使用以延缓混凝土的凝结。在使用中，应注意基体混凝土外加剂与流态混凝土外加剂的搭配使用。

（四）纤维混凝土的施工

纤维混凝土是在考虑如何改善混凝土的脆性、提高抗拉、抗弯、抗冲击和抗爆等性能的基础上发展起来的，它是将短而细的分散性纤维，均匀地撒布在混凝土基体中而形成一种新型建筑材料。

从目前发展情况来看，纤维混凝土，特别是钢纤维混凝土在大体积混凝土工程中的应用最为成功。如桥面的罩面和结构；公路、地面、街道和飞机跑道，坦克停车场的铺面和结构；采矿和隧道工程、耐火工程以及大体积混凝土工程的维护与补强等。此外，在预制构件方面也有不少应用，而且除了钢纤维，其他如玻璃纤维和聚丙烯纤维混凝土的应用也取得了一定的经验。纤维混凝土预制构件主要有管道、楼板、墙板、桩、楼梯、梁、浮码头、船壳、机架、机座乃至电线杆等。

1. 性能及其优缺点（见表 16-6、表 16-7）

2. 配合比

配制钢纤维混凝土的水泥用量应在 380～430kg/m^3，水灰比为 0.42～0.48，钢纤维用量一般为混凝土体积的 1%～2%（其重量约 80～150kg/m^3），最大不超过 2.5%。其施工参考配合比见表 16-8。

3. 施工

（1）投料顺序是：先将纤维和骨料进行干拌，使纤维均匀地撒在骨料内，然后加入水泥进行干拌，最后加水湿拌。或者先将纤维、砂、石、水泥一起干拌，然后加水湿拌。两种法均可采用。

纤维的种类和性能 **表 16-6**

纤维种类		密度	抗拉强度(MPa)	伸长率(%)	含水率(%)	软化点/耐熔点	耐酸性	耐碱性	耐大气腐蚀性
有机纤维	聚乙烯醇系(维尼纶)	1.28	3.0~4.0	17~22	35~4.5	220/不明	浓酸:分解,10%酸:不变	50%碱,强度不变	不变
	聚酰胺(耐纶)	1.14	4.8~6.4	28~45	3.5~5.0	180/250	同上	同上	稍下降
	聚丙烯	0.91	4.5~7.5	25~60	0	140/165	浓酸:强度不变	同上	不变
	聚酯	1.38	4.3~5.5	20~32	0.4~0.5	238/255	35%酸:强度不变	10%碱:强度不变	不变
无机纤维	C玻璃纤维(A>0.8%)	2.5	9.6	3.1	0		—		
	E玻璃纤维(A<0.8%)	2.6	10.5	3.0~4.0	0	838/	—		
金属纤维	不锈钢(美国)	7.9			0	500/1400			
	不锈钢(日本)	7.8	2.5~3.2	1.4~1.7	0	550/1450	好	好	好
	钢琴线材(日本)	7.8							

各种纤维的优缺点 **表 16-7**

种类	优 点	缺 点
合成纤维	资源充足，耐碱性、耐弱酸性、伸长能力强	耐热性极差，同水泥的粘结性差，同水泥的弹性模量之比约1/10,耐低温性差
玻璃纤维	可批量生产，抗大气腐蚀性、抗拉强度大，耐热性良好	耐水泥中碱的侵蚀性差
金属纤维	耐热性、耐碱性、耐大气腐蚀性、耐蚀性、同水泥的粘结性能等良好	价格贵

钢纤维混凝土参考配合比　　表 16-8

配合比（kg/m³）							性能		备注
水	水泥	砂	碎石		钢纤维	减水剂（%）	抗压强度（N/mm²）	抗折强度（N/mm²）	
			规格（mm）	用量					
184	400	750	5～12	1050	100	0.25	391	157.1	薄壳、折板屋面
185	430	787	5～12	1045	150	0.25	444	186.1	薄壳，折板屋面
198	396	686	5～12	1120	30				吊车轨道垫层

注：减水剂为木质素磺酸钙。

（2）纤维混凝土的搅拌强度要比普通混凝土大，故搅拌时间比普通混凝土长，一般采用机械搅拌，搅拌机选用强制式和自落式皆可，但一般倾向于用强制式混凝土搅拌机不得超过 30min。浇筑层的厚度控制在 20～30cm 为宜。混凝土由人工用铁铲入模，随浇随用，高频插入式振动器捣实，表面压光。也可采用普通振动台和表面振动器振捣，效果也较好。

（3）根据结构构件的受力特点，在捣实时可以人为地使纤维定向。如采用磁力定向、振动定向及挤压定向等。

（4）钢纤维混凝土浇筑成型后，应浇水养护，养护期不得少于 14d。

（五）特细砂混凝土的施工

我国有些地区蕴藏着丰富的细度模数在 1.5 以下，或平均粒径在 0.25mm 以下的特细砂。用这种砂子配制的混凝土称为特细砂混凝土。根据就地取材的原则，通过试验研究和工程实践证明，用特细砂配制 C30 以下的混凝土是可能的，虽然其水泥用量要略多一些，但在缺乏粗、中砂的地区，经济上也是合理的。

特细砂混凝土的抗压强度、抗拉强度、收缩及弹性模量等指标，均接近于同强度等级的中、粗砂配制的混凝土，仅是耐磨性较差，但采取一定措施后仍能满足要求。特细砂混凝土的水泥用量略高于中、粗砂配制的混凝土。

1. 原材料

根据《特细砂混凝土配制及应用规程》规定：特细砂的细度模数不小于0.7、且通过0.15mm筛的含量不大于30%，或平均粒径不小于0.15mm。配制C25或C30混凝土时，宜采用细度模数>0.9，且通过0.15mm筛的含量不大于15%，或平均粒径>0.18mm的砂。对含泥量则规定：当水泥标号[1]与混凝土强度等级的比值小于或等于20时，含泥量不大于5%；当水泥标号与混凝土强度等级的比值大于20时，含泥量不大于7.5%，当水泥标号与混凝土强度等级的比值大于或等于30时含泥量不大于10%。

2. 配合比

配制特细砂混凝土时，应掌握下述配合特点：

（1）特细砂混凝土的强度，在相同水灰比的条件下，比中砂混凝土低。此外，为配制同等强度的混凝土，用特细砂时要适当降低水灰比。

（2）为达到相同坍落度，特细砂混凝土的用水量及水泥用量要比中砂混凝土多。但特细砂混凝土拌和物具有比较好的振动可塑性、所以宜配制低流动混凝土，其坍落度大于3cm，工作度不大于30s。

（3）为节约水泥并改善特细砂混凝土的性能，应选用空隙率较小的粗骨料级配。在条件许可时，可适当增加5～10mm的小石含量或掺入适量绿豆砂、石屑等，还应选用较小的砂率，一般还应掺用减水剂。

（4）其砂率、坍落度和用水量分别见表16-9、表16-10和表16-11。

---

[1] 这里介绍的是水泥按原1992年标准所得的比值。

特细砂混凝土砂率参考表 表 16-9

石子品种	水泥用量(kg) \ D (mm) / 砂率	20		30		40		60	
		0.7～1.0	1.0～1.5	0.7～1.0	1.0～1.5	0.7～1.0	1.0～1.5	0.7～1.0	1.0～1.5
卵石	200	25～27	28～30	24～26	27～29	23～25	26～28	22～24	25～27
	250	23～25	26～28	22～24	25～27	21～23	24～26	20～22	23～25
	300	21～23	24～26	20～22	23～25	19～21	22～24	18～20	21～23
	350	19～21	22～24	18～20	21～23	17～19	20～22	16～18	19～21
	400	18～20	11～23	17～19	20～22	16～18	19～21	15～17	18～20
碎石	200	22～30	31～33	27～29	30～32	26～28	29～31		
	250	26～28	29～31	25～27	28～30	24～26	27～29		
	300	24～26	27～29	23～25	26～28	22～24	25～27		
	350	22～24	25～27	21～23	24～26	20～22	23～25		
	400	21～23	24～26	20～22	23～25	19～21	22～24		

特细砂混凝土的坍落度 表 16-10

结构种类	机械捣实		人工捣实	
	工作度 (s)	坍落度 (cm)	工作度 (s)	坍落度 (cm)
1. 基础或地面等的垫层	50～70		50～70	0
2. 无配筋的厚大结构或配筋稀疏的结构				1～3
3. 板、梁和大型及中型截面的柱子	30～50	0～1	30～50	3～5
4. 配筋密集的钢筋混凝土结构	10～30	1～3	10～30	5～7
5. 配筋特密的钢筋混凝土结构	5～15	3～5	5～15	

特细砂混凝土用水量参考表 (kg/m^3) 表 16-11

工作性 \ 最大粒径 / 石子种类	卵石 (mm)				碎石 (mm)	
	10	20	40	60	20	40
20～309	145±5	135±5	125±5	115±5	175±5	165±5
10～209	155±5	145±5	135±5	125±5	185±5	175±5
0～1cm	165±5	155±5	145±5	135±5	195±5	185±5
1～3cm	175±5	165±5	155±5	145±5	205±5	195±5
3～5cm	185±5	175±5	165±5	155±5	215±5	205±5
5～7cm	195±5	195±5	175±5	165±5	225±5	215±5

3. 施工应注意的问题

特细砂混凝土拌和物的粘性较大，宜用机械拌和、机械振捣，拌和时间亦应适当延长。特细砂混凝土的干缩率较大，浇筑后特别注意早期养护，养护期内应保证表面经常湿润，养护期亦应适当延长。

（六）无砂大孔径混凝土的施工

无砂大孔混凝土就是不含砂的混凝土，它由水泥、粗骨料和水拌和而成。无砂大孔混凝土宜用中等粒径（10～20mm）、颗粒均匀的卵石或碎石，用水泥浆均匀覆盖其表面，并将骨料胶结在一起（水泥浆不起填充空隙的作用）成为一种多孔材料，见图16-1，具有密度小、混凝土侧压力小、可使用各种轻型模板等优点。无砂大孔混凝土主要用于非承重的外墙体。

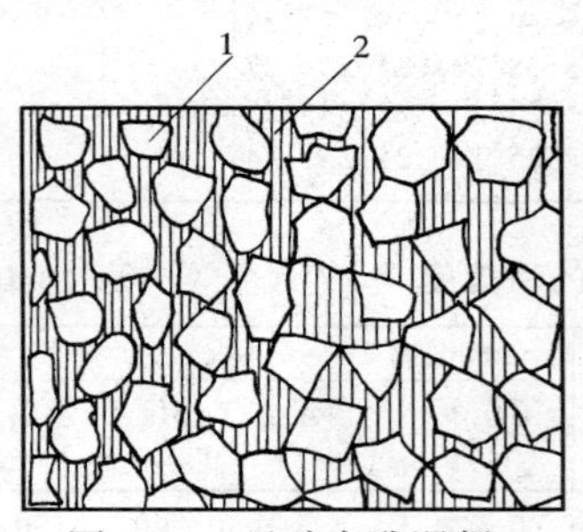

图 16-1　无砂大孔混凝土
1—粗骨料；2—孔洞

1. 原材料

无砂大孔混凝土的材料包括水泥、粗骨料和水。水泥为普通硅酸盐水泥，多用 32.5 和 42.5 等级。粗骨料可以是卵石或碎石，也可以是浮石、粉煤灰陶粒、粘土陶粒等轻骨料，甚至是碎砖。对于卵石、碎石或陶粒，要求粒径单一，在 10～20mm 之间，针、片状颗粒含量按重量计不大于 15%，碎石中的含泥量（包括含粉量）不宜大于 1%。

2. 配合比

配制无砂大孔混凝土时严格控制用水量。如果用水量过多，将使水泥浆沿骨料向下流淌，使混凝土强度不均，容易在强度弱的地方折裂。

表16-12、表16-13是一些常用的无砂大孔混凝土的配合比，可供参考。

卵石无砂大孔混凝土配合比 **表16-12**

水泥:粗骨料（体积比）	水灰比	水泥用量（kg/m^3）	R28（N/mm^2）	表观密度（kg/m^3）
1:6	0.38	259	14.6	1999
1:8	0.41	193	9.6	1913
1:10	0.45	155	7.2	1862

碎石无砂大孔混凝土配合比 **表16-13**

水泥:粗骨料	水灰比	水泥用量（kg/m^3）	龄期（d）	表观密度（kg/m^3）	抗压强度（MPa）
1:6	0.333	259	3 7 28	2080 2080 2075	8.3 11.6 15
1:7	0.338	223	3 7 28	2045 2042 2040	7.1 9.6 12.6
1:8	0.348	194	3 7 28	2000 2000 1995	5.7 7.8 10.2
1:10	0.36	156	3 7 28	1945 1945 1942	4.1 5.6 7.3
1:12	0.372	131	3 7 28	1926 1920 1917	3.2 4.1 5.4
1: 15	0.392	104	3 7 28	1890 1888 1887	2.1 2.8 3.6

3. 施工

（1）混凝土的搅拌：无砂大孔混凝土的搅拌，因水泥浆的稠度较大，且数量较少，为了使水泥能均匀地包裹在骨料上，宜采用强制式搅拌机。为了防止头几盘强度偏低，可在头盘及第二盘中多加些水泥。头盘可多加70%，第二盘可多加50%。采用轻骨料时，搅拌适当延长。

为了保证无砂大孔混凝土的搅拌均匀，近几年来试验成功一种称为预拌水泥浆法的新工艺。这种方法是首先拌制比需要量大3~4倍的水泥浆，然后将粗骨料与已拌好的水泥浆一起搅拌，保证每个骨料上都包裹上较多的水泥浆，然后使这些骨料通过一个以一定频率振动的筛子，筛去多余的水泥浆，这样留在骨料表面的水泥浆，恰好是所需要的，采用这种方法搅拌，在水泥用量相同的情况下，强度可增加50%～100%。

为了节约水泥，还可采用湿拌强化法。此法是在搅拌时加入水泥体积3%～4%的建筑石膏，并适当延长搅拌时间(搅拌时间一般为5～7min)。石膏的掺量随水泥强度等级而定。

(2) 混凝土的浇筑：无砂大孔混凝土中的水泥量有限，水泥浆只够包裹骨料颗粒，因此，在浇筑过程中不宜强烈振捣，否则将会使水泥沉积，破坏混凝土结构的均匀性。这样不仅使混凝土的强度下降，而且会降低混凝土的隔热性能，所以只允许在墙脚或转角处用插扦轻轻插捣。在一定高度下浇筑，靠混凝土的重力即可得到充分的密度。在窗台处或其他障碍物周围浇筑混凝土时，必须十分谨慎。

当骨料粒径为1～3cm时，自由下落高度在1.5m左右，浇筑质量是可以得到保证的。

(3) 混凝土的养护：无砂大孔混凝土由于存在大量孔洞，干燥很快，所以养护非常重要，要避免混凝土水分大量蒸发，遇有烈日与大风时应加覆盖，淋水、湿养护时间为3～7d。但也要防止暴雨冲刷，洒水养护时，不能用水龙头直射混凝土表面，洒水时间，一般在混凝土浇筑后1d开始，若遇干热天气，可在浇筑后8h开始养护，以免过早失水，要保持表面湿润。

(4) 拆模后的大孔混凝土墙体表面应平整，粗骨料颗粒均匀，棱角整齐及无整片水泥浆。墙面垂直度深度和高度等尺寸允许偏差，大模板的制作拼装和安装尺寸对结构设计的允许偏差以及现场配料误差均可参考表16-14和表16-15。

4. 特点及用途

无砂大孔混凝土与普通混凝土相比，具有以下优点：

（1）表观密度小，通常在1400～2000kg/m³之间；

（2）热传导系数小；

无砂大孔混凝土的质量对设计尺寸的允许偏差　　表16-14

项目	允许偏差(mm)	项目	允许偏差(mm)
1 墙面垂直度 (1) 每层 (2) 全高	 10 15	5. 每层水平高差(找平后) 6. 门窗框垂直偏差 7. 门窗洞口二对角线	6 5 8
2. 墙面平整度 3. 墙厚	8 ±5	8. 预留洞及预埋件中心位置偏差	10
4. 层高	±10	9. 轴线位移	8

现场配料的规定误差值　　表16-15

项目	现场配料的允许最大重量误差值(%)	项目	现场配料的允许最大重量误差值(%)
水泥	1	水	1
碎石(陶粒)	3	外加剂	1

（3）水的毛细现象不显著；

（4）水泥用量少；

（5）混凝土侧压力小，可使用各种轻型模板，如钢丝模胶合板模板等；

（6）表面存在蜂窝状孔洞，抹面施工方便；

（7）由于少用了一种材料（砂子），简化了运输及现场管理

无砂大孔混凝土施工简便，靠自重落料即可成型，不需插捣，对工人技术水平要求不高。而且，除了碎石、陶粒之外，无砂大孔混凝土还可直接利用炉渣等工业废料，甚至强度较高的建筑垃圾，如碎砖、碎混凝土块等，而旧的无砂大孔混凝土构件破

碎后，又是很好的粗骨料。这样，地方材料的利用及陈旧建筑物拆除后，垃圾处理等问题都可以得到较圆满的解决。

无砂大孔混凝土可用于6层以下住宅的承重墙体。在6层以上的多层住宅中，通常把无砂大孔混凝土作为框架填充材料使用，即构成无砂大孔混凝土带框墙。

无砂大孔混凝土还可用于地坪、路面、停车场等。

（七）山砂混凝土的施工

为了充分利用地方资源，因地制宜，就地取材，也可用山砂代替河砂配制混凝土。这里介绍的山砂系白云石质和石灰石经开采的筛选物，不包括其他岩质的山砂。

1. 砂的分类

山砂按生产方法可分自然山砂及机制山砂。按化学成分可以分为碳酸盐类山砂（即白云石或石灰质山砂）和石英质山砂。一般碳酸盐类山砂多为粗山砂，而石英质山砂多为细山砂。山砂的级配特点是粉末（粒径小于0.15mm的颗粒）含量较多（平均为15%左右），大于5mm颗粒较多。山砂粒形呈多棱角状，表面粗糙，比表面积大。山砂比重较大，一般为2.70～2.84。

2. 山砂的质量要求

（1）山砂中大于5mm的颗粒不得超过10%。

（2）山砂中有害物含量，参照有关砂、石标准中的规定。

（3）颗粒级配。山砂的级配应处在表16-16中Ⅰ、Ⅱ两区且高于C15的混凝土宜使用Ⅰ区山砂，Ⅰ区山砂只宜用应C15的混凝土中。

（4）粉末含量。山砂中有适量的粉末时，对于中、低等级混凝土性能有利，但粉末含量过多时对于混凝土性能又会产生明显不良影响。因此，山砂中小于0.075mm颗粒含量应按表16-17对0.15mm以下颗粒含量的规定进行控制。

山砂颗粒级配区 **表 16-16**

孔尺寸(mm)	级配分区		备　注
	Ⅰ区	Ⅱ区	
	累计筛余%		
5	0～10	0～10	所列累计筛余百分率（不包括筛孔为mm筛余量）允许超出分界线。总量不宜大于5%（指几个粒级累计筛余百分率超出的和，或只是某一粒级的超出百分率）
2.5	15～37	0～15	
1.25	37～60	20～37	
0.63	52～70	42～52	
0.315	63～80	55～63	
0.160	70～95	65～70	
细度模数	2.37～3.62	1.82～2.4	

砂中粉末含量限值 **表 16-17**

混凝土等级	小于0.075mm颗粒不大于(%)	小于0.015mm颗粒不大于(%)
C50	11	20
C20～C25	17	30
C15	20	35

（5）山砂的坚固性，以压碎指标表示。

1）有耐冻性要求的普通混凝土和钢筋混凝土，山砂的压碎指标不大于35%。

2）对于有一般耐磨要求的混凝土工程，山砂的压碎指标不大于35%，小于0.15mm颗粒含量不大于20%。

3．山砂混凝土的应用

（1）由于山砂中粉末含量一般较大，为了提高混凝土的强度和节约水泥，在配合比设计时宜用低流度性和低砂率。

（2）山砂混凝土宜采用机械搅拌，机械振捣，搅拌时间应适当延长。拌和均匀，保证混凝土有良好的匀质性。

（3）为保证山砂混凝土强度的正常发展和减少收缩，必须加强养护，早期养护需特别注意。养护时间应比河砂混凝土延长2～3d。

（4）构件成型后，对面层应进行两次压光，防止表面产生干缩微细龟裂，提高表面密实性。

（5）用白云石或石灰石质山砂配制的混凝土，不得采用酸性外加剂，以免影响混凝土强度。

（6）山砂混凝土可用一般蒸汽养护，但对于蒸压养护的混凝土及钢筋混凝土不得使用山砂。

复 习 题

1. 什么是补偿收缩性混凝土？有何特性？

2. 补偿收缩性混凝土的外加剂有哪些？UEA 外加剂的加入时控制在什么范围？

3. 什么是聚合物水泥混凝土？什么是聚合物浸渍混凝土？什么是聚合物混凝土？各有何用途？

4. 什么是流态混凝土？有何特性？如何选择流化剂？

5. 什么是纤维混凝土？有何用途？

6. 如何配制特细砂混凝土、无砂大孔径混凝土、山砂大孔径混凝土？

十七、大模板、滑模、升板的混凝土施工

（一）大模板混凝土施工

1. 大模板的应用及特点

大模板施工是采用大型工具式模板现浇混凝土墙体的一种施工方法。大模板和一般小块钢（木）模板拼合的工具式模板不同，其面积可扩大到一块墙面用一块大模板，可达 15～20m^2。楼板一般为预制吊装，也可采用整体式大模板，墙和楼板都在现场浇筑。整个房屋完工后，即形成墙板承重的无骨架板材建筑结构。这种结构可用于多层和高层民用建筑工程，这种体系通常称为“现浇整体式建筑体系”，或简称“大模板建筑”。

大模板建筑同砖混结构比，有以下几个特点：

（1）结构的整体性好，抗震能力强，适合建造高层建筑。在高层建筑中水平荷载成了控制设计的主要因素。对于住宅、旅馆之类横墙较多的高层建筑物，采用大模板现浇钢筋混凝土纵横墙体，使它同时承受竖向荷载和水平荷载，结构整体性好，抗震能力强，施工方便。

（2）机械化程度高、施工进度快。大模板采用的是工具式大模板，装拆方便，并可多次重复使用。操作须采用起重机械设备。

（3）大模板须经专门设计和验算，构造拼装较复杂。

（4）大模板施工，发挥了现浇和预制吊装工艺的优点，减轻了劳动强度，减少了用工量，缩短了工期，现场施工容易管理，

方便了施工。

（5）提高了建筑面积平面利用系数。

2. 大模板的类型

（1）内外墙体全现浇的大模板建筑：这类建筑的内墙和外墙全部采用大模板现浇混凝土墙体。这样，结构的整体性好，有利于抗震，但安装外墙板外侧的大模板时，需采取悬挑外墙大模板，外装修量大，而且还需高空作业，工期也较长。

（2）现浇与预制相结合的大模板建筑：这类建筑为现浇混凝土内墙与预制大型外墙壁板相结合的大模板建筑。这样，外装修可在大型壁板制作时做好，克服了墙体全现浇大模板外装修量大的缺点，又能加快施工进度，很适宜建造高层住宅。有的地区称为“内浇外挂”施工工艺。

（3）现浇与砌砖相结合的大模板建筑：这类建筑内墙为大模板现浇混凝土墙体，外墙采用普通黏土砖砌筑，适合建造六层以下的住宅。与一般砖混结构相比，它整体性强，平面系数大，内装修量小，施工进度快，工程质量易于保证，在地震区采取抗震措施时，比砖混结构所花的费用小。一般称作“内浇外砌”施工工艺。

3. 大模板的组成与构造

一块大模板是面板、加劲肋、竖楞、支撑桁架、稳定机构附件组成，构造图如图 17-1 所示。

4. 大模板混凝土浇筑

大模板墙体的混凝土浇筑一般采用机械化料斗浇筑法或者用泵送混凝土浇筑法，依现场施工条件选用。

（1）机械化料斗浇筑

1）混凝土搅拌后运送到料斗内，由塔式起重机吊运至浇灌部位，斗门直对模板，沿墙体作水平移动，斗门在移动中开启，使混凝土拌和物均匀地浇筑在模板内，也可将混凝土拌和物倒卸在浇筑平台上，再用铁锹铲到模板内。

2）为保持连续作业，一般一台塔式起重机需配备两个料斗，

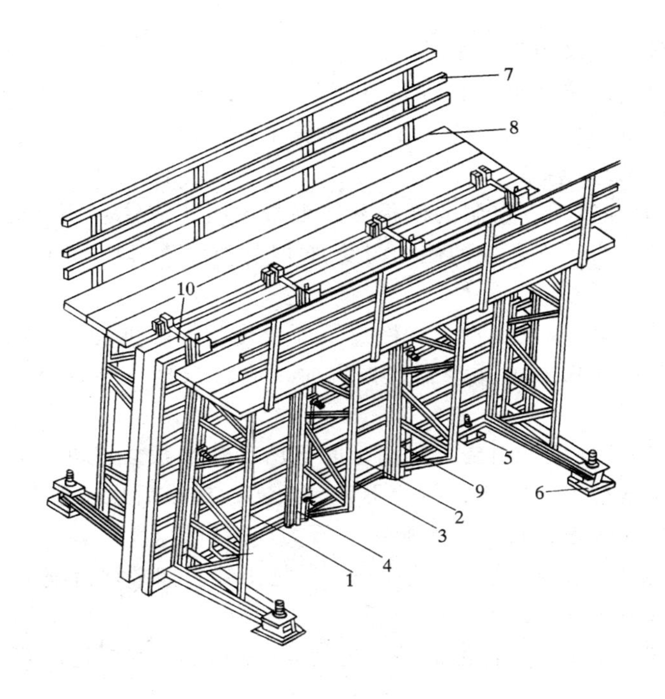

图 17-1　大模板构造示意图

1—面板；2—水平加劲肋；3—支撑桁架；4—竖楞；5—调整水平度的螺旋千斤顶；6—调整垂直度的螺旋千斤顶；7—栏杆；8—脚手板；9—穿墙螺栓；10—固定卡具

其中一个料斗经常处于吊运浇灌状态，另一料斗贮装待运。斗容量 0.8～1m^3 用小型搅拌站搅拌混凝土和小翻斗车运送混凝土拌和物的场合。1.4～2m^3 斗则适用于启卸翻斗卡车或搅拌车远运混凝土拌和物的场合。

3）当采用 0.8～1m^3 斗坑的深度相当于斗的高度，宽度略大于两辆并排放置的翻斗车的宽度。斗坑可用砖砌，应注意随时清除残存于斗坑及周围的混凝土。

4）为了防止混凝土落到底部时产生离析现象和对大模板产生过大的冲击力而增加模板的侧压力，应采用漏斗或导管。

5）混凝土开始浇灌前，先浇一层砂浆，然后分层浇灌。每层灌筑高度应根据一个单元的混凝土工程量、分层数、每层灌筑所需时间等来控制，以保证在下层初凝前开始灌筑上一层混凝土。通常每层楼的墙体分 5～8 个施工层灌筑，每层灌筑高度为 0.35～0.5m。

6）在有门、窗洞的模板灌筑混凝土时，应注意要在门、窗洞的正上方下料，使两侧均匀受料并同时振捣，以防止门、窗洞模板发生偏移。

7）墙体混凝土除了严格控制配合比和坍落度外，还必须选择高频、大振幅的振动器，振捣时，应将振捣棒插入下一个分层。

8）若外墙采用装配式墙板时，由于在墙板立缝处的钢筋较密，不能插入振动器，因此不容易振实，拆模后也不容易发现，必须切实注意插捣，否则影响墙板的连接质量。

9）混凝土灌筑前连续作业不留施工缝。如必须留施工缝时，水平缝可留在门窗洞口的上部。

10）采用料斗浇灌时坍落度为 4～6cm。采用泵送时可为 10～14cm。

（2）泵送混凝土浇灌

1）要求搅拌运输、布料等配套。

2）泵机与浇筑点应有联络工具，信号要明确。

3）泵送前应先用水灰比为 0.7 的水泥砂浆湿润导管，需要量约为 $0.1m^3/m$，新换节管也应先润滑、后使用。

4）泵送过程严禁加水，严禁泵空。

5）开泵后，中途不要停歇，并应有备用泵机。混凝土常温养护时，墙体拆模后应及时喷水养护，一昼夜至少养护 3 次以上；3d 以上，也可喷洒养护。

5. 大模板工程质量和常见问题

在大模板施工中应对钢筋绑扎、支模质量进行认真检查，所有预留孔洞、预埋件要符合焊缝的设计要求，保证位置正确，连结可靠。

大模板工程质量标准见表 17-1，大模板浇筑常见问题及处理见表 17-2。

大模板工程质量标准 **表 17-1**

项次	项 目	允许偏差（mm）	检查方法
1	外墙板垂直	±5	用 2m 靠尺检查
2	外墙板位移	±5	尺检
3	内墙垂直	±5	用 2m 靠尺检查
4	内墙表面平整	±4	用 2m 靠尺检查
5	内墙上口宽度	±5 ±2	尺检
6	内墙轴线位移	±10	尺检
7	预制楼板压墙长度	±10	尺检
8	先立口的门口垂直	±5	尺检
9	先立口的门口对角	±7	尺检
10	后立口的门洞上口标高	±20 ±5	尺检
11	后立口的门洞宽度	±10	尺检

大模板混凝土常见问题 **表 17-2**

项次	问 题	发生部位	原 因	避免办法
1	混凝土“烂根”	墙底约高 10～20cm 范围	（1）结构层楼板上表面不平，使大模板底边与楼板间产生缝隙，造成漏浆 （2）混凝土离析、缺少水泥砂浆结合层	（1）在大模板下增抹水泥砂浆找平层 （2）提高混凝土和易性 （3）浇水泥浆结合层
2	门框倾斜或变形（先立口）	门框洞口处	（1）自门洞口一侧下料，或门洞口两侧混凝土灌注高差过大，对门框产生过大侧压力 （2）门框固定不牢固	（1）坚持混凝土分层灌筑 （2）门洞两侧同时下料，高差相近 （3）加强门框和门洞模板固定

续表

项次	问题	发生部位	原因	避免办法
3	门洞口混凝土斜裂	门洞口两上角	(1) 拆门口模板时有较大振动、拆摸过早 (2) 门口模板对角尺寸大于门口净高，顶裂 (3) 养护不及时，混凝土收缩较大，及洞口上的应力集中影响	(1) 采用折叠式门洞模板，减轻拆摸振动 (2) 加强混凝土养护，坍落度不可过大 (3) 配置洞口抗裂斜筋
4	气泡、坑（麻面）过多	墙面	(1) 早强剂影响 (2) 振捣时间过短 (3) 隔离剂失效	(1) 加强混凝土振捣，使气泡充分排出 (2) 加强隔离剂涂刷工作
5	混凝土粘模墙面不光洁	墙面	隔离剂涂刷不均匀，过稀、被冲洗掉、失效，无隔离作用	(1) 采用具有隔离作用的隔离剂 (2) 加强隔离剂涂刷工作 (3) 及时清理模板面上的砂浆粘结物
6	墙面接槎不平	楼梯间	(1) 轴线定位放线时，拉尺积累误差过大，造成墙面错位 (2) 圈梁模板与下层墙面不平	(1) 以各楼梯间为起点，控制轴线定位 (2) 提高圈梁模板质量 (3) 在大模板下增加圈梁型钢模，一次灌注

（二）滑升模板混凝土的施工

1. 滑模的应用

滑升模板施工，是现浇钢筋混凝土结构工程施工中的一项新施工工艺。

滑升模板施工是在建筑物底部按照建筑物平面，沿墙、柱、梁等构件周边，一次装设高 1.2m 左右的模板，随着在模板内不断灌注混凝土和绑扎钢筋，利用一套提升设备将模板不断向上提升。由于出模的混凝土的强度已能承受本身的重量和上部新灌注的混凝土的质量所以能保持已获得的形状，不会塌落变形。这样，随着滑升模板的不断上升，逐步完成建筑物构件的混凝土灌注工作。

滑升模板施工的主要优点：

（1）大量节约模板和脚手架，节省劳动力，降低施工费用。由于施工时只需要安装一次模板和施工操作平台，而且模板高度仅有1.2m左右，就能完成整个建筑物由底到顶的全部混凝土灌注工作，因而大大地节约了模板和脚手架的材料用量。

（2）加快施工速度，缩短工期。由于大量地减少了支模、拆模、搭脚手架等工作，而绑扎钢筋、浇筑混凝土和模板滑升等工序配合的又非常紧密，因而提高了工效，加快了施工速度，缩短了工期。

（3）提高工程质量，保证结构的整体性。由于混凝土浇筑工作连续进行，易于振实，结构的整体性好，抗震能力高。

（4）有利于安全施工。操作人员都在操作平台和吊笼（吊架）上进行操作，安全设施齐全，施工安全可靠。

滑模施工的缺点是耗钢量大，一次投资费用多。

2. 滑模的滑升原理与组成

滑模施工系指在建筑物底部，沿墙、柱、梁周边，将由模板、提升架、操作平台、支承杆及千斤顶组成的模板系统安装就位，千斤顶在支承杆上爬升，带动提升架、模板、操作平台随之一起上升。同时，不断在模板内分层浇灌混凝土和绑扎钢筋，由于出模的混凝土强度已能承受本身的重量和上部新浇混凝土的重量，而不会塌落和变形。这样，随着滑模的不断上升，逐步完成建筑物构件的混凝土浇筑工作，直到需要的高度为止。

（1）滑升原理

滑模的滑升原理与所使用的千斤顶有关。提升过程就好像猴子爬杆一样，当电动油泵进油或排油时，千斤顶内上下两个卡头就如爪子一样，先后交替地沿着支撑杆向上爬升，完成一个行程提升30mm左右。因为千斤顶的底部与提升架的横梁相连结，依上述程序往复循环，便可使千斤顶提升架带动滑模装置不断上升，直到设计高度为止。在施工过程中，滑模装置及全部施工荷载由提升架传给千斤顶，再由千斤顶传给支承杆承受的。

（2）滑模的组成

滑模组成的示意图如图 17-2 所示。

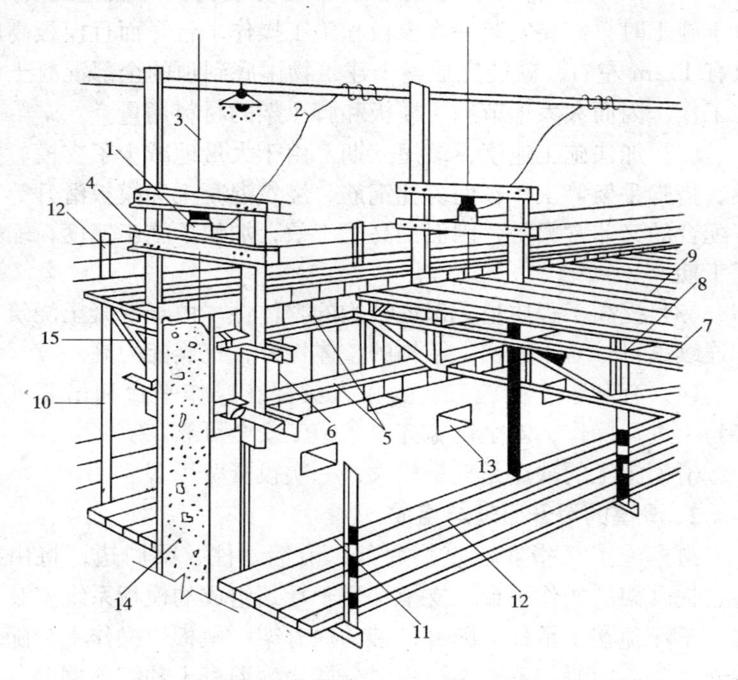

图 17-2 滑模组成示意图

1—千斤顶；2—高压油管；3—支承杆；4—提升架；5—上、下围圈；6—模板；7—桁架；8—檩条；9—铺板；10—外吊架；11—内吊架；12—栏杆；13—预留孔洞；14—墙体；15—挑三角架

组装前必须清理好现场，理直插筋；冲去插筋和基础上的泥土；除去浮动的混凝土残渣；弹出建筑物和各结构截面的中心线，截面的轮廓线和提升架、门窗的位置线等；把主要轴线引测到适当地点，设立垂直控制点；备齐模板成套部件等。

滑升模板组装顺序如下：

1）搭设临时组装平台，安装垂直运输机械。

2）安装提升架。提升架应按编号及类型安放至设计位置；如有高低不平，以基础表面最高点为准，用木方垫起至同一水平面上，符合要求后，用木撑或辅助架将其固定。

3）安装围圈。安装顺序是先内后外，先上后下，逐一用螺栓与提升架相连。

4）绑扎垂直钢筋和模板高度范围内的水平钢筋。

5）安装内外模板。模板安装前应涂刷机油，以减少滑升时的摩擦阻力，安装顺序是先内后外，注意模板下口的锥度，一般是用围圈支托或在模板挂钩处加铁垫片来调整。

6）安装操作平台的桁架（梁）支撑，铺设平台板，平台板与模板交接处宜做成斜角。

7）安装外挑三角架与铺板。

8）安装提升设备并检查其运转情况，采用液压千斤顶时，应将行程近似一致的千斤顶尽量安设于同一组油路内，以利调整升差。安装后用线锤校核千斤顶的垂直度，如有偏差，应用垫片校正，校正后可按油路图配设相应的油管，针阀及其配件。

9）安装支承杆。采用液压千斤顶时，第一段支承杆要在液压系统排气充油空载试运转后才能安装，在支承杆下端垫小块钢板，如采用工具或支承杆，其下部应插入特制的钢靴，套管下端必须包扎，避免水泥进入。

10）滑离地面一定高度后，安装内外吊脚手及安全网。

3. 滑模的混凝土浇筑

（1）混凝土浇筑操作要点

1）滑模施工用的混凝土要求具有良好的和易性，故宜采用细粒多粗粒少的骨料配制，石子粒径宜在结构截面最小尺寸的1/3以下，混凝土入模坍落度，用振动器振动时，取40～60mm，人工捣固时取80～100mm。在不多用水泥，不降低混凝土强度的前提下，尽量选用较大的坍落度。为此，最好在混凝土中掺入减水剂。

2）混凝土的出模强度宜控制在0.1～0.3MPa范围内。为此，在设计混凝土配合比时，其初凝时间控制在2h左右，终凝时间一般可控制在4～6h左右。如果由于气温条件、施工条件、水泥品种等因素的影响，混凝土凝固速度过快或过慢，在规定的滑升速度下（要求每小时平均滑升速度不低于100mm），不能保证出模强度时，则应掺入缓凝剂或早强剂。

3）在灌注混凝土时，必须严格遵守分段分层交圈浇灌方法，做到各段在同一时间浇完同一层混凝土，分层的厚度为200mm左右。每层表面高度应保持在模板上口以下50mm左右，并留出最上一层水平筋，作为继续绑扎钢筋的依据。

4）浇筑混凝土时，用插入式振动棒振捣。在各浇筑点同时振捣，防止漏振。

5）在浇筑混凝土同时，应随时清理粘在模板表面的砂浆或混凝土，以免结硬，影响表面光滑，增加滑升摩阻力。

6）在浇筑过程中，注意检查千斤顶或油管接头处是否漏油。若漏在混凝土和钢筋中应及时清除干净，并采取措施防止其渗漏。

7）混凝土的修饰。滑模工程的出模混凝土强度尚低，为出模构件表面出现的小疵病的修饰提供了条件，如表面不平、掉棱缺角等，只需用木方拍实刮平，用抹子抹平压光或用原浆修复即可。修饰工作在吊架上进行。

（2）滑模施工中常用的混凝土养护方法，有以下两种：

1）浇水养护：一般在混凝土出模12h左右进行养护。预先在操作平台下面沿建筑物四周挂设一圈开有小孔的喷水管，通水喷洒。洒水次数可根据气温情况决定。

2）薄膜养护：一般在混凝土出模后2h左右。喷涂氯偏乳液或醇酸树脂等塑料薄膜，使混凝土表面形成一封闭层，以防内部水分蒸发。

4．滑模的施工注意事项

（1）支承杆发生弯曲：在滑升过程中由于支承杆本身不直，安装位置不正，偏心荷载过大，负荷过重，脱空长度过长以及相邻两个千斤顶升差较大互相产生作用力等各种原因，支承杆容易失稳产生弯曲。此时必须及时处理，以免引起严重质量和安全事故。处理办法按不同情况而定。

1）支承杆在混凝土内部发生弯曲：模板滑出后，混凝土表面外凸并出现裂纹等现象，说明支承杆在混凝土内部产生弯曲。遇此情况应暂停使用该千斤顶，先将弯曲处已破损的混凝土清除，然后根据弯曲程度的不同分别处理。若弯曲程度不大，可用带钩的螺栓加固（图17-3*a*）；若弯曲严重，可将弯曲部分切断，再用钢筋帮条焊接（图17-3*b*）。处理后再支模补灌混凝土。

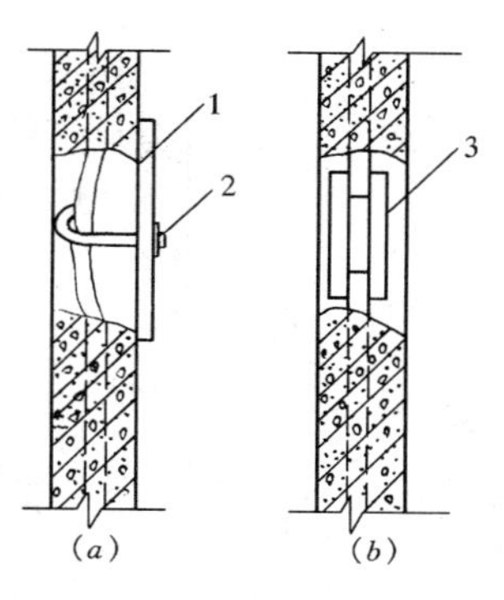

图 17-3　支承杆在混凝土内部弯曲时的加固措施

（*a*）弯曲不大时；（*b*）弯曲严重时

1—垫板；2—ϕ20 带钩螺栓；3—ϕ22 钢筋

2）支承杆在混凝土上部发生弯曲：如弯曲不大，一般加焊与支承杆同直径的钢筋（图 17-4*a*）；如弯曲很大，则需将弯曲部分切断，再加帮条焊接（图 17-4*b*）；如弯曲部位很长且弯曲程度又严重时，应将支承杆切断，另换新支承杆，并在新支承杆和混凝土接触处加垫钢靴（图 17-4*c*）。

（2）混凝土出现水平裂缝或拉裂：造成这种情况的原因很多，大部分是被模板拉裂。模板没有倾斜度或产生反倾斜度。如图 18-5（*a*）所示：滑升速度慢，混凝土与模板粘在一起摩阻力太大；纠正垂直偏差过急，使混凝土拉裂，如图 18-5（*b*）所示。

其防治措施主要是纠正模板的倾斜度，使其符合要求；适当的加快提升速度，并在提升模板的同时，用木锤等工具敲打模板背面或其上表面，垂直向下加一定的压力，以消除混凝土与模板的粘结；此外在纠正垂直偏差时，应缓慢进行，防止混凝土弯折。

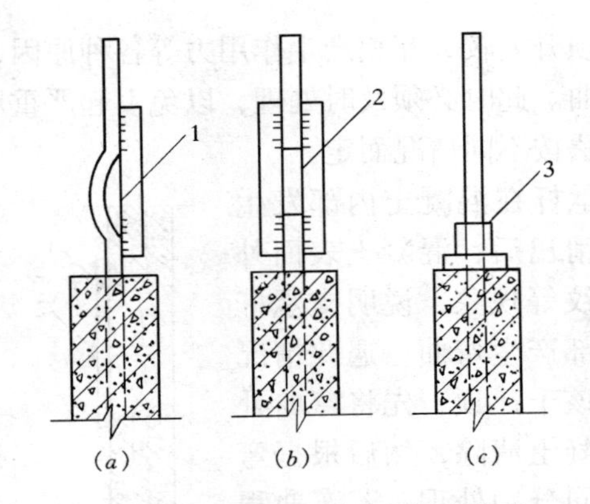

图 17-4 支承杆在混凝土上部弯曲时的加固措施

(a) 弯曲不大时；(b) 弯曲很大时；(c) 弯曲既长又严重时

1—ϕ25 钢筋；2—ϕ22 钢筋；3—钢靴

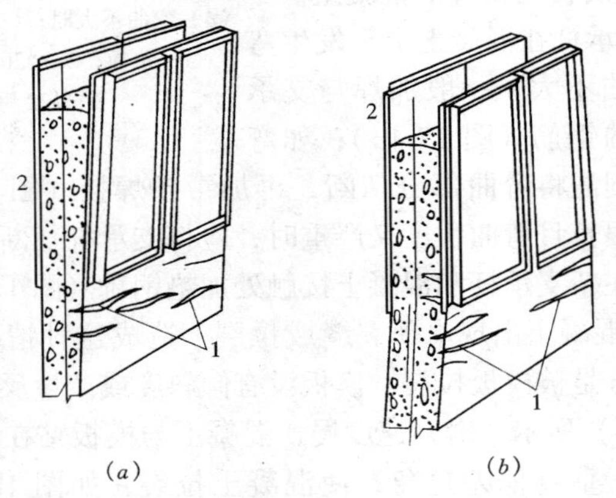

图 17-5 混凝土被拉裂情况

(a) 滑升速度慢；(b) 纠正垂直偏差过急

1—混凝土裂缝；2—模板

(3) 混凝土局部坍塌：由于混凝土没有按分层交圈法浇灌，当模板开始滑升时，虽大部分混凝土开始凝固，但最后浇灌的混凝土，仍处于流动和半流动状态。

其防治措施是：

1）严格按照分层浇筑，分层振捣。

2）必须选择适当的混凝土配合比和坍落度，选用粒径较小的石子，注意混凝土捣实质量，应防止漏振。

3）对已坍塌、麻面及露筋部位，应及时清除干净，用与混凝土同标号的水泥砂浆压实修补，对于大的孔洞应用比原标号高一级的细石干硬性混凝土，修补后，将表面抹平，做到颜色及平整度一致。较大的孔洞应另外支模补浇混凝土。

(4) 混凝土表面出现“穿裙子”现象：其主要原因是：模板装置刚度不够，或模板的倾斜度过大；每层混凝土浇灌厚度过高，或采用高频振捣器振捣时间过长等，造成混凝土对模板的侧压太大，都可能使混凝土表面产生“穿裙子”现象。

其防治措施如下：

1）纠正模板的倾斜度，适当加强模板的侧向刚度。

2）严格控制每层混凝土的浇灌厚度，尽量采用频率较低的振捣器，以减小混凝土对模板的侧压力。

(5) 混凝土墙、柱缺棱掉角：其产生原因是由于墙、柱转角处的摩阻力较大；操作平台上升不均衡及保护过厚；钢筋绑扎不直，或有外凸部分，使模板滑升时受阻蹩劲；振捣混凝土时，碰动主筋（尤其采用高频振捣器时）将已凝固的混凝土棱角振掉。

其防治措施是：

1）采用钢模板或表面包铁皮的木模板，同时将模板的棱角改为圆角或八字形，或采用整块角板，以减小模板滑升时的摩阻力。

2）严格控制振捣器的插入深度，振捣时不能强力碰动主筋，尽量采用频率低及振动棒头较短的（如长度为250～300mm）振动器。

3）调整好模板的倾斜度，使操作平台水平上升，提高滑升速度。

(6) 倾斜与扭转：滑模在滑动中常出现建筑物倾斜、扭转等现象，其主要原因是操作平台上荷载不均匀，使之向荷载大的方向倾斜，此外千斤顶上升时没有同步，或是浇筑混凝土时，经常沿一个方向进行，会发生扭转，当发生以上现象时应马上纠正。一般建筑物的垂直度偏差不超过 10mm，平台的水平偏差如超过 20mm 时，总的扭转离中心远点在切线方向不得超过 30m。纠偏的方法一般采用如下措施：

1）纠偏方法中最常用的是调整平台的高差，即以倾斜方向相反一边的千斤顶的标高为零点而向着倾斜方向逐步增加各个千斤顶的标高值，使操作平台保持一定的倾斜度（其倾斜度最大不要超过模板的倾斜度），然后模板继续滑升，至建筑的垂直度恢复正常时，再把操作平台恢复水平状态。

2）采取在操作平台倾斜方向相反的一边，堆放重物；调整混凝土的灌注方向和顺序。

3）在千斤顶下加斜垫以及用捯链或卷扬机通过钢丝绳对平台施加水平外力等方法进行纠偏。

4）在滑出的混凝土壁的预埋件上焊上拉环，或利用已有的窗洞或梁等，用捯链一头拉住拉环或梁，一头拉住提升架下部或上部，在提升过程中逐渐使操作平台转回到原来位置。

5）灌注混凝土时，使其灌注方向与操作平台旋转的方向相反。

（7）液压传动系统故障：液压千斤顶在使用过程中常见的故障与排除方法见表 17-3。

液压千斤顶常见的故障和消除办法　　　表 17-3

项次	故障现象	产生的原因	消 除 办 法
1	能向上滑升，但回油时又落下	下卡头自锁失灵	拆洗下卡头和下卡头中的小弹簧
2	进油时爬升不上	（1）上卡头失灵 （2）没有排气	（1）拆洗上卡头和上卡头中的小弹簧 （2）排除油路和千斤顶中的空气

续表

项次	故障现象	产生的原因	消除办法
3	爬升行程过低	上下卡头之间距离过小	可在油缸盖和缸筒连接处加一个适当厚度的垫圈，增加油缸的长度
4	爬升行程过高	缸筒过长	调整行程调整帽
5	下滑量过大	上下卡头中小弹簧失灵	清洗上下卡头中的小弹簧或调换之
6	供油时活塞不动	进油嘴堵塞	拆下进油嘴检查，清除堵物
7	沿支承杆漏油	活塞油封损坏	调换新油封
8	从千斤顶上部渗漏油	油缸油封损坏	调换新油封

（三）升板混凝土的施工

1. 升板法施工的工艺流程

升板法的施工工艺过程一般为：挖土→基础施工→回填土→柱子预制→吊装预制柱→浇筑混凝土地坪→浇筑各层楼板和屋面板→安装提升设备→提升屋面板及楼板→节点的最后固定和后浇板带施工→围护结构施工装修，如图 17-6 所示。

2. 升板法施工的操作要点

（1）提升的过程

对于混凝土工种来说，升板施工中最重要的工作是板的浇筑，而且从屋面到一层楼板都要在地面上重叠浇筑，这是需要认真对待的。此外根据现有的提升设备和工艺条件，对提升过程中群柱的稳定性问题也须妥善解决。

图 17-7 是电动螺旋千斤顶沿柱自升的简图。

（2）隔离层的施工

1）隔离层材料的选用：在重叠浇筑楼板时，地坪与楼板之间，楼板与楼板之间必须用隔离层进行有效隔离，以免粘连在一起或吸附力过大，引起提升时楼板开裂，损坏提升设备，造成施

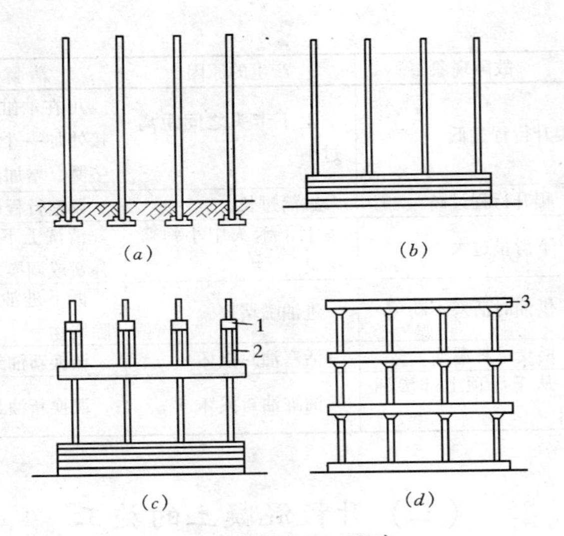

图 17-6 升板法施工程序

(a) 立柱；(b) 叠浇板；(c) 提升；(d) 就位固定

1—提升机；2—吊杆；3—后浇柱帽

工质量事故。因此，对隔离层的材料和施工都应该有足够的重视。

选择隔离层材料的要求：

(A) 有良好的隔离作用。

(B) 干燥快，便于早浇筑混凝土。

(C) 不腐蚀混凝土，不污染混凝土构件表面，便于清除。

(D) 价格便宜，材料来源广泛。

2) 常用的隔离层材料

(A) 卷材隔离层：卷材隔离层主要采用塑料薄膜和油纸，这种隔离层吸附力小，不怕雨水冲淋，适应雨季施工，但成本高，易起皱褶，影响平顶美观。

(B) 涂料隔离层：涂料隔离层有：皂脚滑石粉浆、纸筋石灰膏、猪血老粉、乳化机油、树脂涂料等。其中前两种使用较广。

(a) 皂荚滑石粉隔离层：将皂荚与水按 1:2 的重量比混合，

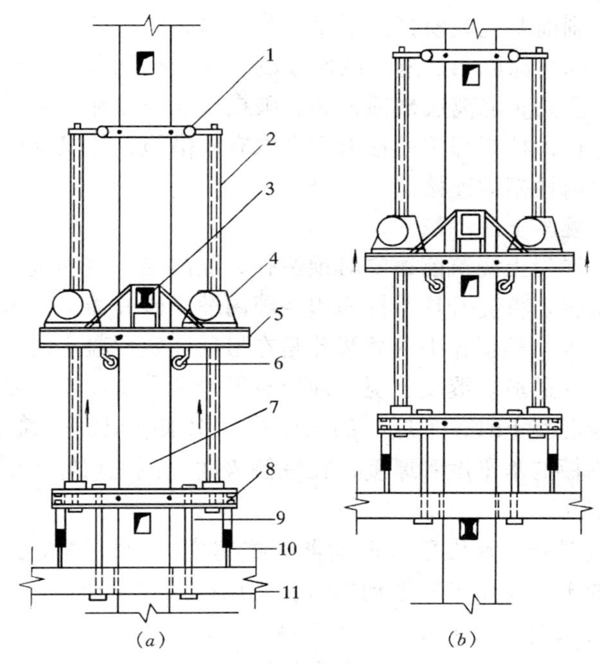

图 17-7　电动螺旋千斤顶沿柱自升简图

(a) 屋面板提升；(b) 提升机自升

1—螺杆固定架；2—螺杆；3—承重销；4—电动螺旋千斤顶；5—提升机底盘；6—导向轮；7—柱；8—提升架；9—吊杆；10—提升架支腿；11—屋面板

加热至 100℃，搅拌均匀后，冷凝备用。使用时加入适量的滑石粉，如果稠度大，涂刷困难，可适当加水。隔离层表面干燥后，再刷一层水泥浆（厚 2mm）或石灰水保护层，以防雨水冲刷。涂刷后要注意保护。皂荚滑石粉隔离层黏结力小，货源充足，成本低。

(b) 纸筋石灰膏隔离层：将粉刷用的纸筋石灰调稀后，薄薄地粉刷在楼板的板面上。如果刷得光滑，既可减少黏结力，又可避免雨水冲刷。但造价高、耗工多，隔离层清除困难。

3) 隔离层施工：隔离层在底模结硬，行人不留脚印时即可涂刷。涂刷前要把底模打扫干净，第一遍涂刷后，过1～2h行人不再粘脚即可涂刷第二遍。两次涂刷方向应相互垂直。在板上操作时应注意防止隔离层破损，如有破损应立即涂补。对后浇柱帽的升板工程，柱帽部位的板面应采取有效措施，使隔离层易于清除，改善与柱帽的连接。

（3）混凝土的浇筑

楼板混凝土浇筑前，要对预留孔、隔离层、钢筋进行认真的检查和验收。将提升环与柱四边空隙内灌细砂并盖上油毡，以防水泥浆进入。预留孔中的灌浆孔是在最后固定混凝土时，浇筑柱帽混凝土的通道。混凝土浇筑前所有的预留孔要用木塞塞住。浇筑上层板混凝土时，下层板的预留孔可用细砂填满并盖上油毡。为了控制板的水平度和厚度，在柱侧表面上预先划好各层板的标高线。

浇筑混凝土宜用平板振动器振捣密实，当板厚大于200mm或柱周围不便使用平板振动器时，可用插入式振动器，但应严格控制插入深度，防止破坏下面的隔离层。

混凝土板面收水后，应随即抹平收光，上面不再做面层。灌注完毕后，要加强浇水养护，以防大面积混凝土的开裂。

密肋式平板内的填充材料力求轻质并具有一定的强度。芯模和填充材料的尺寸偏差应不超过+2mm和－5mm。芯模表面要平整光滑，必要时应涂以隔离剂，以利脱膜。填充材料表面则宜粗糙，以便和混凝土粘结。灌筑密肋板混凝土时，应注意勿使芯模（或填充材料）位移。采用填充材料时，在灌筑混凝土前，应将填充材料浇水湿透，以保证混凝土质量。

（4）升板中的稳定问题

柱子在提升阶段的稳定问题，关系到整个工程的成败，应予以高度重视。在排列提升程序时，应尽可能缩小各层板的间距，使上层板在较低标高处就能将下层板在设计位置上就位固定，然后再提升上层板，对各提升阶段各层板在最不利搁置状态时群柱的稳定性要进行验算，如图17-8所示。

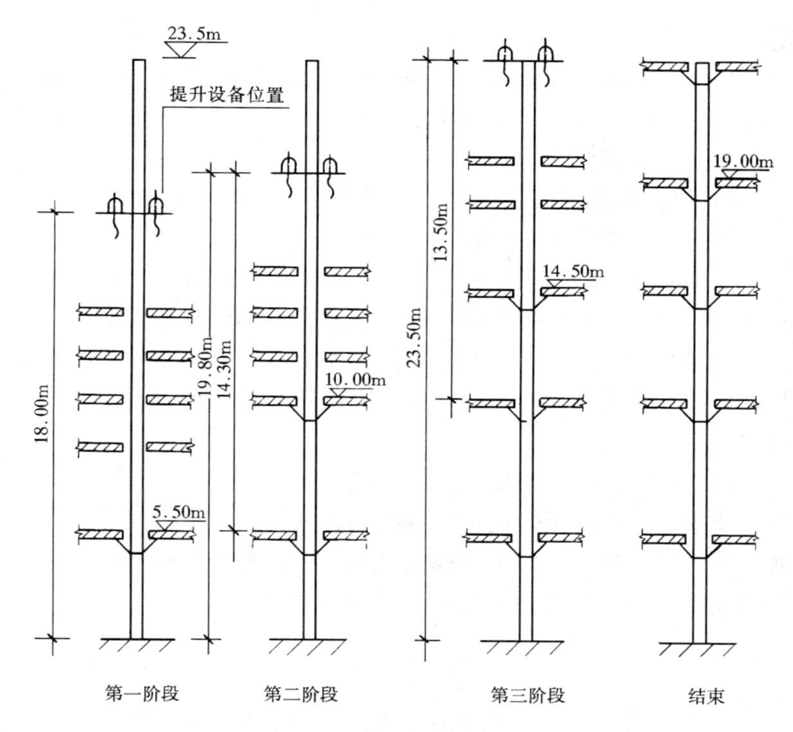

图 17-8　提升阶段柱子受力状态

群柱在提升阶段稳定性不满足要求时，应首先采取必要的施工措施，来提高群柱的稳定性，避免加大柱的截面或增加配筋。常采用的施工措施有：

1）调整提高顺序，尽量压低柱子的荷载作用点。在第一层板固定前。应最大限度地压低上层板的提升高度，并及时由下而上将板与柱永久固定。

2）对楼层高、荷载大的升板结构，为了确保安全，可以在上面几块板的四角拉缆风绳，并在柱与板之间用钢楔楔紧，以改变柱支承情况，在较大的水平荷载作用下，也能保证柱的稳定。拉缆风绳应特别注意严格控制，各根缆风绳受力要相同。如果缆风绳间受力不同，等于附加一个侧向荷载，更有害于群柱的稳定。

3）安装柱时，使相邻柱的停歇孔方向互相垂直。这样承重销的方向垂直交叉，使板与柱之间在两个方向都有一定的抗弯能力，增加附加安全度。

4）楼板采用四吊点提升，这样可使吊杆接头穿过楼板，缩小板间距离，降低柱上荷载。

5）采用柱顶式提升机时，应利用柱顶间的临时走道，加强各柱顶的拉结，板与柱之间用楔子楔紧，增加刚化强度。

6）升板工程施工，当风力超过七级时，应立即停止。稳定验算是按七级风荷载考虑的，在风荷载较小情况下提升，相当于增加了稳定措施。

7）结点混凝土和后浇板带的浇筑：在板的标高进行复核，符合要求后，后浇板带的钢筋及板与柱的钢筋按设计要求进行焊接，并进行验收后，即可支模用补偿收缩混凝土进行浇筑，混凝土的强度等级和配合比必须符合设计的要求。

复 习 题

1. 大模板混凝土施工有哪些优、缺点？适用于哪些建筑物？
2. 大模板混凝土施工按结构分类有几种类型？各节点如何连接？
3. 怎样才能保证大模板混凝土施工的质量要求？
4. 滑升模板混凝土施工适用于哪些工程？有什么优缺点？
5. 简述滑模施工混凝土的浇筑及滑升的操作要点。
6. 滑模混凝土表面常产生缺陷的原因及处理方法有哪些？
7. 简述滑模混凝土施工程质量要求。
8. 升板法混凝土的施工有哪些优、缺点？
9. 叙述升板法混凝土施工的工艺流程。
10. 如何配制升板施工预制板隔离剂？
11. 如何进行升板施工预制楼板的混凝土浇筑？
12. 升板混凝土施工节点浇筑有几种方式？如何浇筑？
13. 试述提模法的施工原理和施工工艺。

十八、构筑物混凝土的施工

（一）筒仓混凝土的施工

现浇钢筋混凝土筒仓结构的直径一般为10～20m的，地面以上5～10m为带壁柱的筒壁，筒壁厚度为250～350mm、再上为漏斗平台及筒仓。漏斗平台以下为带护壁柱的筒壁采用支模方案浇筑混凝土施工，漏斗平台以上筒壁采用滑升模板施工。

1. 支模方案及浇筑混凝土的施工工艺

（1）混凝土浇筑工艺

1）铺砂浆：筒壁浇筑混凝土前，应在底板上均匀浇筑5～10cm厚与筒壁相同强度等级的减石子砂浆。砂浆应用铁锹入模不应用料斗直接入模。

2）混凝土搅拌：加料时，按先石子，其次水泥，后砂子最后加水的顺序倒入斗中。各种材料应计量准确，严格控制坍落度，搅拌时间不得少于1min。雨季时，应测定砂石含水率保证水灰比准确。

3）分层浇筑：浇筑混凝土要分层进行，第一层混凝土浇筑厚度为50cm，然后均匀振捣。最上一层混凝土应适当降低水灰比，坍落度以3cm为宜。浇筑时应及时清理落地混凝土。

4）洞口处浇筑：混凝土应从洞口正中下料，使洞口两侧混凝土高度一致。振捣时，振捣棒到洞口边30cm以上，最好采用两侧同时振捣，以防洞口变形。

5）壁柱浇筑：先将振捣棒插放到柱根部并使其振动，再灌入混凝土，边下料边振捣，连续作业，浇筑到顶。

6）筒壁混凝土振捣：振捣棒移动间距一般应小于 50cm，要振捣密实，以不冒气泡为度。要注意不碰撞各种埋件，并注意保护空腔防水构造，各有关专业工种应相互配合。

7）拆模强度及养护：常温下混凝土强度大于$1N/mm^2$，冬期施工时大于 $5N/mm^2$ 时即可拆模，若有可靠的冬期施工措施保证混凝土强度达到 $5N/mm^2$ 以前不受冻时，可于强度达到 $4N/mm^2$ 时拆模，并及时修整壁柱边角和混凝土表面。常温施工时，浇水养护不少于三昼夜，每天浇水次数以保持混凝土具有足够的湿润状态为度。

（2）质量要求

1）严格控制混凝土配合比，混凝土出搅拌机坍落度 5～7cm，入模时坍落度 3～5cm，每一工作班至少检查两次。外加剂掺量要符合要求。施工中严禁对已搅拌好的混凝土加水。混凝土强度应达到设计要求。

2）混凝土振捣均匀密实，筒壁面及接槎处应平整光滑；筒壁面不得出现蜂窝、麻面、露筋、粘连、漏振及烂根现象。

3）筒壁混凝土表面应符合质量允许偏差要求。

（3）安全措施

1）用料斗吊运混凝土时，防止料斗在护身栏杆处发生碰撞；

2）专业电工应保证电源、电路安全可靠，经常检测有关电器绝缘情况；

3）操作人员振捣混凝土时，必须穿戴胶鞋和绝缘手套；

4）在筒壁外边缘操作时，应预先检查外檐防护栏杆是否安全可靠，必要时应配带安全带作业。

（4）应注意的质量问题

1）筒壁烂根：筒壁混凝土浇筑前模板底部均匀预铺 5～10cm 砂浆层。混凝土坍落度要严格控制，防止混凝土离析；底层振捣应认真操作。

2）洞口移位变形：模板穿壁螺栓应紧固可靠，改善混凝土浇筑方法，防止混凝土冲击洞口模板，坚持洞口两侧混凝土对称、均匀进行浇筑、振荡的方法。

3）筒壁气泡过多：采用高频振捣器，每层混凝土要振捣至气泡排除为止。

2. 滑模混凝土施工

（1）施工准备

1）确定混凝土的垂直、水平运输方式和现场平面布置（图18-1）。

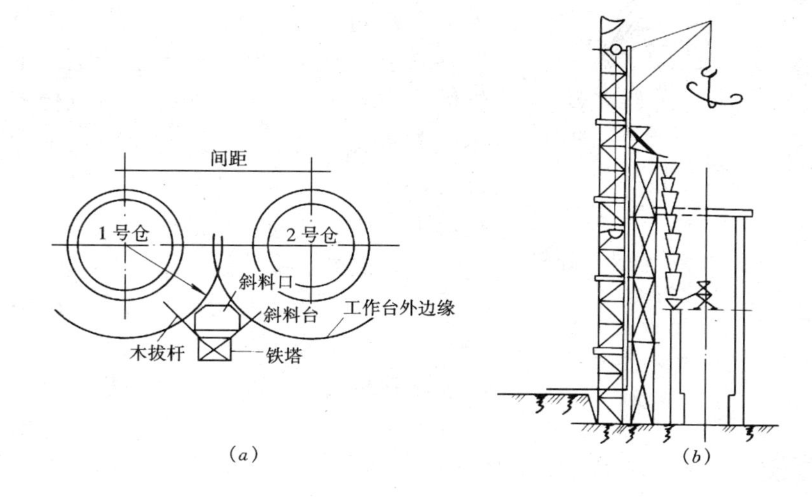

图 18-1

（a）平面布置；（b）垂直运输

2）施工的机具、材料、设备的准备，施工前都要做周密的检查和检修。

3）对钢模板、油管、千斤顶要清洗和修整，并做空滑试验。

4）对操作人员及有关人员进行技术交底。

（2）平台组装（如图17-2）

（3）混凝土的施工

混凝土的浇筑顺序为：每次分层浇筑高度平均30cm，浇筑到2/3模板高度后先行试滑。如果露出部分的混凝土达到0.1～0.25N/mm^2，即可继续滑升，每浇筑30cm，可连续滑升一次。

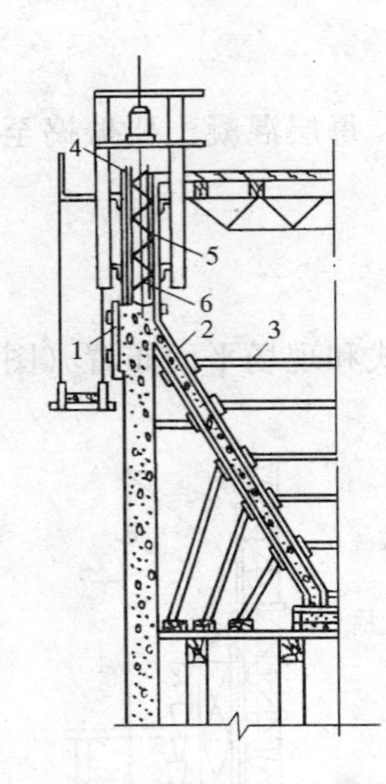

图 18-2　漏斗的处理
1—漏斗梁模；2—漏斗模；3—支撑；4—受力钢筋；5—环向加固筋；6—斜向钢筋

钢筋绑扎和混凝土浇筑应交错进行，要特别注意埋件安放位置的准确性，埋件采用焊在钢筋上的方法。

滑模混凝土施工的同步是保证滑升准确的一项重要措施，采取的措施是：每提升 30cm 就检查一次标高，一般控制±15mm 以内，相邻两个千斤顶的升差不得超过 5mm，利用开闭形阀进行调整。中心控制是在内钢圈上固定一个钢横梁，下面吊一个大线锤，每班检查不少于两次。找正方法通过调整钢平台进行，即中心向哪一边移位，就将那一边的平台适当提高，逐渐找正。

（4）混凝土漏斗的施工

1）筒壁与圈梁同时施工的方法：当筒壁滑升至漏斗圈梁的梁底标高，待混凝土达到脱模强度后，将模板空滑至漏斗圈梁的上口，然后支圈梁及漏斗的模板再浇筑混凝土，如图 18-2，再继续滑升筒壁。但在模板空滑过程中，支承杆容易弯曲，有使操作平台倾斜的危险，因此必须将支承杆加固。

2）漏斗与圈梁分开施工的方法：在漏斗圈梁支模浇筑混凝土时预留出漏斗的接槎钢筋。在筒壁滑升施工全部完毕后，再进行漏斗支模、绑扎钢筋及浇筑混凝土。

（二）烟囱混凝土的浇筑施工

1. 钢筋混凝土烟囱的结构与构造

（1）烟囱基础：混凝土及钢筋混凝土基础，可做成满堂基础或杯形基础。基础包括基础板与筒座，筒座以上部分为筒身，如

图 18-3（*a*）、图 18-3（*b*）所示。

（2）烟囱筒身构造：砖砌和钢筋混凝土烟囱筒身一般为圆锥形，筒壁厚度一般由下而上逐段减小。钢筋混凝土烟囱上部壁厚不小于 120mm，当上口内径超过 4m 时，应适当加厚。为了支承内衬，在筒身内侧每隔一段挑出悬臂（牛腿），挑出的宽度为内衬和隔热层的总厚度。钢筋混凝土筒身挑出的悬臂，为减少混凝土的内应力，挑出悬臂沿圆周方向，每隔 500mm 左右设一道宽度 25mm 的垂直温度缝，如图 18-4（*a*）所示。

（3）烟道：烟道连接炉体和筒身，以利烟气的及时排出。烟道一般砌成拱形通道，如图 18-4（*b*）。

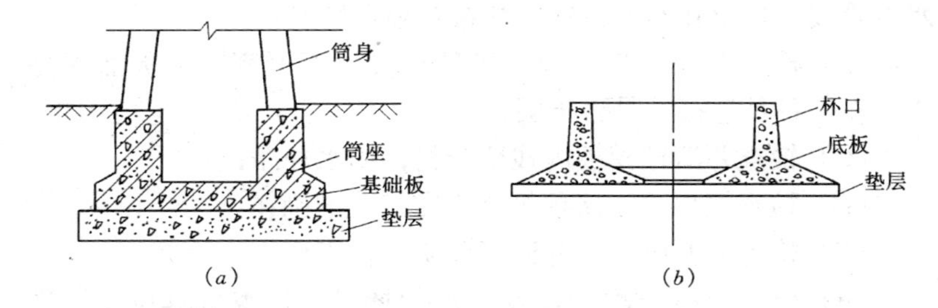

图 18-3　烟囱基础

（*a*）满堂基础；（*b*）杯形基础

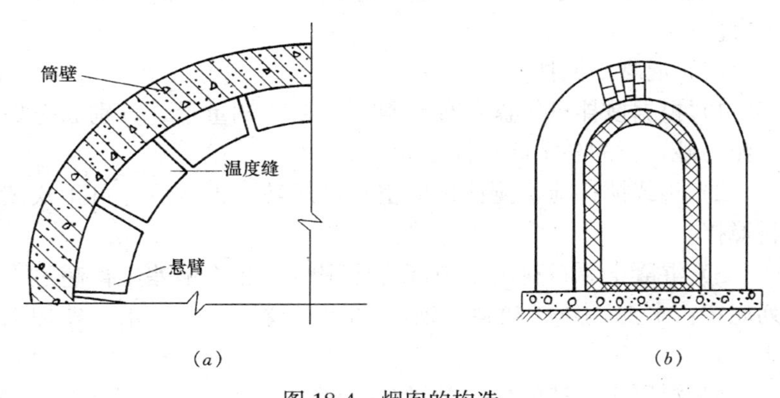

图 18-4　烟囱的构造

（*a*）温度缝；（*b*）烟道

2. 混凝土浇筑

(1) 施工准备

1) 材料：按混凝土配合比要求的材料规格品种及质量要求准备。

2) 外加剂：减水剂、早强剂等应符合有关标准的规定，其掺量经检验符合要求后，方可使用。

3) 机具：一般应备有插入式高频振动器、铁锹；铁盘、木抹子、小平铁锹、榜秤、水缺、水勺、比重计、胶皮水管等。

4) 作业条件

(A) 完成钢筋隐检工作，注意保护层厚度，核实预埋件、水电管线、预留孔洞的位置、数量及固定情况；

(B) 检查模板下口、洞口等处拼接是否严密，模板加固是否可靠，各种连接件是否牢固；

(C) 检查并清理模板内残留杂物，用水冲净；

(D) 检查振捣器、磅秤等是否完好、准确；

(E) 检查电源电路，并做好照明准备工作；

(F) 核对混凝土配合比及外加剂掺量，检查机具设备，进行开盘交底；

(G) 混凝土运输道路平整畅通，架子及安全防护措施安全可靠。

(2) 混凝土搅拌

1) 根据搅拌机每盘各种材料用量及车辆重量，分别固定好水泥、砂、石的各个磅称标量。

2) 正式搅拌前，搅拌机应空车试运转，正常后方可正式装料搅拌。

3) 混凝土原材料用量与配合比用量的允许偏差不得超过下列规定：水泥、外掺和料 ±2%；粗细骨料 ±3%；水、外加剂 ±2%。

4) 混凝土搅拌的最短时间 60～90s。

5) 一般加料顺序：石子、水泥、砂、水、掺和料随水泥同时加入，外加剂与水混合后加入。

6）带有自动供水系统的搅拌机应预先调节好供水量。

（3）混凝土运输

混凝土从搅拌机卸出后，应及时用翻斗车或料斗运送到浇筑的地点，运送过程中，应防止水泥浆的流失，如有离析现象，必须在浇筑前进行二次搅拌。

（4）混凝土浇筑

1）混凝土从搅拌机卸出后到浇筑完毕的延长时间不宜超60min。

2）混凝土的浇筑应连续进行，一般间歇不得超过2h，否则应留施工缝。

3）混凝土浇筑从一点开始分左右两路沿圆周浇筑，两路会合后，再反向浇筑，这样不断分层进行，加以振捣。每层的浇筑高度约250～300mm。

4）如混凝土浇筑高度超过2m，应加设串筒下料，用插入式振动器时应快插慢拔、插点均匀、逐点进行、振捣密实。

5）施工缝处混凝土强度必须≥1.2N/mm^{2}时，方可继续浇筑混凝土。浇筑前应清除浮渣、洗净，铺一层25mm厚与混凝土成分相同的水泥砂浆。

（5）混凝土养护

较高的烟囱需要安装一台高压水泵，用ϕ50～60水管将水送到井架顶部，并随井架的增高而接高，自管顶用胶管向下引水到围设在外吊梯周围的ϕ25mm胶皮喷水管内，喷水；胶管上钻有间距120～150mm直径3～5mm的喷水孔，进行喷水养护。

3. 质量标准及安全措施

（1）质量标准

1）基础：基础的实际位置和尺寸对设计位置和尺寸的误差不应超过表18-1的规定。

2）钢筋混凝土烟囱：钢筋混凝土烟囱筒身的实际尺寸对设计尺寸的误差不应超出表18-2的规定。

基础的实际位置和尺寸的允许误差　　表 18-1

项次	误差名称	误差数值（mm）
1	基础中心点对设计坐标的位移	15
2	基础杯口壁厚的误差	±20
3	基础杯口内径的误差	杯口内径的 1%，且最大不超过 50
4	基础杯口内表面的局部凹凸不平（沿半径方向）	杯口内径的 1%，且最大不超过 50
5	基础底板直径和厚度的局部误差	±20

筒身实际尺寸对设计尺寸的误差　　表 18-2

项次	误差名称	误差数值（mm）
1	筒身中心线的垂直误差 （1）高度为 100m 及 100m 以下的烟囱 （2）高度在 100m 以上的烟囱	（1）烟囱高度的 0.15%，不超过 110 （2）烟囱高度的 0.1%
2	筒壁厚度的误差	±20
3	筒壁任何截面上的直径误差	该截面筒身直径的 1%，且最大不超过 50
4	筒身内外表面的局部凹凸不平（沿半径方向）	该截面筒身直径的 1%，且最大不超过 50
5	烟道尺寸的误差	±20

（2）安全措施

1）卷扬机使用前应仔细检查，做好空车及重车试运及制动试验，吊笼应安装安全抱闸装置，为防止吊笼冒顶，竖井架上应装设两道限位器。

2）夜间施工，要有充分的照明，应注意安装防雨灯伞。

3）各种机械的电动机必须接地。

4）烟囱施工时，周围应划定危险区，严禁非工作人员进入。

5）当利用钢管竖井架代替避雷针时，必须进行接地。

6）高空作业人员身体状况要符合要求。竖井架等设施要经常检查，以免发生事故。

4. 滑升模板烟囱混凝土施工实例

（1）工程概况

某热电站第一期工程有6台蒸发量220t/h燃油锅炉，为减少城市污染，根据国家对烟气中SO_2排放的规定，设一座180m高钢筋混凝土烟囱。烟囱采用环形刚性基础，持力层为-9.7m处的天然砂卵石层，承载力取400kN/m^2。-6.5m设人防室，顶板厚40cm。基础底直径24m，10m处筒身直径18.26m，筒首内径5.5m，有竖向凹槽状花饰。在20m高以下壁厚为60cm，从20～180m，壁厚由60cm缩小16cm。

筒身分两个坡度，20m以下为10%，20m以上为2.5%，内壁20～15m处为2.2%。

筒壁混凝土为C30石英砂重混凝土，隔热层为10cm厚加气混凝土块，内衬12cm厚C20陶粒混凝土，沿全高每10m设一道牛腿。

（2）施工部署

施工部署根据施工环境、设备情况、劳动力的技术能力做以下安排：

1）工期安排：基础挖土到混凝土浇筑、回填土完毕共99d，±0.00～5.40m为12d，5.4m滑升到180m为60d。

2）工序安排：全套滑升装置（图18-5）包括操作平台模板、千斤顶与支承杆，为适应构筑物结构尺寸变化；计划进行三次组模。第一次平台组装的标高（指辐射梁上翼沿）为+7.5m，混凝土筒壁的标高为+6m；第二次改装平台标高为+20.65m，混凝土停歇在+19.5m圈梁下；第三次改装平台标高为107.7m，混凝土停歇在107m。

（3）主要项目施工方法

1）筒身混凝土施工工艺流程：从20m标高开始到顶，筒身由三层材料组成，工艺流程如图18-5。

2）筒壁混凝土与内衬混凝土施工：

（A）混凝土出模强度：以往实践证明，在常温下只要控制混凝土浇筑中的停歇时间不大于2～3h，掌握好模板收分，脱模强度不大于1N/mm^2，则不会出现拉裂的情况。混凝土强度在

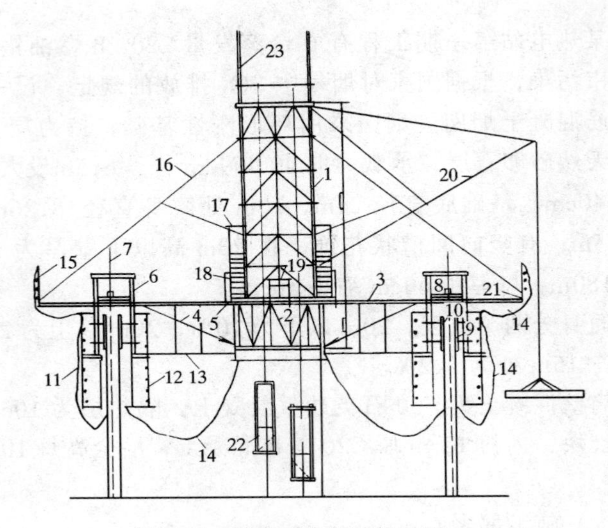

图 18-5　操作平台组装构造图

1—两孔架；2—内环架；3—辐射梁；4—下拉杆；5—加强钢圈；6—门架；7—支承杆；8—千斤顶；9—外模，10—内模；11—外吊架子，12—内吊架子；13—挂脚手道；14—安全网；15—平台护身栏；16—斜撑；17—梯子；18—灰斗；19—液压控制台；20—扒杆；21—外钢圈；22—吊笼；23—避雷针

0.1～0.3N/mm^2 时，虽然也不塌不粘，但表面不够美观。

为有效地控制混凝土质量与出模强度，对混凝土坍落度定了两项指标：搅拌出盘时为 10～14cm，入模时为 4～6cm。陶粒混凝土坍落度变化较小，搅拌出盘为 6～8cm，入模为 2～4cm。夜班比白班数值可小一些。

(B) 搅拌与运输：普通混凝土采用一般转筒式搅拌机，陶粒混凝土需用强制式搅拌机，用胶轮小车运送混凝土，通过活动溜槽入模。

(C) 振捣：采用 HZ-50 高频振捣器，注意不得漏振。陶粒混凝土振捣时间不要过长。振捣棒不能深入到已振好的混凝土层，不能触动主筋，两种混凝土最好同时振捣。浇筑与振捣一般采取对半分，顺逆时针方向交替进行。

(4) 安全、质量、节约措施

1) 安全措施：根据本工程特点，安全生产应在整个施工过程中列入重要议题。每一施工阶段除了采取特定的技术措施外，还应建立必要的安全生产责任制，并经常进行群众性的安全教育与宣传工作。对已遂未遂事故做到三不放过，查明原因，制定措施，消除隐患。具体应抓好以下几点：

(A) 对主要机电设备与关键部位，如吊笼、扒杆的操作与装载，主卷扬机及钢丝绳、滑轮的运行和维护检修，通讯网络系统的使用及监护，电气焊的使用等，均应制订安全操作规定。

(B) 为防止高空坠落与物体打击，在筒壁外10m圆环内搭设高空安全网及防护棚，40m长地面运输道上搭设防护棚，同时利用+5.4m钢筋混凝土烟道板作为0m平台的防护板，操作平台上的护身栏，全部用安全网兜底封住。在吊笼的进出口上方加斜面防护电气焊，设专人看火。

(C) 为防止吊笼钢丝绳断后吊笼下冲，在吊笼上装安全抱闸装置（一套自刹，一套手刹）。同时为防止开机或光电限位器失灵，发生冒顶或冲底，在上下又增装一套保险装置。

2) 质量措施：

(A) 养护与表面处理，随爬梯安装一根ϕ50水管，通过一台高压水泵加压上水，随施工进程接高。养护管系在吊脚手架上，分别沿内外壁装一圈ϕ25钻孔胶皮管，射水部位在模板以下3～4m，以混凝土表面水泥浆不被水冲掉为准，根据气温、施工速度可以调整射水角度。浇水时间，外壁每天上、下午各一次，内衬每天上午一次。对个别部位出现的缺陷应及时修补。

(B) 滑模施工应减少停歇，混凝土振捣停止3h以上时，应按施工缝处理，继续浇筑时加铺2cm厚的同等级砂浆。凡超过2h不能连续浇筑混凝土时，则不能一次将一步滑完，应每隔1～2h滑升1～2个行程，超过6～8h后，可将其余滑升量连续滑完。

（C）节约措施：严格控制配合比，每班上班前混凝土用量要估计准确，加强上下联系，减少浪费。搅拌机棚内前后台均做水泥地面，便于清扫。

3）季节性施工措施：

烟囱滑升一般选择在常温季节，雨期施工采取小到中雨一般不停工的原则，其措施是：

（A）严格控制水灰比，加水量只许偏少，绝不能加多。经常测定砂、石含水率，以利掌握加水量。

（B）水平运输车上加防雨设施覆盖。

（C）浇筑混凝土时，在门架上架设防雨棚，混凝土浇筑完毕后应覆盖塑料布。

（D）施工人员均应配备雨衣、雨裤。

（E）运输混凝土的道路应铺设平整，并按规定做泛水、设置排水沟。

（三）水塔混凝土的施工

1. 水塔的类型

钢筋混凝土水塔，分为基础、塔身与水柜三部分，全部是钢筋混凝土浇筑。钢筋混凝土倒锥壳水塔，塔身为滑模现浇钢筋混凝土，水柜为预制倒锥壳钢筋混凝土水柜，适用于较大容量的水塔，结构合理，造型美观。

2. 水塔的结构及构造

（1）基础

采用刚性基础，一般为环板式基础（图 18-6*a*），如地基较差时可用圆板式基础（图 18-6*c*），或 M 式薄壳基础（图 18-6*b*）。

（2）塔身

1）支架塔身高 $H<10$m 时，立柱可为竖直形式；总高 $H\geq10$m，立柱宜为倾斜形式。支架通常有四柱、六柱、八柱等

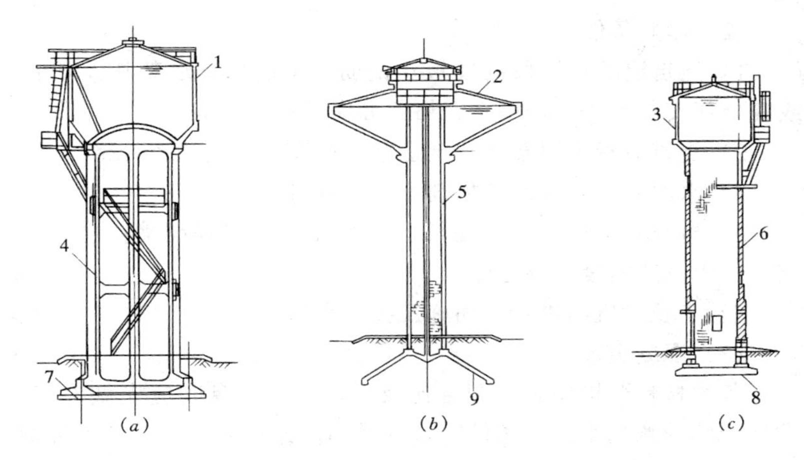

图 18-6　水塔的类型

1—英兹式水箱；2—倒锥壳水箱；3—平底式水箱；4—钢筋混凝土支架；5—钢筋混凝土支筒；6—砖支筒；7—环板式基础；8—圆板式基础；9—M 式薄壳基础

几种。

2）支筒塔身一般均为直筒式，如图 18-6（*b*）、（*c*）所示。

3）水柜

（A）水柜用材料，混凝土等级不小于 C20；钢筋为Ⅰ级、Ⅱ级。

（B）顶盖宜采用正圆锥壳。

（C）壁厚 $A \geqslant 120$mm，宜配双层钢筋。小容量水柜的壁板上部，可仅配单层钢筋。

3．水塔混凝土的浇筑

（1）材料

1）水泥：按照混凝土配合比要求的水泥品种和标号选用。

2）砂：粗砂或中粗砂，其含泥量不大于 3%。

3）石子：粒径 0.5～3.2cm，其含泥量不大于 1%。

4）混凝土外加剂：其品种及掺量应根据施工要求通过试验确定。

(2) 作业条件

1) 浇筑混凝土层段的模板、钢筋、钢筋保护层垫块及埋管线等全部安装完毕，经检查合格并办完预检手续。

2) 浇筑混凝土用架子及走道已支搭完毕并经检查合格。

3) 水泥、砂、石及外加剂等经检查符合要求。

4) 检查施工机具、振动器、磅秤等是否完好准确；检查电路、水源及照明设备等工作。

5) 工长对班组进行全面施工技术交底。

(3) 混凝土搅拌

各种材料严格按施工配合比及坍落度，开盘时应先做鉴定，搅拌严禁随意加水。有条件时应尽量用商品混凝土，以利于混凝土质量及和易性保证一致。

(4) 混凝土的运输

混凝土的运输时间应严格控制在表 9-3 以内，在经运输中要防止离析、泌水、分层现象。现场混凝土的垂直运输宜用泵送。

(5) 筒壁混凝土浇筑

从一点开始分左右两路沿圆周浇筑混凝土，两路会合后，再反向浇筑，这样不断分层进行，遇洞口处应由正上方下料，两侧浇筑时间相差不超过 2h，采用长棒插入式振捣器，间距不超过 50cm。

(6) 水箱壁混凝土浇筑

1) 水箱壁混凝土要连续施工，一次浇筑完成，不留施工缝。

2) 混凝土下料要均匀，最好由水箱壁上的两个对称点同时、同方向（顺时针或逆时针方向）下料，以防模板变形。

3) 水箱壁混凝土每层浇筑高度，以 300mm 左右为宜。

4) 必须用插入振动器仔细振捣密实，并做好混凝土的养护工作。

(7) 各种管道穿过池壁处混凝土浇筑

1) 水箱壁混凝土浇筑到距离管道下面 20～30mm 时，将管下混凝土捣实、振平。

2）由管道两侧呈三角形均匀、对称的浇筑混凝土，并逐步扩大三角区，此时振捣棒要斜振。

3）将混凝土继续填平至管道上方30～50mm。

4）浇筑混凝土时，不得在管道穿过池壁处停工或接头。

（8）水箱底与壁接槎处理

1）筒壁环梁处与水箱底连接预留的钢筋，最好在混凝土强度较低时及时拉出混凝土表面。

2）筒壁环梁处与水箱底接槎处的混凝土槎口，宜留毛槎或人工凿毛。

3）浇筑水箱底混凝土前，须先将环梁上预留的混凝土槎口用水清洗干净，并使其湿润。

4）旧槎先用与混凝土同强度等级的砂浆扫一遍，然后再铺新混凝土。

5）接槎处要仔细振捣，使新浇的混凝土与旧槎结合密实。

6）加强混凝土的养护工作，使其经常保持湿润状态。

4. 安全措施

（1）浇筑混凝土前，要检查架子是否牢靠，模板是否支撑实，较大的缝隙是否已经处理等。

（2）倒混凝土时，不得猛力冲击架子和模板。

（3）入模高度要保持基本均匀，禁止堆集一处而将模板压偏。

复　习　题

1. 怎样浇筑筒仓混凝土？

2. 简述筒仓滑模混凝土浇筑工艺。

3. 筒仓混凝土漏斗如何施工？

4. 试述烟囱混凝土浇筑工艺。

5. 试述滑升模板烟囱混凝土施工步骤。

6. 水塔、筒壁、水箱壁、水箱底混凝土浇筑各有何要求？为什么？

十九、混凝土的季节施工

（一）冬 期 施 工

根据当地多年气温资料，室外日平均气温连续5天稳定低于5℃时，混凝土结构工程应按冬期施工要求组织施工。

1．混凝土冬期施工的一般原理

冬期施工时，气温低，水泥水化作用减弱，新浇混凝土强度增长明显地延缓，当温度降至0℃以下时，水泥水化作用基本停止，混凝土强度亦停止增长。特别是温度降至混凝土冰点温度（新浇混凝土冰点为－0.3～－0.5℃）以下时，混凝土中的游离水开始结冰，结冰后的水体积膨胀约9%。在混凝土内部产生冰胀应力，使强度尚低的混凝土结构内部产生微裂隙，同时降低了水泥与砂石和钢筋的粘结力，导致结构强度降低。受冻的混凝土在解冻后，其强度虽能继续增长，但已不能达到原设计的强度等级。试验证明，混凝土的早期冻害是由于内部的水结冰所致。混凝土在浇筑后立即受冻，抗压强度损失约50%，抗拉强度损失约40%。受冻前混凝土养护时间愈长，所达到的强度愈高，水化物生成愈多，能结冰的游离水就愈少，强度损失就愈低。试验还证明，混凝土遭受冻结带来的危害与遭冻的时间早晚、水灰比、水泥标号、养护温度等有关。

2．混凝土冬期施工的材料要求

（1）冬期施工中配制混凝土用的水泥，应优先选用活性高、水化热大的硅酸盐水泥和普通硅酸盐水泥。最小水泥用量不宜少于300kg/m^3。水灰比不应大于0.55。使用矿渣硅酸盐水泥时，宜采用蒸汽养护，使用其他品种水泥，应注意其中掺合材料对混凝土抗冻抗渗等性能的影响。掺用防冻剂的混凝土，严禁使用高铝水泥。

（2）混凝土所用骨料必须清洁，不得含有冰雪等冰结物及易冻裂的矿物质。冬期骨料所用贮备场地应选择地势较高不积水的地方。

（3）冬期浇筑的混凝土，宜使用无氯盐类防冻剂，对抗冻性要求高的混凝土，宜使用引气剂或引气减水剂。

3. 混凝土冬期施工的搅拌

混凝土不宜露天搅拌，应尽量搭设暖棚；优先选用大容量的搅拌机，以减少混凝土的热量损失。搅拌前，用热水或蒸汽冲洗搅拌机。混凝土的拌和时间比常温规定时间延长 50%。经加热后的材料投料顺序为：先将水和砂石投入拌和，然后加入水泥。这样可防止水泥与高温水接触时产生假凝现象。混凝土拌和物的出机温度不宜低于 10℃。

4. 混凝土冬期施工的运输

混凝土的运输过程是热损失的关键阶段，应采取必要的措施减少混凝土的热损失，同时应保证混凝土的和易性。为减少运输时间和距离常用的主要措施是使用大容积的运输工具并采取必要的保温措施。保证混凝土入模温度不低于 5℃。

5. 混凝土冬期施工的浇筑

混凝土在浇筑前，应清除模板和钢筋上的冰雪和污垢，尽量加快混凝土的浇筑速度，防止热量散失过多。当采用加热养护时，混凝土养护前的温度不得低于 2℃。

冬期不得在强冻胀性地基土上浇筑混凝土；当在弱冻胀性地基土上浇筑混凝土时，地基土应进行保温，以免遭冻。对加热养护的现浇混凝土结构，混凝土的浇筑程序和施工缝的位置，应能防止在加热养护时产生较大的温度应力。当分层浇筑厚大的整体结构时，已浇筑层的混凝土温度，在被上一层混凝土覆盖前，不得低于 2℃。

冬期施工混凝土振捣应用机械振捣，振捣时间应比常温时有所增加。

6. 混凝土冬期施工中外加剂的应用

在混凝土中加入适量的抗冻剂、早强剂、减水剂及加气剂，使混凝土在负温下能继续水化，增长强度。这样能使混凝土冬期施工工艺简化，节约能源，降低冬期施工费用，是冬期施工有发展前途的施工方法。

混凝土冬期施工中外加剂的使用，应满足抗冻、早强的需要；对结构钢筋无锈蚀作用；对混凝土后期强度和其他物理力学性能无不良影响；同时应适应结构工作环境的需要。单一的外加剂常不能完全满足混凝土冬期施工的要求，一般宜采用复合配方。常用的复合配方有下面几种类型：

1）氯盐类外加剂：氯化钠、氯化钙价廉、易购买，但对钢筋有锈蚀作用，一般钢筋混凝土中其掺量按无水状态计算不得超过水泥重量的1%；无筋混凝土中，采用热材料拌制的混凝土，氯盐掺量不得大于水泥重量的3%；采用冷材料拌制时，氯盐掺量不得大于拌和水重量的15%。掺用氯盐的混凝土必须振捣密实，且不宜采用蒸汽养护。在下列工作环境中的钢筋混凝土结构中不得掺用氯盐：在高湿度空气环境中使用的结构；处于水位升降部位的结构；露天结构或经常受水淋的结构；有镀锌钢材或铝铁相接触部位的结构，以及有外露钢筋、预埋件而无防护措施的结构；与含有酸、碱和硫酸盐等侵蚀性介质相接触的结构；使用过程中经常处于环境温度为60℃以上的结构；使用冷拉钢筋或冷拔低碳钢丝的结构；薄壁结构、中级或重级工作制吊车梁、屋架、落锤或锻锤基础等结构；电解车间和直接靠近直流电源的结构；直接靠近高压（发电站、变电所）的结构；预应力混凝土结构。

2）硫酸钠－氯化钠复合外加剂：由硫酸钠2%、氯化钠1%～2%和亚硝酸钠1%～2%组成。当气温在－3～－5℃时，氯化钠和亚硝酸钠掺量分别为1%；当气温在－5～－8℃时，其掺量分别为2%。这种配方的复合外加剂不能用于高温湿热环境及预应力结构中。

3）亚硝酸钠－硫酸钠复合外加剂：由亚硝酸钠2%～8%加硫酸钠2%组成。当气温分别为－3℃、－5℃、－8℃、－10℃时，亚硝酸钠的掺量分别为水泥重量的2%、4%、6%、8%。亚硝酸钠－硫酸钠复合外加剂在负温下有较好的促凝作用，能使混凝土强度较快增长，且对混凝土有塑化作用，对钢筋无锈蚀作用。

使用硫酸钠复合外加剂时，宜先将其溶解在30～50℃的温水中，配成浓度不大于20%的溶液。施工时混凝土的出机温度不宜低于10℃，浇筑成型后的温度不宜低于5℃，在有条件时，应尽量提高混凝土的温度，浇筑成型后应立即覆盖保温，尽量延长混凝土的正温养护时间。

4）三乙醇胺复合外加剂：由三乙醇胺0.5%、氯化钠0.5%～1%、亚硝酸钠0.5%～1.5%组成，当气温低于－15℃时，还可掺入1.0%～1.5%的氯化钙。三乙醇胺在早期正温条件下起早强作用，当混凝土内部温度下降到0℃以下时，氯盐又在其中起抗冻继续硬化的作用。混凝土浇筑入仓温度应保持在15℃以上，浇筑成型后应马上覆盖保温，使混凝土在0℃以上温度达72小时以上。

混凝土冬期掺外加剂法施工时，混凝土的搅拌、浇筑及外加剂的配制必须设专人负责，严格执行规定的掺量。搅拌时间应与常温条件下适当延长，按外加剂的种类及要求严格控制混凝土的出机温度，混凝土的搅拌、运输、浇筑、振捣、覆盖保温应连续作业，减少施工过程中的热量损失。

7.混凝土冬期施工的人工养护方法

冬期施工混凝土养护方法的选择，应根据当地历年气象资料和近期的气象预报，结构的特点、施工进度要求、原材料及能源情况和施工现场条件等因素综合地进行研究确定。

（1）蓄热法

蓄热法是利用加热混凝土组成材料的热量及水泥的水化热，并用保温材料（如草帘、草袋、锯末、炉渣等）对混凝土加以适当的覆盖保温，使混凝土在正温条件下硬化或缓慢冷却，并达到抗冻临界强度或预期的强度要求。蓄热法养护做法见表19-1。

蓄热法养护做法 **表19-1**

序号	项目	要点
1	原理	利用热材料搅拌的混凝土，在浇筑后用保温材料覆盖，使混凝土从搅拌机带来的余热及水泥的水化热不易散发，维持正温养护一定时间，使混凝土达到抗冻临界强度
2	适用范围	1.适用于气温在-10℃以上的预制及现浇工程； 2.对表面系数①不大于5的构件或构筑物，应优先选用
3	覆盖材料	1.采用厚草帘、芦苇板、锯末、炉渣等导热系数小的材料； 2.模板、刨花板、油毡、棉麻毡、帆布等不透风材料
4	复合做法	1.掺用外加剂，提高抗冻能力； 2.选用水化热高的硅酸盐水泥或普通水泥，提高混凝土温度； 3.与外部加热法（电热法、蒸汽法、暖棚法）结合使用
5	操作要点	1.不是连续浇筑的工程，尽量采用上午浇筑，下午气温较高时蓄热的办法，力争提高混凝土的初期强度； 2.每隔2～4h检查一次温度，做好记录；如发现混凝土温度低于施工方案计划的温度时，应采取补加覆盖材料、人工加热等补充措施； 3.混凝土强度试块，应多备2～3组，以供检验； 4.在严寒季节，如无充分把握，不宜采用蓄热法养护

①表面系数：指结构冷却的表面积与结构体积的比值。

（2）暖棚法

是在被养护构件或建筑的四周搭设暖棚，或在室内用草帘、草垫等将门窗堵严，采用棚（室）内生火炉；设热风机加热，安装蒸汽排管通蒸汽或热水等热源进行采暖，使混凝土在正温环境下养护至临界强度或预定设计强度。暖棚法由于需要较多的搭盖材料和保温加热设施，施工费用较高。暖棚法养护做法见表19-2。

暖棚法适用于严寒天气施工的地下室、人防工程或建筑面积不大而混凝土工程又很集中的工程。用暖棚法养护混凝土时，要求暖棚内的温度不得低于5℃，并应保持混凝土表面湿润。

暖棚法养护做法 **表19-2**

序号	项目	要点
1	临时暖棚	1. 在施工地段搭设临时棚屋，使棚内保持在5℃以上施工； 2. 暖棚通常以竹木或轻型钢材为构架，外墙及屋盖用保温材料或聚乙烯薄膜；内部设置热源
2	多层民用建筑	1. 楼板浇筑后即覆盖保温材料保温； 2. 将建筑物已建好的下一层的门窗临时封堵，设置热源，使上一层正在施工的模板保持正温，并按照上一层外界气温调节下一层的热源温度
3	热源	1. 通常采用蒸汽、太阳能、电热器等； 2. 如采用火炉热源，必须设排烟装置，以防二氧化碳影响混凝土的性能； 3. 热源如属于干热性质，应同时设置水盆，以提高室内湿度； 4. 热源应均匀布置，使棚屋内各部位温度一致； 5. 应安排专人管理热源，防止火灾发生

（3）蒸汽加热法

蒸汽加热法是用低压饱和蒸汽养护新浇筑的混凝土，在混凝土周围造成湿热环境，以加速混凝土硬化的方法。

1）蒸汽加热法种类：蒸汽加热方法有内部通气法、毛管法和汽套法。常用的是内部通气法，即在混凝土内部预留孔道，让蒸汽通入孔道加热混凝土。预留孔道可采用预埋钢管和橡皮管的方法进行，成孔后拔出。蒸汽养护结束后将孔道用水泥砂浆填实。此法节省蒸汽，温度易控制，费用较低。但要注意冷凝水的处理。内部通气法常用于厚度较大的构件和框架结构，是混凝土冬期施工中的一种较好的方法。

毛管法是在混凝土模板中开好适当的通气槽，蒸汽通过汽槽加热混凝土；汽套法是在混凝土模板外加密闭、不透风的套板，模板与套板中间留出15cm空隙，通过蒸汽加热混凝土。但上述两种方法设备复杂，耗汽量大，模板损失严重，故很少采用。

2）蒸汽加热法施工

（A）蒸汽孔道的留设：内部通气法留孔的方法与后张法预应

力筋留孔法相似。混凝土终凝后抽出预埋管，形成通气孔洞，再用短管连接蒸汽管道。管道布置的原则是使加热温度均匀，埋设施工方便，留孔位置应在受力最小的部位，孔道的总截面面积不应超过结构截面面积的 2.5%（梁、柱留孔方法见图 19-1）。

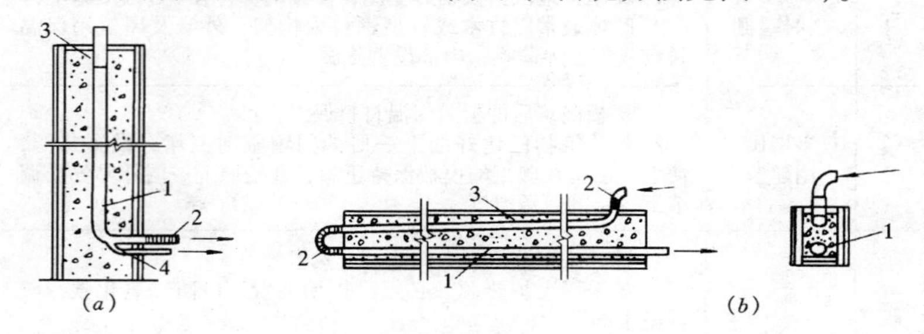

图 19-1　柱、梁留孔型式

（a）柱留孔型式；（b）梁留孔型式

1—蒸汽管；2—胶皮连接管；3—湿锯末；4—冷凝水排出管

(B) 蒸养温度的确定：硅酸盐及普通水泥拌制的混凝土蒸养温度不得超过 80℃，对矿渣水泥和火山灰质硅酸盐水泥拌制的混凝土可提高到 85～95℃。

(C) 降温时间的确定：降温是指混凝土停止蒸汽养护阶段。在降温阶段会引起混凝土失水，表面干缩。如降温过快，内外温差会使混凝土表面产生裂缝，因此降温速度应符合表 19-3 的规定。

加热养护混凝土的升降温速度　　表 19-3

项 次	表面系数	升温速度（℃/h）	降温速度（℃/h）
1	≥6	15	10
2	<6	10	5

蒸汽加热时应采用低压饱和蒸汽，加热应均匀，混凝土达到强度后，应排除冷凝水，把砂浆灌入孔内，将预留孔堵死。

对掺用引气型外加剂的混凝土，不宜采用蒸汽养护。

(4) 远红外加热法

远红外加热法是通过热源产生的红外线，穿过空气冲击一切可吸收它的物质分子，当射线射到物质原子的外围电子时，可以使分子产生激烈的旋转和振荡运动发热，使混凝土温度升高从而获得早期强度。由于混凝土直接吸收射线变成热能，因此其热量损失要比其他养护方法小得多。产生红外线的能源有电源、天然气、煤气和蒸汽等。远红外加热适用于薄壁钢筋混凝土结构、装配式钢筋混凝土结构的接头混凝土，固定预埋件的混凝土和施工缝处继续浇混凝土处的加热等。一般辐射距混凝土表面应大于300mm，混凝土表面温度宜控制在70～90℃。为防止水分蒸发，混凝土表面宜用塑料薄膜覆盖。

8. 混凝土冬期施工的质量检查

冬期施工时，混凝土质量检查除应遵守常规施工的质量检查规定之外，尚应符合冬期施工的规定。

（1）混凝土的温度测量

为了保证冬期施工混凝土的质量，必须对施工全过程的温度进行测量监控。对施工现场环境温度每天在2∶00，8∶00，14∶00,20∶00定时测量四次；对水、外加剂、骨料的加热温度和加入搅拌机时的温度，混凝土自搅拌机卸出时和浇筑时的温度每一工作班至少应测量四次；如果发现测试温度和热工计算要求温度不符合时，应马上采取加强保温措施或其他措施。

在混凝土养护时期除按上述规定监测环境温度外，同时应对掺用防冻剂的混凝土养护温度进行定点定时测量。采用蓄热法养护时，在养护期间至少每6 h一次；对掺用防冻剂的混凝土，在强度未达到3.5N/mm^{2}以前每2h测定一次，以后每6h测定一次；采用蒸汽法时，在升温、降温期间每1h一次，在恒温期间每2h一次。

常用的测温仪有温度计、各种温度传感器、热电偶等。

（2）混凝土的质量检查

冬期施工时，混凝土质量检查除应遵守常规施工的质量检查规定之外，尚应符合冬期施工的规定。要严格检查外加剂的质量和浓度；混凝土浇筑后应增加两组与结构同条件养护的试块，一组用以检验混凝土受冻前的强度，另一组用以检验转入常温养护28d的强度。

混凝土试块不得在受冻状态下试压，当混凝土试块受冻时，对边长为150mm的立方体试块，应在15～20℃室温下解冻5～6h，或浸入10℃的水中解冻6h，将试块表面擦干后进行试压。

（二）夏季施工

我国长江以南广大地区夏季气温较高，月平均气温超过25℃的时间有三个月左右，日最高气温有的高达40℃以上。所以，应重视夏季混凝土的施工。高温环境对混凝土拌和物及刚成型的混凝土的影响见表19-4；混凝土在高温环境下的施工技术措施见表19-5。

高温环境对混凝土拌和物及刚成型的混凝土的影响　表19-4

序号	因素	对混凝土的影响
1	骨料及水的温度过高	1. 拌制时，水泥容易出现假凝现象； 2. 运输时，工作性损失大，振捣或泵送困难
2	成型后直接暴晒或干热风影响	表面水分蒸发快，内部水分上升量低于蒸发量，面层急剧干燥，外硬内软，出现塑性裂缝
3	成型后白昼温差大	出现温差裂缝

（三）雨季施工

在运输和浇捣过程中，雨水会增大混凝土的持水量，改变水灰比，导致混凝土强度降低；刚浇筑好尚处于凝结或硬化阶段的混凝土，强度很低，在雨水冲刷和冲击作用下，将表面的水泥浆冲走，产生露石现象，若遇暴雨，还会使砂粒和石子松动，造成混凝土表面破损，导致构件受压截面积的削弱，或受拉区钢筋保护层的破坏，影响构件的承载能力。雨季进行混凝土施工，无论是在浇捣、运输过程中的混凝土的拌和物，还是刚浇好之后的混凝土，都不允许受雨淋。在雨季施工混凝土，应做好下列工作：

(1) 模板隔离层在涂刷前要及时掌握天气预报，以防隔离层被雨水冲掉。

(2) 遇到大雨应停止浇筑混凝土，已浇部位应加以覆盖。浇筑混凝土时应根据结构情况和可能，多考虑几道施工缝的留设位置。

(3) 雨期施工时，应加强对混凝土粗细骨料含水量的测定，及时调整混凝土的施工配合比。

(4) 大面积的混凝土浇筑前，要了解 2～3d 的天气预报，尽量避开大雨。混凝土浇筑现场要预备大量防雨材料，以备浇筑时突然遇雨进行覆盖。

(5) 模板支撑下部回填土要夯实，并加好垫板，雨后及时检查有无下沉。

混凝土在高温环境下的施工技术措施　　表 19-5

序号	项目	施工技术措施及做法
1	材料	1．掺用缓凝剂，减少水化热的影响； 2．用水化热低的水泥； 3．将贮水池加盖，将供水管埋入土中，避免太阳直接暴晒； 4．当天用的砂、石用防晒棚遮盖； 5．用深井冷水或在水中加碎冰，但不能让冰屑直接加入搅拌机内
2	搅拌设备	1．送料装置及搅拌机不宜直接曝晒，应有荫棚遮挡； 2．搅拌系统尽量靠近浇筑地点； 3．运送混凝土的搅拌运输车，宜加设外部洒水装置，或涂刷反光涂料
3	模板	1．应及时填塞因干缩出现的模板裂缝； 2．浇筑前应充分将模板淋湿
4	浇筑	1．适当减小浇筑层厚度，从而减少内部温差； 2．浇筑后立即用薄膜覆盖，不使水分外逸； 3．露天预制场宜设置可移动荫棚，避免制品直接曝晒
5	养护	1．自然养护的混凝土，应确保其表面的湿润； 2．对于表面平整的混凝土表面，可采用涂刷塑料薄膜养护
6	质量要求	主控项目、一般项目和允许偏差必须符合施工规范的规定

复　习　题

1. 试述冬期施工的定义，为什么如此定义？

2. 冬期施工有哪几个特点，应做好哪些准备工作？

3. 为什么要规定混凝土受冻前的抗压强度（临界强度）最低值？

4. 冬期施工混凝土的拌制有何要求？如何进行冬期混凝土的运输和浇筑？

5. 试比较冬期施工中养护混凝土各种方法的优缺点和适用范围？

6. 掺抗冻剂混凝土如何配方？施工要点有哪些？

7. 如何进行混凝土冬期施工的质量检查？

8. 怎样进行混凝土测温？

9. 夏季浇筑混凝土有哪些措施？

10. 雨季施工混凝土时应注意哪些问题？

二十、班组管理与工料计算

（一）班组的管理

班组是建筑企业内部从事施工生产或经营活动的基层组织。企业就是通过班组，利用施工任务书的形式，把施工生产任务落实到每一个劳动者身上。班组是由同工种职工或性质相近、配套协作的不同工种职工组成的。

分部分项工程的人工和材料消耗分析与计算，是建筑施工企业编制单位工程劳动计划和材料计划的依据；也是进行施工图预算对比和财务部门进行成本分析的依据；又是生产班组基层管理的主要工作内容。

1. 班组的任务与作用

（1）班组的任务

班组的中心任务是在不断提高职工政治、技术素质和完善岗位责任制的基础上，以提高经济效益为中心，完成和超额完成劳动定额及企业下达给班组的施工生产任务，并努力搞好班组内部、班组与班组之间的协作，生产出更多更好的产品，以满足人民日益增长的物质文化生活的需要。

（2）班组的作用

1）班组是企业完成任务的基本环节，从事建筑产品的生产必须具备三个基本条件，即生产技术工人、机具设备和劳动对象。企业要搞好生产，要高速度、高质量、高效益、低成本，就要发挥班组的作用。因为劳动者生活工作在班组，要调动他们的积极性和创造力主要依靠班组，充分发挥机械设备和工具的作用要靠班组，降低物质和材料的消耗，关键也在班组。所以，班组工作的好坏，直接关系到企业能否取得好的经济效益，能否按时、保质、保量、安全、全面完成或超额完成企业的施工生产任务。

2）班组是企业各项工作的落脚点，企业各项经济、技术指标，各项规章制度、工艺规程和技术标准要靠班组来落实。因此，企业要把一切管理都扎根在班组，让班组真正成为企业各项工作的落脚点。

3）班组既是培养“四有”职工队伍的阵地，又是“两个文明建设”的主要阵地。

2. 班组管理的基本工作与任务

班组管理的内容很多，主要有班组生产管理、计划管理、工程质量管理、定额管理、劳动管理、奖金管理和政治思想工作及民主管理等。

(1) 班组生产、计划管理

施工班组的生产管理、计划管理，是在工地统一部署和领导下，对班组的生产活动，按预定目标和生产计划进行组织、协调和控制，保证按质、按量、按时均衡地完成班组的生产计划。班组生产管理、计划管理应着重抓下面几点：

1）施工任务及技术交底

对所建工程的基本概况、结构形式应有所了解。特别对本班组所承担的分部或分项工程以及相关的新技术、新材料、新工艺应着重了解和学习。对混凝土原材料中的水泥、砂、石、外加剂等的品种、规格、性能和质量要求，不同部位、不同构件混凝土的强度等级、配合比、水灰比及坍落度的控制，混凝土的搅拌、运输、浇捣的有关技术规定、养护方法以及安全技术措施等进行技术交底。要求班组成员对所承担的工程任务心中有数，对本工种的操作要点、质量要求、技术措施、安全注意事项等应全面了解。

2）施工现场的物质准备

生产班组在施工前应根据任务量的大小，完成任务所规定的时间，初步确定原材料供应计划，结合运输的通道和运输的方式，选定原材料堆放位置和搅拌台的安置点。针对不同的施工部位和不同的结构形式，提前选备好所用的机械设备和机具，并做好混凝土的水平运输和垂直运输的准备工作。

3）班组的作业计划

目前生产班组主要采用施工任务单作为班组计划。它是根据工地编制的施工组织设计中月（旬）计划进行编制的。在施工组织设计中，它规定了具体的分部分项工程内容，由哪一班组去完成，什么时间内完成。完成这项任务后，班组又转向哪一个分部分项工程。班组长要根据工地的月（旬）计划，安排好与本工种有关的施工项目，努力创造条件，千方百计地按计划完成进度，这样才能保证工地总体计划的实施。

班组作业计划又是企业定额管理、贯彻按劳分配和组织班组进行经济核算的主要依据，通过任务单的形式，可把企业的生产、技术、质量、安全、降低成本等经济指标分解为小组指标，落实到班组和个人。任务单又是计划统计部门进行统计的原始凭证。旬作业计划见表 20-1，施工任务单见表 20-2。

旬作业计划 **表 20-1**

单位工程	分项工程名称	工程量	时间定额	定额工日	实耗工日	本月分日进度												
						1	2	3	4	5	6	7	8	9	10			

（2）班组施工质量管理

施工企业及施工企业中的施工班组应推行生产控制和合格控制的全过程控制，应健全的和平控制和合格控制的质量管理体系。在施工质量的管理中，应按质量管理体系对原材料质量、工艺流程、施工操作质量进行全面的控制。对每道工序质量均应认真贯彻质量的“三检制”。“三检”即自检、互检和交接检。对重要的施工部位应有检验记录。

1）自检：自检即操作者对个人质量的自我把关。要做好自检工作，就必须使班组每个成员搞清楚自己所要做的工作，以及采用的方法和措施。操作过程中，依照混凝土分项工程的质量检验评定标准，随时进行自我检查，发现不符合标准的产品时，应及时加以整改，保证交付的混凝土产品符合质量标准的规定。自检是质量管理的基础工作，也是“三检制”的中心环节。班组长和岗位负责人应抓好这一关键环节。

2）互检：互检即在施工过程中，在本班组内所进行的对他人操作质量的检查及整改。互检工作由班组长组织进行。互检可以起到本班组内的互相督促，互相检查，交流经验，共同提高操作水平和熟练程度的作用，也是保证质量的有效措施。互检结束后，班组长应及时召开分析总结会，交流经验，肯定成绩，找出差距，提出改进措施，以便保质保量地完成后续施工任务。互检工作开展得好坏，是班组长管理水平的重要标志，也是操作质量能否继续提高的关键。

施工任务单 **表 20-2**

施工单位　　　　　　　　　　　　任务单编号　　字第　　号

单位工程　　　　　　　　　　　　　　　开工日期　　月　　日

工种及班长姓名　　　　　年　月　日　　竣工日期　　月　　日

<table>
<tr><td rowspan="2">分部分项工程名称</td><td rowspan="2">工作内容及范围</td><td rowspan="2">定额编号</td><td rowspan="2">计量单位</td><td colspan="5">计划</td><td colspan="4">实际</td></tr>
<tr><td>工程量</td><td>时间定额</td><td>每工日产量</td><td>每工日单价</td><td>计划工日数</td><td>工程量</td><td>定额工日</td><td>实用工日</td><td>完成定额</td></tr>
<tr><td></td><td></td><td></td><td></td><td></td><td></td><td></td><td></td><td></td><td></td><td></td><td></td><td></td></tr>
<tr><td></td><td></td><td></td><td></td><td></td><td></td><td></td><td></td><td></td><td></td><td></td><td></td><td></td></tr>
</table>

<table>
<tr><td rowspan="5">技术操作与质量要求：</td><td rowspan="5">安全注意事项：</td><td colspan="3">验收质量评定：</td><td colspan="2">定额完成情况</td></tr>
<tr><td rowspan="4">验收人</td><td>工长</td><td>月　日</td><td>定额工日</td><td></td></tr>
<tr><td>质量安全员</td><td>月　日</td><td>实用工日</td><td></td></tr>
<tr><td>统计员</td><td>月　日</td><td>完成%</td><td></td></tr>
<tr><td>材料员</td><td>月　日</td><td>应发工资</td><td></td></tr>
</table>

批准人　　　签发人　　　质量安全员　　　计划员　　　材料员

财务成本员　　定额员　　　班组长

3)交接检:交接检即上道工序的施工班组完成分项工程后,向下道即将施工操作的班组进行的交接检查验收。交接检由工长组织,质量检查员及混凝土班组长、木工班组长、钢筋班组长参加。

交接检进行的好坏，反映了工长管理水平的高低；同时，在技术方面对混凝土班组长提出了较高的要求。混凝土班组长必须熟悉钢模板、木模板安装及钢筋和混凝土本身的工程质量标准，否则无法顺利完成交接检查验收。

如果混凝土班组的自检、互检和交接检查开展得好，保证了混凝土从下料计量、拌制、运输、浇筑、振捣、养护的质量，生产出的混凝土成品必然会达到设计和施工验收标准的要求。

（3）出勤管理

考勤是指对班组成员的出勤情况和工作效率建立的考核制度。它是加强劳动纪律和职工管理的一种行之有效的方法，也是班组实行按劳分配的依据。

班组的出勤管理，首先应完成出勤指标，该指标用出勤率来反映，也可用缺勤率来反映。

出勤率的高低，对劳动定额及月作业计划的完成程度有很大的影响。出勤率高，工作人数多，有利于完成施工任务书上下达的施工生产任务及工日消耗。

出勤率对劳动生产率有较大的影响，出勤率不高，必然导致劳动生产率下降；出勤率准确程度的大小，也将影响到施工队安排劳动力计划、劳动生产率提高计划以及劳动组织与调配。

出勤率＝（出勤工日数/制度工日数）×100％

制度工日数＝（当月日历天数－公休日数）×该组平均人数。

出勤率的高低还不能充分反映工时利用率的好坏。班组长不但要抓出勤，而且还要抓工时利用率，这样才能提高劳动生产率及增加经济效益。

3．管理的基础工作

班组的管理基础工作的主要内容有：

(1) 班组的建设

班组的建设就是要建设：一竞、二创，三全、四净的班组。一竞，就是开展班组劳动竞赛。二创，就是创建文明班组、创文明施工。三全，就是指标考核全、规章制度全、台账记录全。四净，就是穿着干净、个人卫生干净、宿舍环境干净、饮食干净。创建出一个干净、舒畅、文明的施工环境。

(2) 考核指标

生产班组的考核指标，主要是人和材料（工具）的消耗，要认真推行任务单和限额领料单制度，有专人负责，随工程进展情况，逐旬、逐月进行记录对比和分析，做到工程项目刚完，指标完成好坏即可计算出来。

(3) 台账管理

一班组的台账一般有：材料收、用，机具使用、出勤、定额执行；工资（奖金）分配和质量、安全生产以及班组核算等。只要弄清台账的内容要求，并组织专人负责，搞好班组的台账管理是不难的。

(4) 规章制度的管理

加强班组管理，必须建立以岗位责任制为中心的各项管理制度，它是企业各项规章制度的有机组成部分，班组工人分布在不同的操作岗位上，只有建立一套严格的规章制度，才能保证施工生产的正常进行，明确自己的任务和责任。

班组规章制度一般有：卫生值日制、班组工作制、奖金分配制、安全生产责任制（使用三宝)、质量负责制（三检制)、考勤制、定额考核制、学习培训制等等。它是随着形势和任务的变化而变化的。

班组的规章制度是可以通过 QC 质量管理原理来抓好班组管理的基础工作。

4. 班组的料具管理

施工现场的料具管理，属于生产领域物质使用过程中的管理，它包括施工前的料具准备，施工过程中的料具供应，现场材料堆放保管耗用监督，竣工后的料具清理、回收、盘点、核算和转移等。

（1）现场材料管理

1）现场材料的合理堆放

(A) 根据开工时所必须的材料品种、规格及数量，组织进场。材料堆放位置应符合施工平面布置图的规定。材料按工程进度、施工顺序，先进基础材料，后进主体材料，分期分批组织进场。

(B) 材料不应堆放在施工中后开工的工程地点或作业场地。大宗材料的堆放位置，必须靠近工程地点，避免远距离运输。作为搅拌站原料的砂、石应尽量靠近搅拌站布置，以使上料运距最短，混凝土预制构件的堆放尽可能靠近垂直运输机械和脚手架。

(C) 材料堆放地点不能影响现场的运输通道，要空出适当的通道和必须的周转空地，以及半成品预制构件堆放位置。

(D) 水泥库房的地点，应邻近搅拌场所，要求集中存放，派专人管理。

2）现场材料的合理验收

(A) 堆放砂、石料的场地要整平碾实，以防塌方。砂、石料要分规格、分品种、分等级，分别进行堆放，堆放高度要求达到 80cm 以上，并做到垛垛有数、堆堆有牌。如受场地狭窄、用材紧迫等条件的限制，也可按车量方验收。水泥仓库应避雨防潮。水泥进库时，应按不同生产厂、不同品种、标号、出厂进库时间分别堆放，码包高度一般以十包为宜。做到先进先用、后进后用，以避免存放时间过长，降低水泥标号或过期失效不能使用，造成浪费。

(B)材料的收发必须办理验收手续，入库、进料要填写收料单或入库单。验收材料时如发现符号、名称、种类、质量、规格不符或有较大量差的，可暂不作正式验收，待查清落实后再办验收手续。发料时不应开白条或无条出库。属于计划的材料，须领用人签章后核发，属计划外的材料，经施工点负责人签章后核发。

(C) 现场材料要登账、建卡。每个专业生产班组要有三本帐，即仓库物质账（工具、劳保用品、低值易耗品、五金化工等）、大宗材料收发账、分部分项工程主要材料消耗账。

(D) 建立盘点制度，一般情况下每月、每季进行一次盘点。如实物与账面不符，发生盈亏，则予以调整处理。

3）限额领料单

企业管理中，材料管理是一个很重要的环节，它直接影响到企业的经营效果和国家短缺物质（如钢材、木材、水泥）的供应。目前各施工企业大都采用限额领料单的管理办法来控制材料用量。

限额领料单（表 20-3）一般和施工任务单一同签发下达。

限额领料单 **表 20-3**

建设单位：

工程编号： 计划开工日期 年 月 日

工程名称		任务工程量	（ ）	工作班组	
分部分项工程名称		验收工程量	（ ）	任务单位号	第 号

<table>
<tr><td rowspan="3">材料名称</td><td rowspan="3">质量等级</td><td rowspan="3">计量单位</td><td rowspan="3">耗用定额</td><td rowspan="3">增减量</td><td colspan="12">领用记录</td><td rowspan="3">限额外耗用量</td><td rowspan="3">实际耗用数量</td><td rowspan="3">按验收工程换算限额</td><td rowspan="3">节约超支</td></tr>
<tr><td colspan="3">第一次</td><td colspan="3">第二次</td><td colspan="3">第三次</td><td colspan="3">退料记录</td></tr>
<tr><td>领料时间</td><td>领料数量</td><td>领料人签章</td><td>领料时间</td><td>领料数量</td><td>领料人签章</td><td>领料时间</td><td>领料数量</td><td>领料人签章</td><td>退料时间</td><td>退料数量</td><td>退料人签章</td></tr>
<tr><td></td><td></td><td></td><td></td><td></td><td></td><td></td><td></td><td></td><td></td><td></td><td></td><td></td><td></td><td></td><td></td><td></td><td></td><td></td><td></td><td></td></tr>
<tr><td></td><td></td><td></td><td></td><td></td><td></td><td></td><td></td><td></td><td></td><td></td><td></td><td></td><td></td><td></td><td></td><td></td><td></td><td></td><td></td><td></td></tr>
</table>

<table>
<tr><td rowspan="3">签发人章：

年 月 日</td><td rowspan="3">工程验收人章：

年 月 日</td><td colspan="2">材料员</td><td rowspan="3">审批意见：

年 月 日</td></tr>
<tr><td>审核人章</td><td>结算人章</td></tr>
<tr><td>年 月 日</td><td>年 月 日</td></tr>
</table>

如果是大宗材料，班组材料员将限额领取材料用量。签发后的领料单交工地材料部门，由材料部门发给材料票，指定使用的

水泥仓库和砂、石堆等，并与班组材料员一起点数、量方。对限额规定有节余的班组，应根据企业制度给予奖励。对超用材料的班组，应由工长、班组长及材料供应部门共同寻找原因，在落实责任后，才能继续供应材料。

（2）生产工具管理

1）工具管理的基本原则

（A）及时、齐备及经济地供应效能良好的工具；

（B）根据各工种配套工具标准和实际生产需要，实行定额供应；

（C）坚持交旧领新和废旧工具回收制度；

（D）积极进行废旧工具的修复利用；

（E）积极鼓励工人制作便于操作的小型手工工具。

2）工具管理的几种办法

（A）把工具保管落实到人，并制订保管维护制度，延长工具寿命，避免丢失，减少损坏。

（B）实行手工工具津贴。个人随手使用的工具，由个人自由保管和使用。企业按实际作业日，发给工具磨损费。

（C）中小型工具采取定包的办法。中小型低值易耗工具如手推车、铁锹等可根据劳动组织和工具配备标准，计算各工种平均每天工具磨损摊销定额和月度工具磨损费定额，根据各班组完成施工任务量和出勤工日数，确定工具领用标准。凡实际领用数低于定额者，在其差额中提取一定比例的奖金，奖励班组；超支部分酌情罚款、或移作下月抵补。

（D）按工程量工具费金额包干使用。该办法以实物工作量为基础，按工具费率包干使用，节约有奖，超耗受罚。

5. 班组的劳动定额管理

劳动定额管理是班组管理的重要内容，旨在调动广大职工的积极性，正确贯彻社会主义的“各尽所能，按劳分配”原则的分配制度。以劳动定额为标准，全面衡量工人贡献的大小、工效的高低，以调动全员的积极性，从而全面提高劳动生产率和施工企业的经济效益。

(1) 定额的表现形式

劳动定额又称人工定额，它反映了建筑工人劳动生产率的平均先进水平，表明每个人在单位时间内生产合格产品的数量。劳动定额因其表示形式不同，可分为时间定额和产量定额。

1) 时间定额：时间定额是指某种专业的工人班组或个人，在合理的劳动组织与合理使用材料的条件下，完成符合质量要求的单位产品所必须的工作时间（工日）。时间定额一般采用工日为计量单位，即工日/m^3、工日/m^2、工日/t、工日/块……。每个工日工作时间，按8h计算。时间定额计算公式如下：

单位产品时间定额（工日）=1/每工日产量

或　单位产品时间定额（工日）=小组成员工日数总和/台班产量

2) 产量定额：产量定额是指某种专业的工人班组或个人，在合理的劳动组织与合理使用材料的条件下，单位工日应完成符合质量要求的产品数量。

产量定额的计量单位是多种多样的，通常是以一个工日完成合格产品数量来表示，即m/工日、m^2/工日、m^3/工日、t/工日……。

产量定额计算公式如下：

产量定额=1/单位产品时间定额

或　台班产量=小组成员工日数总和/单位产品时间总额

3) 时间定额与产量定额的关系：时间定额和产量定额表示同一劳动定额，但各有用处。时间定额以工日为单位，便于综合，用于计算较方便。产量定额是以产品数量为单位，具有形象化的特点，便于分配任务。

时间定额与产量定额在数值上互为倒数关系。即：

时间定额=1/产量定额

产量定额=1/时间定额

(2) 定额管理的作用

1) 劳动定额管理是班组实施计划管理的基础。班组要实施工地、工程队下达的施工计划及安排班组旬、月计划及劳动定额，合理地平衡调配和使用劳动力，组织工人达到和超过劳动定额水平，都必须加强定额管理。

2）劳动定额是合理组织生产劳动的重要依据。劳动定额起着组织各种相互联系的工作在时间上配合和平衡的作用。定额管理可使共同劳动的每个人的活动相互协调起来，保证了集体生产劳动有组织地进行。一个生产班组要合理地配备劳动力，合理地组织生产，就离不开先进合理的劳动定额。而且有了劳动定额，还要利用它来提高工时利用率，巩固和加强劳动纪律。

3）劳动定额是班组经济核算的必要依据。生产班组必须实行经济核算，力求用最少的人力、物力，取得最佳的经济效果。为了考核计算和分析人们在生产中的劳动消耗和劳动成果，就要以劳动定额为依据进行人工核算。

班组的施工管理，不只是前面提到的几个方面，而是全面的、系统的管理。对于施工班组的安全管理、机具设备管理也是很重要的。班组是由人、材料、设备、工艺和环境五大因素组成的，是建筑企业内部从事施工生产或经营活动的基层组织，因此，加强班组建设，对于造就一支有理想、有道德、有文化、守纪律的职工队伍，搞好企业民主管理，提高企业管理水平，完成企业各项工程任务具有十分重要的意义。

（二）工料分析与计算的依据

1. 熟悉施工图和施工说明

熟悉建筑物的平面布置、各部分的尺寸、层数及标高等，掌握勒脚、窗台、阳台、雨篷檐口等的尺寸、做法及材料要求。对混凝土分项工程应重点掌握混凝土基础、楼梯、梁、板、柱等结构构件的布置、编号、数量、形状、尺寸，以及混凝土的强度等级和材料要求等，其目的是计算实物工程量。

2. 了解施工组织设计及现场情况

了解施工组织设计中的工程概况、施工方案、技术措施、计划进度、施工平面布置图以及施工现场的道路、材料的准备、堆放、水电供应等。混凝土工主要了解施工现场的砂、石、水泥等原材料的堆放位置、数量、搅拌台站的布置，上料路线及运距，混凝土料的运输道路及浇筑用脚手架的准备。

3. 了解施工定额的有关内容

施工定额是直接用于建筑施工管理的定额。它是施工单位为加强企业管理，编制施工作业计划和施工任务书，开展班组经济核算与承包的依据；施工定额由劳动定额、材料消耗定额和机械台班定额三部分组成。根据施工定额，可计算不同工程项目的人工、材料和机械台班的需用量。

4. 工程量

主要指分部分项工程的实物工程量，工程量应依据施工图，按计算规则进行计算，是估工估料的重要依据。

（三）混凝土工料分析的方法与步骤

1. 计算工程量

混凝土工程量计算规则：

（1）混凝土工程量按设计图纸计算，不扣除钢筋所占体积。滑模工程按图纸尺寸实际体积计算。

（2）混凝土工程量的计算，对于一般简单的构件体积，用长×宽×高可算出。对于较复杂或变截面的构件体积，可利用数学公式或将复杂的图形分解成若干基本图形，分别计算出各自的体积后，再加以组合。

2. 施工定额和工程量计算用工量和材料用量

首先按照工程项目从施工定额中查出该项目定额单位的用工、用料数量，然后再分别乘上该工程项目的工程量进行计算。基本方法就是工程量乘以人工耗用定额和工程量乘以材料耗用定额。

人工用量 = Σ（分项工程量×各工种时间定额）

材料耗用量 = Σ（分项工程量×各种材料消耗定额）

计算时要根据分部分项工程顺序进行，并按分部工程各自消耗的材料和人工分别进行计算和汇总，得出每一分部工程中材料和各工种综合工日耗用总数量。每一分部工程汇总后，就得到该工程的工日及各种材料的总耗用量。

未编制施工定额的地方，可采用劳动定额和材料消耗定额分别计算。

3. 编制分部分项工程工料分析表

将分部分项工程的名称、单位、工程量、人工和材料消耗定额，以及计算出来的人工用量和各种材料的耗用量，分别填入工料分析表内以便分析和考核。

（四）工料分析实例

某砖混结构的单层房屋，基础周长为 43m。基础垫层混凝土的强度等级为 C10，基础混凝土的强度等级为 C15。该房屋设有 4 根单梁，梁长 5m，梁混凝土的强度等级为 C20。基础和梁的断面尺寸如图 20-1 所示，作混凝土工程的工料分析。

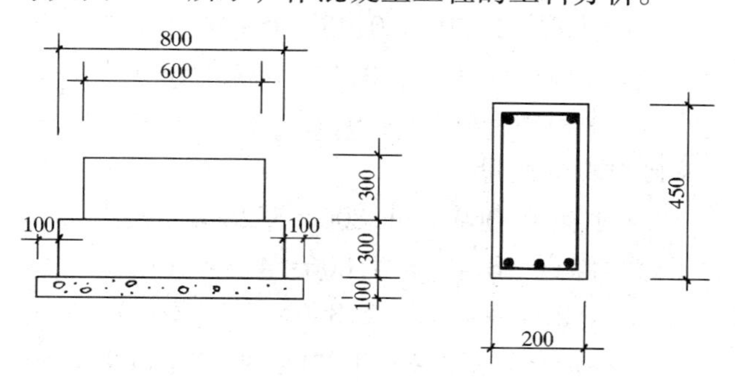

图 20-1　基础、梁断面图

1. 计算工程量

垫层工程量 = 1 × 0.1 × 43 = 4.3（m^3）

基础工程量 = （0.8 × 0.3 + 0.6 × 0.3）× 43 = 18.06（m^3）

梁工程量 = 0.45 × 0.2 × 5 × 4（根）= 1.8（m^3）

2. 计算用工量和材料耗用量

依据某地编制的施工定额，查有关项目，摘录于表 20-4。

混凝土分项工程施工定额（摘录） **表 20-4**

项目	单位（m^3）	人工		材料			
		综合（工日）	混凝土（工日）	325 号水泥（kg）	碎石（m^3）	中粗砂（m^3）	草袋（m^2）
C10 素混凝土垫层	10	11.3	11.3	2230	8.65	4.74	
C15 素混凝土基础	10	12.6	12.6	3060	8.47	4.3	2.4
C20 混凝土单梁	10	13.5	13.5	3750	8.3	4.04	4.92

（1）计算用工量：

垫层用工量：11.3 × 0.43 = 4.86（工日）

基础用工量：12.6 × 1.806 = 22.76（工日）

梁用工量 = 13.5 × 0.18 = 2.43（工日）

合计 30.05（工日）

（2）计算材料耗用量：

1）垫层材料耗用量：

水泥 = 2230 × 0.43 = 958.9（kg）

碎石 = 8.65 × 0.43 = 3.72（m^3）

中粗砂 = 4.74 × 0.43 = 2.04（m^3）

2）基础材料耗用量：

水泥 = 3060 × 1.806 = 5526.4（kg）

碎石 = 8.47 × 1.806 = 4.33（m^3）

中粗砂 = 4.3 × 1.806 = 7.77（m^3）

养护草袋 = 2.4 × 1.806 = 4.33（m^3）

3）梁的材料耗用量：

水泥 = 3750 × 0.18 = 675（kg）

碎石 = 8.3 × 0.18 = 1.49 (m^3)

中粗砂 = 4.04 × 0.18 = 0.73 (m^3)

养护草袋 = 4.92 × 0.18 = 0.89 (m^3)

3. 编制混凝土分项工程工料分析表（表 20-5）

混凝土分项工程工料分析表 **表 20-5**

工程项目	单位(m^3)	工程量	人工		材料			
			综合（工日）	混凝土（工日）	325＃水泥(kg)	碎石(m^3)	中粗砂(m^3)	草袋(m^2)
C10素混凝土垫层	10	0.43	11.3 / 4.86	11.3 / 4.86	2230 / 958.9	8.65 / 3.72	4.74 / 3.72	
C15素混凝土基础	10	1.806	12.6 / 22.76	12.6 / 22.76	3060 / 5526.4	8.47 / 4.33	4.3 / 7.77	2.4 / 4.33
C20混凝土单梁	10	0.18	13.5 / 2.43	13.5 / 2.43	3750 / 675	8.3 / 1.49	4.04 / 0.73	4.92 / 0.89
合计			30.05	30.05	7160.3	9.54	12.22	5.22

复　习　题

1. 现场材料如何管理？
2. 班组管理有何作用？
3. 工料分析与计算的依据是什么？
4. 工料分析的方法是什么？
5. 混凝土工程量的计算规则有哪几点？
6. 依据混凝土的施工定额如何计算用工量和混凝土的材料消耗量？

二十一、质量与安全

（一）建筑工程施工质量验收的标准

按《建筑工程施工质量验收统一标准》（GB50300—2001）的要求，对建筑工程施工质量验收实行“验评分离、强化验收、完善手段、过程控制”的原则。

1. 混凝土工程质量验收的划分

建筑工程质量验收应划分为单位（子单位）工程、分部（子分部）工程、分项工程和检验批。

（1）分部工程的划分应按下列原则确定：

1）分部工程的划分应按专业性质、建筑部位确定。

2）当分部工程较大或较复杂时，可按材料种类、施工特点、施工程序、专业系统及类别等划分为若干子分部工程。

（2）分项工程应按主要工种、材料、施工工艺、设备类别等进行划分。分项工程可由一个或若干检验批组成，检验批可根据施工及质量控制和专业验收需要按楼层、施工段、变形缝等进行划分。

混凝土工程的分部（子分部）、分项工程可按表 21-1 采用。

2. 建筑工程质量验收

（1）检验批合格质量应符合下列规定：

1）主控项目和一般项目的质量经抽样检验合格；

2）具有完整的施工操作依据、质量检查记录。

检验批是工程验收的最小单位，是分项工程乃至整个建筑工程质量验收的基础。检验批是施工过程中条件相同并有一定数量的材料、构配件或安装项目，由于其质量基本均匀一致，因此可以作为检验的基础单位，并按批验收。

混凝土分部分项工程的划分　　表 21-1

序号	分部工程	子分部工程	分项工程
1	地基与基础	有支护土方	排桩、降水、排水、地下连续墙、锚杆、土钉墙、水泥土桩、沉井与沉箱，混凝土支撑
		地基处理	灰土地基、砂和砂石地基、碎砖三合土地基，土工合成材料地基、粉煤灰地基、重锤夯实地基、强夯地基、振冲地基、砂桩地基、预压地基、高压喷射注浆地基、土和灰土挤密桩地基、注浆地基、水泥粉煤灰碎石桩地基、夯实水泥土桩地基
		桩基	锚杆静压桩及静力压桩、预应力离心管桩、钢筋混凝土预制桩、钢桩、混凝土灌注桩（成孔、钢筋笼、清孔、水下混凝土灌注）
		地下防水	防水混凝土、水泥砂浆防水层、卷材防水层、涂料防水层、金属板防水层、塑料板防水层、细部构造、喷锚支护、复合式衬砌、地下连续墙、盾构法隧道，渗排水，盲沟排水、隧道、坑道排水，预注浆、后注浆、衬砌裂缝注浆
		混凝土基础	模板、钢筋、混凝土、后浇带混凝土、混凝土结构缝处理
		劲钢（管）混凝土	劲钢（管）焊接，劲钢（管）与钢筋的连接，混凝土
2	主体结构	混凝土结构	模板、钢筋、混凝土、预应力混凝土、现浇结构、装配式结构
		劲钢（管）混凝土结构	劲钢（管）焊接，螺栓连接，劲钢（管）与钢筋的连接，劲钢（管）制作、安装，混凝土

检验批质量合格的条件，共两个方面：资料检查、主控项目检验和一般项目检验。

质量控制资料反映了检验批从原材料到最终验收的各施工工序的操作依据，检查情况以及保证质量所必须的管理制度等。对其完整性的检查，实际是对过程控制的确认，这是检验批合格的前提。

混凝土结构工程检验批合格质量应符合下列规定：

1）主控项目的质量经抽样检验合格；

2）一般项目的质量经抽样检验合格；当采用计数检验时，除有专门要求外，一般项目的合格点率应达到80%以上，且不得有严重缺陷；

3）具有完整的施工操作依据和质量验收记录。

对验收合格的检验批，宜作出合格标志。表21-2为混凝土检验批质量记录表。

检验批质量验收记录 **表21-2**

<table>
<tr><td colspan="2">工程名称</td><td></td><td>分项工程名称</td><td></td><td>验收部位</td><td></td></tr>
<tr><td colspan="2">施工单位</td><td></td><td>专业工长</td><td></td><td>项目经理</td><td></td></tr>
<tr><td colspan="2">分包单位</td><td></td><td>分包项目经理</td><td></td><td>施工班组长</td><td></td></tr>
<tr><td colspan="2">施工执行标准名称及编号</td><td colspan="5"></td></tr>
<tr><td colspan="2">检查项目</td><td>质量验收规范的规定</td><td colspan="2">施工单位检查评定记录</td><td colspan="2">监理（建设）单位验收记录</td></tr>
<tr><td rowspan="6">主控项目</td><td>1</td><td></td><td colspan="2"></td><td colspan="2" rowspan="6"></td></tr>
<tr><td>2</td><td></td><td colspan="2"></td></tr>
<tr><td>3</td><td></td><td colspan="2"></td></tr>
<tr><td>4</td><td></td><td colspan="2"></td></tr>
<tr><td>5</td><td></td><td colspan="2"></td></tr>
<tr><td></td><td></td><td colspan="2"></td></tr>
<tr><td rowspan="6">一般项目</td><td>1</td><td></td><td colspan="2"></td><td colspan="2" rowspan="6"></td></tr>
<tr><td>2</td><td></td><td colspan="2"></td></tr>
<tr><td>3</td><td></td><td colspan="2"></td></tr>
<tr><td>4</td><td></td><td colspan="2"></td></tr>
<tr><td>5</td><td></td><td colspan="2"></td></tr>
<tr><td></td><td></td><td colspan="2"></td></tr>
<tr><td colspan="2">施工单位检查评定结果</td><td colspan="5">项目专业质量检查员　　年　月　日</td></tr>
<tr><td colspan="2">监理（建设）单位验收结论</td><td colspan="5">监理工程师（建设单位项目专业技术负责人）　　年　月　日</td></tr>
</table>

（2）分项工程质量验收合格应符合下列规定：

1）分项工程所含的验收批均应符合合格质量的规定；

2）分项工程所含的验收批的质量验收记录应完整。

（3）分部（子分部）工程质量验收合格应符合下列规定：

1）分部（子分部）工程所含分项工程的质量均应验收合格；

2）质量控制资料完整；

3）地基与基础、主体结构和设备安装等分部工程有关安全及功能的检验和抽样检测结果应符合有关规定；

4）观感质量验收应符合要求。

涉及安全和使用功能的地基基础、主体结构、有关安全及重要使用功能的安装分部工程应进行有关见证取样送样试验或抽样检测。关于观感质量验收，这类检查往往难以定量，只能以观察、触摸或简单量测的方式进行，并由各个人的主观印象判断，检查结果并不给出“合格”或“不合格”的结论，而是综合给出质量评价。对于“差”的检查点应通过返修处理等补救。

（4）单位（子单位）工程质量验收合格应符合下列规定：

1）单位（子单位）工程所含分部（子分部）工程的质量均应验收合格。

2）质量控制资料应完整。

3）单位（子单位）工程所含分部工程有关安全和功能的检测资料应完整。

4）主要功能项目的抽查结果应符合相关专业质量验收规范的规定。

5）观感质量验收应符合要求。

单位工程质量验收也称质量竣工验收，是建筑工程投人使用前的最后一次验收，也是最重要的一次验收。验收合格的条件有五个：除构成单位工程的各分部工程应该合格，并且有关的资料文件应完整以外，还须进行以下三个方面的检查。

涉及安全和使用功能的分部工程应进行检验资料的复查。不仅要全面检查其完整性（不得有漏检缺项），而且对分部工程验收时补充进行的见证抽样检验报告也要复核。这种强化验收的手段体现了对安全和主要使用功能的重视。

此外，对主要使用功能还须进行抽查。使用功能的检查是对建筑工程和设备安装工程最终质量的综合检验，也是用户最为关心的内容。因此，在分项、分部工程验收合格的基础上，竣工验收时再作全面检查。抽查项目是在检查资料文件的基础上由参加验收的各方人员商定，并用计量、计数的抽样方法确定检查部位。检查要求按有关专业工程施工质量验收标准的要求进行。

最后，还须由参加验收的各方人员共同进行观感质量检查。检查的方法、内容、结论等已在分部工程的相应部分中阐述，最后共同确定是否通过验收。

(5) 当建筑工程质量不符合要求时，应按下列规定进行处理：

1) 经返工重做或更换器具、设备的检验批，应重新进行验收。

2) 经有资质的检测单位检测鉴定能够达到设计要求的检验批，应予以验收。

3) 经有资质的检测单位检测鉴定达不到设计要求、但经原设计单位核算认可能够满足结构安全和使用功能的检验批，可予以验收。

4) 经返修或加固处理的分项、分部工程，虽然改变外形尺寸但仍能满足安全使用要求，可按技术处理方案和协商文件进行验收。

通过返修或加固处理仍不能满足安全使用要求的分部工程、单位（子单位）工程，严禁验收。

(6) 建筑工程质量验收程序和组织：

1) 检验批及分项工程应由监理工程师（建设单位项目技术负责人）组织施工单位项目专业质量（技术）负责人等进行验收。

2) 分部工程应由总监理工程师（建设单位项目负责人）组织施工单位项目负责人和技术、质量负责人等进行验收；地基与基础、主体结构分部工程的勘察、设计单位工程项目负责人和施工单位技术、质量部门负责人也应参加相关分部工程验收。

3）单位工程完工后，施工单位应自行组织有关人员进行检查评定，并向建设单位提交工程验收报告。

4）建设单位收到工程验收报告后，应由建设单位（项目）负责人组织施工（含分包单位）、设计、监理等单位（项目）负责人进行单位（子单位）工程验收。

5）单位工程有分包单位施工时，分包单位对所承包的工程项目应按本标准规定的程序检查评定，总包单位应派人参加。分包工程完成后，应将工程有关资料交总包单位。

6）当参加验收各方对工程质量验收意见不一致时，可请当地建设行政主管部门或工程质量监督机构协调处理。

7）单位工程质量验收合格后，建设单位应在规定时间内将工程竣工验收报告和有关文件，报建设行政管理部门备案。

（二）混凝土施工质量控制与验收

1. 混凝土的施工质量控制

混凝土的质量控制应从混凝土组成材料、混凝土配合比设计及混凝土施工的全过程进行控制。并从主控项目和一般项目两方面进行检查。

（1）主控项目

主控项目就是必须确保的项目，混凝土合格质量的主控项目抽样检验应符合合格要求。

1）原材料：

（A）水泥：进场时应对其品种、级别、包装或散装仓号、出厂日期等进行检查，并应对其强度、安定性及其他必要的性能指标进行复验，其质量必须符合现行国家标准《硅酸盐水泥、普通硅酸盐水泥》GB 175 等的规定。当在使用中对水泥质量有怀疑或出厂超过三个月（快硬硅酸盐水泥一个月）时，应进行复验，并按复验结果使用。

检验方法：检查产品合格证、出厂检验报告和进场复验报告。

检查数量：按同一生产厂家、同一等级、同一品种、同一批号且连续进场的水泥，袋装不超过200t为一批、散装水泥不超过500t为一批，每批抽样不少于一次。

(B) 外加剂：混凝土中掺用外加剂的质量及应用技术应符合现行国家标准《混凝土外加剂》GB 8076、《混凝土外加剂应用技术规范》GB 50119等和有关环境保护的规定。

检验方法：检查产品合格证、出厂检验报告和进场复验报告。

检查数量：全数检查。

2) 配合比设计：混凝土应按国家现行标准《普通混凝土配合比设计规程》JGJ 55的有关规定，根据混凝土强度等级、耐久性和工作性等要求进行配合比设计。对有特殊要求的混凝土，其配合比设计尚应符合国家现行有关标准的专门规定。检验方法：检查配合比设计资料。

3) 混凝土施工：要求混凝土的强度等级必须符合设计要求，其配合比、原材料计量、搅拌、养护和施工缝处理必须符合施工验收规范的规定。

(A) 混凝土试件的留置要求：

用于评定结构构件混凝土强度的试件，应在混凝土的浇筑地点随机抽取。取样与试件留置应符合下列规定：

(a) 每拌制100盘且不超过$100m^3$的同配合比的混凝土，取样不得少于一次；

(b) 每工作班拌制的同配合比的混凝土不足100盘时，取样不得少于一次；

(c) 当一次连续浇筑超过$1000m^3$时，同一配合比的混凝土每$200m^3$取样不得少于一次；

(d) 每一楼层、同一配合比的混凝土，取样不得少于一次；

(e) 每次取样应至少留置一组标准养护试件，同条件养护试件的留置组数应根据实际需要确定。

应认真做好工地混凝土试件的管理工作，从试模选择、试块取样、成型、编号以至养护等要指定专人负责，以提高试件的代表性，正确地反映混凝土结构和构件的强度。

检验方法：检查施工记录及试件强度试验报告。

(B) 混凝土的原材料每盘称量偏差应符合表21-3的规定。

含水率有显著变化时，应增加含水率检测次数，并及时调整水和骨料的用量。原材料每盘称量复称：每工作班抽查不应少于一次。

原材料每盘称量的允许偏差 **表21-3**

材料名称	允许偏差	材料名称	允许偏差
水泥、掺和料	±2%	水、外加剂	±2%
粗、细骨料	±3%		

(C) 混凝土运输、浇筑及间歇的全部时间不应超过混凝土的初凝时间。同一施工段的混凝土应连续浇筑，并应在底层混凝土初凝之前将上一层混凝土浇筑完毕。当底层混凝土初凝后浇筑上一层混凝土时，应按施工缝的要求进行处理。

(2) 一般项目

1) 原材料：混凝土的掺和料，粗、细骨料及拌和用水的质量应符合现行国家相关规范的规定，并按规定要求进行检查和复检。

2) 配合比设计：混凝土拌制前，应测定砂、石含水率并根据测试结果调整材料用量，提出施工配合比。首次使用的混凝土配合比应进行开盘鉴定，主要检查其工作性，要求混凝土的流动性、粘聚性及保水性应满足设计配合比的要求。开始生产时应至少留置一组标准养护试件，作为验证配合比的依据。要求每工作班应检查一次。

3) 混凝土施工：混凝土在拌制和浇筑过程中，应对下列项目进行检查：

(A) 施工缝的位置：应在混凝土浇筑前按设计要求和施工

技术方案确定。对所有的施工缝的位置进行全数检查，对施工缝的处理应按施工技术方案执行。

(B) 后绕带的留置：位置应按设计要求和施工技术方案确定。后浇带混凝土浇筑应按施工技术方案进行。

(C) 混凝土的养护：混凝土浇筑完毕后，12h以内对混凝土加以覆盖并保湿养护；混凝土浇水养护的时间：对采用硅酸盐水泥、普通硅酸盐水泥或矿渣硅酸盐水泥拌制的混凝土，不得少于7d；对掺用缓凝型外加剂或有抗渗要求的混凝土，不得少于14d。浇水次数应能保持混凝土处于湿润状态；当日平均气温低于5℃时，不得浇水；混凝土养护用水应与拌制用水相同；采用塑料布覆盖养护的混凝土，其敞露的全部表面应覆盖严密，并应保持塑料布内有凝结水；混凝土强度达到1.2N/mm^{2}前，不得在其上踩踏或安装模板及支架。混凝土表面不便浇水或使用塑料布时，宜涂刷养护剂；对大体积混凝土的养护，应根据气候条件按施工技术方案采取控温措施。

对前述检查项目要通过观察和检查施工记录进行全数检查。

2. 混凝土强度评定与检验

(1) 标准条件养护试件的强度评定

在实验室中以20±3℃、相对湿度为90%以上经28d养护的混凝土试件为标准条件养护试件。在施工现场保证施工质量的条件下，进行混凝土结构强度的评定。

1) 试件抗压强度按式21-1计算：

$$f_{cu}=\frac{F}{A} \tag{21-1}$$

式中 f_{cu}——混凝土立方体试件抗压强度（MPa）；

F——破坏荷载，试验机上随动指针的指示数（N）；

A——试件承压面积（mm^2）

当承压面为100mm×100mm时，$A=10000$mm^2；

当承压面为150mm×150mm时，$A=22500$mm^2；

当承压面为200mm×200mm时，$A=40000$mm^2。

2）强度代表值：混凝土试件强度代表值，以每组三个标准条件下养护的试件中的抗压强度的算术平均值作为该组试件的强度代表值。三个试件中，强度最大值或强度最小值与中间值之差超过中间值的 15%，取中间值作为该组试件的强度代表值。若三个试件中，强度最大值和强度最小值与中间值之差均超过中间值 15%，则该组试件试验结果无效，不应作为评定的依据。

3）混凝土立方体强度：混凝土试件抗压强度换算为混凝土立方体强度，按表 21-4 中系数换算。

混凝土试件强度的换算系数表　　　　表 21-4

序号	试件尺寸（mm）	试件抗压强度换算为立方体强度的系数
1	100×100×100	0.95
2	150×150×150	1.00
3	200×200×200	1.05

4）强度的评定：参见本系列培训教材的《实验工》部分。

（2）同条件养护试件强度检验

1）同条件养护试件的留置方式和取样数量，应符合下列要求：

(A) 同条件养护试件所对应的结构构件或结构部位，应由监理（建设）、施工等各方共同选定；

(B) 对混凝土结构工程中的各强度等级的混凝土，均应留置同条件养护试件；

(C) 同一强度等级的同条件养护试件，其留置的数量应根据混凝土工程量和重要性确定，不宜少于 10 组，且不应少于 3 组；

(D) 同条件养护试件拆模后，应放置在靠近相应结构构件或结构部位的适当位置，并应采取相同的养护方法。

2）同条件养护试件应在达到等效养护龄期时进行强度试验。

等效养护龄期应根据同条件养护试件强度与在标准养护条件下 28d 龄期试件强度相等的原则确定。

3）同条件自然养护试件的等效养护龄期及相应的试件强度代表值，宜根据当地的气温和养护条件，按下列规定确定：

(A) 等效养护龄期可取按日平均温度逐日累计达到600℃·d时所对应的龄期，0℃及以下的龄期不计入；等效养护龄期不应小于14d，也不宜大于60d；

(B) 同条件养护试件的强度代表值应根据强度试验结果按现行国家标准《混凝土强度检验评定标准》GBJ 107 的规定确定后，乘折算系数取用；折算系数宜取为1.10，也可根据当地的试验统计结果作适当调整。

(C) 冬期施工、人工加热养护的结构构件，其同条件养护试件的等效养护龄期可按结构构件的实际养护条件，由监理（建设）、施工等各方根据2）的规定共同确定。

（三）现浇结构混凝土分项工程施工质量控制与验收

1. 一般规定

(1) 现浇结构的外观质量缺陷的检查内容

现浇结构的外观质量缺陷，应由监理（建设）单位、施工单位等各方根据其对结构性能和使用功能影响的严重程度，按表21-5进行确定。

现浇结构的外观质量缺陷　　表21-5

序号	名称	现象	严重缺陷	一般缺陷
1	露筋	构件内钢筋未被混凝土包裹而外露	纵向受力钢露筋	其他钢筋有少量露筋
2	蜂窝	混凝土表面缺少水泥砂浆而形成石子外露	构件主要受力部位有蜂窝	其他部位有少量蜂窝
3	孔洞	混凝土中孔穴深度和长度均超过保护层厚度	构件主要受力部位有孔洞	其他部位有少量孔洞
4	夹渣	混凝土中夹有杂物且深度超过保护层厚度	构件主要受力部位有夹渣	其他部位有少量夹渣

续表

序号	名 称	现 象	严重缺陷	一般缺陷
5	疏松	混凝土中局部不密实	构件主要受力部位有疏松	其他部位有少量疏松
6	裂缝	缝隙从混凝土表面延伸至混凝土内部	构件主要受力部位有影响结构性能或使用功能的裂缝	其他部位有少量不影响结构性能或使用功能的裂缝
7	连接部位缺陷	构件连接处混凝土缺陷及连接钢筋、连接件松动	连接部位有影响结构传力性能的缺陷	连接部位有基本不影响结构传力性能的缺陷
8	外形缺陷	缺棱掉角、棱角不直、翘曲不平、飞边凸肋等	清水混凝土构件有影响使用功能或装饰效果的外形缺陷	其他混凝土构件有不影响使用功能的外形缺陷
9	外表缺陷	构件表面麻面、掉皮、起砂、沾污等	具有重要装饰效果的清水混凝土构件有外表缺陷	其他混凝土构件有不影响使用功能的外表缺陷

（2）现浇结构的外观质量缺陷的检查与处理

现浇结构拆模后，应由监理（建设）单位、施工单位对外观质量进行检查，做出记录，并应及时按施工技术方案对缺陷进行处理。

2. 外观质量检查与验收

（1）主控项目

现浇结构的外观质量不应有严重缺陷。对已经出现的严重缺陷，应由施工单位提出技术处理方案，并经监理（建筑）单位认可后进行处理。对经处理的部位，应重新检查验收。

检查数量：全数检查。

检验方法：观察，检查技术处理方案。

（2）一般项目

现浇结构的外观质量不宜有一般缺陷。对已经出现的一般缺陷，应由施工单位按技术处理方案进行处理，并重新检查验收。

检查数量：全数检查。

检验方法：观察，检查技术处理方案。

3. 尺寸偏差的质量控制与检验

（1）主控项目

现浇结构不应有影响结构性能和使用功能的尺寸偏差。混凝土设备基础不应有影响结构性能和设备安装的尺寸偏差。

对超过尺寸允许偏差且影响结构性能和安装、使用功能的部位，应由施工单位提出技术处理方案，并经监理（建设）单位认可后进行处理。对经处理的部位，应重新检查验收。

检查数量：全数检查。

检验方法：量测，检查技术处理方案。

（2）一般项目

现浇结构和混凝土设备基础拆模后的尺寸偏差应符合表21-6和表21-7的规定。

检查数量：按楼层、结构缝或施工段划分检验批。在同一检验批内，对梁、柱和独立基础，应抽查构件数量的10%，且不少于3件；对墙和板，按有代表性的自然间抽查10%，且不少于3间；对大空间结构、墙可按相邻轴线间高度5m左右划分检查面，板可按纵、横轴线划分检查面，抽查10%，且均不少于3面；对电梯井，应全数检查。对设备基础，应全数检查。

现浇结构尺寸允许偏差和检验方法　　表21-6

<table>
<tr><th colspan="3">项目</th><th>允许偏差（mm）</th><th>检验方法</th></tr>
<tr><td rowspan="4">轴线位置</td><td colspan="2">基础</td><td>15</td><td rowspan="4">钢尺检查</td></tr>
<tr><td colspan="2">独立基础</td><td>10</td></tr>
<tr><td colspan="2">墙、柱、梁</td><td>8</td></tr>
<tr><td colspan="2">剪力墙</td><td>5</td></tr>
<tr><td rowspan="3">垂直度</td><td rowspan="2">层 高</td><td>≤5m</td><td>8</td><td>经纬仪或吊线、钢尺检查</td></tr>
<tr><td>>5m</td><td>10</td><td>经纬仪或吊线、钢尺检查</td></tr>
<tr><td colspan="2">全高（H）</td><td>H/1000且≤30</td><td>经纬仪、钢尺检查</td></tr>
<tr><td rowspan="2">标高</td><td colspan="2">层 高</td><td>±10</td><td rowspan="2">水准仪或拉线、钢尺检查</td></tr>
<tr><td colspan="2">全 高</td><td>±30</td></tr>
<tr><td colspan="3">截面尺寸</td><td>+8，−5</td><td>钢尺检查</td></tr>
<tr><td rowspan="2">电梯井</td><td colspan="2">井筒长、宽对定位中心线</td><td>+25，0</td><td>钢尺检查</td></tr>
<tr><td colspan="2">井筒全高（H）垂直度</td><td>H/1000且≤30</td><td>经纬仪、钢尺检查</td></tr>
</table>

续表

项目		允许偏差（mm）	检验方法
表面平整度		8	2m靠尺和塞尺检查
预埋设施中心线位置	预埋件	10	钢尺检查
	预埋螺栓	5	
	预埋管	5	
预留洞中心线位置		15	钢尺检查

注：检查轴线、中心线位置时，应沿纵、横两个方向量测，并取其中的较大值。

混凝土设备基础尺寸允许偏差和检验方法　　表21-7

项 目		允许偏差（mm）	检验方法
坐标位置		20	钢尺检查
不同平面的标高		0，－20	水准仪或拉线、钢尺检查
平面外形尺寸		±20	钢尺检查
凸台上平面外形尺寸		0，－20	钢尺检查
凹穴尺寸		＋20，0	钢尺检查
平面水平度	每 米	5	水平尺、塞尺检查
	全 长	10	水准仪或拉线、钢尺检查
垂直度	每 米	5	经纬仪或吊线、钢尺检查
	全高	0	
预埋地脚螺栓	标高（顶部）	＋20，0	水准仪或拉线、钢尺检查
	中心距	±2	钢尺检查
预埋地脚螺栓孔	中心线位置	10	钢尺检查
	深 度	＋20，0	钢尺检查
	孔垂直度	10	吊线、钢尺检查
预埋活动地脚螺栓锚板	标 高	＋20，0	水准仪或拉线、钢尺检查
	中心线位置	5	钢尺检查
	带槽锚板平整度	5	钢尺、塞尺检查
	带螺纹孔锚板平整度	2	钢尺、塞尺检查

注：检查坐标、中心线位置时，应沿纵、横两个方向量测，并取其中的较大值。

（四）预 制 构 件

1．一般规定

（1）预制构件应进行结构性能检验。结构性能检验不合格的构件不得用于混凝土结构。

(2) 叠合结构中预制构件的叠合面应符合设计要求。

(3) 装配式结构外观质量、尺寸偏差的验收及对缺陷的处理应按对现浇结构分项工程的相应规定执行。

(4) 预应筋张拉机具设备及仪表，应定期维护和样验。张拉设备应配套标定，并配套使用。标定期限不应超过半年。

(5) 混凝土浇筑之前，应进行隐蔽工程验收，包括：

1) 钢筋（或预应力筋及连接器具）的品种、规格、数量、位置等。

2) 预留孔道的规格、数量、位置、形状及灌浆孔、排气孔兼泌水管等。

3) 锚区局部加强构造等。

2. 主控项目

(1) 预制构件应在明显部位标明生产单位、构件型号、生产日期和质量验收标志。构件上的预埋件、插筋和预留孔洞的规格、位置和数量应符合标准图或设计的要求。

检查数量：全数检查。

检验方法：观察。

(2) 预制构件的外观质量不应有严重缺陷。对已经出现的严重缺陷，应按技术处理方案进行处理，并重新检查验收。

检查数量：全数检查。

检验方法：观察，检查技术处理方案。

(3) 预制构件不应有影响结构性能和安装、使用功能的尺寸偏差。对超过尺寸允许偏差且影响结构性能和安装、使用功能的部位，应按技术处理方案进行处理，并重新检查验收。

检查数量：全数检查。

检验方法：量测，检查技术处理方案。

3. 一般项目

(1) 预制构件的外观质量不宜有一般缺陷。对已经出现的一般缺陷，应按技术处理方案进行处理，并重新检查验收。

检查数量：全数检查。

检验方法：观察，检查技术处理方案。

(2) 预制构件的尺寸偏差应符合表 21-8 的规定。

检查数量：同一工作班生产的同类型构件，抽查 5% 且不少于 3 件。

(3) 灌浆用水泥浆的水灰比不应大于 0.45，搅拌后 3h 泌水率不宜大于 3%，且不应小于 3%。泌水应能在 24h 内全部重新被水泥浆吸收。

检查数量：同一配合比检查一次。

检验方法：检查水泥浆性能试验报告。

(4) 灌浆用水泥浆的抗压强度不应小于 $30N/mm^2$。抗压强度为一组试件的平均值，当一组试件中抗压强度最大值或最小值与平均值相差超过 20% 时，应取中间 4 个试件强度的平均值。

检查数量：每工作班留置一组边长为 70.7mm 的立方体试件。一组试件由 6 个试件组成，试件应标准养护 28d。

检验方法：检查水泥浆试件强度试验报告。

预制构件尺寸的允许偏差及检验方法　　表 21-8

项目		允许偏差 (mm)	检验方法
长度	板、梁	+10，-5	钢尺检查
	柱	+5，-10	
	墙板	±5	
	薄腹梁、桁架	+15，-10	
宽度、高(厚)度	板、梁、柱、墙板、薄腹梁、桁架	±5	钢尺量一端及中部，取其中较大值
侧向弯曲	梁、柱、板	$l/750$ 且≤20	拉线、钢尺量最大侧向弯曲处
	墙板、薄腹梁、桁架	$l/1000$ 且≤20	
预埋件	中心线位置	10	钢尺检查
	螺栓位置	5	
	螺栓外露长度	+10，-5	
预留孔	中心线位置	5	钢尺检查
预留洞	中心线位置	15	钢尺检查

续表

项目		允许偏差（mm）	检验方法
主筋保护层厚度	板	+5，−3	钢尺或保护层厚度测定仪量测
	梁、柱、墙板、薄腹梁、桁架	+10，−5	
对角线差	板、墙板	10	钢尺量两个对角线
表面平整度	板、墙板、柱、梁	5	2m靠尺和塞尺检查
预应力构件预留孔道位置	梁、墙板、薄腹梁、桁架	3	钢尺检查
翘曲	板	l/750	调平尺在两端量测

注：1. l 为构件长度（m）；

2. 检查中心线、螺栓和孔道位置时，应沿纵、横两个方向量测，并取其中的较大值；

3. 对形状复杂或有特殊要求的构件，其尺寸偏差应符合标准图或设计的要求。

（五）结构实体钢筋保护层厚度检验

1. 钢筋保护层厚度的检验

钢筋保护层厚度检验的结构部位和构件数量，应符合下列要求：

(1) 钢筋保护层厚度检验的结构部位，应由监理（建设）、施工等各方根据结构构件的重要性共同选定。

(2) 对梁类、板类构件，应各抽取构件数量的2%且不少于5个构件进行检验；当有悬挑构件时，抽取的构件中悬挑梁类、板类构件所占比例均不宜小于50%。

2. 梁、板构件的钢筋保护层厚度的检验

对选定的梁类构件，应对全部纵向受力钢筋的保护层厚度进行检验；对选定的板类构件，应抽取不少于6根纵向受力钢筋的保护层厚度进行检验。对每根钢筋，应在有代表性的部位测量1

点。

3．钢筋保护层厚度的检验方法

钢筋保护层厚度的检验，可采用非破损或局部破损的方法，也可采用非破损方法并用局部破损方法进行校准。当采用非破损方法检验时，所使用的检测仪器应经过计量检验，检测操作应符合相应规程的规定。

钢筋保护层厚度检验的检测误差不应大于1mm。

4．钢筋保护层厚度的检验偏差

钢筋保护层厚度检验时，纵向受力钢筋保护层厚度的允许偏差，对梁类构件为+10mm，-7mm；对板类构件为+8mm，-5mm。

5．对梁、板类构件纵向受力钢筋的保护层厚度应分别进行验收

结构实体钢筋保护层厚度验收合格应符合下列规定：

（1）当全部钢筋保护层厚度检验的合格点率为90%及以上时，钢筋保护层厚度的检验结果应判为合格；

（2）当全部钢筋保护层厚度检验的合格点率小于90%但不小于80%，可再抽取相同数量的构件进行检验；当按两次抽样总和计算的合格点率为90%及以上时，钢筋保护层厚度的检验结果仍应判为合格；

（3）每次抽样检验结果中不合格点的最大偏差均不应大于以上规定允许偏差的1.5倍。

混凝土结构工程施工质量的验收应严格按照《混凝土结构工程施工质量验收规范》（GB50204—2002）和《建筑工程施工质量验收统一标准》（GB50300—2001）的规定，进行验收。

（六）安全管理与技术

1．制定安全技术措施

安全生产，文明施工，领导必须重视。由公司主管生产和安全负责人及总工程师牵头，由项目经理负责，将国家的《建筑施工安全检查标准》(JGJ59—99) 等要求，结合企业的安全规程和近年来在安全生产方面的经验和教训，对即将开工的新项目的管理人员和各班组长进行安全教育动员，制定出切实可行的各班组的安全操作措施及交叉作业技术措施，明确安全生产目标和安全管理具体措施，确保安全和文明施工。

2. 安全教育

(1) 进场前的教育：对即将进入施工现场的所有作业层人员和管理层人员，都必须进行一次针对施工项目特点的安全教育。认真贯彻“安全第一”和“预防为主”的方针，安全标准、操作规程和安全技术措施。提高施工管理和作业人员的安全生产意识和安全防护能力。

(2) 施工过程中的安全教育：在施工过程中要形成经常性的安全教育制度，这项工作应常抓不懈，决不能“开工时抓得紧，施工中放得松，快交工已无动于衷”。大量的安全事故说明，安全教育没有跟上，制定的安全操作措施方案没有认真执行，是发生安全事故的主要原因。

3. 岗位的安全管理

建筑工程施工作业对专业性强、操作技能高的工种的岗位，严格实行培训合格后持证上岗，分级作业，按工种明确施工作业的对象和技能等级。工程实践证明，机电操作作业、高处作业、深坑作业的工种造成的安全事故占工程施工安全事故的90%以上。因此，对以上“三大作业”涉及的诸多工种的作业人员，要定期培训，定期考核，不断提高安全操作作业的技能。

4. 安全生产综合管理与安全责任制

安全生产管理的对象是人，在施工现场的各类人员又非常复杂，他们的安全意识和安全防护能力各不相同，再加上施工现场的其他工作有时上升为工程管理的主要矛盾，如抓进度、抓质量等，管理层在一定时期内安全管理跟不上，也是造成安全事故的主要原因之一。不能唯安全而抓安全，只有在抓好生产中的各环节，实行综合管理，实行项目经理（或项目主管）安全负责制下，组成安全生产管理小组的综合管理，认真按照《建筑施工安全检查标准》（JGJ59—99）进行自检评分，找出施工的安全隐患，把事故消灭在生产前。保证施工生产各方面工作的顺利进行。

5. 混凝土工的安全技术要点

（1）在上岗操作前必须检查施工环境是否符合要求；道路是否畅通，机具是否牢固，安全措施是否配套，“三宝”（安全帽、安全带、安全网）“四口”（通道口、预留洞口、楼梯口、电梯井口）防护用品是否安全。经检查符合要求后，才能上岗操作。

（2）操作用的台、架经安全检查部门验收合格后才准使用。经验收合格后的台、架未经批准不得随意改动。

（3）大、中、小机电设备要有持证上岗人员专职操作、管理和维修。非操作人员一律不准启动使用。

（4）在同一垂直面，遇有上下交叉作业时，必须设有安全隔离层，下方操作人员必须戴安全帽。

（5）高处作业人员的身体，要经医生检查合格后才准上岗。

（6）在深基础或夜间施工时，应设有足够的照明设备，照明灯应有防护罩，并不得用超过36V的电压，金属容器内行灯照明不得用超过12V的安全电压。

（7）室内外的井、洞、坑、池、楼梯应设有安全护栏或防护盖、罩等设施。

（8）在浇筑混凝土前对各项安全设施要认真检查其是否安全可靠及有无隐患，尤其是模板支撑、操作脚手、架设运输道路及指挥、联络信号等。对于重要的施工部件其安全要求应详细交底。

（9）各种搅拌机（除反转出料搅拌机外），均为单向旋转进行搅拌，因此在接电源时应注意搅拌筒转向要符合搅拌筒上的箭头方向。

（10）开机前，先检查电气设备的绝缘和接地是否良好，皮带轮保护罩是否完整。

(11) 工作时，机械应先启动，待机械运转正常后再加料搅拌，要边加料边加水，若遇中途停机、停电时；应立即将料卸出；不允许中途停机后重载启动。

(12) 常温施工时，机械应安放在防雨篷内，冬期施工机械应安放在高温棚内。

(13) 非司机人员，严禁开动机械。

(14) 搅拌站内，必须按规定设置良好的通风与防尘设备，空气中粉尘的含量不得超过国家标准。

(15) 少量混凝土采用人工搅拌时，要采取两人对面翻拌作业，防止铁锹等手工工具碰伤：由高处向下推拨混凝土时；要注意不要用力过猛，以免惯性作用发生人员摔伤事故。

(16) 用手推车运输混凝土时，用力不得过猛，不准撒把。向坑、槽内倒混凝土时，必须沿坑、槽边设不低于10cm高的车轮挡装置；推车人员倒料时，要站稳，保持身体平衡，并通知下方人员躲开。

(17) 在架子上推车运送混凝土时，两车之间必须保持一定距离，并右侧通行，混凝土装车容量不得超过车斗容量的3/4。

(18) 电动内部或外部振动器在使用前应先对电动机、导线、开关等进行检查，如导线破损、绝缘开关不灵、无漏电保护装置等，要禁止使用。

(19) 电动振动器的使用者，在操作时，必须戴绝缘手套、穿绝缘鞋，停机后，要切断电源，锁好开关箱。

(20) 电动振动器须用按钮开关，不得用插头开关；电动振动器的扶手，必须套上绝缘胶皮管。

(21) 雨天作业时，必须将振捣器加以遮盖，避免雨水浸入电机导电伤人。

(22) 电气设备的安装、拆修，必须由电工负责，其他人员气律不准随意乱动。

(23) 振动器不准在初凝混凝土、板、脚手架、道路和干硬的地方试振。

（24）搬移振动器时，应切断电源后进行，否则不准搬、抬或移动。

（25）平板振动器与平板应保持紧固，电源线必须固定在平板上，电气开关应装在便于操作的地方。

（26）各种振动器，在做好保护接零的基础上，还应安设漏电保护器。

（27）使用吊罐（斗）浇筑混凝土时，应经常检查吊罐（斗）、钢丝绳和卡具，如有隐患要及时处理；并应设专人指挥。

（28）浇筑混凝土使用的溜槽及串筒节间必须连接牢固，操作部位应有防护栏杆，不准直接站在溜槽帮上操作。

（29）浇筑框架、梁、柱混凝土时，应设操作台，不得直接站在模板或支撑上操作。

（30）浇筑拱形结构，应自两边拱脚对称同时进行；浇筑圈梁、雨篷、阳台时，应设防护设施；浇筑料仓时，下口应先行封闭，并铺设临时脚手架，以防人员下坠。

（31）不得在养护窑（池）边上站立和行走，并注意窑盖板和地沟孔洞，防止失足坠落。

复　习　题

1. 试述现浇混凝土结构尺寸的允许偏差和检验方法。
2. 简述预制混凝土构件尺寸的允许偏差和检验方法。
3. 混凝土施工中所留试件有哪两种？如何留置？
4. 同条件养护试件有何作用？
5. 混凝土外观质量缺陷哪些是严重缺陷？哪些是一般缺陷？
6. 现浇结构外观质量如有严重缺陷时，怎样处理？
7. 安全教育有何重要性？安全教育的依据是什么？
8. 在架子上推车运送混凝土时有什么要求？
9. 操作电动振动器有什么要求？

附　录

混凝土工技能鉴定习题集

第一章　初级混凝土工

一、理论部分

（一）是非题（对的划“√”，错的划“×”，答案写在每题括号内）

1. 混凝土的坍落度大，说明混凝土拌和物的流动性好，可给施工带来方便，因此，坍落度越大越好。（×）

2. 水泥在较干燥的环境下存放时，超过三个月可不降低标号。（×）

3. 混凝土基础养护时，不得用水管冲水养护，避免地基土受水浸泡。（√）

4. 在砖混结构中设置圈梁时，所有内墙外墙都必须设置。（×）

5. 条形基础的混凝土浇筑当土质较好时，可以基槽边为模板。（√）

6. 混凝土灌注要分层振捣，上层混凝土的振捣需在下层混凝土终凝前进行。（×）

7. 大体积混凝土浇筑时应在室外气温较低时进行，混凝土浇筑温度也不宜大于28℃。（√）

8. 混凝土自由倾落高度可不受限制。（×）

9. 验槽的目的是为了减少隐患。（×）

10. 轻骨料混凝土的养护周期一般较普通混凝土长。（×）

11. 柱混凝土的浇捣一般需3～4人协同操作。（√）

12. 浇捣框架结构梁柱混凝土时，可站在模板或支撑上操作。（×）

13. 浇捣大面积混凝土垫层时，应纵横每6～10m设一道中间水平桩以控制厚度。（√）

14. 基槽开挖时，严禁搅动基底土层，因此要加强测量，以防超挖。（√）

15. 墙体混凝土应分段灌注，分段振捣。（×）

16. 楼梯浇筑完毕后，应自上而下，将踏步表面进行修整。(√)

17. 混凝土的和易性主要包括流动性、粘聚性和保水性。(√)

18. 高强度混凝土采用高标号水泥，低强度混凝土采用低标号水泥，水泥标号就等于混凝土的强度等级。(×)

19. 不同品种的水泥只要标号相同可混合使用。(×)

20. 插入式振捣器操作时，应做到“快插慢拔”。(√)

21. 柱梁板整体浇筑时，要先浇筑混凝土，待浇到其顶端时，必须静停 12h 以后，才能浇筑梁、板混凝土。(×)

22. 灌注楼板混凝土时，可直接将混凝土料卸在楼板上，但要集中，卸在钢筋较少部位，以防压坏更多钢筋。(×)

23. 标高是表示建筑物各部分或各个位置相对于 ±0.00 的高度。(√)

24. 安定性不合格的水泥不能用在重要的构件中。(√)

25. 硅酸盐水泥适用于大体积混凝土工程。(×)

26. 一套完整的房屋施工图中，一般按专业分为建筑施工图、结构施工图、设备施工图三类。(√)

27. 不同品种的水泥标号相同也不可混合使用。(√)

28. 投影可分为斜投影和正投影。(×)

29. 试块做成后在室温为 15～20℃ 情况下，至少静放一天，但不得超过两天。(×)

30. 砂中有害杂质是指粘土淤泥、云母、轻物质、硫化物和硫酸盐及有机质。(√)

31. 插入式振捣器操作时，应做到“慢插快拔”。(×)

32. 对于悬臂板，应顺支承梁的方向，先浇筑梁，再浇筑板。(×)

33. 预留孔洞处应两侧同时下料，对称振捣。(√)

34. 混凝土养护不当或养护时间过短，构件表面会产生麻面。(×)

35. 混凝土必须在初凝后，才能在上面继续浇筑新的混凝土。(×)

36. 打锤扦探时，要将锤高举至钎顶以上 500～700mm，用力将锤打到扦顶上。(×)

37. 冬期不用支撑的挖土作业，只容许在土冻结深度以内进行。(√)

38. 混凝土的抗压强度高，抗裂性能好。(×)

39. 除了工业废水，其他水都可用来拌制混凝土。(×)

40. 轻骨料混凝土不适宜制作预应力钢筋混凝土构件。(×)

41. 指北针一般画在总平面图中及首层的建筑平面图上。(√)

42. 水泥受潮后，将标号降低10%后可继续使用。(×)

43. 结构施工图是说明房屋的结构构造类型、结构平面布置、构件尺寸、材料和施工要求等。(√)

44. 圈梁是在建筑物外墙及部分内墙中设置的连续而闭合的梁。(√)

45. 测定混凝土拌和物流动性的指标是坍落度。(√)

46. 按国家标准规定须用“软练法”测定水泥的安定性。(×)

47. 混凝土浇水养护时应注意楼面的障碍物和孔洞，拉移浇水用的皮管时，不得倒退行走，以防从孔洞内坠落。(√)

48. 浇筑一排柱子的顺序可从一端开始向另一端推进。(×)

49. 对于一次无法浇筑完毕的圈梁，可将施工缝留置在砖墙的转角处。(×)

50. 轻骨料混凝土的养护周期，一般较普通混凝土长。(×)

51. 模板缝隙过大或模板支撑不牢固，振捣时造成模板移位或胀开，引起混凝土严重漏浆，形成蜂窝。(√)

52. 如果施工缝位置附近有回弯钢筋时，在继续浇筑混凝土时要做到钢筋周围的混凝土不松动和损坏。(√)

53. 基槽开挖完毕并清理好以后，在基础施工前，施工单位应会同勘察、设计单位、建设单位共同进行验槽工作。(√)

54. 三七灰土俗称三合土。(×)

55. 浇筑混凝土顶板时，可随时提拉钢筋以使其有保护层。(×)

56. 若发现混凝土坍落度过小，难以振捣密实时，可以在混凝土内加水，但必须搅拌均匀。(×)

57. 基槽开挖后应将槽底铲平，并预留出夯实厚度，一般为10～30mm。(√)

58. 用填充石块减少混凝土用量时，石块的粒径必须大于20cm，最大尺寸不宜超过35cm。(×)

59. 为承受混凝土在浇筑中所产生的侧压力，柱模外侧每隔50～60cm安装一道柱箍。(√)

60. 普通水泥初凝一般为1～2h，终凝为5～8h。(×)

61. 施工中只有平、立、剖面图相互配合才能满足施工要求。(×)

62. 混凝土露筋部位较深时，应先剔凿，用清水冲刷干净并使之充分湿润，然后用相同强度等级的细石混凝土填补捣实并认真养护。(×)

63. 梁板达到拆模强度的，在拆除模板后，即可承受其全部作用荷载。

(×)

64. 混凝土拌和水只能用自来水。(×)

65. 标准养护条件是指温度为 20±3℃ 和相对湿度为 90% 以上潮湿环境或水中。(√)

66. 混凝土搅拌的投料方法是将水泥、砂、石子一起装进筒内的，同时装入拌和水。(×)

67. 振捣上层混凝土要在下层混凝土初凝前进行。(√)

68. 混凝土基础养护一般采用管冲水养护或自然养护。(×)

69. 大体积基础的混凝土必须连续浇筑，不留施工缝。(√)

70. 在厚大无筋或稀疏配筋结构的大体积基础施工中，在设计允许的情况下，可在混凝土内填充适量的石块。(√)

71. 混凝土振捣时间越长，混凝土越密实，强度越高。(×)

72. 墙体混凝土灌注时应遵循先边角后中部，先外部后内部的顺序。(√)

73. 采用竖向串筒，溜管导送混凝土时，柱子的灌注高度可不受限制。(√)

74. 悬挑构件的悬挑部分与后面的平衡构件的浇筑需同时进行。(√)

75. 圈梁采用硬架法支模时，应采用抄平刨光并有足够承载力的模板。(√)

76. 圈梁浇筑时，施工缝宜留在砖墙的十字、丁字转角处，不应留在门窗、预留洞上部。(×)

77. 楼梯混凝土浇筑时，施工缝应留在楼梯转角处。(×)

78. 轻质混凝土分为轻骨料混凝土、全轻混凝土和轻砂混凝土。(×)

79. 轻质混凝土影响和易性的主要因素与普通混凝土相同。(×)

80. 施工缝处的混凝土采用机械振捣时，宜从施工缝处开始细致振捣并逐渐向外推进，使新旧混凝土成为整体。(×)

81. 浇捣混凝土垫层前，应保证基层干燥无浮土。(×)

82. 荷载即建筑物所受的风力、人和设备的重力、建筑物各部分自身的重力等。(√)

83. 搅拌机停机前，应用清水将搅拌筒清洗干净。(×)

84. 柱与梁板整体现浇时，不宜将柱与梁、板结构连续浇筑。(√)

85. 建筑物或构筑物的外轮廓线剖切位置线是用粗实线来表示的。(√)

86. 钢筋混凝土构件的轮廓线、图例线、标高符号线是用中实线来表示的。(×)

87. 比例是所绘制的图样大小与实物大小之比。(×)

88. 建筑工程图中的尺寸由尺寸线、尺寸界线及尺寸数字三部分组成。(×)

89. 建筑工程图中孔洞的表示有专门的图例。(√)

90. 一般的建筑工程图纸都是以正投影的原理绘制的。(√)

91. 钢筋混凝土圈梁截面高度不小于120mm。(√)

92. 混凝土的强度主要包括抗压、抗拉、抗剪、抗弯等强度。(√)

93. 混凝土抗压强度主要取决于水泥标号与水灰比。(√)

94. 人工振捣150×150×150(mm)试块时每层插捣30次。(×)

95. 软练法是将水泥和标准砂按1:2.5混合,加入规定数量的水,按规定方法制成试件,在标准条件下进行养护。(√)

96. 水泥中铝酸三钙和硅酸三钙含量多,凝结硬化慢。(×)

97. 安定性是指水泥在硬化过程中,体积变化是否均匀的性质。(√)

98. 要求快硬的混凝土工程应选用矿渣水泥。(×)

99. 袋装水泥存放时,应离地及墙30cm以上。(√)

100. 平板振捣器移动方向应与电动机转动方向相反。(×)

101. 大体积基础宜采用自然养护。(√)

102. 墙体混凝土在浇筑前需在墙体底面上铺一层50~60mm厚与混凝土成分相同的水泥砂浆。(×)

103. 柱、梁、板整体现浇时,柱混凝土浇至顶部时,应静停3h后再浇筑梁板混凝土。(×)

104. 悬挑构件浇筑应先内后外,先梁后板,一次连续浇筑,不允许留置施工缝。(√)

105. 在浇筑混凝土前,施工缝处应先铺一层与混凝土内成分相同的水泥砂浆10~20mm。(×)

106. 素土垫层一般适用于处理湿陷性黄土和杂填土地基。(√)

107. 基槽挖好后一般应预留夯实厚度10~30mm。(√)

(二)选择题(把正确答案的序号写在每题横线上)

1. 施工缝处混凝土表面强度达到__B__以上时,才允许继续浇筑混凝土。

A. $1.2kN/mm^2$　　B. $1.2N/mm^2$

C.1.2kg/mm^2　　　D.1.2g/mm^2

2. 现浇钢筋混凝土梁长度大于 8m 时，拆除模必须要等混凝土强度达到设计混凝土强度标准值的__D__。

A.50%　B.75%　C.90%　D.100%

3. 混凝土试块的标准立方体为__A__。

A.150×150×150　B.100×100×100

C.200×200×200　D.250×250×250

4. 开挖土方时，弃土应离槽边__A__m 以外。

A.0.8　B.0.5　C.1.8　D.2

5. 水泥在__B__℃以下，凝结硬化过程就要停止。

A.－5　B.0　C.5　D.10

6. 石子粒径大于__C__叫粗骨料。

A.10mm　B.15mm　C.5mm　D.20mm

7. 制作标准试块时，混凝土要分两层装入钢模中，每层插捣的数为__A__。

A.25　B.50　C.75　D.100

8. 沸煮法检验的是水泥的__C__。

A. 凝结时间　B. 水化热　C. 安定性　D. 标号

9. 在钢筋混凝土结构中，混凝土主要承受__B__。

A. 与钢筋的粘结力　B. 压力　C. 拉力　D. 拉力和压力

10. 混凝土中石子的强度可用岩石立方体强度表示其试件尺寸是__A__(mm)。

A.50×50×50　B.100×100×100

C.150×150×150　D.200×200×200

11. 对于有垫层的基础钢筋保护层为__C__mm。

A.15　B.25　C.35　D.45

12. 在混凝土养护中，平均气温低于__C__时，不得浇水养护。

A.－5℃　B.0℃　C.5℃　D.100℃

13. 墙体混凝土在常温下，宜采用喷水养护，养护时间在__D__d 以上。

A.10　B.30　C.50　D.7

14. 悬挑构件的主筋布置在构件的__C__。

A. 下部　B. 中部　C. 上部　D. 任何部位

15. 楼梯混凝土在浇筑过程中，其施工缝的位置应在楼梯长度__B__范围内。

A. 支座处 1/3　B. 跨中 1/3　C. 转角处　D. 任意处

16. 冷拉Ⅰ级钢筋的符号是＿B＿。

A. ϕ　B. ϕ^{L}　C. ϕ^{j}　D. 以上三种都是

17. 对于铺好的灰土垫层应分层夯实，一般要夯打＿C＿遍。

A. 一　B. 二　C. 三　D. 四

18. 在建筑工程图上标高尺寸的注法都是以＿B＿为单位。

A. 毫米　B. 米　C. 厘米　D. 毫米、厘米和米

19. 一般所说的混凝土强度是指＿A＿。

A. 抗压强度　B. 抗折强度　C. 抗剪强度　D. 抗拉强度

20. 指北针一般画在＿C＿上。

A. 建筑平面图中　B. 结构平面图　C. 总平面图　D. 剖面图

21. 建筑工地一般常以＿A＿作为安全电压。

A.36V　B.110V　C.220V　D.380V

22. 混凝土自由倾落高度不得超过＿B＿m。

A.1　B.2　C.3　D.4

23. 混凝土垫层的标号不得低于＿A＿。

A. C10　B. C15　C.C20　D.C25

24. 对于墙体混凝土强度达到＿A＿以上时（以试块强度确定），即可拆模。

A.1MPa　B.1.2N　C.12MPa　D.1.2kN

25. 混凝土自拌和＿B＿后混凝土已丧失流动性。

A.7～8h　B.6～18h　C.7～18h　D.24h 以上

26. 在水饱和状态下用碎石或卵石原材制成 50×50×50（mm）的立方体的抗压极限强度不应小于混凝土强度的＿A倍。

A.1.5　B.2.0　C.2.5　D.3

27. 常用水泥在正常环境中存放三个月，一般强度降低＿B＿。

A.15%～20%　B.10%～20%

C.10%～15%　D.10%以下

28. 混凝土分层灌时，每层的厚度不应超过振捣棒的＿A＿倍。

A.1.25　B.1.5　C.2　D.2.5

29. 夜间施工用于照明用的行灯的电流电压应低于＿A＿。

A.36V　B.220V　C.110V　D.380V

30. 当梁高度大于__B__时，可先浇筑主次梁混凝土，后浇筑楼板混凝土，其水平施工缝留置在板底以下20～30mm处。

A.2m　B.1m　C.0.8m　D.0.5m

31. 对于圈梁可以分段灌注集中振捣，分段长度一般为__A__m。

A.2～3　B.3～4　C.2～4　D.4～6

32. 轻骨料混凝土的弹性模量一般比普通混凝土低__C__。

A.15%　B.20%～40%　C.25%～50%　D.70%

33. 对于三合土垫层的每层虚铺厚度不应大于__B__cm。

A.10　B.15　C.20　D.25

34. 钎探采用的大锤为__A__kg重。

A.4.5　B.5.0　C.7.5　D.10

35. 在基坑开挖时，两人的操作间距应大于__C__m。

A.1　B.2　C.2.5　D.4

36. __B__m以上的高空悬空作业，无安全设施的必须系好安全带，扣好保险钩。

A.1　B.2　C.3　D.5

37. 振捣器应正确操作，每操作__D__宜停振数分钟。

A.10cm　B.50cm　C.40cm　D.30cm

38. 若混凝土坍落度过小难以振捣时，应__B__重新拌和后浇灌。

A. 加水　B. 加同水灰比的水泥浆

C. 加同标号的水泥砂浆　D. 任意水灰比的水泥浆加入

39. 粗双点画线，表示__B__。

A. 结构图中梁或构件的位置线　B. 预应力钢筋线

C. 中心线　D. 钢筋位置线

40. 对于大体积混凝土，其浇筑后的混凝土表面与内部温差不宜超过__D__℃。

A.10　B.15　C.20　D.25

41. 标准砖的尺寸为__A__。

A.240×115×53　B.240×120×53

C.240×120×60　D.240×115×60

42. 一般屋顶坡度小于__D__的称为平屋顶。

A.15%　B.10%　C.8%　D.5%

43. 普通混凝土容重为__B__kg/m^3。

A.1800～2500　B.1900～2500

C.1900～2400　D.2000～2500

44. 做 150×150×150（mm）的混凝土试块，人工振捣，每层振捣__B__次。

A.15　B.25　C.30　D.50

45. 当温度低于__B__时，水泥硬化停止。

A.5℃　B.0℃　C.－5℃　D.－10℃

46. 混凝土中凡粒径为__B__mm 的骨料称为细骨料。

A.0.2～5　B.0.15～5　C.0.2～6　D.0.15～7

47. 国家标准规定，水泥的初凝时间，不得早于__A__。

A.45min　B.60min　C.50min　D.90min

48. 超过__C__的水泥，即为过期水泥，使用时必须重新确定其标号。

A. 一个月　B. 二个月　C. 三个月　D. 六个月

49. 室内正常环境下钢筋混凝土梁的保护层应为__B__。

A.15mm　B.25mm　C.35mm　D.40mm

50. 对于现浇混凝土结构跨度大于 8m 梁，拆模时所需混凝土强度应达到设计强度的__D__。

A.50%　B.75%　C.90%　D.100%

51. 常温下混凝土的自然养护时间一般不小于__B__。

A.24h　B.7d　C.12h　D.28d

52. 当柱高不超过__D__m，柱断面大于 40cm×40cm，但又无交叉箍筋时，混凝土可由柱模顶部直接倒入。

A.1.5　B.2　C.2.5　D.3

53. 楼板混凝土的虚铺高度可比楼板厚度高出__D__mm 左右。

A.10～20　B.10～30　C.15～30　D.15～20

54. 柱混凝土灌注前，柱基表面应先填以__A__cm 厚与混凝土内砂浆成分相同的水泥砂浆，然后再灌注混凝土。

A.5～10　B.10～15　C.10～20　D.15～20

55. 轻骨料在堆放时，料堆高度一般不宜大于__D__m，以防大小颗粒离析。

A.3　B.1　C.4　D.2

56. 用作灰土的熟石灰过筛，粒径不宜大于__A__mm。

A.5　B.10　C.15　D.20

57. 现浇混凝土悬臂构件跨度大于 2m，拆模强度须达到设计强度标准值的__D__。

A.50%　B.75%　C.85%　D.100%

58. 采用 100×100×100（mm）试块确定强度等级时，测得的强度值应乘以__B__换算成标准强度。

A.0.85　B.0.95　C.1　D.1.05

59. 振捣器一般使用__B__后应拆开清洗轴承更换润滑油脂。

A.100h　B.300h　C.500h　D.600h

60. 插入式振捣器操作时，应做到__C__。

A. 快插快拔　B. 慢插慢拔

C. 快插慢拔　D. 慢插快拔

61. 建筑工程图中尺寸单位，总平面图和标高单位用__C__为单位。

A.mm　B.cm　C.m　D.km

62. 箍筋在钢筋混凝土构件中的主要作用是__A__。

A. 承受剪力　B. 承受拉力

C. 承受压力　D. 固定受力主筋

63. 硅酸盐水泥拌制的混凝土，浇水养护的日期不少于__C__d。

A.3　B.5　C.7　D.14

64. 柱混凝土浇注前应检查柱模外侧是否每隔__B__安装了柱箍。

A.40～50cm　B.50～60cm　C.68～70cm　D.70～80cm

65. 混凝土柱的施工缝应设置在基础表面和梁底下部__A__。

A.2～3cm　B.4～5cm　C.5～8cm　D.8～10cm

66. 土方堆放离槽边__D__以外，堆放高度不宜超过__D__。

A.0.5m，1m　B.0.8m，1.5m

C.1m，2m　D.1.5m，1.5m

67. 浇筑有主次梁的肋形楼板时，混凝土施工缝宜留在__C__。

A. 主梁跨中 1/3 的范围内　B. 主梁边跨 1/3 的范围内

C. 次梁跨中 1/3 的范围内　D. 次梁边跨 1/3 的范围内

68. 圈梁的符号为__D__。

A.GL　B.TL　C.LL　D.QL

69. 垫层当采用人工夯实时，每层虚铺厚度不应大于__C__。

A.10cm　B.15cm　C.20cm　D.25cm

70. 混凝土垫层的砂子一般宜采用__C__。

A. 细砂　　　　　B. 细砂或中砂

C. 中砂或粗砂　　D. 粗砂或细砂

71. 基槽开挖完毕并清理完毕后，要进行验槽工作，目的是__A__。

A. 为防止其槽下有未发现的孔洞、基穴等

B. 为了防止基槽标高不准确，造成事故

C. 为了探明地下水的深度

D. 为了检查地基土质

72. 框架结构混凝土表面平整度的允许偏差为__B__mm。

A. +8～-5　B. 8　C. 4　D. ±5

73. 墙体混凝土在常温下，宜采用__C__养护，养护时间在__C__以上。

A. 浇水，3d　　　　B. 浇水，7d

C. 喷水，3d　　　　D. 喷水，7d

74. 沿柱模高度每隔 2m 应开有不小于__C__的门子洞。

A. 20cm　B. 25cm　C. 30cm　D. 35cm

75. 大体积基础混凝土宜采用__A__。

A. 自然养护　　　　B. 浇水养护

C. 喷水养护　　　　D. 蒸汽养护

76. 建筑工程图中的中心线、对称线、定位轴线是用__C__来表示的。

A. 细实线　B. 细虚线　C. 细点画线　D. 折断线

77. 热处理钢筋的符号是__C__。

A. ϕ　B. ϕ^{L}　C. Φ^{t}　D. ϕ^{j}

78. 过梁两端伸入墙内不小于__B__。

A. 220mm　B. 240mm　C. 250mm　D. 260mm

79. 混凝土中砂、石、水等占全部体积的__C__以上。

A. 60%　B. 70%　C. 80%　D. 90%

80. 试验室通常以坍落度为指标测定拌和物的__C__。

A. 粘聚性　B. 保水性　C. 流动性　D. 和易性

81. 若采用 200×200×200（mm）混凝土试块确定其强度等级时，应乘以__C__换算成标准强度。

A. 0.95　B. 1.0　C. 1.05　D. 1.1

82. 适用于快硬早强工程及高强度混凝土的是__A__。

A. 硅酸盐水泥　　　　B. 普通水泥

C. 矿渣水泥　　　　　D. 火山灰质水泥

83. 在水饱和状态下，石的抗压极限强度不应小于混凝土强度的__C__倍。

A.1.3　B.1.4　C.1.5　D.1.6

84. 石子中厚度小于平均粒径的__C__倍者称为片状。

A.0.2　B.0.3　C.0.4　D.0.5

85. 搅拌机停机前应倒入一定量的__D__利用搅拌机的旋转，将筒内清洗干净。

A. 砂　B. 砂和清水　C. 石子　D. 石子和清水

86. 混凝土振捣器是一种利用__B__振幅__B__频率的振动，使混凝土密实的机具。

A. 小、低　B. 小、高　C. 大、低　D. 大、高

87. 采用浇水养护时，在已浇筑混凝土强度达到__C__以后，方可允许操作人员行走及安装模板及支架等。

A.1.0N/mm^2　B.1.1N/mm^2

C.1.2N/mm^2　D.1.3N/mm^2

88. 现浇梁当跨度≤8m时，混凝土强度应达到设计强度标准值的__C__方可拆模。

A.50%　B.10%　C.75%　D.80%

89. 柱模外侧每隔__C__安装一道柱箍，而且越到柱的下部，柱箍的间距越密。

A.30～40cm　B.40～50cm　C.50～60cm　D.60～70cm

90. 为保证上下层混凝土结合处的密实度，振捣器的捧头在分层浇筑时应伸入下层混凝土内__D__。

A.5cm　B.5～8cm　C.7cm　D.5～10cm

91. 门洞口混凝土强度达到__B__以上时，模板方可拆除。

A.0.9MPa　B.1MPa　C.1.1MPa　D.1.2MPa

92. 楼梯混凝土强度达到设计强度的__C__时，方可拆除踢脚板模板。

A.50%　B.60%　C.70%　D.80%

93. 混凝土垫层中石子粒径不应超过__B__mm并不超过垫层厚度的__B__。

A.40、1/3　B.50、2/3

C.40、2/3　D.50、1/3

94. 开挖出的土方堆置应距槽边__C__以外，堆置高度不宜超过__C__。

A.0.8m、1.0m　　B.1.0m、1.5m

C.0.8m、1.5m　　D.1.0m、1.0m

（三）计算题

1. 已知：某组 100×100×100（mm）的混凝土试块的抗压强度值为 27.8MPa，试问该混凝土的强度等级是哪级？

【解】 混凝土标准试块 150×150×150（mm）系数为 1，而 100×100×100（mm）试块的系数为 0.95。故换算后的标准强度为 27.8MPa×0.95＝26.4MPa

所以此混凝土的强度等级应是 C25。

2. 已知：用一台 JZ250 锥形反转出料搅拌机浇筑一批钢筋混凝土梁，搅拌机的出料容量为 0.25m^3，技术部门提供的配合比为：水泥∶砂∶石∶水＝1∶2.59∶3.88∶0.66，每立方米混凝土中水泥用量为 295kg，现测得施工现场砂、石料的含水率分别为 3% 和 1%，求调整后的施工配合比，若用散装水泥，试问其投料容量。

【解】 （1）调整前每立方米混凝土中各种材料的用量：

水泥＝295kg，砂＝295×2.59＝764kg

石子＝295×3.88＝1145kg，水＝295×0.66＝195kg

因现场砂、石含水率分别为 3%、1%，

所以砂中含水量＝764×3%＝22.9kg

石子中含水量＝1145×1%＝11.5kg

（2）调整后每立方米混凝土中各种材料的用量为：

水泥＝295kg，砂＝764＋22.9＝786.9kg

石子＝1145＋11.5＝1156.5kg

水　＝195－22.9－11.5＝160.6kg

（3）调整后的施工配合比为：

水泥∶砂∶石子∶水＝（295÷295）：（286.9÷295）：（1156.5÷295）：（160.6÷295）＝1∶2.67∶3.92∶0.54

（4）散装水泥投料容量的计算：

搅拌机满载时每盘水泥用量＝295×0.25＝74kg

一般取略小于满载值的用量，这里取 70kg，其他材料用量为：

砂＝70×2.67＝187kg　　石子＝70×3.92＝274kg

水＝70×0.54＝38kg

答：调整后的施工配合比为 1∶2.67∶3.92∶0.54。

散装水泥的投料容量为70kg，砂187kg，石子274kg，水38kg。

3．已知：混凝土配合比为1:2.05:3.98，水灰比为0.59，每立方米混凝土水泥用量为322kg，现测得施工现场砂子的含水率为5%，石子的含水率为1%，求调整后水泥、砂、石、水的用量和施工配合比。

【解】 （1）调整前每立方米混凝土中各种材料的用量：

水泥＝322kg，砂＝322×2.05＝660kg

石＝322×3.98＝1282kg，水＝322×0.59＝190kg

因现场砂石中含水率分别为5%、1%

故砂中含水量＝660×5%＝33kg

石中含水量＝1282×1%＝12.8kg

（2）调整后每立方米混凝土中各种材料用量为：

水泥＝322kg，砂＝660＋33＝693kg

石＝1282＋12.8＝1294.8kg

水＝190－33－12.8＝144.2kg

（3）调整后的施工配合比为：

水泥：砂：石：水＝（322÷322）：（693÷322）：（1294.8÷322）：（144.2÷322）

＝1:2.15:4.02:0.45

答：调整后的水泥：砂、石、水的用量分别为322kg，693kg，1294.8kg，144.2kg，调整后的施工配合比为1:2.15:4.02:0.45。

4．搅拌机出料容积为0.4m^3，混凝土配合比为：水泥：砂：石：水＝1:1.80:3.34:0.46每立方米混凝土中水泥用量370kg，现测得施工现场砂、石的含水率分别为2%和1%，求调整后的配合比，若用袋装水泥，试问其投料容量。

【解】 （1）调整前每立方米混凝土中各种材料的用量为：

水泥＝370kg，砂＝370×1.80＝666kg，石＝370×3.34＝1235.8kg

水＝370×0.46＝170.2kg

调整后每立方米混凝土中各种材料的实际用量为：

水泥＝370kg，砂＝666＋666×2%＝679.32kg

石＝1235.8＋1235.8×1%＝1248.16kg

水＝170.2－666×2%－1235.8×1%＝144.52kg

调整后的施工配合比为：

水泥:砂:石:水＝（370÷370）：（679.32÷370）：（248.16÷370）：

(144.52÷370) =1∶1.84∶3.37∶0

(2) 搅拌机出料容量为 0.4m^3，则搅拌机满载时每盘水泥用量=370×0.4=148kg

所以每盘使用两袋水泥共 100kg，据此，其他材料用量为：砂=100×1.84=184kg

石=100×3.37=337kg，水=100×0.39=39kg

5. 某砂样（干砂 400g）筛分结果如下表，试问其是什么砂？

筛孔尺寸	分计筛余（g）	累计筛余（%）
5	25	6.25
2.5	50	18.75
1.25	50	31.25
0.63	70	48.75
0.315	100	73.75
0.16	105	100

【解】 $M_X = \frac{(A_2 + A_3 + A_4 + A_5 + A_6) - 5A_1}{100 - A}$

$= \frac{(18.75 + 31.25 + 48.75 + 100) - 5 \times 6.25}{100 - 6.25}$

$= 1.79$

细砂为 2.2～1.6，故为细砂。

6. 某工地需配制 200$m^3$3∶7 灰土，问需要白灰粉和素土各多少？

【解】 所需白灰=200×0.3=60m^3

所需素土=200×0.7=140m^3

7. 某工地要配制混凝土 100m^3（混凝土配合比为 1∶1.74∶3.1），每立方混凝土水泥用量为 370kg，试计算需要水泥、砂子、石子各多少？

【解】

水泥=100×370=37000kg

砂子=100×1.74×370=64380kg

石子=100×3.1×370=114700kg

8. 某工地需挖土方 100m^3，土方施工定额为 0.461 工日/m^3，共需要多少个工日？

【解】 所需工日=100×0.461=46.1 工日

9. 某工地要配置C40混凝土100m^3，混凝土配合比为1:1.74:3.1，每立方米混凝土水泥用量为370kg，试计算各种材料用量是多少？

【解】 水泥 $= 100 \times 370 = 37000$kg

砂子 $= 100 \times 1.74 \times 370 = 64380$kg

石子 $= 100 \times 3.1 \times 370 = 114700$kg

10. 某工地需挖土方200m^3，共需要92.2个日工，问土方施工定额为多少？

【解】 定额 $= 92.2 \div 200 = 0.461$

（四）简答题

1. 什么是混凝土？

答：混凝土是由胶凝材料（如水泥）、水、细骨料（如砂子）、粗骨料（如石子）以及必要的化学外加剂和矿物组成的混合材料，按一定比例配合，通过搅拌成为塑性状态的拌和物，随着时间逐渐硬化而得的人造石材，建筑工程中用水泥、砂、石子和水拌制的水泥混凝土简称混凝土。

2. 什么是钢筋的保护层？

答：为了不使钢筋在大气环境中生锈腐蚀，并保证混凝土和钢筋紧密的粘结在一起，在建筑构件布置钢筋部位的上、下部和两侧，混凝土都有一定的厚度或留有薄层的混凝土，称为保护层。

3. 什么是混凝土拌和物的搅拌？

答：搅拌是将两种或多种不同的物料互相分散，而达到均匀混合的过程，混凝土拌和物的搅拌除了要达到均匀混合之外，还要达到一定程度的强化（加速水泥水化反应，提高混凝土强度的方法）和塑化（使拌和物变成不易散开的可塑体）的过程。

4. 混凝土振捣不实有什么危害？

答：混凝土振捣不实对构件有如下危害：振捣不实将使构件的强度降低，增大混凝土的收缩和裂缝，出现麻面蜂窝、孔洞露筋等现象，同时降低混凝土的抗渗性、抗腐蚀性及抗风化性，甚至使构件不能满足使用要求造成破坏。

5. 模板上为什么要涂隔剂？

答：水泥凝胶能将粗细骨料粘在一起，当然也能粘结与它接触的模板（木模钢模土胎模等）混凝土与模板之间的粘结力，对混凝土的成型、外观质量、模板的损耗、拆模的难易性等有着密切的关系。当粘结力过大时，将造成混凝土缺楞掉角和表面损坏，加大模板损耗率和造成拆模困难等。

为此，在模板表面涂刷膜剂是非常必要的。

6. 简述悬挑构件的浇筑顺序？

答：(1) 悬挑构件的悬挑部分与后面的平衡构件的浇筑必须同时进行，以保证悬挑构件的整体性。

(2) 浇筑时，应先内后外，先梁后板，一次连续浇筑不允许留置施工缝。

7. 垫层的作用有哪些？

答：为了使基础与地基有较好的接触面，把基础承受的荷载比较均匀地传给地基，常常在基础底部设置垫层。

8. 楼梯混凝土的养护及注意事项有哪些？

答：混凝土终凝后即可浇水养护，养护的方法宜采用草帘、草袋覆盖后浇水润湿养护，在混凝土强度未达到设计强度的70%时，不宜拆除踢脚板模板，未达到设计强度100%时，不宜在楼段上搬运笨重物品。

9. 钢筋保护层厚度是指什么？

答：保护层的厚度是指钢筋的外边缘至混凝土外边缘之间的尺寸，即净保持层。

10. 钢筋保护层作用是什么？

答：为了不使钢筋在大气环境中生锈腐蚀并保证混凝土和钢筋紧密地粘结在一起。

11. 怎样防止现浇构件的轴线位移？

答：(1) 模板应稳定牢靠，拼接严密，无松动，螺栓紧固可靠，标高尺寸应符合要求。

(2) 位置线要弹准确，认真将吊线找直，要及时调整误差，以消除误差积累。

(3) 防止混凝土浇捣时冲击模板，不要振动钢筋和模板。

(4) 施工中应及时检查核对，以防施工中发生位移。

12. 混凝土为什么会产生麻面？

答：麻面是指混凝土表面缺浆粗糙或有许多小凹，但无钢筋外露。其产生原因是模板表面粗糙或清理不干净，粘有干硬水泥砂浆等杂物，钢模脱模剂涂刷不均或局部漏刷，拆模时混凝土表面被粘损，出现麻面，木模在浇筑混凝土前湿润不够，浇筑混凝土时与模板接触部分，水分被模板吸去，水泥浆呈干硬状态不易振实所致；模板接缝不严密，浇筑混凝土时缝隙漏浆，混凝土振捣不密实，混凝土中气泡未排出，一部分气泡停留在模板表面形成麻面。

13. 一套房屋施工图具体应包括哪些内容?

答 (1) 图纸目录和总说明; (2) 建筑总平面图;

(3) 建筑施工图; (4) 结构施工图;

(5) 暖卫施工图; (6) 电器设备施工图。

14. 对于表面不再装饰的混凝土部位出现麻面应怎样修补?

答: 麻面主要影响混凝土外观, 对于表面不再装饰的部位应加以修补, 修补时将麻面部位用水刷洗干净并充分润湿后用 1:2 或 1:2.5 水泥砂浆抹平。

15. 使用插入式振捣器操作时, 为什么要做到快插慢拔?

答: 插入式振捣器操作时, 应做到"快插慢拔", 快插是为了防止表面混凝土先振实而下面混凝土发生分层、离析现象; 慢拔是为了使混凝土能填满振捣棒抽出时造成的空洞。振捣器插入混凝土后应上下抽动, 抽动幅度为 5~10cm, 以保证混凝土振捣密实。

16. 为什么要留置施工缝?

答: 混凝土初凝以后, 不能立即在上面继续灌新的混凝土, 否则在振捣新浇灌的混凝土时, 就会破坏原已初凝混凝土的内部结构, 影响新旧混凝土之间结合, 由于混凝土浇筑量一般都较大, 不能一次浇捣完毕, 需要中途停歇 (超过 2h), 因此要留置施工缝, 一般要在已浇筑的混凝土抗压强度达到 1.2MPa ($12kg/cm^2$) 以后, 才允许继续浇灌。

17. 肋形楼板的浇筑工艺顺序是什么?

答: 浇筑前的准备工作→梁、板混凝土的灌注→混凝土的振捣→混凝土表面的修整→养护→拆模。

18. 什么是预应力混凝土?

答: 预应力混凝土是预应力钢筋混凝土的简称, 是对构件受拉区的混凝土预先施加压力而得到的混凝土。

19. 影响混凝土抗压强度的因素有哪些?

答: 混凝土的抗压强度主要取决于水泥标号与水灰比, 其次, 骨料的强度与级配、养护条件、施工条件等都对混凝土的抗压强度产生影响。

20. 水泥的凝结时间有什么规定?

答: 水泥的凝结时间对于混凝土工程施工有着重大的意义, 水泥的凝结时间分为初凝和终凝, 初凝是指自加水拌和至水泥浆失去塑性的时间, 终凝则指水泥浆完全失去塑性并开始产生强度的时间。国家标准规定, 水泥的初凝时间不得早于45min，终凝时间不得迟于12h。

21．搅拌机的维护与保养应注意什么？

答：(1) 四支撑脚应同时支撑在地面上，调至水平，底盘与地面之间应用枕木垫牢，进料斗落位处应铺垫草袋，避免进料斗下落撞击地面而损坏。

(2) 使用前应检查各部分润滑及油嘴是否畅通，并加注润滑油脂。

(3) 开机前检查传动系统是否正常，制动器、离合器性能良好，钢丝绳松散或断丝应及时更换。

(4) 水泵内应加足引水，供电系统线头应牢固安全，并应接地。

(5) 停机前，应倒入一定量的石子和清水，利用搅拌筒的旋转，清洗干净放出石子和水。停机后，机具各部应清洗干净，进料斗平放地面，操作手柄置于脱开位置。

(6) 如遇冰冻气候（日平均气温5℃以下）时，应将配水系统水放尽。

(7) 下班离开搅拌机时应切断电源，并将开关箱锁上。

22．插入式振捣器的插点排列有哪几种形式？

答：振捣器插点排列要均匀，可按“行列式”、“交错式”的次序移动，两种排列形式不宜混用，以防满振。普通混凝土的移动间距不宜大于振捣器作用半径的1.5倍；轻骨料混凝土的移动间距宜大于振捣器作用半径的1倍；振捣器距离模板不应大于作用半径的1/2，并应避免碰钢筋、模板、芯管、预埋件等。

23．混凝土构件出现蜂窝后如何进行修补？

答：(1) 对于小蜂窝，可先用清水冲洗干净并充分湿润，然后用1∶2～1∶2.5水泥砂浆修补抹平。

(2) 对于大蜂窝，应先将蜂窝处松动的石子和突出颗粒剔除，尽量凿成外大内小的喇叭口，然后用清水冲洗干净并充分湿润，再用高一级强度等级的细石混凝土填补捣实并认真养护。

24．轻骨料混凝土如何进行养护？

答：在温和的气候条件下，轻骨料混凝土在自然养护中，由于水泥水化时所产生的水化热以及混凝土表面水分的蒸发，使轻骨料中所吸收的水分逐渐排出，有利于水泥的水化，此时，可不采取任何防止混凝土水分蒸发的措施，而使混凝土的强度正常发展。在炎热气候自然养护时，防止表面失水太快，避免由于湿差太大而出现网状收缩裂纹，脱膜后则应用塑料薄膜或草帘覆盖并喷水养护。采用蒸汽养护时，须防止升温速度过快，引起混凝土内部结构的破坏，因此，成型后的静停时间应不少于1.5～2h，冬期还应适当延长。轻骨料混凝土的养护周期，一般较普通混凝土缩短1～3h。

25.简述房屋的平、立、剖面图之间的区别和联系。

答：房屋的平立剖面图之间既有区别，又有紧密联系。平面图可以表示建筑物各部分在水平方向的尺寸和位置，但不能表示高度；立面图可以表示建筑物外形长、宽、高尺寸，但不能表示内部关系；剖面图能说明建筑物内部高度方向的布置情况。所以，识图时应该平、立、剖面图相互配合才能完整表达出一幢建筑物的全貌。

26.影响混凝土拌和物和易性的因素有哪些？

答：影响混凝土拌和物和易性的因素主要有以下几点：(1) 水泥品种，在其他条件相同的条件下，硅酸盐水泥和普通水泥、火山灰水泥和矿渣水泥的混凝土拌和物和易性不同。(2) 水泥浆数量、水灰比。(3) 粗骨料、砂石的颗粒、级配。(4) 砂率。(5) 温度和时间。(6) 外加剂。

27.插入式振捣器的插点排列有哪几种形式？

答：插入式振捣器的插点排列有“行列式”和“交错式”两种。

28.使用插入式振捣器振捣杯形基础和条形基础时，插点的布置以何种方式为好？

答：杯基采用行列式，条基为交错式。

29.浇筑前在柱模底铺设5～10cm厚砂浆的目的和作用是什么？

答：在柱模底铺设5～10cm厚砂浆的目的是防止“烂根”现象的发生。

如未在柱、墙底铺以5～10cm厚的砂浆，在向柱底部卸料时，混凝土发生离析，石子集中在柱、墙底而无法振捣出浆来，造成底部“烂根”，所以必须铺5～10cm厚砂浆，防止“烂根”现象的发生。

30.安全生产要遵守哪些纪律？

答：(1) 进入施工现场，必须戴安全帽，严禁赤脚、穿高跟鞋、拖鞋进入施工现场，施工高空作业不允许穿易滑鞋、靴。

(2) 2m以上高空悬空作用无安全钢的，必须系好安全带，扣好保险钩。不准乱抛物品。

(3) 各种电动机械设备，必须有接地、防雷装置，方能使用。严禁乱动用电器。

(4) 遵守各种安全规程。

二、实操部分

1. 浇筑无砂大孔混凝土墙体

考核项目及评分标准

序号	测定项目	分项内容	评分标准	标准分	检测点					得分
					1	2	3	4	5	
1	墙面平整度	符合规范图纸	超8mm无分，偏差超过5mm扣1分	10						
2	墙面垂直度（全高）	符合图纸要求	偏差超过10mm扣1分，超15mm无分	10						
3	墙厚	符合图纸要求	偏差超过±5mm无分	10						
4	门窗框垂直偏差	符合图纸要求	偏差超过5mm无分	10						
5	预留洞及预埋件中心位置偏差	符合图纸要求	偏差超过5mm无分	15						
6	轴线位移	符合规范图纸	偏差超过8mm无分	15						
7	工具维护和使用	做好操作前工用具准备及完成后工用具的维护	施工前后两次检查酌情扣分或不扣分	5						
8	安全文明施工	安全生产工完场清	有事故不得分，工完场不清不得分	10						
9	工效	定额时间	低于定额90%不得分，在90%～100%之间酌情扣分，超过定额者，适当加1～3分	15						

2. 挖基坑槽

考核项目及评分标准

序号	测定项目	评分标准	标准分	检测点					得分
				1	2	3	4	5	
1	标高	超过50mm，本项无分	20						
2	长度宽度	－0（由中心线向两边量），超过此标准无分	15						
3	边坡坡度线	大（陡）超过标准，无分	20						
4	表面平整	超过5cm扣2分，超过8cm无分	15						
5	工完场清工具清洁	场地清理与工用具维护	5						
6	安全	无安全事故	10						
7	工效	低于定额90%不得分，在90%～100%酌情扣分，超过定额酌情加1～3分	15						

3. 浇筑民用建筑梁、柱

考核项目及评分标准

序号	测定项目	分项内容	评分标准	标准分	检测点					得分
					1	2	3	4	5	
1	截面尺寸	正确	超过图示尺寸±5mm扣3分，±8mm无分，3处5mm以上无分	20						
2	保护层	合适无露筋	超过规范或图纸规定2mm扣2分，3处以上或5mm以上无分	10						
3	密实度	密实无狗洞蜂窝	有小麻面每处扣3分，狗洞蜂窝无分	20						
4	预埋管预埋件	位置正确	超过3mm每处扣1分，5mm以上无分	10						

续表

序号	测定项目	分项内容	评 分 标 准	标准分	检测点					得分
					1	2	3	4	5	
5	工用具使用维护	做好操作前工用具准备完成后工用具维护	施工前后两次检查，酌情扣分或不扣分	10						
6	安全文明施工	安全生产落手清	有事故不得分工完场不清不得分	15						
7	工效	定额时间	低于定额 90% 不得分在 90%～100%之间酌情扣分，超过定额者适当加 1～3 分	15						

4. 有主次梁肋形楼盖浇筑

考核项目及评分标准

序号	测定项目	分项内容	评 分 标 准	标准分	检测点					得分
					1	2	3	4	5	
1	浇筑方向	施工缝留置符合规范	方向不正确无分，施工缝留置错误不得分	15						
2	保护层	垫块位置正确无露筋	露筋不得分	5						
3	梁截面尺寸	正确	超过图示尺寸 ± 5mm 每处扣 2 分，5 处以上和超过图示尺寸 8mm 则本项不得分	15						
4	标高	正确	与图示标高相差 ± 5mm 每处扣 2 分，有 5 处以上或相差 ± 8mm 以上不得分	15						
5	面平整度	平整	8mm 以上每处扣 1 分，有 5 处以上不得分	10						

续表

序号	测定项目	分项内容	评分标准	标准分	检测点					得分
					1	2	3	4	5	
6	预埋件	预埋管预留洞位置正确	超过规定偏差每处扣2分	15						
7	工具维护和使用	做好操作前工用具准备及完成后工用具的维护	施工前后两次检查，酌情扣分	5						
8	安全文明施工	安全生产工完场清	有事故不得分，工完场不清不得分	10						
9	工效	定额时间	低于定额90%不得分，在90%～100%之间酌情扣分，超过定额者适当加1～3分	15						

5. 现浇混凝土独立基础

考核项目及评分标准

序号	测定项目	分项内容	评分标准	标准分	检测点					得分
					1	2	3	4	5	
1	轴线位移	正确	超过图示尺寸10mm不得分	10						
2	截面尺寸	正确	超过图示尺寸+15～10不得分，3处超+7～5mm不得分	20						
3	预埋管、预留孔中心线位移	正确	超过3mm每处扣分，5mm以上无分	10						
4	密实度	密实，无狗洞蜂窝等	有小麻面每处扣3分，狗洞蜂窝无分	20						
5	工用具使用维护	做好操作前工用具准备完成后工用具维护	施工前后两次检查，酌情扣分	10						

续表

序号	测定项目	分项内容	评分标准	标准分	检测点					得分
					1	2	3	4	5	
6	安全文明施工	安全生产落手清	有事故不得分，工完场不清不得分	15						
7	工效	定额时间	低于定额90%不得分，在90%～100%之间酌情扣分，超过定额者适当加1～3分	15						

第二章　中级混凝土工

一、理论部分

(一) 是非题（对的划“√”，错的划“×”，答案写在每题括号内）

1. 框架结构的主要承重体系由柱及墙组成。(×)

2. 所有的力，都是有方向的。(√)

3. 地基不是建筑物的组成部分，对建筑物无太大影响。(×)

4. 高铝水泥适于浇筑大体积混凝土。(×)

5. 防水混凝土振捣用插入式振动器，要“慢插快拔”，严防漏振。(×)

6. 快硬水泥从出厂时算起，在一个月后使用，须重新检验是否符合标准。(×)

7. 墙体上开有门窗洞或工艺洞口时，应从两侧同时对称投料，以防将门窗洞或工艺洞口模板挤偏。(√)

8. 柱混凝土振捣时，应注意插入深度，掌握好振捣的“快插慢拔”的振捣方法。(√)

9. 防水混凝土料运至浇筑地点后，应先卸在料盘上，用反揪下料。(√)

10. 预应力混凝土中，可以加入不大于水泥用量0.5%的氯盐。(×)

11. 缓凝剂能延缓混凝土凝结时间，对混凝土后期强度发展无不利影响。(√)

12. 水塔筒壁混凝土浇筑，如遇洞口处，应由正上方下料，两侧浇筑时间相差不超过2h。(√)

13. 水箱壁混凝土浇筑时不得在管道穿过池壁处停工或接头。(√)

14. 水玻璃混凝土是一种耐碱混凝土。(×)

15. 一般说来，当骨料中二氧化硅含量较低，氧化钙含量较高时，其耐酸性能较好。(×)

16. 耐热混凝土投料次序：先将水泥、掺合料、粗细骨料干拌 2min，然后加水至颜色均匀。(√)

17. 防水混凝土结构不宜承受剧烈振动和冲击作用，更不宜直接承受高温作用或侵蚀作用。(√)

18. 混凝土是一种抗压能力较强，耐抗拉性能也很好的材料。(×)

19. 在条形基础中，一般砖基础、混凝土基础、钢筋混凝土基础都属于刚性基础。(×)

20. 高铝水泥适用于硫酸盐腐蚀和耐碱溶液工程。(×)

21. 墙体混凝土浇筑，应遵循先边角，后中部，先外墙，后隔墙的顺序。(√)

22. 补偿混凝土适用于刚性防水层施工。(√)

23. 一排柱浇筑时，应从一端开始向另一端行进，并随时检查柱模变形情况。(×)

24. 柱和梁的施工缝，应垂直于构件长边，板和墙的施工缝应与其表面垂直。(√)

25. 钢筋混凝土烟囱每浇筑 2.5m 高，应取试块一组进行强度复核。(√)

26. 预制钢筋混凝土屋架钢筋不得在模内绑扎成型而应事先绑扎后入模，以免损坏砖胎。(×)

27. 预应力圆孔板穿铺钢丝，应对准两端合座孔眼，不得交错。(√)

28. 钢丝强拉后，不得立即锚固，要等其变形稳定后再锚固。(×)

29. 水玻璃混凝土的终凝时间比一般混凝土长。(√)

30. 矿渣水泥耐碱性好，宜配制耐碱混凝土。(×)

31. 普通防水混凝土的配合比设计，必须满足抗拉强度和抗渗性两个条件。(×)

32. 水玻璃耐酸混凝土指混凝土拌和物中加入一定比例的水玻璃制成的一种耐酸材料。(×)

33. 柱的养护宜采用常温浇水养护。(√)

34. 灌注断面尺寸狭小且高的柱时，浇筑至一定高度后，应适量增加

混凝土配合比的用水量。(×)

35. 早强剂能缩短凝结时间，明显提高混凝土的早期强度，但后期强度要低。(×)

36. 掺入引气剂可以使混凝土流动性大大提高，也可以使混凝土强度提高。(×)

37. 水箱壁混凝土浇筑下料要均匀，最好由水箱壁上的两个对称点同时、同方向下料，以防模板变形。(√)

38. 预制屋架浇水养护时，应控制为：水量少，次数多。(√)

39. 水玻璃的密度过高时，可在常温下加水调整。(√)

40. 水玻璃混凝土宜在0～30℃环境下浇水养护。(×)

41. 防水混凝土主要仍应满足强度要求，其次要满足抗渗要求。(×)

42. 在采取一定措施后，矿渣水泥拌制的混凝土也可以泵送。(√)

43. 泵送混凝土中，粒径在0.315mm以下的细骨料所占比例较少时，可掺加粉煤灰加以弥补。(√)

44. 冬期施工时，对组成混凝土材料的加热应优先考虑水泥加热。(×)

45. 采用串筒下料时，柱混凝土的灌注高度可不受限制。(√)

46. 速凝剂适用于大体积混凝土。(×)

47. 墙体混凝土宜在常温下采用喷水养护。(√)

48. 柱子施工缝宜留在基础顶面或楼板面、梁的下面。(√)

49. 刚性防水层的振捣一般采用插入式振捣器。(×)

50. 刚性防水层混凝土屋面要连续浇筑，一次完成，不留施工缝。(√)

51. 高铝水泥早期强度发展较快，但由于水化物晶体转化，后期强度会发生明显下降。(√)

52. 水箱壁混凝土可以留施工缝。(×)

53. 对于厚度为400mm的预制屋架杆件可一次浇筑全厚度。(×)

54. 模数和密度是水玻璃的两项重要的技术性能指标。(√)

55. 水玻璃混凝土分层浇筑应连续进行，上一层应在下一层初凝前完成，如超过初凝时间，应留斜槎，做施工缝处理。(√)

56. 耐热混凝土中宜加入促凝剂使其速凝。(×)

57. 硫铝酸钙与氧盐类外加剂同时使用，防水效果更好。(×)

58. 防水混凝土不能留施工缝。(×)

59. 在灌注墙、薄墙等狭深结构时，为避免混凝土灌筑一定高度后由于浆水积聚过多而可能造成混凝土强度不匀现象，宜在灌注到一定高度时，适量减少混凝土配合比用量。(√)

60. 所谓可泵性，即混凝土具有一定的流动性和较好的粘塑性混凝土，泌水小，不宜分离。(√)

61. 冬期施工混凝土不宜使用引气型外加剂。(×)

62. 混凝土工程量的计算规则，是以实体积计算扣除钢筋、铁件和螺栓所占体积。(×)

63. 防冻剂适用于喷射混凝土。(×)

64. 防水剂（氯化铁）混凝土是将防水剂均匀地涂刷在混凝土墙面，起到很好的防水作用。(×)

65. 冬期施工为防止水泥假凝，混凝土搅拌时，应先使水和砂石搅拌一定时间，然后加入水泥。(√)

66. 刚性防水层混凝土屋面要连续浇筑，一次完成，不留施工缝。(√)

67. 矿渣水泥拌制的混凝土不宜采用泵送。(√)

68. 刚性屋面的泛水要与防水混凝土板块同时浇捣，不留施工缝。(√)

69. 当柱高不超过 3.5m 断面大于 400×400（mm）且无交叉箍筋时，混凝土可用柱模顶直接倒入。(√)

70. 墙体混凝土浇筑，要遵循先边角后中部，先内墙后外墙的原则，以保证墙体模板的稳定。(×)

71. 无论在任何情况下，梁板混凝土都必须同时浇筑。(×)

72. 基础混凝土的强度等级不应低于 C15。(√)

73. 垫层一般厚度为 100mm。(√)

74. 高铝水泥以 7d 抗压强度确定其标号。(×)

75. 混凝土外加剂掺量不大于水泥重量的 5%。(√)

76. 快凝快硬硅酸盐水泥的标号按 5h 确定。(×)

77. 高铝水泥混凝土最好采用蒸汽养护。(×)

78. 平面图上应标有楼地面的标高。(√)

79. 刚性基础外挑部分与其高度的比值必须小于刚性角。(√)

80. 柱模的拆除应以先装先拆，后装后拆的顺序拆除。(×)

81. 单向板施工缝应留置在平行于板的短边的任何位置。(√)

82. 柱混凝土浇捣一般需 5~6 人协同操作。(×)

83. 冬期施工钢筋混凝土应优先选用硅酸盐水泥或矿渣水泥。(×)

84. 普通防水混凝土养护 14 昼夜以上。(√)

85. 质量管理 QC 小组，就是在同一施工队或同一建筑工地的人（一般不超过 10 人）由组织安排组成互相协作的质量管理组织。(×)

86. 减水剂是吸附于水泥颗粒表面使水泥带电，颗粒由于带电而相互排斥，从而释放出颗粒间多余的水，以达到减水目的。(√)

87. 浇筑耐酸混凝土宜在温度为 15～30℃ 的条件下进行，宜在 15～30℃ 的干燥环境下自养。(√)

88. 冬期施工为防止水泥假凝，混凝土搅拌时，应先使水和砂、石搅拌一定时间，然后加入水泥。(√)

89. 混凝土搅拌时加料顺序是先石子，其次水泥，后砂子，最后加水。(√)

90. 在墙身底部基础墙的顶部 -0.060 处必须设置防潮层。(√)

91. 开挖深度在 5m 以上的基坑，坑壁必须加支撑。(×)

92. 作用力和反作用力是作用在同物体上的两个力。(×)

93. 烟囱混凝土施工缝处混凝土强度必须≥1.0N/mm^2 时，方可继续浇筑混凝土。(×)

94. 柱混凝土浇筑前，柱底表面应先填 5～10cm 厚与混凝土内砂浆成分相同的水泥砂浆。(√)

95. 钢筋混凝土刚性屋面混凝土浇筑应按先近后远的顺序进行，其浇筑方向与小车前进方向相反。(×)

96. 大多数工程图样的绘制都采用中心投影图。(×)

97. 投影一般可分为中心投影和斜投影两大类。(×)

98. “长对正，高平齐，宽相等”的“三等”关系是绘制和阅读正投影图时必须遵循的投影规律。(√)

99. 轴线符号的圆圈用细实线绘制，直径一般为 8mm。(√)

100. 早强水泥不得用于耐热工程或使用温度经常处于 100℃ 以上的混凝土工程。(√)

101. 减水剂是指能保持混凝土和易性不变而显著减少其拌和水量的外加剂。(√)

102. 水质素磺酸钙是一种减水剂。(×)

103. 墙体中有门洞，在浇筑混凝土时，下料应从一侧下料，下完一侧

再下另一侧。(×)

104. 使用插入式振捣器，如遇有门窗洞及工艺洞口时，应两边同时对称振捣。(√)

105. 冬期施工混凝土的搅拌时间应比常温的搅拌时间延长 30%。(×)

106. 施工定额由劳动定额、材料消耗定额和机械台班定额三部分组成。(√)

107. 凡受刚性角限制的基础称为刚性基础，刚性基础多用于地基承载力较低的地基上建造的低层房屋。(×)

108. 柱子主要是受弯构件，有时也会受压。(×)

109. 凡是水均可以作为拌制混凝土用水。(×)

110. 检查钢筋时，主要是检查它的位置规格、数量是否与设计相等，钢筋上的油污要清除干净。(√)

111. 插入式振捣器不适用于断面大和薄的肋形楼板、屋面板等构件。(√)

112. 在钢筋混凝土和预应力混凝土结构中，也可以用海水拌制混凝土。(×)

113. 养护混凝土所用的水，其要求与拌制混凝土用的水相同。(√)

114. 补偿收缩混凝土刚性防水层施工时，气温不能在 0℃ 以下。(√)

115. 梁和板混凝土宜同时浇筑，当梁高超过 1m 时，可先浇筑主次梁，后浇板。(√)

116. 在平均气温低于 5℃ 时，梁板混凝土浇筑完毕后应浇水养护。(×)

117. 刚性防水层混凝土屋面要连续浇筑，一次完成，不留施工缝。(√)

(二) 选择题 (把正确答案的序号写在每题横线上)

1. 雨篷一端插入墙内，一端悬壁，它的支座形式是__C__。

A. 固定铰支座　B. 可动铰支座　C. 固定支座　D. 刚性支座

2. 基础混凝土强度等级不应低于__B__。

A. C10　B.C15　C.C20　D.C25

3. 大体积混凝土施工，为防止出现裂缝等事故，常在混凝土中掺入__C__。

A. 抗冻剂　B. 早强剂　C. 缓凝剂　D. 高标号水泥

4. 普通钢筋混凝土中，粉煤灰最大掺量为__A__。

A. 35%　B.40%　C.50%　D.45%

5. 有主次梁和楼板，施工缝应留在次梁跨度中间__B__。

A. 1/2　B.1/3　C.1/4　D.1/5

6. 对于截面尺寸狭小且钢筋密集墙体，用斜溜槽投料，高度不得大于__C__。

A.1m　B.1.5m　C.2m　D.2.5m

7. 混凝土原材料用量与配合比用量的允许偏差规定，水泥及补掺合料不得超过__A__。

A. 2%　B.3%　C.4%　D.5%

8. 烟囱筒壁厚度的允许偏差为__A__。

A. 20　B.25　C.30　D.35

9. 耐碱混凝土应选用__D__水泥。

A. 火山灰　B. 粉煤灰　C. 矿渣　D. 普通

10. 钢筋混凝土基础内受力钢筋的数量通过设计确定，但钢筋直径不宜小于__B__mm。

A. 6.5　B.8　C.4　D.10

11. 为了使基础底面均匀传递对地基的压力，常在基础下用不低于强度等级__A__的混凝土做一个垫层，厚100mm。

A. C10　B.C15　C.C20　D.C25

12. 快硬水泥从包装时算起，在__B__后使用须重新试验，检验其是否符合标准。

A. 半个月　B. 一个月　C. 二个月　D. 三个月

13. 快凝快硬硅酸盐水泥标号是按__C__h强度而定。

A. 2　B.3　C.4　D.5

14. 高铝水泥是以__A__抗压强度确定其标号。

A.3d　B.7d　C.10d　D.28d

15. 梁板混凝土浇筑完毕后，应定期浇水，但平均气温低于__B__时，不得浇水。

A. 0℃　B.5℃　C.10℃　D. 室温

16. 现浇刚性防水层混凝土的搅拌时间应不少于__A__。

A. 2min　B.3min　C.4min　D.5min

17. 在预应力混凝土中，由其他原材料带入的氯盐总量，不应大于水泥重量的__D__。

A. 0.5%　B.0.3%　C.0.2%　D.0.1%

18. 掺引气剂常使混凝土的抗压强度有所降低，普通混凝土强度大约降低__A__。

A.5%～10%　　B.5%～8%

C.8%～10%　　D.15%

19. 轻骨料钢筋混凝土中，粉煤灰最大掺量为基准混凝土水泥用量的__B__。

A.25%　B.30%　C.35%　D.50%

20.C20 以上的混凝土宜采用__A__级粉煤灰。

A. Ⅰ、Ⅱ级　B. Ⅱ、Ⅲ级　C. Ⅰ级　D. Ⅲ级

21. 刚性防水屋面要求使用__C__水泥，其标号不低于 425 号。

A. 火山灰　B. 矿渣　C. 普通　D. 高铝

22. 对于钢筋混凝土、补偿收缩混凝土刚性防水层的施工气温宜为__B__,不得在负温和烈日曝晒下施工。

A. 0～20℃　　B.5～35℃

C.5～20℃　　D.20～30℃

23. 高铝水泥的水化热集中在早期释放，一天即可放出总水化热的__B__。

A. 90%～100%　　B.70%～80%

C.50%～60%　　D.60%～80%

24. 筒壁混凝土浇筑前模板底部均匀预铺__C__厚 5～10cm。

A. 混凝土层　B. 水泥浆　C. 砂浆层　D. 混合砂浆

25. 烟囱混凝土的浇筑应连续进行，一般间歇不得超过__A__，否则应留施工缝。

A.2h　B.1h　C.3h　D.4h

26. 挤压和拉模成型用混凝土，宜选用__C__水泥配制。

A. 矿渣　B. 火山灰　C. 普通　D. 高铝

27. 我国规定泵送混凝土的坍落度，宜为__B__。

A. 5～7cm　　B.8～18cm

C.8～14cm　　D.10～18cm

28. 早强水泥的标号以__A__抗压强度值表示。

A. 3d　B.7d　C.14d　D.28d

29. 木质素磺酸钙是一种__A__。

A. 减水剂　B. 早强剂　C. 引气剂　D. 速凝剂

30. 普通硅酸盐水泥的预应力钢筋混凝土中粉煤灰取代水泥率为＿B＿。

A. 10%　B.15%　C.20%　D.5%

31. 混凝土刚性防水屋面混凝土采用的石子经冲浇后含泥量不超过＿B＿。

A. 0.5%　B.1%　C.1.5%　D.2%

32. 梁是一种典型的＿A＿构件。

A. 受弯　B. 受压　C. 受拉　D. 受扭

33. 浇筑吊车梁当混凝土强度在＿B＿以上时，方可拆侧模板。

A. 0.8MPa　B.1.2MPa　C.2MPa　D.5MPa

34. 屋架浇筑时可用赶浆捣固法浇筑，通常上下弦厚度不超过＿C＿cm时，可一次浇筑全厚度。

A. 15　B.25　C.35　D.45

35. 滑模施工应减少停歇，混凝土振捣停止＿B＿h，应按施工缝处理。

A. 1　B.3　C.6　D.12

36. 对于＿C＿的烟囱应埋设水准点，进行沉降观测。

A. 所有　B. 高度大于 30m

C. 高度大于 90m　D. 高度大于 70m

37. 现浇混凝土结构现浇混凝土井筒长度对中心线的允许偏差为＿C＿。

A. ±25　B. +0，－25　C. +25，－0　D. ±0

38. 混凝土振捣时，棒头伸入下层＿B＿cm。

A. 3～5　B.5～10　C.10～15　D.20

39. 刚性防水屋面采用塑料油膏嵌水平缝时，要＿B＿。

A. 一次灌满　B. 二次灌注

C. 多次灌注　D. 无规定

40. 掺加减水剂的混凝土强度比不掺的＿D＿。

A. 低 20%　B. 低 10%左右

C. 一样　D. 高 10%左右

41. 外墙面装饰的作法可在＿B＿中找到。

A. 建筑平面图　B. 建筑立面图

C. 建筑剖面图　D. 结构图

42. 基础平面图的剖切位置是＿A＿。

A. 防潮层处　　　　　　B. ±0.00 处

C. 自然地面处　　　　　D. 基础正中部

43. 早强水泥 28d 强度与同品种、同标号的水泥 28d 强度＿B＿。

A. 高一些　B. 低一些　C. 一样　D. 不好比较

44. ＿C＿是柔性基础。

A. 灰土基础　　　　　　B. 砖基础

C. 钢筋混凝土基础　　　D. 混凝土基础

45. 墙、柱混凝土强度要达到＿B＿以上时，方可拆模。

A. 0.5MPa　B.1.0MPa　C.1.5MPa　D.2.0MPa

46. 滑模施工时，若露出部分混凝土达到＿A＿，即可继续滑升。

A. 0.1～0.25N/mm^2　　B.0.25～0.5kN/mm^2

C.0.1～0.25kN/mm^2　　D.0.25～0.5N/mm^2

47. 冬施时，425 号水泥拌和混凝土的出机温度＿A＿。

A. 不得大于 35℃　　　B. 不得低于 35℃

C. 不得低于 45℃　　　D. 不得低于 50℃

48. 浇筑与墙、柱连成整体的梁板时，应在柱和墙浇筑完毕后要停＿C＿后，再继续浇筑。

A. 10～30min　　　　B.30～60min

C.60～90min　　　　D.120min 以上

49. 对于软弱的就近沉积粘性土和人工杂填土的地基，钎孔间距应不大于＿C＿。

A. 0.5m　B.1m　C.1.5m　D.2.0m

50. 普通防水混凝土水灰比应限制在＿B＿以内。

A.0.45　B.0.60　C.0.70　D.0.80

51. 掺硫铝酸钙膨胀剂的膨胀防水混凝土，不得长期处于环境温度为＿C＿以上的工程中。

A.40℃　B.60℃　C.80℃　D.100℃

52. 普通防水混凝土粗骨料的最大粒径不得大于＿B＿mm。

A.30　B.40　C.50　D.80

53. 耐碱混凝土的抗渗标号至少应达到＿D＿。

A.S4　B.S8　C.S12　D.S15

54. 水玻璃耐酸混凝土，不能抵抗＿D＿的侵蚀。

A. 硫酸　B. 盐酸　C. 氟硅酸　D. 氢氟酸

55. 预应力圆孔板放张时，混凝土的强度必须达到设计强度的＿B＿。

A. 50%　B.75%　C.90%　D.100%

56. 粗骨料粒径应不大于圆孔板竖肋厚度的＿C＿。

A. 1/2　B.3/4　C.2/3　D.1/3

57. 引气剂及引气减水剂混凝土的含气量不宜超过＿B＿。

A. 3%　B. 5%　C. 10%　D. 15%

58. 水箱壁混凝土每层浇筑高度，以＿C＿mm 左右为宜。

A. 100　B.150

C.200　D.500

59. 水玻璃用量过少则混凝土和易性差，但用量过多则耐酸、抗水性差，通常用量＿D＿kg/m³。

A. 200～300　B.100～200

C.250～350　D.250～300

60. 浇筑耐酸混凝土宜在温度为＿C＿的条件下进行。

A.0～20℃　B.5～20℃　C.15～30℃　D.10～30℃

61. 水玻璃混凝土坍落度采用机械振捣时不大于 1cm，人工捣时为＿A＿。

A.1～2cm　B.0.5～1cm　C.2～3cm　D.1～1.5cm

62. 耐热混凝土是指在＿D＿高温下长期使用，仍能保持其物理力学性能的混凝土。

A.100～1000℃　B.100～1300℃

C.200～1000℃　D.200～1300℃

63. 耐热混凝土宜在温度为 15～25℃的＿A＿环境中养护。

A. 潮湿　B. 干燥　C. 正常　D. 温度无限制

64. 普通防水混凝土在受冻融作用时，应优先选用＿C＿水泥。

A. 煤灰　B. 矿渣　C. 普通　D. 高铝

65. 普通防水混凝土的养护，应在表面混凝土进入终凝时，在表面覆盖并浇水养护＿A＿昼夜以上。

A.14　B.12　C.10　D.7

66. 在使用掺氯盐的钢筋混凝土中，氯盐掺量不得超过水泥重量的＿B＿。

A.0.5%　B.1%　C.2%　D.3%

67. 浇筑墙板时，应按一定方向，分层顺序浇筑，分层厚度以__A__为宜。

A. 40～50cm　　B. 20～30cm

C. 30～40cm　　D. 50～60cm

68. 对泵送混凝土碎石的最大粒径与输送管内径之比，宜小于或等于__D__。

A. 1:2　B. 1:2.5　C. 1:4　D. 1:3

69. 我国规定泵送混凝土砂率宜控制在__C__。

A. 20%～30%　　B. 30%～40%

C. 40%～50%　　D. 50%～60%

70. 室外日均气温连续5d稳定低于__A__时，应进入冬期施工。

A. 5℃　B. 0℃　C. 10℃　D. 3℃

71. 混凝土中含气量每增加1%，会使其强度损失__D__。

A. 1%　B. 2%　C. 4%　D. 5%

72. 冬施混凝土中，为弥补引气剂招致的强度损失，引气剂最好与__B__并用。

A. 早强剂　B. 减水剂　C. 缓凝剂　D. 速凝剂

73. 为了不致损坏振动棒及其连接器，实际上使用时振捣棒插入深度不大于棒长的__A__。

A. 3/4　B. 2/3　C. 3/5　D. 1/3

74. 硫酸钠是一种__B__。

A. 减水剂　B. 早强剂　C. 引气剂　D. 缓凝剂

75. 基础内受力钢筋直径不宜小于__C__，间距不大于__C__。

A. 8mm，100mm　　B. 10mm，100mm

C. 8mm，200mm　　D. 10mm，20mm

76. 快硬硅酸盐水泥的初凝时间不得早于__A__，终凝不得迟于__A__。

A. 45min，10h　　B. 45min，12h

C. 40min，10h　　D. 40min，12h

77. 刚性防水层振捣一般采用__C__振捣，振捣方向宜与浇筑方向__C__。

A. 插入式振捣器，平行　　B. 附着式振捣器，垂直

C. 平板振捣器，垂直　　D. 平板振捣器，平行

78. 防水混凝土的配合比应按设计要求的抗渗等级提高__B__。

A.0.1MPa　B.0.2MPa　C.0.3MPa　D.0.4MPa

79. 灌筑断面尺寸狭小且高的柱时，当浇筑至一定高度后，应适量__B__混凝土配合比的用水量。

A. 增大　B. 减少　C. 不变　D. 据现场情况确定

80. 浇筑楼板混凝土的虚铺高度，可高于楼板设计厚度__B__。

A.1～2cm　B.2～3cm　C.3～4cm　D.4～5cm

81. 石子最大粒径不得超过结构截面尺寸的__C__，同时不大于钢筋间最小净距的__C__。

A.1/4，1/2　B.1/2，1/2

C.1/4，3/4　D.1/2，3/4

82. 冬期施工混凝土的搅拌时间应比常温的搅拌时间延长__C__。

A.30%　B.40%　C.50%　D.60%

83. 当柱高超过3.5m时，且柱断面大于40×40cm且无交叉钢筋时，混凝土分段浇筑高度不得超过__D__。

A.2.0m　B.2.5m　C.3.0m　D.3.5m

84. 柱宜采用__B__的办法，浇水次数以模板表面保持湿润为宜。

A. 自然养护　B. 浇水养护　C. 蒸汽养护　D. 蓄水养护

85. 墙混凝土振捣器振捣不大于__C__。

A.30cm　B.40cm　C.50cm　D.60cm

86. 耐碱混凝土应选用__D__。

A. 煤灰水泥　　B. 粉煤灰水泥

C. 矿渣水泥　　D. 以上都不对

87. 松香树脂是一种__C__。

A. 减水剂　B. 早强剂　C. 引气剂　D. 缓凝剂

88. 混凝土中外加剂的掺量一般不大于__A__。

A.5%　B.8%　C. 10%　D.3.5%

89. 改善新拌混凝土流动性能的外加剂是__B__。

A. 减水剂、缓凝剂

B. 引气剂、减水剂、保水剂

C. 消泡剂、加气剂、减水剂

D. 加气剂、保水剂

90. 柱混凝土分层浇筑时，振捣器的棒头须伸入下层混凝土内__A__。

A.5～10cm　　　　　　　　B.5～15cm

C.10～15cm　　　　　　　　D.5～8cm

91．冬期施工时对组成混凝土材料的加热应优先考虑__D__。

A. 水泥　B. 砂　C. 石子　D. 水

92．钎探时，要用8～10磅大锤，锤的自由落距为__A__。

A.50～70cm　　　　　　　　B.80～100cm

C.40cm　　　　　　　　　　D.100cm以上

93．出厂的水泥每袋重__C__kg。

A.45±1　B.45±2　C.50±1　D.50±1

94．坍落度是测定混凝土__B__的最普遍的方法。

A. 强度　B. 和易性　C. 流动性　D. 配合比

95．对于跨度大于8m的承重结合，模板的拆除混凝土强度要达到设计强度的__D__。

A.90%　B.80%　C.95%　D.100%

96．为使施工缝处的混凝土很好结合，并保证不出现蜂窝麻面，在浇捣坑壁混凝土时，应在施工缝处填以5～10cm厚与混凝土标号相同的__D__。

A. 水泥砂浆　　　　　　　　B. 混合砂浆

C. 水泥浆　　　　　　　　　D. 砂浆

97．水泥从加水拌和后__D__h，水泥的凝胶开始凝结，这段时间称为初凝。

A.2～3　　　　　　　　　　B.1.5～2.5

C.2～3.5　　　　　　　　　D.1.5～3

98．有垫层时钢筋距基础底面不小于__C__。

A.25mm　B.30mm　C.35mm　D.15mm

99．挡土墙所承受的土的侧压力是__B__。

A. 均布荷载　　　　　　　　B. 非均布荷载

C. 集中荷载　　　　　　　　D. 静集中荷载

100．有主次梁的楼板，施工缝应留在次梁跨度中间__B__。

A.1/2　B.1/3　C.1/4　D.1/5

101．当柱高超过3.5m时，必须分段灌注混凝土，每段高度不得超过__C__。

A.2.5m　B.3m　C.3.5m　D.4m

102. 硅酸盐水泥、普通水泥和矿渣水泥拌制的混凝土养护日期，不得少于__D__。

A.5d　B.6d　C.8d　D.7d

103. 钢筋混凝土烟囱每浇筑__B__高的混凝土，应取试块一组，进行强度复核。

A.2m　B.2.5m　C.3m　D.3.5m

104. 水箱壁混凝土浇筑到距离管道下面__B__时，将管下混凝土捣实、振平。

A.10～20mm　　B.20～30mm

C.15～25mm　　D.30～40mm

105. 当屋架下弦受拉钢筋有两排以上配筋时，两排钢筋之间可用__A__短钢筋支垫。

A.ϕ25　B.ϕ20　C.ϕ22　D.ϕ16

106. 屋架制作要求长度尺寸偏差__C__。

A.±5　B.＜5　C.+5　D.+10

107. 钢筋混凝土吊车梁脱模时，当混凝土强度在__A__以上能保证构件不变形。

A.1.2MPa　B.2.0MPa　C.1.5MPa　D.3.0MPa

108. 预应力圆孔板中空铺钢丝中心位置的偏差应__B__mm。

A.＜10　B.＜5　C.＞30　D.＜3

109. 对于预应力圆孔板制作时，当混凝土强度达到设计强度__C__以上或设计要求的抗压强度时即可张拉。

A.70%　B.85%　C.75%　D.80%

110. 浇筑墙板时，按一定方向，分层顺序浇筑，分层厚度以__B__为宜。

A.30～40cm　　B.40～50cm

C.35～40cm　　D.20～30cm

111. 冬期施工时，如需对材料进行加热水温不得超过__A__，骨料不得超过40℃。

A.60℃　B.50℃　C.45℃　D.55℃

（三）计算题

1. 某砖混结构的单层房屋，基础周长为43m，基础垫层混凝土的强度等级为C10，基础混凝土的等级为C15，该房屋有4根过梁，梁长5m，梁混凝土的强度等级为 C20，垫层厚 100mm，宽 1000mm；基础为 300mm 厚，上层宽为 600mm，下层为 800mm；梁为 450mm×200mm；计算用工量和材料消耗量。

附：混凝土工程施工定额

项　目	单位（m^3）	人　工		材　料		
		综合（工日）	混凝土工（工日）	325 号水泥（kg）	碎石（m^3）	中粗砂（m^3）
C10 素混凝土垫层	10	11.3	11.3	2230	8.65	4.74
C15 素混凝土垫层	10	12.6	12.6	3060	8.47	4.3
C20 混凝土　梁	10	13.5	13.5	3750	8.3	4.03

【解】

1. 计算工程量

垫层工程量 = 1×0.1×43 = 4.3m^3

基础工程量 = （0.8×0.3+0.6×0.3）×43 = 18.06m^3

梁 工 程 量 = 0.45×0.2×5×4（根）= 1.8m^3

2. 计算用工量和材料用量

（1）计算用工量（查表）

垫层用工量 = 11.3×0.43 = 4.86 工日

基础用工量 = 12.6×1.806 = 22.76 工日

梁 用 工 量 = 13.5×0.18 = 2.43 工日

合计：30.05 工日

（2）计算材料耗用量

1）垫层材料耗用量

水　泥 = 2230×0.43 = 958.9kg

碎　石 = 8.65×0.43 = 3.72m^3

中粗砂 = 4.74×0.43 = 2.04m^3

2）基础材料耗用量

水　泥 = 3060×1.806 = 5526.4kg

碎　石 = 8.47×1.806 = 4.33m^3

中粗砂 = 4.3×1.806 = 7.77m^3

3）梁的材料用量

水　泥 = 3750 × 0.18 = 675kg

碎　石 = 8.3 × 0.18 = 1.49m^3

中粗砂 = 4.03 × 0.18 = 0.73m^3

2. 现有模数 2.2 的水玻璃 5.6kg，若全部把它们配成模数为 2.7 的，需模数为 2.9 的水玻璃多少公斤？

【解】

$$G = \frac{(M_2 - M_1)\ G_1}{M - M_2}$$

$$= \frac{(2.7 - 2.2)\ \times 5.6}{(2.9 - 2.7)} = 14\text{kg}$$

答：需模数为 2.9 的水玻璃 14kg。

3. 已知 C20 混凝土配合比 0.65:1:2.55:5.12（水:水泥:砂:石），经测定砂的含水率为 3%，石的含水率为 1%，求每次下料一袋水泥时，砂、石及水的用量？

【解】　水泥一袋 50kg

砂：50 × 2.55 = 127.5kg

砂含水量 = 127.5 × 3% = 3.8kg

实际砂的用量 127.5 + 3.8 = 131.3kg

石：50 × 5.12 = 256kg

实际水量 256 × 1% = 2.56kg

实际石子用量 256 + 2.56 = 258.56kg

实际用水量 32.5 − 3.8 − 2.56 = 26.14kg

4. 现有模数 2.3 的水玻璃 5.5kg，若全部把它们配成模数为 2.7 的，需模数为 2.9 的水玻璃多少公斤？

【解】　$G_1 = 5.5\text{kg}$，$M = 2.9$，$M_1 = 2.3$，$M_2 = 2.7$

$$G = \frac{(M_2 - M_1)\ G_1}{M_2 - M_1}$$

$$= \frac{(2.7 - 2.3)\ \times 5.5}{2.9 - 2.7}$$

$$= 11\text{kg}$$

5. 某砂样（干砂 500g）筛分结果如下表，试问其是什么砂？

【解】　先计算各筛的累计筛余量；

5mm：25/500 = 5%

2.5mm：（25 + 70）÷ 500 = 19%

1.25mm：（25+70+70）÷500=33%

0.63mm：（25+70+70+90）÷500=51%

0.315mm：（25+70+70+90+120）÷500=33%

0.16mm：（25+70+70+90+120+125）÷500=100%

细度模数 $M_X=\dfrac{(A_2+A_3+A_4+A_5+A_6)-5A_1}{100-A_1}$

$=\dfrac{(19+33+51+75+100)-5\times5}{100-5}$

≈2.7，为中砂

筛孔尺寸（mm）	分计筛余（g）	筛孔尺寸（mm）	分计筛余（g）
5	25	0.63	90
2.5	70	0.315	120
1.25	70	0.16	125

6. 用一台 JZ250 锥形反转出料搅拌机浇筑一批钢筋混凝土梁，搅拌机的出料容量为 0.25m³，技术部门提供的配合比为水泥∶砂∶石∶水=1∶2.59∶3.88∶0.66，每立方米混凝土中水泥用量为 295kg，现测得施工现场砂、石料的含水率为 3% 和 1%，求调整后的施工配合比。

【解】 调整前每立方米混凝土各种材料的用量为：

水泥=295kg；

砂 =295×2.59=764kg

石 =295×3.88=1145kg

水 =295×0.66=195kg

因现场砂、石含水率分别为 3% 和 1%，那么：

砂中含水量=764×3%=22.9kg

石中含水量=1145×1%=11.5kg

调整后每立方米混凝土中各种材料的实际用量为：

水泥=295kg

砂=764+22.9=786.9kg

水=195+22.9−11.5=160.6kg

石=1145+11.5=1156.5kg

调整后的施工配合比为

$$水泥:砂:石:水=\frac{295}{295}+\frac{786.9}{295}+\frac{1156.5}{295}+\frac{160.6}{295}=1:2.67:3.92:0.54$$

7. 某工地库存水泥 100t，砂子 250t，石子 300t，要配制 C30 混凝土，其配合比为 1:2.04:3.47，每立方米混凝土水泥用量为 350kg，问现场所存料能拌制多少立方米混凝土？

【解】 （1）现场所存料比为：

水泥:砂:石子:=100:250:300=1:2.5:3

以此值与混凝土配合比相比较，石子量最少，所以应以石子为准。

（2）每立方米混凝土用量=350×3.47=1214.5kg

（3）现场所存制最大可配制混凝土=300000÷1214.5=247m^3

8. 某简支梁计算跨度 $L=8m$，承受均布荷载 $Q=5$ kN/m，试求其最大弯距。

【解】 最大弯距 $M=1/(8\times q\times L\times L)=1/(8\times8\times8\times5)$

$=40kN\cdot m$

9. 某砖混结构的单层厂房，该厂房设有 6 根单梁，梁长 8m，断面尺寸 200×400（mm），梁混凝土的强度等级为 C20。混凝土分项工程施工定额如下表，计算梁的工程量、用工量和材料耗用量。

【解】 （1）梁的工程量=0.2×0.4×8×6=3.84m^3

（2）梁的用工量=13.5×0.384=5.184 工日

（3）梁的材料耗用量

水泥=3750×0.384=1440kg

碎石=8.3×0.384=3.19m^3

中砂=4.04×0.384=1.55m^3

养护草袋=4.92×0.384=1.89m^3

项　　目	单位 (m^3)	用　　工		材　　　料			
		综合（工日）	混凝土地（工日）	325 盐水泥 (kg)	碎石 (m^3)	中砂 (m^3)	草袋 (m^3)
C20 混凝土单梁	10	13.5	13.5	3750	8.3	4.04	4.29

10. 某砂样（干砂 500g）筛分结果如下表，试问其是什么砂？

筛孔尺寸（mm）	分计筛余（g）	筛孔尺寸（mm）	分计筛余（g）
5	30	0.63	90
2.5	75	0.315	110
1.25	75	0.16	120

【解】 先计算各筛的累计筛余量。

5mm：30/500＝6％

2.5mm：（30＋75）÷500＝21％

1.25mm：（30＋75＋75）÷500＝36％

0.63mm：（30＋75＋7＋90）÷500＝54％

0.315mm：（30＋75＋75＋90＋110）÷500＝76％

0.16mm：（30＋75＋75＋90＋110＋120）÷500＝100％

细度模数 $M_X=\dfrac{(A_2+A_3+A_4+A_5+A_6)-5A_1}{100-A_1}$

$=\dfrac{(21+36+54+76+100)-5\times6}{100-6}$

＝2.7，为中砂。

（四）简答题

1．特种水泥主要有哪几种类型？

答：特种水泥主要有快硬硅酸盐水泥、快凝快硬硅酸盐水泥、高铝水泥、硫铝酸盐水泥、大坝水泥、自应力水泥、膨胀水泥等类型。

2．什么是减水剂？混凝土中掺减水剂效果有哪些？

答：减水剂是指能保持混凝土和易性不变而显著减少其拌和水量的外加剂。掺减水剂的技术经济效果。

（1）在保持坍落度不变的情况下，可使混凝土单位用水量减少5％～25％。

（2）由于用水量的减少，使水灰比减小，可大幅度提高混凝土早期或后期强度。

（3）在保持水灰比不变的情况下，可增大坍落度10～20cm，从而可满足泵送混凝土施工要求。

（4）在保持混凝土强度和坍落度不变的情况下，可节约水泥用量5％～20％。

（5）由于用水量的减少，泌水离析现象减少，可提高混凝土抗掺性，降低透水性40％～80％，从而提高混凝土的耐久性。

3．拌制快凝快硬硅酸盐水泥应注意什么？

答：拌制快凝快硬硅酸盐水泥时，水泥与骨料干拌均匀后，应立即加入拌和，禁止将拌和物放置一段时间后再加水，同时要严格控制水灰比，不得随意增减用水量，每次拌和量要少，要随拌和随浇筑。混凝土拌和物若已凝结，不能重新加水拌和使用。

4．简述外加剂的功能。

答：在混凝土中，掺入不同的外加剂，能起到不同的效果，归纳起来主要功能有：改善和易性，提高早期强度，增强后期强度，调节凝结时间，延缓水化放热，提高耐久性，抑制碱骨料反应，增加混凝土与钢筋的握裹力，防止钢筋锈蚀等。有的外加剂能同时具有两种以上的功能。

5．粉煤灰掺合料对混凝土性能有哪些影响？

答：在混凝土中掺加粉煤灰可以改善混凝土的下列性能：

（1）由于粉煤灰呈球形，可以提高混凝土的和易性。

（2）掺加粉煤灰后的混凝土比较致密，不透水性，不透气性，抗硫酸盐性能和耐化学侵蚀性能均有提高。

（3）水化热低，特别适用于大体积混凝土。

（4）改善混凝土的耐高温性能。

（5）减少混凝土的收缩和裂纹。

（6）减轻颗粒分离和析水现象。

（7）混凝土构件表面光滑。

（8）能够抑制杂散电流对混凝土中钢筋的腐蚀。

6．刚性防水屋面施工时，应注意哪些安全事项？

答：（1）屋面四周的脚手架应设置护栏和安装安全网，以防人员高空坠落。

（2）振捣器必须装有漏电保护装置，操作人员须穿戴胶鞋和绝缘手套。

（3）夜间作业应采用36V低压电照明并保证足够的照明亮度。

（4）采用高车、井架和外用电梯作垂直运输时，应检查通道是否牢固。上料时，小车把不得伸出吊笼外，平台上人员不准向井架内探头，以防机械升降伤人，遇有恶劣气候，应停止吊运业务。

（5）对防水的化学添加剂应妥善保管，防止中毒，熬制冷底子油和沥青胶时，应控制最高加热温度，以防火灾。

7．什么是混凝土配合比？

答：混凝土配合比就是指混凝土各组成材料之间用量的比例关系（通

常用重量比)，常以水泥:砂:石:水表示，而以水泥为基数1，并说明每立方米混凝土各种材料的用量。

8. 什么是水泥和混凝土的掺合料?

答：掺合料（又称混合材料）通常是指在水泥生产时或用水泥配制混凝土时掺入水泥中的磨细矿物材料。这些混合材料，按其掺入水泥的目的和作用不同，有充填性和活性掺合料。

9. 怎样在混凝土拌和物中掺入外加剂?

答：外加剂有粉末状和结晶状的固体外加剂和流质状的液体外加剂两种，其掺入方法为：

(1) 外加剂为液体时，可和水同时加入搅拌筒内，也可以掺入水中，随着加水而加入混凝土混合料中。

(2) 外加剂为固体时，必须先配制一定浓度的溶液后再加入，每次掺入前应将溶液搅拌均匀，以防溶液上下浓度不均。

(3) 外加剂为粉末状时，可与水泥和骨料同时加入搅拌筒内，但不得有凝结硬块混入。

外加剂掺入量必须准确。

10. 粘性土的野外鉴别法?

答：野外鉴别方法见下表。

鉴别方法	分类		
	粘土	亚粘土	轻亚粘土
湿润时用刀切	切面非常光滑，刀刃有粘腻的阻力	稍有光滑面，切面规则	无光滑面，切面比较粗糙
用手捻摸时的感觉	湿土用手捻有滑腻感，当水分较大时，极为粘手，感觉不到有颗粒的存在	仔细捻模，感觉有少量细颗粒，稍有滑感，有粘海带感	感觉有细颗粒存在，或感觉粗糙，有轻微或无粘滞感
粘着程度	湿土极易粘着物体，干燥后不易剥去，用水反复洗才能去掉	能粘着物体，干燥后较易剥掉	一般不粘着物体，干燥后一碰即掉
湿土搓条情况	能搓成小于0.5mm的土条，手持一端不致断裂(长不小于手掌)	能搓成0.5～2mm的土条	能搓成2～3mm的土条

11. 防水混凝土冬季施工有哪些要点？

答：(1) 不能采用电热法及蒸汽加热法。

(2) 如需对组成材料加热时，水温不得超过60℃，骨料温度不得超过40℃，混凝土出罐温度不得超过35℃，混凝土入模温度不低于热工计算要求。

(3) 必须采取措施保证混凝土有一定的养护湿度，尤其对大体积混凝土工程以蓄热法施工时，要防止由于水化热过高水分蒸发过快而使表面干燥开裂。

12. 普通防水混凝土配合比设计有哪些要求？

答：普通防水混凝土配合比的设计必须满足抗压强度、抗渗性、适宜的施工和易性和经济性等基本条件，此外，还应根据特定的工程性质满足抗冻性或其他特殊要求。

防水混凝土的配合比应通过试验选定，选定配合比时，应按设计要求的抗渗等级提高0.2MPa。

普通防水混凝土的配合比设计一般采用绝对体积法，应遵循下列原则：

(1) 根据工程要求选择水泥品种及标号，水泥品种的选用主要是由混凝土抗渗性、耐久性、使用条件及材料情况来决定。

(2) 合理选用砂、石材料，质量要符合国家标准，满足工程的要求。

13. 使用高铝水泥的注意事项？

答：(1) 水泥不能与硅酸盐类水泥或石灰混合。

(2) 不得用于接触碱性溶液的工程。

(3) 不宜用于大体积工程，并且当水泥硬化开始应立即浇水养护。

(4) 用于钢筋混凝土、钢筋保护层的厚度不得少于3cm。

(5) 高铝水泥混凝土后期强度下降较大时，应按最低稳定强度计算。

14. 筒壁混凝土施工中应注意哪些质量问题？

答：(1) 筒壁烂根，筒壁混凝土浇筑前模板底部均匀预铺5～10cm砂浆层，混凝土坍落度要严格控制，防止混凝土离析；底层振捣应认真操作。

(2) 洞口移位变形，模板穿壁螺栓应紧固可靠，改善混凝土浇筑方法，防止混凝土冲击洞口模板，坚持洞口两侧混凝土对称，均匀进行浇筑、振捣的方法。

(3) 筒壁气泡过多，采用高频振捣器，每层混凝土要振捣至气泡消除为止。

15. 墙体门窗洞口两上角发生斜向开裂的原因是什么？

答：(1) 墙体模板拆除过早，混凝土未达到一定强度，拆模时用力过猛，造成门窗洞口两上角开裂。

(2) 模板安装时，门洞口模板对角尺寸大于门洞口净高，将门洞上口顶裂。

(3) 门窗洞口是应力较集中的地方，如混凝土养护不及时，收缩过大，引起上口两斜角被拉裂，必要时可配置斜拉筋。

16. 钢筋混凝土梁的受力破坏情况是哪两种？其特点如何？

答：正截面破坏主要是由弯矩作用引起的破坏截面与梁的纵轴垂直，斜截面破坏是由弯矩和剪力共同作用而引起的破坏，破坏截面是倾斜的。

17. 刚性防水屋面分格缝处产生渗漏的原因是什么？

答：(1) 嵌缝前，分格缝处未处理干净，致使嵌缝材料与混凝土不发生粘结而出现渗漏。

(2) 分格缝冲洗后未充分晾干，因接缝处含水过大，嵌缝材料与混凝土不能很好地粘结。

(3) 嵌缝材料质量不好或嵌缝操作方法不当，会引起分格缝处渗漏。

18. 什么是快凝快硬硅酸盐水泥？

答：凡以适当成分的生料烧至部分熔融，所得硅酸三钙，氟铝酸钙为主的熟料，加入适量的硬石膏，粒化高炉矿渣，无水硫酸钠，经过磨细制成的一种凝结快，小时强度增长快的水硬性胶凝材料，称为快凝快硬硅酸盐水泥。

19. 框架混凝土浇筑时应注意哪些安全事项？

答：(1) 柱、墙、梁混凝土浇筑时，应搭设脚手架，而脚手架的搭设必须满足浇筑要求，操作人员不得站在模板或支撑上操作，以防高空坠落，造成人员伤亡。

(2) 振捣器必须装有漏电保护装置，操作人员需穿戴绝缘手套和胶鞋。湿手不得触摸电气开关，非专业电工不得随意拆卸电气设备。

(3) 采用料斗吊运混凝土时，在接近下料位置的地方须减缓速度。在非满铺平台条件下防止在护身栏处挤伤人。采用串筒灌筑混凝土时，串筒节间必须连接牢固，以防坠落伤人。

(4) 楼板浇水养护时，应注意楼面的障碍物和孔洞，拉移胶管时不得倒退行走。

(5) 夜间施工用于照明的行灯的电压须低于 36V，如遇强风、大雾等恶劣天气，应停止吊运作业。

20. 防水混凝土施工中有哪些安全措施？

答：(1) 振捣器照明的电源线要经常检查，防止破损，操作时戴绝缘手套，穿胶鞋。

(2) 机动翻斗车在使用前必须对刹车进行检验。

(3) 夜间施工，运输道路和施工现场应配设足够的照明设备。

(4) 管好混凝土中掺用的外加剂，防止化学用剂中毒。

21. 提高混凝土防早期冻害有何措施？

答：防早期冻害的措施有两大类：

(1) 早期增强措施；(2) 改善混凝土的内部结构。

22. 什么是早强剂？常用的主要有哪几种？

答：为加速混凝土硬化过程，提高其早强度的外加剂叫早强剂。

常用的早强剂有：氯化钙、硫酸钠、三乙醇胺。

23. 造成柱、墙底部"烂根"的原因是什么？

答：(1) 混凝土浇筑前，未在柱、墙底铺以5～10cm厚的"肥浆"，在向其底部卸料时，混凝土发生离析，石子集中于柱、墙底而无法振捣出浆来，造成底部"烂根"。

(2) 混凝土灌注高度超过规定要求，又未采取相应措施，致使混凝土发生离析，柱、墙底石子集中而缺少砂浆。

(3) 振捣时间过长，使混凝土内石子下沉，水泥浆上浮。

(4) 分层浇筑时一次投料过多，振捣器未伸到底部，造成漏振，因此，一次投料不可过多，振捣完毕后应用木槌敲击模板，从声音判断底部是否振实。

(5) 楼地面表面不平整，墙模安装时与楼地面接触处缝隙过大，造成混凝土严重漏浆而出现"烂根"现象。

24. 钢筋混凝土梁的受力钢筋应布置在各种梁的哪些部位？

答：在钢筋混凝土梁中，钢筋总是布置在构件的受拉区，对于简支梁，受力钢筋布置在梁的下部，对于悬臂梁，则受力钢筋布置在梁的上半部，而对于外伸梁，支座两端之间受力钢筋布置在梁的下半部，而悬挑部分受力钢筋则布置在梁的上半部。

25. 模板上为什么要涂隔离剂？

答：水泥凝胶，既能将粗细骨料粘结在一起，也能粘结与它接触的模板（木模、钢模、土胎模等）。混凝土与模板之间的粘结力对混凝土的成型、外观质量、模板的损耗、拆模的难易性等有着密切的关系，当粘结力过大时，将造成混凝土缺楞掉角和表面损坏，加大模板损耗率和造成拆模困难等。为此，在模板表面涂刷脱模剂是非常必要的。

26. 防水混凝土施工缝应如何处理？

答：防水混凝土应尽量不留施工缝，如受条件限制需要留时，如底板厚度特大，混凝土量大，可分层留水平施工缝（但必须征得设计单位同意）；底板与墙体施工缝可留在底板以上30cm处的墙身上，施工缝的接缝形式按设计图纸或规范选用。在施工缝上继续浇筑混凝土前，应将施工缝处的混凝土表面凿光，清除浮粒和杂物，用水冲洗干净，保持湿润，再铺上一层20～25mm厚的水泥砂浆，其配合比与混凝土内的砂浆成分相同。

27. 柱梁结合部梁底出现裂缝的原因是什么，如何防治？

答：原因：柱混凝土浇筑完毕后未经沉实继续浇筑梁混凝土。

防治：浇筑与柱、墙连成墙体的梁和板时，应在柱和墙浇筑完毕后停歇1～1.5h后使其获得初步沉实再继续浇筑。

28. 房屋的定位轴线有哪些规定？

答：定位轴线是指墙、柱和屋架等构件的轴线。编号的圆圈用细实线绘制，直径一般为8mm，在圆圈内写上编号，水平方向的编号采用阿拉伯数字，从左到右依次编写，一般称为横向轴线；竖直方向的轴线，用大写汉语拼音字母自下而上顺序编写，一般称为纵向轴线，汉语拼音中I、O、Z三个字母不作轴线编号，以免与数字1、0、2混淆。

二、实操部分

1. 现浇钢筋混凝土框架结构构件

考核项目及评分标准

序号	测定项目	分项内容	评分标准	标准分	检测点					得分
					1	2	3	4	5	
1	柱、墙、梁轴线位移	正确	尺量检查，超过8mm不得分	15						
2	层高标高	正确	用水准仪或尺量检查，超过±10mm不得分	5						
3	柱、墙、梁截面尺寸	正确	尺量检查，与图示相差+8～−5mm不得分	15						

续表

序号	测定项目	分项内容	评分标准	标准分	检测点					得分
					1	2	3	4	5	
4	柱墙每层垂直度	正确	用2m托线板检查，超过5mm不得分	15						
5	表面平整度	平整	用2m靠尺和楔形塞尺检查，超过8mm不得分	10						
6	预留孔洞中心线偏移	位置正确	尺量检查，超过5mm不得分	10						
7	工具使用维护	正确使用	施工分前后两次检查，酌情扣分	5						
8	安全文明施工	安全生产	有事故不得分，工完场不清不得分	10						
9	工效	定额	低于定额90%不得分，在90%～100%之间酌情扣分，超过定额酌情加1～3分	15						

2. 浇筑较高混凝土柱

考核内容及评分标准

序号	测定项目	评分标准	标准分	检测点					得分
				1	2	3	4	5	
1	表面整洁密实	空隙不洁处每处扣2分，有明显不实，本项无分	15						
2	截面尺寸	超过2mm扣2分，超过5mm本项无分	15						
3	标高	超过2mm扣2分，超过8mm本项无分	10						
4	垂直度	超过2mm扣2分，超过5mm本项无分	15						

续表

序号	测定项目	评分标准	标准分	检测点					得分
				1	2	3	4	5	
5	保护层厚度	超过2mm扣2分，超过5mm本项无分	15						
6	工完场清 工用具清	场地整洁，工、用具维护	5						
7	安全	无安全事故	10						
8	工效	低于定额90%，本项无分，在90%～100%之间酌情扣分，超过定额酌情加1～3分	15						

3. 浇筑钢筋混凝土吊梁

考核内容及评分标准

序号	测定项目	评分标准	标准分	检测点					得分
				1	2	3	4	5	
1	表面整洁密实	空隙，不洁处每处扣2分，有明显不实，本项无分	15						
2	截面尺寸	超过2mm扣2分，超过5mm本项无分	15						
3	预埋件位置	超过规定偏差每处扣2分	10						
4	保护层厚度	超过2mm扣2分，超过5mm本项无分	15						
5	表面平整度	8mm以上每处扣1分，有5处以上不得分	15						
6	工完场清 工用具清	场地整洁，工、用具维护	5						
7	安全	无安全事故	10						
8	工效	低于定额90%不得分，在90%～100%之间酌情扣分，超过定额酌情加1～3分	15						

4. 有主次梁肋形楼盖浇筑

考核项目及评分标准

序号	测定项目	分项内容	评 分 标 准	标准分	检测点					得分
					1	2	3	4	5	
1	浇筑方向施工缝留置	符合规定	方向不正确扣5分，施工缝留置错误不得分	15						
2	保护层	垫块位置正确无露筋	露筋不得分	5						
3	梁截面	尺寸正确	超过图示尺寸±5mm每处扣2分，5处以上和超过图示尺寸8mm，则本项不得分	15						
4	标高	正确	与图示标高相差±5mm每处扣2分，有5处以上或相差±8mm以上不得分	15						
5	板面平整度	平整	8mm以上每处扣1分，有5处以上不得分	10						
6	预埋件预埋管预留洞	位置正确	超过规定偏差每处扣2分	10						
7	工具使用维护	做好操作工用准备，完成后用工具维护	施工分前后两次检查，酌情扣分	5						
8	安全文明施工	安全生产落手清	有事故不得分，工完场不清不得分	10						
9	工效	定额时间	低于定额90%不得分，在90%～100%之间的酌情扣分，超过定额酌情加1～3分	15						

第三章　高级混凝土工

一、理论部分

（一）是非题（对的划“√”，错的划“×”，答案写在每题括号内）

1. 一般把交接处均为刚性节点的房屋结构叫框架结构。(√)

2. 厂房承重结构柱网跨度尺寸均为6m的倍数。(×)

3. 基础杯口深度不大于柱截面长边 H 的长度。(×)

4. 定位轴线的划分是在柱网布置的基础上进行，并与柱网布置相一致。(√)

5. 牛腿挑出宽度应根据上部吊车梁搁置宽度再外挑100mm来确定。(√)

6. 卷材防水是刚性防水。(×)

7. 贴缝式构件自防水屋面防水性能比嵌缝式强。(√)

8. 施工图是施工人员实施设计人员构思蓝图的惟一依据。(√)

9. 地下水位较高时应采用基坑排水以降低地下水位。(×)

10. 底板厚度大于20cm时应采用平板振捣器振捣。(×)

11. 池底现浇混凝土如必须留施工缝时，应做成斜坡结合面。(×)

12. 屋架宜采用由下弦中间节点开始向上弦中间节点会合的对称浇捣方法。(√)

13. 预应力屋架侧模在强度大于12MPa方可拆除。(√)

14. 横道图是施工进度表的一种。(√)

15. 图纸会审是施工单位在施工过程中发现图纸问题后，请设计单位来审查、修改部分图纸的一次会议。(×)

16. 连接预应力筋的拉入套入千斤顶碗中时应扭转80°。(×)

17. 卧式浇筑的鱼腹式吊车宜采用砖胎模。(√)

18. 大模板混凝土浇筑当混凝土强度等级为C30以下时，混凝土中含泥量不大于5%。(√)

19. 滑模施工宜采用矿渣硅酸盐水泥。(×)

20. 当混凝土与外界温差大于10℃时，拆模的混凝土表面应覆盖，使其缓慢冷却。(×)

21. 滑模施工最宜采用浇水养护。(×)

22. 升板法是用于钢筋混凝土楼层结构施工的一种先进工艺。(√)

23. 自应力混凝土的自应力值达到8MPa的称为补偿收缩混凝土。

(√)

24. 商品混凝土适宜的运输距离小于20km。(×)

25. 山砂混凝土在配合比设计时宜用低流动性和低砂率。(√)

26. 厂房的柱距应采用6m的倍数。(√)

27. 一般把与厂房横向排梁平面相平行的轴线称为纵向定位轴线。(×)

28. 构件自防水的屋面板应采用C20～C30的混凝土。(×)

29. 嵌缝式构件自防水屋面是利用大型屋面板作防水构件，板缝嵌油膏防水。(√)

30. 预应力钢筋混凝土水池适用于2000t以上的大型水池。(×)

31. 底板混凝土强度未达1.2N/mm^{2}时，不得在底板上搭脚手架安装模板。(√)

32. 当环境温度大于10℃时，预应力屋架混凝土应在10～20h后抽管。(×)

33. 预应力屋架水泥浆泌水率不超过3%。(√)

34. 混凝土强度≥70%时可用乙炔割断预应力钢筋。(√)

35. 大模板混凝土浇筑宜采用200号普通硅酸盐水泥或矿渣硅酸盐水泥。(×)

36. 大模板构造柱振捣棒移动间距一般应小于60cm。(×)

37. 用滑动滑模板浇筑混凝土的施工法简称滑模施工。(√)

38. 滑模施工高层浇筑时，允许垂直偏差为建筑物高度的1/1000，但总偏差不应大于50mm。(√)

39. 升板法预制楼板脱模强度必须达到90%。(×)

40. 混凝土膨胀值越大，自应力值就越高。(×)

41. 利用自应力水泥水化过程中产生的化学膨胀能张拉钢筋，进而达到使混凝土产生预压应力者称为化学应力混凝土。(√)

42. 砂岩骨料会降低膨胀率，海砂会加大干缩率。(√)

43. 自应力混凝土抹面和修整的时间宜晚不宜早。(×)

44. 流态混凝土早期与后期强度大于普通混凝土。(√)

45. 纤维混凝土的和易性一般比普通混凝土差。(×)

46. 防辐射混凝土选择配合比时应选用尽可能小的坍落度。(√)

47. 在满足强度和耐久要求下，水灰比取较小值。(×)

48. 软弱土一般指抗剪强度较低、压缩性较高、渗透性较大的土层。

(×)

49. 烟囱严禁使用石灰石作骨料。(√)

50. TQC就是对全行业、全体人员产品生产的全过程质量管理。(√)

51. 纤维混凝土的投料顺序是：洗净纤维倒入水中拌匀，然后将拌有纤维的水倒入骨料与水泥中。(×)

52. 预应力架孔道水泥浆强度不低于20MPa。(√)

53. 山砂混凝土最好用蒸压养护。(×)

54. 预应力筋预应力总值与检验规定偏差的百分率不应超过±5%。(√)

55. 滑模施工混凝土坍落度宜比一般混凝土坍落度增大2cm。(×)

56. 聚丙烯纤维混凝土与普通混凝土相比，其抗压、抗拉、抗弯、抗剪、耐磨、耐热、抗冻性能都有较大提高，因此应用广泛。(×)

57. 滑模施工无筋墙板混凝土最低强度为C10。(√)

58. 在达到流动性的要求下，混凝土用水量取较小值。(√)

59. 重锤夯实法可以在各种情况下进行地基处理。(×)

60. 滑模施工要先浇筑直墙，后浇筑墙角、墙垛。(√)

61. 自应力混凝土拌和物粘稠无离析现象，因此宜于泵送施工。(√)

62. 聚合物浸渍混凝土在过火时，强度和刚性会急剧下降，影响结构安全。(√)

63. 混凝土的质量与模板的好坏有很大关系，与钢筋的好坏关系较小。(×)

64. 集水坑只能排水而不能降水。(×)

65. 特细砂混凝土的干缩性较大，所以要特别注意早期养护，且养护时间要缩短。(×)

66. 防辐射混凝土必须留置水平施工缝时，必须做成凹凸形。(√)

67. 预应力T形吊车梁放张次序是：先放松上部受压预应力筋，再放松下部受拉区预应力筋。(√)

68. 通过框架配筋反映框架各部分的配筋情况，一般就在框架节点详图中表示出来。(×)

69. 厂房定位轴线是确定厂房构件标志尺寸及其相互位置的基准线。(×)

70. 杯壁与柱壁之间应留有空隙，上小下大，上50mm，下75mm。(×)

71. 基础垫层一般为C10混凝土，厚100mm。(√)

72. 一般把与厂房横向排架平面相平行的轴线，称为横向定位轴线。(√)

73. 屋架的主要形式主要有三种。(×)

74. 混凝土工程质量验评时，应在班组自检的基础上进行。(√)

75. 冬季搅拌混凝土时，若骨料有少量冰雪冻团时，混凝土拌和时间要比规定时间延长50%。(√)

76. 柱的形式有单肢柱和双肢柱两大类。(√)

77. 单层厂房建筑施工图一般包括建筑平面图、立面图和剖面图三种。(×)

78. 施工中的三检制为预检、自检、互检。(×)

79. 常见钢筋混凝土水池有钢筋混凝土水池、预制装配式水池和预应力钢筋混凝土水池。(√)

80. 孔道的留设方法有钢管抽心法、胶管抽心法和预埋管道法。(√)

81. 掺用外加剂的混凝土配合比宜经过试验室试配后使用或掺用外单位的配合比。(×)

82. 温度较高的建筑物与构筑物的混凝土，严禁使用石灰石作骨料。(√)

83. 浇筑混凝土时，捣固工人应穿高筒胶鞋戴帆布手套，湿手不得触动电气开关。(√)

84. 混凝土配合比设计的三个参数为水泥用量、单位用水量、砂率。(×)

85. 山砂混凝土宜采用机械搅拌，振捣搅拌时间应适当延长。(√)

86. 提升模板时不得振动混凝土，应在最上一层混凝土振捣后才能滑升。(√)

87. 滑升时，两次提升之间的时间间隔，不宜超过1.5h。(√)

88. 流态混凝土的早期和后期强度指标常常能超过普通混凝土的周期指标。(√)

89. 水池底板厚度在30cm以内，可采用平板振动器。(×)

90. 屋架可分段浇筑，可适当留置施工缝。(√)

91. 大模板混凝土施工时，墙体大模板底边缝隙应用油毡塞严，以防漏浆。(×)

92. 施工中混凝土班与木工班和钢筋班作好交接检后即可开始混凝土

的施工。(×)

93. 预应力钢筋混凝土水池就是在装配式壁板外作环向预应力钢丝，然后压力喷浆。(√)

94. 合理的施工方案能充分发挥人力、物力、财力及机械设备的潜力，有利于提高企业的经济效益。(√)

95. 目前我国装配式18m以上跨度的单层工业厂房跨度尺寸必须采用6m的倍数。(×)

96. 自应力混凝土的养护方法与普通混凝土的养护方法相同。(×)

97. 商品混凝土运至施工现场发生离析现象，则该车混凝土不能再浇筑结构。(×)

98. 预应力屋架制作时，芯管的固定方法是用φ6～8钢筋焊成井字形网片与骨架绑扎连接，将芯管放在网片井字中央即可。(√)

99. 屋盖支撑构件的作用是传递屋盖系统的水平荷载和保证空间的刚度和稳定性。(√)

100. 全面质量管理的PDCA循环的关键是实施D阶段。(×)

101. 混凝土结构的补强加固方法有外包混凝土法、外包型钢法、粘贴钢板及预应力拉杆法等。(√)

102. 流水施工是一种科学的施工方法，使我们能合理地利用时间、空间和施工班组。(√)

103. 现浇钢筋混凝土水池底板应一次连续浇完，不留施工缝。如必须留置时，施工缝要做成垂直的结合面，不得做成斜坡结合面。(√)

104. 处理流砂的方法要“减小或平衡动力压力”，使坑底土颗粒稳定，不受水压干扰。(√)

105. 预应力屋架的孔道灌浆，施工中如因故停顿，则须在水泥终凝前完成，否则应处理后重新灌浆。(√)

106. 商品混凝土的运输原则是运输距离小于15km。(×)

107. 滑模施工中的混凝土浇筑时应按照同一浇筑方向和顺序贯穿始终。(×)

108. 张拉时应先张拉距截面重心较远处的预应力钢筋，再张拉靠近截面重心处的预应力钢筋。(×)

109. 聚合物混凝土是以合成树脂为胶结材料，以砂石为骨料的混凝土。(√)

110. 升板法是利用柱子上安装的提升设备，以柱子为导架，将就地重

叠灌注的各层楼板提升到设计位置的一种先进工艺。(√)

111. 软弱土是抗压强度较低，压缩性较高的杂填土层。(×)

112. 抽芯管的时间通常在混凝土初凝后终凝前用手指轻捺混凝土表面而没有痕迹时开始抽芯管。(√)

113. 升板施工中，预制楼板应一次浇筑完成，并一次提升。(×)

(二) 选择题（把正确答案的序号写在每题横线上）

1. 一般杯口顶面标高距室内地面不小于__C__。

A.300mm　B.400mm　C.500mm　D.600mm

2. 杯与基底留__C__作为找平高度。

A.40mm　B.45mm　C.50mm　D.60mm

3. 牛腿与水平线夹角 $\beta \leqslant$__C__。

A.30°　B.40°　C.45°　D.50°

4. 工字形柱截面上部至牛腿应留__B__。

A.150mm　B.200mm　C.250mm　D.300mm

5. 为使厂房砖墙与柱之间有牢固的连结，在柱外侧高度方向每隔__C__伸出 2ϕ6 的拉结钢筋。

A.400mm　B.450mm　C.500mm　D.600mm

6. 刚性防水屋面应在屋面板上现浇一层__C__细石混凝土。

A.C10　B.C15　C.C20　D.C25

7. __A__可随风向调整角度，对高温车间通风换气有利。

A. 立施窗　B. 中悬窗　C. 立转窗　D. 平开窗

8. 地下水位应低于基槽表面标高__A__。

A.0.6m　B.0.5m　C.0.4m　D.0.7m

9. 底板厚度在__C__以内，可采用平板振捣器。

A.10cm　B.15cm　C.20cm　D.25cm

10. 钢筋混凝土池壁每层一次浇筑__C__。

A.10～15cm　B.15～20cm

C.20～25cm　D.25～30cm

11. 预制池壁板抗渗等级大于或等于__A__。

A.S6　B.S8　C.S10　D.S12

12. 预应力屋架侧模灌浆孔直径不宜小于__C__。

A.15mm　B.20mm　C.25mm　D.30mm

13. 当环境温度大于 30℃时，预应力屋架混凝土浇筑后__A__抽芯管。

A.3h　B.2h　C.1.52h　D.1h

14. 预应力钢筋孔道灌浆，其水泥标号不低于＿D＿号。

A.325　B.375　C.400　D.425

15. 孔道灌浆时灰浆泵工作压力保持在＿D＿为宜。

A.0.2～0.3MPa　　B.0.3～0.4MPa

C.0.4～0.5MPa　　D.0.5～0.6MPa

16. 预应力屋架厚度允许偏差＿C＿。

A. ±3　B. ±4　C. ±5　D. ±6

17. 大模板墙体分层浇筑，每层厚度控制在＿C＿左右。

A.50cm　B.55cm　C.60cm　D.70cm

18. 外砖内模、外板内模结构的构造柱混凝土分层浇筑厚度不超过＿A＿。

A.30cm　B.40cm　C.50cm　D.60cm

19. 滑模施工配筋墙板、筒壁混凝土最低强度等级为＿A＿。

A.C15　B.C20　C.C25　D.C30

20. 升板施工柱顶竖向偏差不得大于＿A＿，且不得大于＿A＿。

A.1/500；10mm　　B.1/1000；20mm

C.1/500；20mm　　D.1/1000；10mm

21. 在工程实际中，自应力值常采用＿B＿。

A.2～4MPa　　B.3～5MPa

C.2～8MPa　　D.3～7MPa

22. 软弱土的＿B＿低。

A. 抗压强度　　B. 抗剪强度

C. 抗拉强度　　D. 抗拉、压强度

23. 振源与建筑物的距离应大于＿C＿。

A.1m　B.2m　C.3m　D.4m

24. PDCA中D代表＿A＿。

A. 执行　B. 计划　C. 检查　D. 处理

25. 混凝土结构的补固加强中，后浇混凝土强度等级比原混凝土高出一个等级，一般不应低于＿B＿。

A.C15　B.C20　C.C25　D.C30

26. 杯壁与柱壁之间的空隙应上大下小，上为＿B＿，下为＿B＿。

A.50mm，30mm　　B.75mm，50mm

C.60mm，50mm　　　D.75mm，60mm

27. 牛腿外边缘高度不小于___C___。

A.100mm　B.150mm　C.200mm　D.250mm

28. 吊车梁与柱之间的空隙用___C___混凝土来填实。

A.C10　B.C15　C.C20　D.C25

29. 目前一般工业厂房常采用的是___B___。

A. 平开窗　B. 中悬窗　C. 立转窗　D. 固定窗

30. 底板与池壁连接处的施工缝可留在池底表面以上___B___处。

A.100cm　B.20cm　C.25cm　D.30cm

31. 预制池壁板一般采用大于或等于___C___混凝土。

A.C10　B.C15　C.C20　D.C25

32. 预应力屋架混凝土浇筑后每隔___B___min 应将芯管转动一周。

A.5～10　B.10～15　C.15～20　D.20～15

33. 为防止预应力钢筋孔道水泥浆收缩，可加入掺量为水泥重量为___B___的脱铝粉。

A.0.05%　B.0.1%　C.0.15%　D.0.2%

34. 大模板混凝土浇筑，当混凝土强度≥C30 时，石子含泥量不大于___B___。

A.0.05%　B.0.1%　C.0.15%　D.0.2%

35. 滑模施工配筋梁、柱、楼板混凝土最低强度等级为___C___。

A.C10　B.C15　C.C20　D.C25

36. 滑模施工应___A___。

A. 先浇筑直墙、墙角、墙垛

B. 先浇筑墙角、墙垛，后浇筑直墙

C. 同时浇筑直墙、墙角、墙垛

D. 先后浇筑无要求

37. 砂率是指砂在___A___总量中所占重量的百分比。

A. 砂、石子　　　　　B. 砂、石子、水泥

C. 砂、石子、水泥、水　　D. 硬化后的混凝土

38. 混凝土在浇筑时，其施工缝应留在___A___。

A. 剪力最小处　　　　B. 弯矩最小处

C. 钢筋少部位　　　　D. 任何部位

39. 滑模施工两次提升之间的时间间隔不宜超过___C___。

A.0.5h　B.1h　C.1.5h　D.2h

40. 升板法施工下层板混凝土强度大于设计强度的__B__后方可浇筑上层板混凝土。

A.20%　B.30%　C.40%　D.50%

41. 自应力混凝土拌和水用量比相同坍落度的普通混凝土多__B__。

A.5%～10%　B.10%～15%

C.15%～20%　D.20%～25%

42. 无砂大孔混凝土可用于__C__住宅的承重墙体。

A. 单层　B.3 层以下　C.6 层以下　D.15 层以下

43. 自应力混凝土浇筑温度不宜超过__D__。

A.20℃　B.25℃　C.30℃　D.35℃

44. 升板施工柱与预留孔的尺寸偏差不得大于__A__。

A. ±10mm　B. ±5mm

C. +10mm，－5mm　D. +5mm，－10mm

45. 在 PDCA 循环中，最重要的是__D__阶段。

A.B　B.D　C.C　D.A

46. 当采用环氧树脂类胶粘剂对混凝土进行粘结补强时，夹具需要在15℃以上的室温下保持__C__h 方可拆除。

A.6　B.12　C.24　D.36

47. 大模板浇筑 C25 混凝土时，混凝土中砂的含泥量不大于__B__%。

A.2　B.3　C.4　D.5

48. __A__常在接近工作面部分开设。

A. 平开窗　B. 中悬窗　C. 立转窗　D. 固定窗

49. 预应力屋架跨度超过__B__m 应对称设置两根芯管，分别从两端抽出。

A.10　B.15　C.20　D.25

50. 滑模施工高层建筑时，其允许垂直偏差为建筑物总高度的__D__mm。

A.5/1000　B.3/1000　C.4/1000　D.1/1000

51. C35 商品混凝土在气温 20℃时，混凝土在从搅拌机卸出至浇筑完毕最长时间为__B__min。

A.120　B.90　C.60　D.30

52. 平屋顶一般是指坡度小于__B__的屋顶。

A.2%　　B.5%　　C.10%　　D.15%

53. 预应力屋架混凝土强度达到设计强度的__D__方可拆模。

A.80%　　B.85%　　C.90%　　D.100%

54. 滑模施工预留孔洞，门窗框胎模厚度略小于模板上口__B__。

A.5～10mm　　B.10～15mm

C.15～20mm　　D.20～25mm

55. 混凝土坍落度每增加2cm，水泥用量约增加__B__%。

A.3.5　　B.5.5　　C.7.5　　D.10

56. 预应力屋架长度允许偏差__C__。

A.±10　　B.+10，－5　　C.+15，－10　　D.±5

57. 补偿收缩混凝土的自应力值要达到__D__MPa，它能抵制混凝土体积收缩而引起的拉应力。

A.2　　B.3　　C.5　　D.8

58. 单层厂房柱间支撑是加强厂房的__A__。

A. 纵向刚度和稳定性　　B. 横向刚度和稳定性

C. 横向刚度　　D. 稳定性

59. 质量管理的程序归纳起来__B__个环节。

A.2　　B.4　　C.6　　D.8

60. 在质量检验评定标准中，梁柱上一处孔洞面积大于__A__cm^2时，该项不合格。

A.40　　B.80　　C.100　　D.200

61. 早强剂三乙醇胺掺量超过__A__时，不但早强效果不佳，而且起缓凝作用。

A.0.05%　　B.0.5%　　C.0.3%　　D.1%

62. 滑模施工配筋梁的混凝土最低强度等级为__C__。

A.C10　　B.C15　　C.C20　　D.C25

63. 现浇水池底板与池壁连接处的施工缝宜留在__A__。

A. 池底表面以上20cm的池壁内

B. 池壁以下20cm池底混凝土内

C. 池底与池壁交接处

D. 无要求

64. 振捣混凝土时，插入式振捣棒的移动间距不应大于__B__cm。

A.30　　B.50　　C.70　　D.100

65. 一般把交接处均为刚性节点的房屋结构叫__B__。

A. 砖混结构　　B. 框架结构

C. 钢结构　　D. 钢筋混凝土结构

66. 为了使基础梁与骨架连成整体，基础梁两端应在柱上__C__焊接。

A. 主筋　B. 箍筋　C. 预埋铁件　D. 分布筋

67. 现浇混凝土设备基础其检查数量按各类型的设备基础各抽查__A__。

A. 10%　B. 15%　C. 5%　D. 3%

68. 混凝土浇捣后，其强度未达到__A__时，禁止振动。

A. $1.2N/mm^2$　　B. $2.0N/mm^2$

C. $1.5N/mm^2$　　D. $1.0N/mm^2$

69. 墙柱混凝土浇筑时，施工缝应留在__B__。

A. 主梁上面　　B. 主梁下面

C. 任意处　　D. 不能留施工缝

70. 混凝土浇筑完毕后，在常温下应在__C__内加以覆盖。

A. 24h　B. 6h　C. 12h　D. 18h

71. 肋形楼板的梁由一端开始用__B__浇筑。

A. 压浆法　B. 赶浆法　C. 振捣　D. 任意一种方法

72. 混凝土冬期施工__A__至关重要。

A. 水灰比　B. 砂率　C. 外加剂　D. 防冻剂

73. 质量管理体系中活动的基本方法叫做__B__管理循环。

A. TQC　B. PDCA　C. PQC　D. QC

74. 后浇混凝土宜采用__A__。

A. 普通硅酸盐水泥　B. 火山灰硅酸盐水泥

C. 矿渣硅酸盐水泥　D. 特种水泥

75. 商品混凝土的适宜运输距离为__B__km。

A. 大于 10　　B. 小于 15

C. 小于 20　　D. 大于 20

76. 混凝土运至现场发现离析，应在浇筑前进行__A__。

A. 二次搅拌　B. 检查　C. 捣固　D. 加水

77. 计算混凝土强度的关键参数是__A__。

A. 水灰比　B. 砂率　C. 水泥用量　D. 水泥标号

78. 山砂中大于 5mm 的颗粒不得超过__D__。

A.15%　B.5%　C.20%　D.10%

79. 有耐冻性要求的普通混凝土和钢筋混凝土，山砂的压实率指标__A__。

A. 不小于 25%　　B. 不小于 35%

C. 不小于 3%　　D. 不小于 10%

80. 室外日平均气温连续五天稳定低于__C__时，即进入冬季施工。

A.3℃　B.10℃　C.5℃　D.0℃

81. 振捣洞口处混凝土时，振捣应距洞边__A__。

A.30cm 以上　　B.20cm 以上

C.35cm 以上　　D.15cm 以上

82. 浇筑墙体混凝土应连续进行，间隔时间不应超过__B__。

A.1.5h　B.2h　C.1h　D.0.5h

83. 梁、板混凝土施工缝留垂直面，不得留斜槎，用板挡牢，待混凝土强度达到__B__以上时，才允许继续浇筑。

A.1.5N/mm²　　B.1.2N/mm²

C.2.0N/mm²　　D.1.0N/mm²

84. 所有注浆管都注浆完毕之后应养护__B__方能切断注浆管。

A.12h　B.24h　C.10h　D.6h

85. 标号为 300 号的混凝土，它的混凝土强度等级是__A__。

A.C28　B.C30　C.C35　D.C20

86. 预应力屋架制作时，孔道水泥强度不低于 20MPa，浅水率不超过__B__。

A.2%　B.3%　C.4%　D.5%

87. 夏季施工（气温大于 25℃）C30 商品混凝土从搅拌机卸出至浇筑完毕的延续时间为__B__。

A.120min　B.90min　C.60min　D.45min

88. 采用井点降水法施工，当基坑面积较大时，应采用__D__。

A. 双排线状井点　B. 管井井点

C. 喷射井点　D. 环形井点

89. 滑模施工混凝土应采用__A__。

A. 普通硅酸盐水泥　B. 矿渣硅酸盐水泥

C. 粉煤灰质硅酸盐水泥　D. 火山灰质硅酸盐水泥

90. T 形吊车梁一般采用__C__支模生产工艺。

A. 平卧　B. 平卧重叠　C. 立式　D. 任何方式

91. 圆形池壁混凝土施工中应沿池壁四周均匀对称分层浇筑，每层一次浇筑高度为__B__。

A. 5～10cm　　B. 20～25cm

C. 25～30cm　　D. 30～40cm

92. 全面质量管理中，常用的统计方法错误的是__D__。

A. 排列图法　B. 直方图法　C. 检查表法　D. 横道图法

93. 屋架在孔道灌浆强度达到__B__以上时可直接吊装。

A. 12MPa　B. 15MPa　C. 18MPa　D. 20MPa

94. 标号为 200 号的混凝土，它的混凝土强度等级是__A__。

A. C18　B. C20　C. C30　D. C40

95. 升板法混凝土施工的优点是__C__。

A. 造价较低　　B. 对混凝土的浇筑质量较高

C. 不需要大型起重设备　　D. 用钢量较小

96. 开挖基坑时，地下水的动水压等于或大于土的浸水容重时，会产生__A__。

A. 流砂现象　　B. 橡皮土现象

C. 冒水现象　　D. 塌方现象

97. 张拉至规定的张拉力后，宜持荷__A__。

A. 2～3min　B. 10min　C. 15min　D. 30min

98. 预制混凝土构件的检查数量按不同类型，每班产量各抽查__B__但均不应少于 3 件。

A. 5%　B. 10%　C. 15%　D. 30%

99. 滑模施工中造成结构倾斜原因错误的是__D__。

A. 千斤顶上升不同步　　B. 浇筑混凝土不均匀

C. 操作平台刚度差　　D. 滑升速度快

100. 水池蓄水达到设计标高后静停 1d，然后再连续观察__C__，若无渗漏和水位降低现象时，即可验收。

A. 3d　B. 5d　C. 7d　D. 8d

101. T 形吊车梁堆放时，每堆不宜超过__A__。

A. 二层　B. 三层　C. 一层　D. 四层

102. 若要知道框架结构中预制钢筋混凝土楼板的数量、规格和布置情况，应从结构__A__中查出。

A. 平面图　　　　　　　　B. 立面图

C. 剖面图　　　　　　　　D. 构件详图

103. 刚性防水屋面板缝防水构造的底层是 D 。

A.C20 细石混凝土　　　　B. 防水混凝土

C. 水泥砂浆　　　　　　　D. 干硬性水泥砂浆

104. 预制装配式钢筋混凝土池壁施工中，两块壁板之间按设计要求将钢筋连接好之后，灌筑 D 。

A. 普通混凝土　　　　　　B. 细石混凝土

C. 防水混凝土　　　　　　D. 微膨胀细石混凝土

105. 滑模施工混凝土每层浇筑高度应控制在 B 。

A.20cm　B.20～30cm　C.30cm　D.50cm

106. 与普通混凝土养护方法相同的是 A 。

A. 防辐射混凝土　　　　　B. 特细砂混凝土

C. 无砂孔混凝土　　　　　D. 山砂混凝土

（三）计算题

1. 已知某混凝土计算配合比为 1∶1.98∶3.85∶0.58，$K=1.02$，砂石含水率分别为 5% 和 1%，试计算施工配合比。

【解】　(1) 设每立方米混凝土中水泥用量 $C=1$kg

则：$C=1\times1.02=1.02$kg，$S=1.98\times1.02=2.02$kg

$G=3.85\times1.02=3.93$kg，$W=0.58\times1.02=0.59$kg

(2) 计算施工配合比

$S'=2.02\times(1+5\%)=2.121$kg

$G'=3.93\times(1+1\%)=3.9693$kg

$W'=0.59-(2.02\times5\%+3.93\times1\%)=0.4497$kg

$C'=1.02$kg

故施工配合比为 $C':S':G':W'=1.02:2.121:3.9693:0.4497$

$=1:2.079:3.89:0.441$

2. 已知低模数为 2.3 的水玻璃 4.5g，要配制模数 2.7，则需加入模数为 2.9 的水玻璃多少？

【解】　$G=(M_2-M_1)\times G_1\div(M-M_2)$

其中：$M_2=2.7$，$M_1=2.3$，$G_1=4.5$g，$M=2.9$

代入式中：$G=(2.7-2.3)\times4.5\div2.9-2.7$

$=9$g

答：需加入水玻璃 9g。

3．制作钢筋混凝土柱，混凝土设计强度 C20，机械振捣，砂子含水率 5%，石子含水率 1%，水泥密度 3.1，砂子密度 $2600kg/m^3$，石子密度 $2600kg/m^3$，水灰比 $W/C=0.56$，每立方米混凝土用水量 $W=170kg/m^3$，砂率为 33%，试确定其初步配合比。

【解】 （1）计算水泥用量

$$C=\frac{C}{W}\times W=170/0.56=304.3kg$$

（2）计算砂石用量

$$\begin{cases}\dfrac{C}{PC}+\dfrac{d}{PS}+\dfrac{G}{Pb}+\dfrac{W}{PW}+10=1000\\ \dfrac{S}{S+G}\times 100\%=S_{p}\end{cases}$$

代入有关数值：$\dfrac{304.3}{3.1}+\dfrac{S}{2.6}+\dfrac{G}{2.6}+170+10=1000\rightarrow S+G=1877$

建联立方程

$$\begin{cases}S+G=1877\\ \dfrac{S}{S+G}=0.33\end{cases}\qquad 得\ S=620kg,\ G=1258kg$$

列出初步配合比 $C:S:G:W=304.3:620:1258:170$

$=1:2.04:4.13:0.56$

4．已知：钢筋混凝土柱，混凝土设计强度为 C20，用水量 $W=180kg/m^3$，砂率 34%，砂、石表观密度均为 $2800\ kg/m^3$，水灰比 $W/C=0.56$，水泥密度 3.1，试计算初步配合比。

【解】 （1）计算水泥用量

$$C=\frac{C}{W}\cdot W=180/0.56=322.2kg$$

（2）计算砂、石用量

$$\begin{cases}\dfrac{C}{PC}+\dfrac{S}{PS}+\dfrac{G}{PW}+10x=1000\\ \dfrac{S}{S+G}\times 100\%=SP\end{cases}$$

将有关数值代入式中得

$$\frac{32}{3.1}+\frac{2.2S}{2.8}+\frac{G}{2.8}+180+10=1000\rightarrow S+G=1977$$

作联立方程

$$\begin{cases} S+G=1977 \\ \dfrac{S}{S+G}=0.34 \end{cases}$$

得 $S=672\text{kg}$， $G=1305\text{kg}$

(3) 列出配合比

$C:S:G:W=322.2:672:1305:180=1:2.086:4.05:0.559$

5. 若混凝土实测表观密度为 2560kg/m^3，计算表观密度为 2410kg/m^3，砂为670kg，石为1200kg，水泥为300kg，用水量为150kg，砂含水率为4%，石含水率为2%，求施工配合比。

【解】 $K=\dfrac{2560}{2410}=1.062$

$S=670\times1.062=711.54\text{kg}$，$G=1200\times1.062=1274.4\text{kg}$

$C=300\times1.062=318.6\text{kg}$，$W=150\times1.062=159.3\text{kg}$

$S'=711.5\times(1+4\%)=740.0\text{kg}$

$G'=1274.4\times(1+2\%)=1299.89\text{kg}$

$W'=159.3-(711.54\times4\%+1274.4\times2\%)=105.35\text{kg}$

$C'=318.6\text{kg}$

故施工配合比为：$C':S':G':W=318.6:740:1299.89:105.35$

$=1:2.323:4.08:0.331$

6. 已知：某混凝土计算配合比为 $1:2.69:4.57:0.60$，$K=1.051$，砂石含水率分别为5%和1%，试计算施工配合比。

【解】 (1) 假设水泥用量为100kg

$\because \dfrac{W}{C}=0.60$

$\therefore W=C\times0.60=100\times0.60=60\text{kg}$

(2) $\because$ 计算配合比为 $1:2.69:4.57$

$\therefore S=2.69\times100\text{kg}=269\text{kg}$，$G=4.57\times100\text{kg}=4.57\text{kg}$

(3) $\because K=1.051$

$\therefore C=100\times1.051=105.1\text{kg}$

$S=269\times1.051=282.7\text{kg}$

$G=457\times1.051=480.3\text{kg}$

$W=60\times1.051=63.1\text{kg}$

(4) 计算施工配合比

∵砂石含水率为5%和1%

∴$S'=282.7\times(1+5\%)=297\text{kg}$

$G'=480.3\times(1+1\%)=485\text{kg}$

$W'=60-(282.7\times5\%+480.3\times1\%)=41.1\text{kg}$

$C'=100\text{kg}$

故施工配合比为：

$C':S':G':W'=100:297:485:41.1$

$=1:2.97:4.85:0.411$

答：施工配合比为1:2.97:4.85:0.411。

7. 已知：某混凝土计算配合比为1:2.04:3.78:0.5，每立方米水泥用量330kg，$K=1.049$，砂、石含水率分别为3%和1%，试计算施工配合比。

【解】 (1) 每立方米混凝土中，各种材料的设计用量分别为：

水泥：　$C=330\text{kg}$

砂：　$S=2.04\times330=673.2\text{kg}$

石：　$G=3.78\times330=1247.4\text{kg}$

水：　$W=0.5\times330=165\text{kg}$

(2) 调正后的配合比每立方米混凝土中，各种材料的用量分别为：

$C=1.049\times330=346.17\text{kg}$

$S=673.2\times1.049=706.19\text{kg}$

$G=1.049\times1247.4=1308.52\text{kg}$

$W=1.059\times165=173.09\text{kg}$

(3) 计算施工配合比

∵砂、石含水率分别为3%和1%

∴$S'=706.1(1+3\%)=727.38\text{kg}$

$G'=1308.52(1+1\%)=1321.61\text{kg}$

$W'=173.09-(706.19\times3\%+1308.52\times1\%)=138.82\text{kg}$

$$\frac{346.17}{346.17}:\frac{727.30}{346.17}:\frac{1321.61}{346.17}:\frac{138.82}{346.17}=1:2.10:3.82:0.40$$

答：施工配合比为1:2.10:3.82:0.40。

(四) 简答题

1. 基础梁的搁置形式有哪几种？

答：将基础梁放在柱基和杯口上，放在混凝土垫块上或采用高杯基础。

2. 什么是图纸会审和图纸自审？

答：图纸会审是指在工程开工前，建设单位、设计单位和施工单位共同进行图纸会审，施工单位在自审的基础上，与设计单位、建设单位一起共同研究和讨论施工图中存在的问题，提出修改意见，由建设单位写出会审记录，设计单位负责修改，更改设计中的错误和不合理部分。

图纸自审是指施工企业在接到施工图后，组织有关人员进行学习自审，掌握图纸内容和情况并发现问题，以便在参加图纸会审时提出。

3. 预应力钢筋混凝土鱼腹吊车梁的预制一般采用什么方式浇筑？

答：一般采用卧式浇筑，也可采用立式浇筑。

4. 升板混凝土施工节点浇筑有几种方式？

答：有两种方式：一是混凝土柱帽；二是无柱帽节点。

5. 对浅层地基处理方法有哪几种？

答：有换土垫层法、机械碾压法、振动夯实法及重锤夯实法。

6. 什么叫换土垫层法？

答：换土垫层法是先将基础底面下一定范围内的软弱土层挖去，然后回填强度较高、压缩性较低，并且没有侵蚀性的材料，再分层夯实，作为地基的持力层。

7. 矩形天窗主要由哪些构件组成？

答：矩形天窗由天窗架、天窗端壁、天窗屋面板、天窗侧板、天窗扇等构件组成。

8. 试述水池试水的过程？

答：水池施工全部完成后，必须进行试水，检查施工质量及结构安全度。试水时先封闭管道孔，由池顶放水进池，一般分几次放水，控制进水高度，逐次进行检查，并做好记录。如无特殊情况，可继续放水，直到水位达到设计标高。同时还需做好沉降观察，池中水位达到设计标高后，静停 1d，进行外观检查，并做好水面高度标记，再连续观察 7d，外表无渗漏，水位无明显降低时，水池即可验收。

9. 什么是后张法？

答：预应力混凝土构件制作成型过程中，需预留孔道，待混凝土达到设计强度后，在孔道内窗主管受力钢筋，张拉锚固建立预应力，并在孔道内进行压力灌浆，用水泥浆包裹保护预应力钢筋。

10. 升板法施工有哪些优缺点？

答：优点：（1）不需大型起重设备，只用小型机械，能实现施工机械化；

(2) 施工占地面积极小；

(3) 垂直运输量小；

(4) 进度快，工效高；

(5) 节省周转材料；

(6) 降低劳动强度，节约劳动力。

缺点：(1) 用钢量较大；

(2) 现场电焊工作量较高；

(3) 造价稍高。

11. 自应力混凝土产生自应力必须具备的条件？

答：一是具有膨胀性能；二是有对膨胀混凝土的限制条件。

12. 常用混凝土结构的补强加固方法有哪些？

答：外包混凝土法、外包型钢法、粘贴钢板法、预应力拉杆法。

13. 建筑物为什么要设置变形缝？

答：当建筑物的长度超过规定，平面图形有曲折变化或同一建筑物个别部分的高度或荷载有很大差别时，建筑物构件会因温度变化、地基的不均匀沉降或地震的原因而产生变形，引起建筑物产生裂缝或破坏。为了避免和预防这种裂缝的产生，在设计和施工时必须将过长有层数不同部分的建筑用垂直的缝区分成几个单独的部分，使各部分能够独立的变形，这种将建筑物垂直分开的缝称为变形缝。变形缝因其功能的不同可分为温度伸缩缝、沉降缝和抗震缝三种。前两种运用较普遍，而第三种仅用于地震设防区中。

14. 为什么干硬性混凝土硬化快、强度高？

答：干硬性混凝土的特点是水灰比小，用的拌和水少，就使混凝土的内部由于水分蒸发而引起的空隙大大减小，增强了混凝土的密实度。另一个特点是石子被粘稠的水泥砂浆包裹后相互间紧密地挤在一起，形成强有力的骨架，充分发挥了石子的作用。另外由于用水量少，搅拌时间比塑料混凝土长，有利于拌和水中的化合水和水泥起水化反应；此外，因干硬性混凝土流动性小，必须用强力振捣或加压振捣，这就大大加强了混凝土的密实性，所以干硬性混凝土的强度高。

15. 滑模施工的工艺原理是什么？

答：滑模板施工的工艺原因是：以液压控制装置所提供的“液压”为动力，驱动千斤顶沿着支承杆向上爬升，同时带动与千斤顶相连的提升架、模板、操作平台等一同上升。模板滑升一次，往滑模内浇灌一层混凝土。

待混凝土达到一定强度后，模板又一次滑升，如此不断交替进行，直到浇灌到要求的标高。

16. 升板施工时怎样进行板的试提升?

答：在正式提升前要进行试提升，目的是使楼板相互脱开并调整提升设备，使各台提升机有一个共同的起点。

脱开楼板时，先开动四角柱子上的提升机，升高5～8mm，使空气进入板边，最后开动中间柱上的提升机，使整块板脱开5～8mm。也可先从靠边的一排柱开始，依次逐渐开，使楼板脱开5～8mm，直到楼板全部脱地。

脱开楼板后，开动全部提升机，升高30mm左右停止，然后调整各点的提升高度，使之处于同一水平标高上，作为提升的起始点，即零点。检查各提升机，若其工作情况正常，即可开始正式提升。

17. 什么是磁化水混凝土? 有哪些优点?

答：水以一定的流速通过磁场，由于切割磁力线，使水的性质发生变化，称为水的磁化，这种水称为磁化水。用磁化水搅拌的混凝土称为磁化水混凝土。

用磁化水搅拌混凝土，可以提高混凝土强度10%～25%，因而可以节约水泥，提高混凝土的抗冻性，易于推广，具有很好的经济效益。

18. 基坑（槽）超挖时应怎样处理?

答：开挖基坑（槽）或管沟不得超过基底标高，如个别地方超挖时，应用与地基土相同的土料填补，并夯实至要求的密实度，也可以用碎石类土填补并夯实。

如在重要部位超挖时，可以用低强度等级（标号）的混凝土填补，但应取得设计单位的同意。

19. 什么是框架结构，框架结构图的主要内容是什么?

答：一般把交接处均为刚性节点的房屋结构叫做框架结构。

其主要内容：(1) 由框架结构平面布置图反映出框架的平面尺寸，如框架的榀数、柱距、跨距以及定位轴线的布置；

(2) 由框架立面图和梁、柱断面图反映框架的竖向布置情况和模板尺寸；

(3) 通过框架配筋图反映框架各部分的配筋情况，一般应在框架立面图和断面图中表示出来；

(4) 框架节点（如梁、柱节点等），详图反映框架各部位节点尺寸和配筋情况。

20. 怎样设置伸缩缝？

答：由于自然界冬、夏季之间温度变化的影响，引起建筑构件因热胀冷缩产生内力，而使结构产生裂缝或破坏，为了防止这种裂缝和破坏的发生，应设置伸缩缝。伸缩缝的最大间距，根据不同材料的结构而定。对砖石墙体伸缩缝的最大间距，可根据有关规定确定，一般为30～150m。

采用钢筋混凝土结构时，框架间伸缩缝的最大间距一般为35～75m。

21. 什么是砂率？

答：即粗细骨料的比例，指在粗细骨料的总量中砂子所占的比例。

22. 对于梁板混凝土浇筑，施工缝的留置有哪些要求？

答：当沿着与次梁平行方向浇筑楼板时，应留在主梁跨度中间1/3范围内，施工缝留垂直面，不得留斜槎，用板挡牢，待混凝土强度达到1.2N/mm^{2}以上时，才允许继续浇筑，在继续浇筑前，表面凿平，剔除浮石，用水冲刷后浇20mm厚与混凝土内成分相同的水泥砂浆，再继续浇筑混凝土。

23. 滑模施工怎样进行混凝土的面层修饰与养护？

答：混凝土出模后，如表面不平整或有麻面等小缺陷，应立即用抹子或加涂一道纯水泥浆，再用抹子修饰好，同时应适时加以养护，开始浇水养护的时间一般宜迟于浇灌完毕后12h，当气温低于5℃时，则不宜浇水养护。

24. 怎样控制与检查混凝土质量？

答：(1) 水泥等原材料进场应严格控制质量，在施工日志上做出具体记录；

(2) 混凝土在灌筑前，应认真检查模板、支架、钢筋预埋件和预留孔的情况，认真做好隐蔽工程记录；

(3) 在搅拌地点检查材料质量及配合比是否符合试验室提供的混凝土配合比的要求，认真填写混凝土施工日志，不定期检查混凝土的坍落度，坍落度每增加2cm水泥用量约增加5.5%，因此严格控制坍落度，可防止浪费水泥 及降低混凝土强度。

(4) 加强混凝土试块的管理工作，试块的组数必须满足规范要求；

(5) 强调混凝土养护的重要性；

(6) 严格控制拆模时间，使其满足规范要求，提高钢模板周转利用率，当混凝土拆模时发现有缺陷，及时修补。

25. 简述滑模施工过程中，滑升时的操作要点是什么？

答：(1) 第一次滑升时，应在浇筑好第三层混凝土以后，已浇筑好的混凝土约为模板高度的2/3，并且高度不应小于700mm；

(2) 混凝土出模强度，应控制在其上部混凝土的自重作用下不坍落、不流淌，也不要被拉裂或鳞片状，并能在表面进行装饰工作；

(3) 滑升速度要考虑混凝土强度和脱空长度，通常掌握在20～40cm/h范围内；

(4) 两次提升之间的时间间隔不宜超过1.5h；

(5) 混凝土浇筑层次：第一、二层各20cm；第三层20～30cm；第四层以后各层30cm；提升高度：第一次5cm，第二次及以后10～15cm。

26. 全面质量管理的PDCA循环有哪4个环节，8个步骤？

答：四个环节：计划（P阶段）、实施（D阶段）、检查（C阶段）、处理（A阶段）。

八个步骤：第一步：分析现状找出存在的质量问题；

第二步：分析产生各种质量问题的各种原因和影响因素；

第三步：找出影响质量的主要因素；

第四步：制定措施，订出计划；

第五步：是执行阶段。也就是按预定计划、目标、措施以及分工安排，分头去干；

第六步：是检查阶段。即根据计划的规定和要求，来检查计划的执行情况和措施实行的效果；

第七步：对检查的结果加以总结，把成功的经验和失败的教训都规定到相应的标准、制度或规定之中；

第八步：提出这一循环尚未解决的问题，为后一次计划提供内容，反映到下一个循环中去。

27. 装配式钢筋混凝土单层厂房由哪几个部分组成，各部分又是由哪些构配件组成？

答：厂房由骨架结构和围护结构两大部分组成。

骨架主要有基础、柱、屋架、天窗架、屋面板、基础梁、吊车梁、连系梁和支撑系统构件组成（答5～6个即可）。围护部分由屋面、外墙、门窗及地面组成。

28. 什么叫流砂？

答：当基坑开挖至深于地下水位0.5m以下时，在坑内抽水，有时坑底的土会成流动状态，而失去承载力，人难立足，边挖边冒，无法挖深，强挖只能掏空邻近地基，这种现象称为流砂。

29. 如何进行图纸会审？

答：图纸会审工作一般由建设单位组织，设计单位交底，施工单位参加。施工单位的单位工程技术负责人接到正式图纸后，应组织施工队、班组长和有关人员熟悉图纸，领会设计意图，明确质量要求，对于混凝土工来说，应着重了解钢筋混凝土结构部分。

图纸经过熟悉、会审后，应由组织会审的单位，将审查提出的问题以及解决的办法详细记录，写成正式文件或会议纪要，经设计单位研究解决，并列入工程档案。

30. 大模板工程分几类？

答：从结构形式看，我国目前大模板工程可分为外墙预制（采用大型墙板）、内墙现浇、内外墙全部现浇、外墙砌砖内墙现浇三类。

二、实操部分

1. 浇筑混凝土设备基础（多个）

考核内容及评分标准

序号	测定项目	分项内容	评分标准	标准分	检测点					得分
					1	2	3	4	5	
1	轴线位移	符合规范图纸	偏差超过 20mm 无分	10						
2	平面标高	符合规范图纸	+10mm，超 1 处扣 3 分，20mm 处以上无分	10						
3	垂直度	符合规范图纸	偏差超过 10mm 扣 1 分，超过 15mm 无分	5						
4	凹凸尺寸	符合规范图纸	偏差超过 −20mm 无分	15						
5	预埋地脚螺栓	符合图纸要求	顶部标高超过 +20mm 无分，中心距超过 ±2mm无分	15						

续表

序号	测定项目	分项内容	评分标准	标准分	检测点					得分
					1	2	3	4	5	
6	密实整洁，大小方正	密实，无狗洞蜂窝	有少量麻面每处扣分，有蜂窝每处扣分，有狗洞无分	15						
7	工具维护和使用	做好施工用具准备及完成后的维护	施工前后两次检查，酌情扣分	5						
8	安全文明施工	安全生产工完场清	有事故不得分，工完场不清不得分	10						
9	工效	定额时间	低于定额90%无分，在90%～100%之间酌情扣分，超过定额酌情加1～3分	15						

2. 浇筑无砂孔混凝土墙体

考核内容及评分标准

序号	测定项目	分项内容	评分标准	标准分	检测点					得分
					1	2	3	4	5	
1	墙面平整度	符合规范图纸	偏差超过5mm扣1分，超8mm无分	10						
2	墙面垂直度（全高）	符合规范图纸	+0mm超过1处扣3分，-20mm处以上无分	10						
3	墙厚	符合规范图纸	偏差超过10mm扣1分，超过15mm无分	10						
4	门窗框垂直偏差	符合规范图纸	偏差超过-5mm无分	10						
5	预留洞及预埋件中心位置偏差	符合图纸要求	偏差超过10mm	20						

续表

序号	测定项目	分项内容	评分标准	标准分	检测点					得分
					1	2	3	4	5	
6	轴线位移	符合规范图纸	偏差超过8mm无分	15						
7	工具维护和使用	做好施工用具准备及完成后工用具维护	施工前后两次检查，酌情扣分	5						
8	安全文明施工	安全生产工完场清	有事故不得分，工完场不清不得分	10						
9	工效	定额时间	低于定额90%无分，在90%～100%之间酌情扣分，超过定额酌情加1～3分	5						

3. 现浇混凝土柱（多根）

考核内容及评分标准

序号	测定项目	分项内容	评分标准	标准分	检测点					得分
					1	2	3	4	5	
1	长	符合规范图纸	偏差超过－10mm、＋5mm无分	5						
2	宽	符合规范图纸	偏差超过5mm无分	5						
3	高	符合规范图纸	偏差超过5mm无分	5						
4	侧向弯曲	符合规范图纸	偏差超过20mm无分	10						
5	表面平整	符合规范图纸	有少量麻面每处扣1分，有蜂窝每处扣2分，有狗洞无分	5						

续表

序号	测定项目	分项内容	评分标准	标准分	检测点					得分
					1	2	3	4	5	
	预埋中心位置偏移	符合规范图纸	偏差超过 10mm 无分	10						
6	件插肋与混凝土全面平整	符合规范图纸	偏差超过 5mm 无分	5						
	预埋中心位置偏移	符合规范要求	偏差超过 5mm 无分	10						
7	螺栓明露长度	符合规范要求	偏差 +100mm，超过 -5mm 无分	5						
	中心预留孔	符合规范图纸	偏差超过 5mm 无分	10						
8	位置偏移预留洞	符合规范图纸	偏差超过 15mm 无分	10						
9	主筋保护层	符合规范图纸	偏差 +100mm，超过 -5mm 无分	10						
10	工效	定额时间	低于定额 90% 无分，在 90%～100%之间酌情扣分，超过定额酌情加 1～3 分	10						

4. 浇筑无砂孔混凝土柱

考核内容及评分标准

序号	测定项目	分项内容	评分标准	标准分	检测点					得分
					1	2	3	4	5	
1	轴线位移	符合规范图纸	偏差超过 20mm 无分	10						
2	平面标高	符合规范图纸	+0mm，超过 10mm 扣 3 分；-20mm 以上无分	10						

续表

序号	测定项目	分项内容	评分标准	标准分	检测点					得分
					1	2	3	4	5	
3	垂直度	符合规范图纸	偏差超过 10mm 扣 1 分，超过 15mm 无分	5						
4	凹凸尺寸	符合规范图纸	偏差超过 −0、+20mm、−20mm 无分	15						
5	预埋地脚螺栓	符合图纸要求	顶部标高超过 −0 无分，中心距超过 ±2mm 无分	15						
6	密实整洁，大小方正	密实，无狗洞蜂窝	有少量麻面每处扣 1 分，有蜂窝每处扣 2 分，有狗洞无分	15						
7	工具维护和使用	做好操作施工用具准备及完成后工具维护	施工前后两次检查，酌情扣分	5						
8	安全文明施工	安全生产工完场清	有事故不得分，工完场不清不得分	10						
9	工效	定额时间	低于定额 90% 本项无分，在 90%～100% 之间酌情扣分，超过定额酌情加 1～3 分	15						

5. 预应力屋架浇筑

考核内容及评分标准

序号	测定项目	分项内容	评分标准	标准分	检测点					得分
					1	2	3	4	5	
1	截面尺寸		超过 2mm 扣 2 分，超过 5mm 本项无分	10						

续表

序号	测定项目	分项内容	评 分 标 准	标准分	检测点					得分
					1	2	3	4	5	
2	保护层厚度		超过 +10mm 和 -5mm范围无分	10						
3	预应力筋预留孔偏多		超过 5mm 无分	15						
4	预埋钢板中心位置偏移		超过 10mm 无分	10						
5	侧向弯曲		<20，超过 20mm 无分	15						
6	密实、平整		有明显不实处本项无分，平整超过 5mm 无分	10						
7	工完场清工具清		场地整洁，工、用具维护	5						
8	安　全		无安全事故	10						
9	工效		低于定额 90%无分，在 90%～100%之间酌情扣分，超过定额酌情加 1～3 分	15						

主要参考文献

1．尹国元编著．混凝土工基本技术（修订版）．北京：金盾出版社，2002

2．胡仁山，周汉生主编．混凝土工（初、中、高级工）．北京：中国建筑工业出版社，1998

3．姚谨英主编．建筑施工技术．北京：中国建筑工业出版社，2000

4．中国建筑业协会建筑机械设备管理分会编．建筑施工机械管理使用与维修．北京：中国建筑工业出版社，1998

5．刘祖绳，唐祥忠主编．建筑施工手册．北京：中国建筑工业出版社，1997

6．建筑施工手册（第三版）编写组．建筑施工手册．第3版，北京：中国建筑工业出版社，1997

7．王华生，赵慧如编．混凝土工程便携手册．北京：机械工业出版社，2001，

8．吉哲．混凝土工．北京：中国环境科学出版社，1997

参考文献

[illegible]

[illegible]

[illegible]

[illegible]

[illegible]

[illegible]

[illegible]